大型燃气-蒸汽联合循环电厂培训教材

# 电气分册

深圳能源集团月亮湾燃机电厂
中国电机工程学会燃气轮机发电专业委员会 编



重庆大学出版社

## 内容提要

本书系统地阐述了F级燃气轮机电厂的电气主设备及电气系统的组成、工作原理、运行操作维护以及典型事故处理。全书共分7章：F级燃气轮机发电机，变压器，电气主接线，高压设备及发电机出口断路器，厂用电系统，发电厂的电气控制，发电厂防雷及过电压。

本书内容全面实用，突出了F级燃气轮机机组的电气系统和电气设备的特点，针对性强，适合作为燃气—蒸汽联合循环电厂运行人员的培训用书，也可作为从事电厂相关工作的管理人员、技术人员和筹建人员的技术参考用书。

**图书在版编目（CIP）数据**

大型燃气-蒸汽联合循环电厂培训教材.电气分册/深圳能源集团月亮湾燃机电厂，中国电机工程学会燃气轮机发电专业委员会编.—重庆：重庆大学出版社，2014.4（2024.10重印）

ISBN 978-7-5624-7852-2

Ⅰ.①大… Ⅱ.①深… ②中… Ⅲ.①燃气-蒸汽联合循环发电—发电厂—技术培训—教材②燃气-蒸汽联合循环发电—电厂电气系统—技术培训—教材 Ⅳ.①TM611.31

中国版本图书馆CIP数据核字（2013）第274031号

大型燃气-蒸汽联合循环电厂培训教材

**电气分册**

深圳能源集团月亮湾燃机电厂
中国电机工程学会燃气轮机发电专业委员会 编

策划编辑：周 立

责任编辑：文 鹏 姜 凤 版式设计：周 立

责任校对：任卓惠 责任印制：张 策

*

重庆大学出版社出版发行

出版人：陈晓阳

社址：重庆市沙坪坝区大学城西路21号

邮编：401331

电话：（023）88617190 88617185（中小学）

传真：（023）88617186 88617166

网址：http://www.cqup.com.cn

邮箱：fxk@cqup.com.cn（营销中心）

全国新华书店经销

POD：重庆新生代彩印技术有限公司

*

开本：787mm×1092mm 1/16 印张：19.75 字数：493千

2014年4月第1版 2024年10月第2次印刷

印数：4 001—4 300

ISBN 978-7-5624-7852-2 定价：55.00元

# 编 委 会

# 编写人员名单


**主　　编**　曹建中

**参编人员**　（按姓氏笔画排序）

邓仁超　吴小先　汪　路

陈小勇　罗小国　敖显江

彭足仁　蔡晓铭

# 序言

1791年英国人巴伯首次描述了燃气轮机(Gas Turbine)的工作过程。1872年德国人施托尔策设计了一台燃气轮机,从1900年开始做了4年的试验。1905年法国人勒梅尔和阿芒戈制成了第一台能输出功率的燃气轮机。1920年德国人霍尔茨瓦特制成了第一台实用的燃气轮机,效率为13%,功率为370 kW。1930年英国人惠特尔获得燃气轮机专利,1937年在试车台成功运转离心式燃气轮机。1939年德国人设计的轴流式燃气轮机安装在飞机上试飞成功,诞生了人类第一架喷气式飞机。从此燃气轮机在航空领域,尤其是军用飞机上得到了飞速发展。

燃气轮机用于发电始于1939年,由于发电用途的燃机不受空间和质量的严格限制,所以尺寸较大,结构也更加厚重结实,具有更长的使用寿命。虽然燃气-蒸汽联合循环发电装置早在1949年就投入运行,但是发展不快。主要是因为轴流式压气机技术进步缓慢,如何提高压气机的压比和效率一直在困扰压气机的发展,直到20世纪70年代轴流式压气机在理论上取得突破,压气机的叶片和叶形按照三元流理论进行设计,压气机整体结构也按照新的动力理论进行布置,压气机的压比才从10不断提高,现在压比则超过了30,效率也同步提高,也同时满足了燃机的发展需要。

影响燃机发展的另一个重要原因是燃气透平的高温热通道材料。提高燃机的功率就意味着提高燃气的温度,热通道部件不能长期承受1 000 ℃以上的高温,这就限制了燃机功率的提高。20世纪70年代燃机动叶采用镍基合金制造,在叶片内部没有进行冷却的情况下,燃气初温可以达到1 150 ℃,燃机功率达到144 MW,联合循环机组功率达到213 MW。20世纪80年代采用镍钴基合金铸造动叶片,燃气初温达到1 350 ℃,燃机功率270 MW,联合循环机组功率398 MW。90年代燃机采用镍钴基超级合金,用单向结晶的工艺铸造动叶片,燃气初温1 500 ℃,燃机功率334 MW,联合循环机组功率498 MW。进入21世纪,优化冷却和改进高温部件的隔热涂层,燃气初温1 600 ℃,燃机功率470 MW,联合循环机组功率680 MW。解决了压比和热通道高温部件材料的问题后,随着燃机功率的提高，新型燃机单机效率大于40%，联合循环机组的效率大于60%。

为了加快大型燃气轮机联合循环发电设备制造技术的发展和应用，我国于2001年发布了《燃气轮机产业发展和技术引进工作实施意见》，提出以市场换技术的方式引进制造技术。通过打捆招标，哈尔滨电气集团有限公司与美国通用电气公司，上海电气集团股份有限公司与德国西门子股份公司，中国东方电气集团有限公司与日本三菱重工业股份有限公司合作。三家企业共同承担了大型燃气轮机制造技术的引进及国产化工作，目前除热通道的关键高温部件不能自主生产外，其余部件的制造均实现了国产化。实现了E级、F级燃气轮机及联合循环技术国内生产能力。截至2010年燃气轮机电站总装机容量2.6万MW，比1999年燃气轮机装机总容量5 939 MW增长了4倍，大型燃气-蒸汽联合循环发电技术在国内得到了广泛地应用。

燃气-蒸汽联合循环是现有热力发电系统中效率最高的大规模商业化发电方式，大型燃气轮机联合循环效率已达到60%。采用天然气为燃料的燃气-蒸汽联合循环具有清洁、高效的优势。主要大气污染物和二氧化碳的排放量分别是常规火力发电站的1/10和1/2。

在《国家能源发展"十二五"规划》提出："高效、清洁、低碳已经成为世界能源发展的主流方向，非化石能源和天然气在能源结构中的比重越来越大，世界能源将逐步跨入石油、天然气、煤炭、可再生能源和核能并驾齐驱的新时代。"规划要求"十二五"末，天然气占一次能源消费比重将提高到7.5%，天然气发电装机容量将从2010年的26 420 MW发展到2015年的56 000 MW。我国大型燃气-蒸汽联合循环发电将迎来快速发展的阶段。

为了让广大从事F级燃气-蒸汽联合循环机组的运行人员尽快熟练掌握机组的运行技术，中国电机工程学会燃机专委会牵头组织有代表性的国内燃机电厂编写了本套培训教材。其中燃气轮机/汽轮机分册分别由三家电厂编写，深圳能源集团月亮湾燃机电厂承担了M701F燃气轮机/汽轮机分册，浙能集团萧山燃机电厂承担了SGT5-4000F燃气轮机/汽轮机分册，广州发展集团珠江燃机电厂承担了PG9351F燃气轮机/汽轮机分册；深圳能源集团月亮湾燃机电厂还承担了余热锅炉分册和电气分册的编写；深圳能源集团东部电厂承担了热控分册的编写。

每个分册内容包括工艺系统、设备结构、运行操作要点、典型事故处理与运行维护等，教材注重实际运行和维护经验，辅以相关的原理和机理阐述，每章附有思考题帮助学习掌握教材内容。本套教材也可作为燃机电厂管理人员、技术人员的工作参考书。

由于编者都是来自生产一线，学识和理论水平有限，培训教材中难免存在缺点与不妥之处，敬请广大读者批评指正。

燃机专委会

2013 年 10 月

# 前言

本套培训教材包括燃气轮机/汽轮机分册、电气分册、余热锅炉分册和控制分册。电气分册是本套教材丛书的一个分册。

本书主要介绍了美国通用电气、德国西门子和日本三菱公司的F级发电机结构、原理与运行,大型变压器主要结构部件的性能与运行,发电厂电气一次系统的构成和运行原理,高压电器的原理和性能,配电装置的组成,发电厂的防雷与过电压,发电厂电气设备的继电保护,发电机的励磁系统、同期系统,厂用电系统及快切系统、直流系统、不停电电源系统,发电厂控制系统等内容。本书以实用为出发点,选材力求突出F级燃气轮机机组电气系统和电气设备的特点,注重理论和实际相结合,注重知识的深度和广度的结合,注重专业知识和技能的结合,注重新设备新技术的应用。

本培训教材编写人员为一线运行人员,编写偏重于运行实践,内容丰富、实用性强,对电厂技术人员全面掌握配套F级机组电气的知识有较大的帮助。

本培训教材的内容、章节由编委会审定,曹建中主编,本书具体编写分工如下:

第1章1.1、1.6节由罗小国执笔;1.2节由汪路执笔;1.3节由吴小先执笔;1.4节由陈小勇执笔;1.5节由蔡晓铭执笔;

第2章2.1节、2.2节、2.3节、2.4节、2.6节、2.7节、2.8节由邓仁超执笔;2.5节由蔡晓铭执笔;

第3章3.1节、3.2节、3.3节、3.4节由敖显江执笔;3.5节由汪路执笔;3.6节由吴小先执笔;

第4章4.1节由敖显江执笔,4.2~4.8节由彭足仁执笔;

第5章5.1节、5.2节、5.4节、5.8节、5.10节由彭足仁执笔;5.3节、5.6节、5.9节由敖显江执笔;5.5节由邓仁超执笔;5.7节由蔡晓铭执笔。

第6章由陈小勇执笔;第7章由吴小先执笔;附录由敖显江执笔。

在本书正式编写前,编委会对培训教材编写的原则、内容等进行了详细的讨论并提出了修改意见;编写期间电厂各级技术骨干提出了不少建设性的意见和建议,同时教材编写过程中也得到了深圳能源集团东部电厂及其他电厂的专家和技术人员的大力帮助,在此一并致以诚挚的谢意。

编委会

2013年12月

# 目录

# 第 1 章 F 级燃气轮机发电机

发电机(Generator)是将机械能转化为电能的设备。从 1831 年法拉第发现电磁感应现象,1884 年派生斯制造出第一台 7.5 kW 直流汽轮发电机以来,发电机在越来越多的行业中得到广泛使用。经过长时间的发展,发电机结构的形式越来越多,发电机容量不断增大。目前,最大的汽轮发电机容量达到 1 450 MW。按照驱动设备的不同,发电机可分为汽轮发电机、水轮发电机、燃气轮机发电机以及风力发电机等。

从 21 世纪初开始,东方电气集团、哈电集团、上海电气集团三大发电设备制造商,分别和日本三菱重工、美国通用电气、德国西门子三家燃气轮机发电设备制造商合作,引进 F 级重型燃气轮机技术及其发电机的制造技术。F 级燃气轮机机组在国内电网中一般作为调峰机组运行,这就要求燃气轮机发电机应具有变负荷和两班制运行能力。其次运用于 F 级燃气轮机上的发电机组,除能将机械能转化为电能外,还在启动过程中将电能转化为机械能,用作机组启动的原动力。此类发电机可看作一台受控的大型变频同步电机。

由于 F 级燃气轮机联合循环机组具有单轴和分轴两种形式,与之对应的发电机台数和容量也不相同。分轴形式的联合循环机组具有两台发电机,而单轴情况下仅有一台发电机。分轴形式的联合循环机组两台发电机的容量之和约为单轴形式的发电机容量。由于发电机本身容量的不同,冷却方式也不相同,本章所介绍的发电机参数、结构、冷却方式等仅适用联合循环为单轴情况下的发电机。

## 1.1 发电机结构及其冷却系统

### 1.1.1 发电机技术参数

国内 F 级燃气轮机发电机分别在东方电机股份有限公司(以下简称东电)、哈尔滨电机厂有限责任公司(以下简称哈电)、上海汽轮发电机有限公司(以下简称上电)生产制造。其主要技术参数见表 1.1。

**表 1.1 F 级燃气轮机发电机技术参数**

| 序号 | 项　目 | 东电 | 哈电 | 上电 |
|---|---|---|---|---|
| 1 | 联合循环机组型号 | M701F | S109FA | V94.3A |
| 2 | 配套发电机型号 | QFR-400-2-20 | 390H | THDF108/53 |
| 3 | 额定容量/MVA | 482 | 468 | 458 |
| 4 | 额定功率/MW | 410 | 398 | 389 |
| 5 | 最大连续出力/MW | 445 | 424 | 417 |
| 6 | 额定功率因数(滞后) | 0.85 | 0.85 | 0.85 |
| 7 | 额定电压/kV | 20 | 19 | 21 |
| 8 | 额定电流/A | 13 914 | 14 221 | 12 592 |
| 9 | 额定转速/($r \cdot min^{-1}$) | 3 000 | 3 000 | 3 000 |
| 10 | 频率/Hz | 50 | 50 | 50 |
| 11 | 相数 | 3 | 3 | 3 |
| 12 | 效率 | 99.27% | 99.1% | 98.93% |
| 13 | 定子绕组接线 | YY | YY | YY |
| 14 | 冷却方式 | 全氢冷 | 全氢冷 | 水氢氢冷 |
| 15 | 额定氢压/MPa | 0.4 | 0.42 | 0.5 |
| 16 | 稳态负序电流能力 $I_2/I_N$ | 0.1 | 0.1 | 0.1 |
| 17 | 暂态负序能力 $(I_2/I_N)^2t$/s | 10 | 10 | 10 |
| 18 | 负序电抗 $X_2$ | 21.6% | 16.0% | 20.4% |
| 19 | 零序电抗 $X_0$ | 12.8% | 12.0% | 10.3% |
| 20 | 短路比 | 0.55 | 0.5 | 0.55 |
| 21 | 定子绕组绝缘等级 | F | F | F |
| 22 | 转子绕组绝缘等级 | F | F | F |
| 23 | 励磁方式 | 自并励静态 | 自并励静态 | 自并励静态 |
| 24 | 励磁电压/V | 402 | 750 | 418 |
| 25 | 励磁电流/A | 3 390 | 2 019 | 3 541 |
| 26 | 强行励磁电压倍数 | 2.0 | 2.0 | 2.0 |
| 27 | 噪声/dB | 85 | 85 | 85 |

### 1.1.2 发电机本体结构

发电机本体主要由定子、转子、冷却器、轴承等部分组成。典型的全氢冷发电机本体结构如图 1.1 所示。

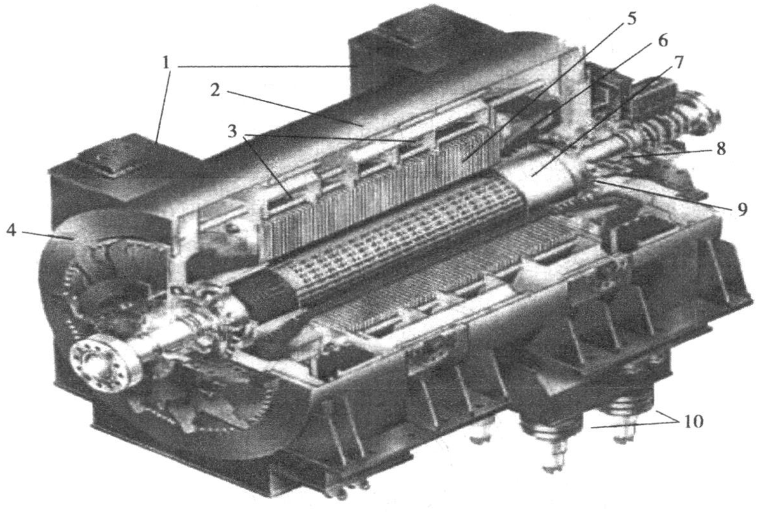


图1.1　全氢冷发电机结构图

1—氢气冷却器;2—外壳;3—通风道;4—端盖;5—定子铁芯;6—定子端部绕组;

7—转子;8—端盖轴承;9—风扇;10—出现套管

(1)定子

定子主要由机座、定子铁芯、定子绕组、端盖等部分组成。

1)机座与端盖

机座的作用主要是支撑和固定定子铁芯、定子绕组,当采用端盖轴承时,则需要承受转子的质量,此外机座还需要承受电磁力矩和倍频的交变电磁力的作用。因此,对发电机机座的强度和刚度都有较高的要求。发电机的机座还有隔绝噪声的作用。

机座由高强度的优质钢板焊接而成。机壳和定子铁芯背部之间的空间是发电机通风冷却系统的一部分。为了减少氢冷发电机通风阻力和缩短风道,F级燃气轮机发电机氢气冷却器常安放在机座上方。

端盖是发电机密封的一个组成部分。为了安装、检修方便,端盖由水平分开的上下两半构成。F级燃气轮机发电机常采用端盖轴承,轴承装在高强度的端盖上。端盖分为外端盖、内端盖和导风环。内端盖和导风环与外端盖间构成风扇前、后的风路。

2)机座隔振

机座隔振又称为定子弹性支撑,运行中定子铁芯的振动会对机座和基础产生不良影响。定子铁芯振动有以下几个方面的原因:

①气隙内各点磁通密度随转子旋转而改变,转子每旋转一周,磁通密度变化两次,铁芯的形变也要交变两次,使得定子铁芯产生两倍工频(倍频)的振动。

②当转子旋转时,受自重和惯性转矩影响,依转子位置的不同,转轴弯曲程度也不相同。转子每转一圈,弯曲程度要变化两个周期,将产生倍频振动。

③定子线棒因电流间的相互作用力而产生振动,也引起定子铁芯倍频振动。三相突然短路时,定子铁芯会出现扭转振动。

④定子端部漏磁的轴向分量,也会引起铁芯产生轴向倍频振动。

⑤由于定子铁芯各齿内磁导的不均匀,定子铁芯还会产生频率高于倍频的振动。

F 级燃气轮机发电机采用了内外机座切向弹簧板隔振结构，以减小定子铁芯振动对机座和基础的影响。机座分为内机座和外机座。定子铁芯先组装在内机座中，内外机座之间用切向弹簧板连接。切向弹簧板沿轴向分为若干组，每组沿内机座外圆切向分布。布置方式有 3 种：一种是分布在上下和左右两侧；另一种是分布在左右和下侧；还有一种是分布在左右两侧。

如 QFR-400-2-20 型燃气轮机发电机的弹性隔振采用了左右和下侧的布置方式，如图 1.2 所示。图中弹性隔振结构在铁芯径向具有一定的柔性，在切向有足够的刚度以支撑铁芯的重量和承受短路力矩。弹性隔振由立式弹簧板构成，弹簧板上部与定子把合，下部与机座焊接。

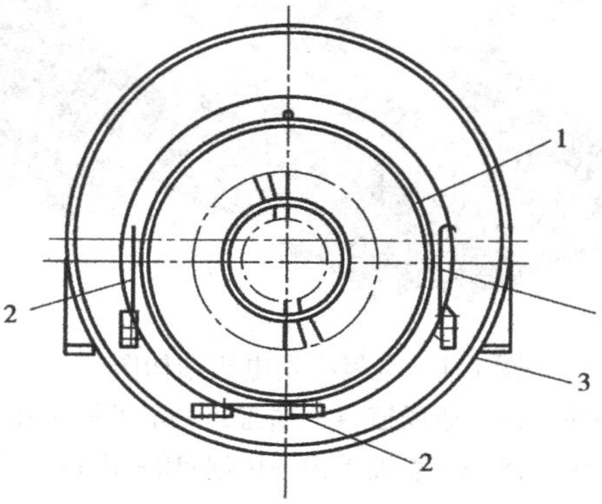


图 1.2　QFR-400-2-20 型燃气轮机发电机弹性隔振

1—定子；2—弹性隔振；3—机座

3）定子铁芯

定子铁芯是构成发电机磁路和固定定子绕组的重要部件。现代大容量发电机的定子铁芯常采用磁导率高、损耗小、厚度为 0.35 ~ 0.5 mm 的优质冷轧硅钢片叠装而成，如图 1.3 所示。硅钢片的两侧都涂有绝缘漆，这些漆在发电机正常运行情况下可以保证硅钢片间的片间绝缘，减小铁芯中的涡流损耗。

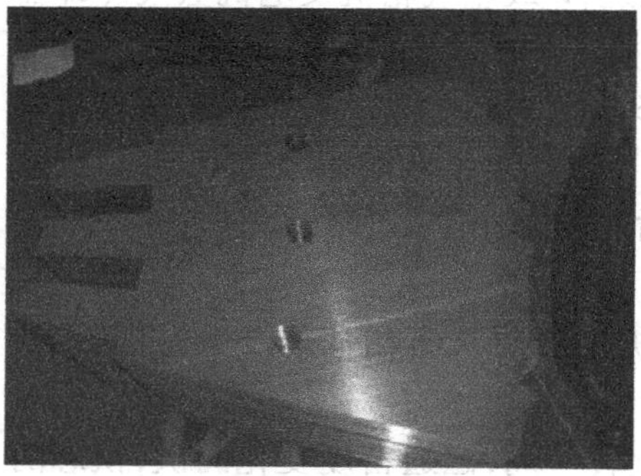

图 1.3　定子铁芯叠片结构

大容量发电机铁芯端部的发热问题比较突出。一方面由于其线性负荷大、磁通密度高、端部漏磁大，同时，定子绕组端部伸出铁芯较长，出槽口后倾斜角大，形成喇叭形，共同造成定子端部存在较强的旋转漏磁场；另一方面隐极式转子绕组其端部必须一排一排地沿轴向排在转子本体两端的护环内，虽然护环采用非磁性钢，但在转子端部仍有一个随转子旋转的漏磁场。

以上两个旋转磁场在定子铁芯端部形成一个合成的旋转磁场，其中以定子端部的漏磁场为主，合成磁路分布复杂，如图 1.4 所示。漏磁通使定子铁芯端部温度升高，发电机的绝缘遭到破坏，在发电机进相运行时影响尤为严重。

为了减少铁芯端部的漏磁和发热，F 级燃气轮机发电机采用了以下措施。靠两端的铁芯段采用阶梯状结构，即铁芯端部的内径由里向外是逐级扩大的。铁芯端部开有楔形燕尾槽，减少涡流损耗与发热。整个定子铁芯通过外圆侧的许多定位筋及两端的齿连接片（又称压指）和压圈或连接片固定、压紧，如图 1.5（a）、（b）所示，再将铁芯和机座连接成一个整体。铁芯

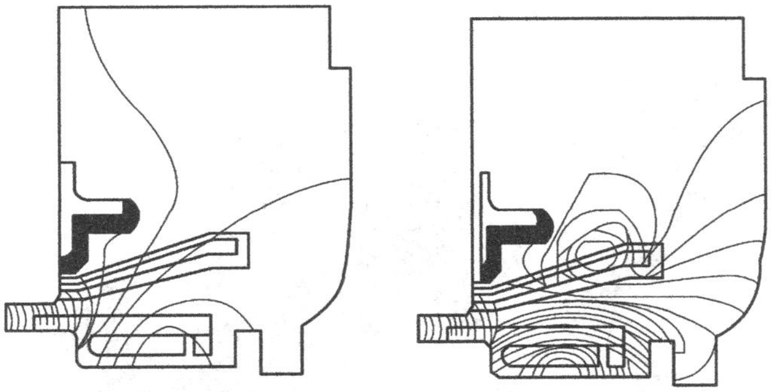

(a)空载时端部漏磁分析　　(b)三相短路时漏磁分析

图 1.4　发电机端部漏磁场分布图

的压紧不用整体压圈而用分块铜制连接片，这种连接片本身也起电屏蔽作用，分块后也会减少自身发热。为了使铁芯轭部和齿部受压均匀和减少连接片厚度，铁芯除固定在定位筋上外，在铁芯内还穿有轴向的拉紧螺杆，再用螺母紧固在连接片上。由于穿心螺杆位于旋转磁场中，各个螺杆会产生感应电动势，因此，必须防止穿心螺杆间形成短路电流。这就要求穿心螺杆和铁芯相互绝缘，所有穿心螺杆端头之间也不能有电的联系，如图 1.5(c)所示。铁芯端外部装设有磁屏蔽结构，以保护端部铁芯不受杂散磁场的影响。转子绕组端部的护环采用非磁性的锰铬合金制成，利用其反磁作用来减小转子端部漏磁的影响。

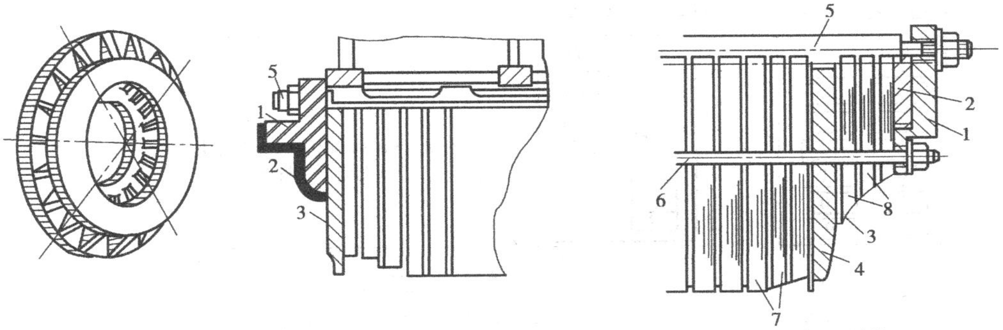


(a)压圈　　(b)端部铁芯固定　　(c)穿心螺杆结构

图 1.5　压圈、压指、穿心螺杆及端部固定
1—压圈；2—电屏蔽；3—连接片；4—压指；5—定位筋；
6—穿心螺杆；7—端部铁芯；8—磁屏蔽

4)定子绕组

定子绕组是定子的电路部分。定子绕组按照一定的形式镶嵌在定子铁芯中，是感应电动势、通过电流、实现机电能量转换的重要部件。

①定子绕组结构。F 级燃气轮机发电机的定子绕组采用三相双层分布绕组。定子绕组采用叠式绕组，每个绕组都是由两根条形线棒各自做成半匝后，构成单匝式结构，然后在端部线鼻处用对接或并头套焊接成一个整单匝式绕组。每匝绕组的端部都向铁芯的外侧倾斜，按渐开线的形式展开。端部绕组向外的倾斜角为 15°~30°，形似花篮，故称为篮式绕组，如图 1.6 所示。

为了平衡股间导线的阻抗，抑制集肤效应，减少直线和端部的横向漏磁通在各股导体内产生环流及附加损耗，使每根子导线内电流均匀，线棒在槽内各股线需进行换位。F 级燃气轮机发电机定子绕组采用 540°换位，如图 1.7 所示。

图 1.6　QFR-400-2-20 型燃气轮机发电机定子外形图

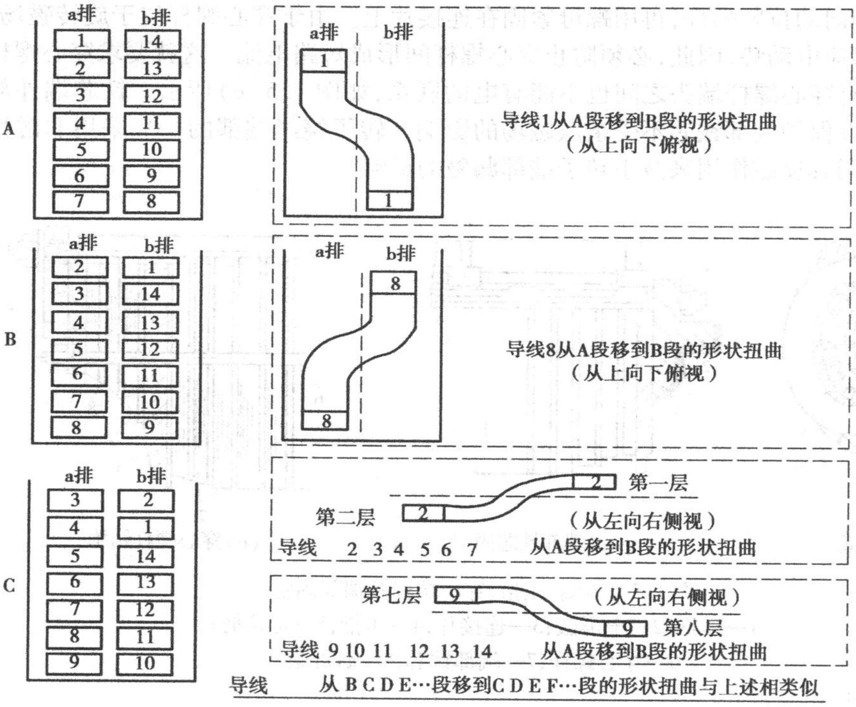


图 1.7　槽内导线换位示意图

1 ~ 14—导线编号;A ~ F—槽部分段,540°换位共分 21 段(14 根导线)

②定子绕组绝缘。定子绕组绝缘包括线棒的主绝缘、股间绝缘、排间绝缘和换位部位的加强绝缘。

主绝缘是指定子导体和铁芯间的绝缘,也称对地绝缘或线棒绝缘。主绝缘是线棒各种绝缘中最重要的一种绝缘,它是最易受到磨损、碰伤、老化、电腐蚀和化学腐蚀的部分。F 级燃气轮机发电机采用多胶环氧粉云母带作为主绝缘材料,耐热等级一般为 B 级或 F 级。B 级最高允许温度为 130 ℃,F 级最高允许温度为 155 ℃。

线棒的制作一般是将换位后的导线垫好股间绝缘、排间绝缘和换位绝缘，经成型、固化、包主绝缘、模压以及表面防晕处理等工艺过程后成型。防晕处理可以防止在槽口和铁芯通风槽处的线棒表面发生电晕或局部放电。

③定子绕组在槽内的固定。发电机运行时，定子线棒的槽内部分受到各种交变电磁力的作用使线棒产生振动和位移。而线棒电流与励磁磁通的相互作用会产生一个与转子旋转方向相同的切向力，使线棒压向槽壁。如果出现振动，就会使线棒与槽壁发生摩擦。这不仅会使绝缘层磨损，而且还会使绝缘层产生累积变形，导线疲劳，导致绕组寿命降低。

F级燃气轮机发电机在固定槽内线棒时，在槽底、上下线棒间及槽楔下，垫以加热后可固化的云母垫条或半导体适形材料制成的垫条，槽侧面用半导体弹性波纹板楔紧，也可用半导体斜面对头楔代替弹性波纹板，在槽口处再用一对斜楔楔紧。THDF108/53型燃气轮机发电机定子线棒截面图及槽内固定如图1.8所示。

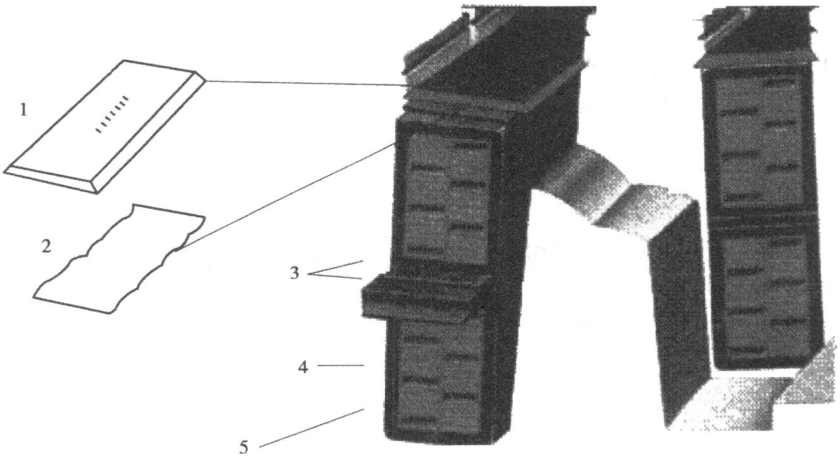


图1.8　THDF108/53型燃气轮机发电机定子绕组层间结构图

1—定子槽楔；2—绝缘弹性波纹板；3—适形垫条；4—热固性树脂云母主绝缘；5—绝缘空心导线

④定子绕组端部固定。由于发电机的定子绕组端部处在端部漏磁场中，而端部绕组较长，且不易固定得像槽内线棒一样紧固，因此容易受到电磁力的危害。发电机容量越大，端部电磁力对端部绕组的危害也越大。

大容量发电机的端部固定方式有多种，但其结构功能有共同点，即在径向、切向刚度很大，而在轴向具有良好的弹性和伸缩性。以390H型燃气轮机发电机为例，对定子绕组端部固定加以介绍。

390H型燃气轮机发电机的定子线圈端部通过玻璃纤维与支架绑扎在一起，再喷上环氧漆来保护云母的绝缘。端部线匝被玻璃纤维环所固定。玻璃纤维环、隔块和热固化的树脂结合在一起，用来分配端部线匝的压力。定子槽内线棒和槽壁之间填充半导体垫条以防止槽内放电，如图1.9所示。

(2)转子

发电机的转子主要由转轴、转子绕组、护环、转子风扇等组成，如图1.10所示。

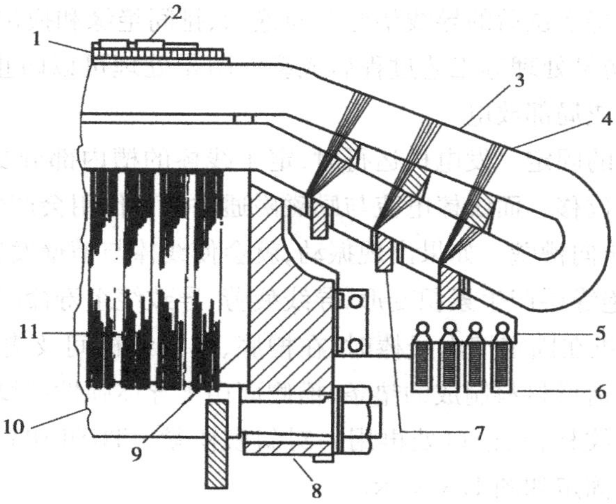


图 1.9　390H 型燃气轮机发电机定子端部固定

1—夹布胶木楔块;2—冲孔叠片组;3—线圈端头;4—玻璃纤维;5—夹布胶木支撑;
6—相连接接头;7—玻璃纤维紧固带;8—法兰;9—齿压板;10—定位棒;11—通风道

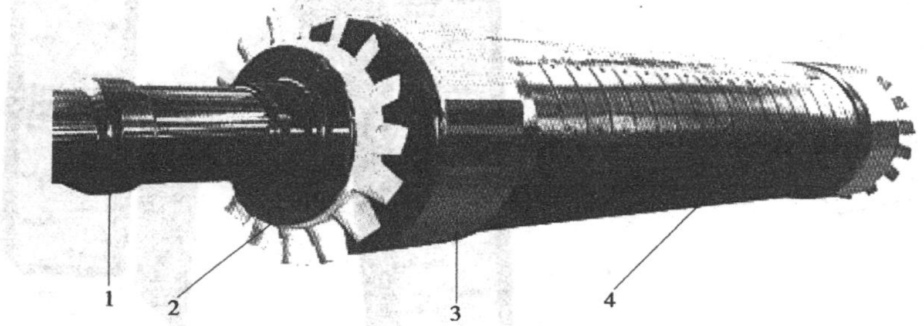


图 1.10　发电机转子结构图

1—转轴;2—转子风扇;3—护环;4—镶嵌转子绕组的转子

1)转轴

发电机的转轴采用导磁性能好和机械强度高的优质合金钢锻件加工制成。转轴上沿轴向铣有安放转子绕组的槽。转子槽形有矩形槽、梯形槽、阶梯形槽,这 3 种槽形在大容量发电机上都有采用。有的转子为了避免发电机运行时气隙磁通和转子轭部磁通在近磁极中心部分的局部饱和,在靠近大齿两侧的两个槽铣成较宽较浅的槽,如图 1.11 所示。

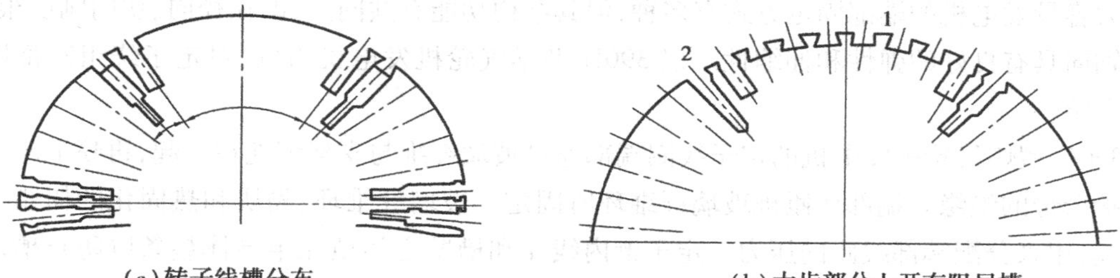


(a)转子线槽分布　　(b)大齿部分上开有阻尼槽

图 1.11　转子上的轴向槽

1—阻尼槽;2—转子线槽

若转子上装设阻尼绕组，大齿极面上铣有和转子槽距相等的浅形阻尼绕组槽。如装全阻尼，则极面上浅槽长和镶嵌转子绕组的转子长相等。如装半阻尼，浅槽只在镶嵌转子绕组的转子两端沿轴向向中心铣几厘米长。F 级燃气轮机发电机组中均采用了半阻尼的结构。阻尼绕组能够提高发电机承受不对称负荷的能力，有效地削弱负序电流对转子发热的不利影响。

转子表面铣出线槽后，磁极轴线上的大齿部分刚度比极间开槽区内的大，当转子旋转时，受自重和惯性转矩影响，依转子位置的不同，转轴弯曲程度也不同，产生振动。因此对大型的细长转子，常在大齿表面上沿轴向铣出一定数量的圆弧形横向月牙槽，使大齿区域和小齿区域两个方向的刚度接近相等，降低转子振动。图 1.12 为 QFR-400-2-20 型燃气轮机发电机转子本体。

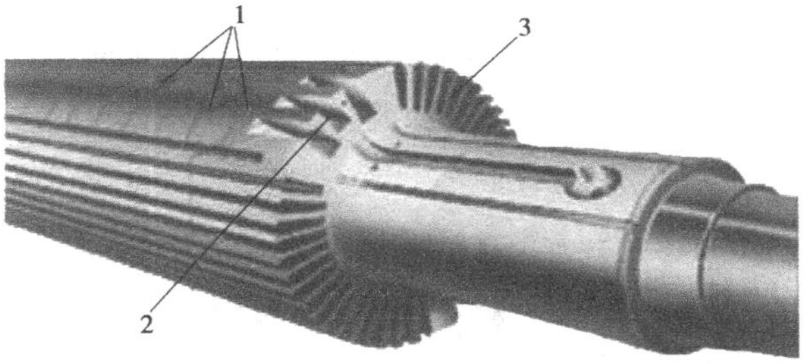


图 1.12　QFR-400-2-20 型燃气轮机发电机转子本体

1—月牙槽；2—转子端部风道；3—下线槽

2）转子绕组

转子绕组由转子线圈、槽绝缘及固定、匝间绝缘、端部绝缘及固定、冷却通道等组成。以 QFR-400-2-20 型燃气轮机发电机为例，如图 1.13 所示。转子绕组匝间垫条和绕组主绝缘分别采用环氧玻璃布板和玻璃坯布 NOMEX 纸槽衬。转子绕组在槽内用合金钢和铍青铜槽楔固定。

转子绕组的材质是含银铜线，既能保证机械强度，也能保证较好的抗蠕变性能。转子绕组的槽绝缘和层间绝缘采用能够承受铜排离心力的加固玻璃丝纤维绝缘结构。绕组端部匝间绝缘采用与直线部分相同材料的匝间垫条。

转子绕组放置在槽中，用槽楔将绕组压紧固定。槽楔具有防止绕组产生位移的作用。为了减少槽部漏磁通，槽楔采用非磁性材料。此外，由于槽楔处于转子的表面，槽楔也成为阻尼系统的一部分，在其表面感应出倍频电流，起阻尼绕组的作用，以提高发电机承受不对称负荷的能力。当转子旋转时，槽楔会受导体和槽楔自重的离心力，因此，槽楔必须具有足够的机械强度。

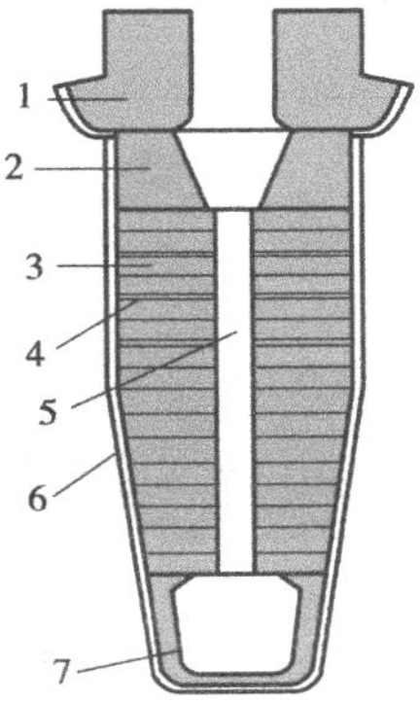


图 1.13　QFR-400-2-20 型燃气轮机发电机转子绕组槽内结构图

1—槽楔；2—绝缘填料；3—转子线圈；4—匝间绝缘；5—径向冷却通道；6—槽绝缘；7—冷却通道

3)转子绕组端部及护环

为了最大限度地提高通风量和冷却效果,转子绕组的端部除了匝间绝缘外是裸露的,还在线圈和护环之间设置了一层较厚的环氧树脂板,端部绕组中的环氧树脂板起隔离和支撑线圈的作用,同时限制了因受热和转动力所引起的位移。

转子护环对转子端部绕组起固定、保护作用,防止其变形、位移以及偏心。护环承受转子绕组端部及本身巨大的离心力、弯曲应力及热套应力等,通常用非磁性高合金奥氏体钢制成,非磁性材料能够有效地防止转子端部绕组漏磁,提高发电机的效率。目前的 F 级燃气轮机发电机均采用 18Mn18Cr。

以 QFR-400-2-20 型燃气轮机发电机为例,护环热套在转轴上,用环键固定。护环绝缘内表面与铜线接触的部分设有滑移层,这种结构允许转子绕组在轴向无约束地热膨胀,避免附加应力,如图 1.14 所示。

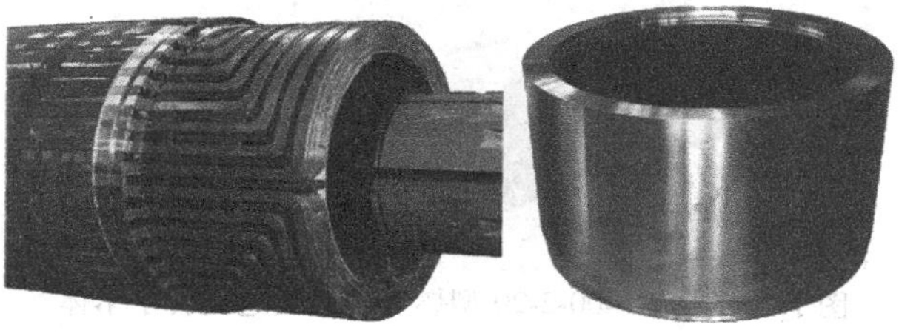

图 1.14　QFR-400-2-20 型燃气轮机发电机转子绕组端部及护环

4)集电环

集电环安装在转轴末端,是转子绕组的接线端,与碳刷相接触将发电机励磁系统输出的直流电流送入转子激磁,如图 1.15 所示。集电环的材质要求机械强度大,并是电的良导体,还要具有耐腐蚀性,在与电刷滑动接触时,必须具备耐磨性和稳定的滑动接触特性。集电环表面有螺旋形凹槽可以使集电环与碳刷均匀接触,有利于将碳刷和集电环摩擦所产生的热量散出。

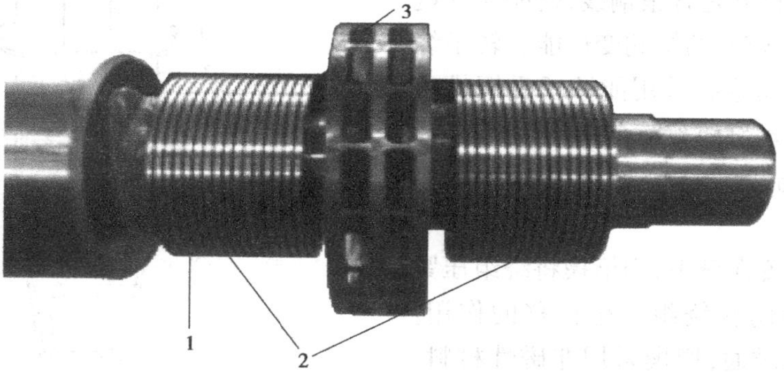


图 1.15　发电机集电环

1—凹槽;2—集电环;3—风扇

(3)电刷

电刷由石墨及其他材料做成,有良好的导电性,较低的摩擦系数和自润滑的功能。电刷与集电环接触并相互摩擦,使转子绕组与励磁系统相连。以 QFR-400-2-20 型燃气轮机发电机为例,每个电刷带有两根柔性的铜引线(即刷辫),螺旋式弹簧恒定的将压力施加在电刷中心上,如图 1.16 所示。

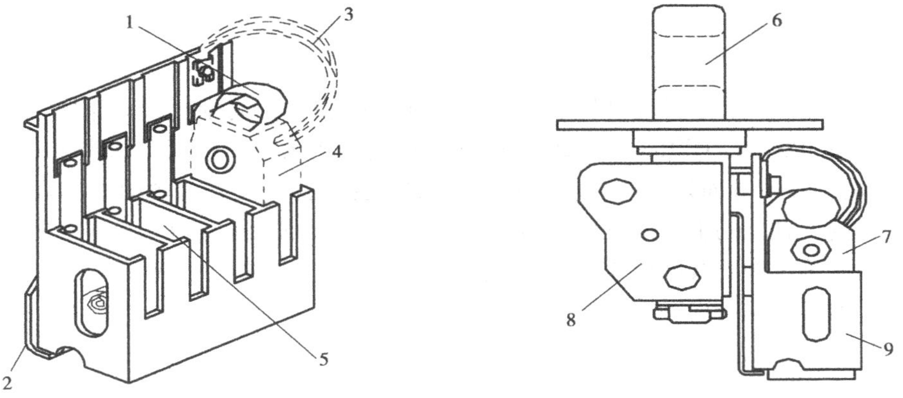


图 1.16　QFR-400-2-20 型燃气轮机发电机电刷结构图

1—弹簧;2—保持器;3—刷辫;4,7—电刷;5—电刷室;6—绝缘手柄;9—刷盒

(4)氢气冷却器

F 级燃气轮机发电机的氢气冷却器位于发电机顶部的外罩内。由于发电机定子、转子线圈内通过很大的电流,定子铁芯等承受很强的交变磁场等原因,在发电机内部会产生大量的热量,这些热量必须及时排出,否则发电机将无法运行。氢气冷却器就是把发电机内氢气的热量传递给外循环的冷却水,从而将发电机内热量排出。

QFR-400-2-20 型燃气轮机发电机氢气冷却器由水箱、套片、冷却水管和外壳组成。冷却器采用穿片式结构,承管板采用海军黄铜板,冷却水管用铜镍合金的白铜管。冷却水管通过胀管的形式与承管板连接,如图 1.17 所示。

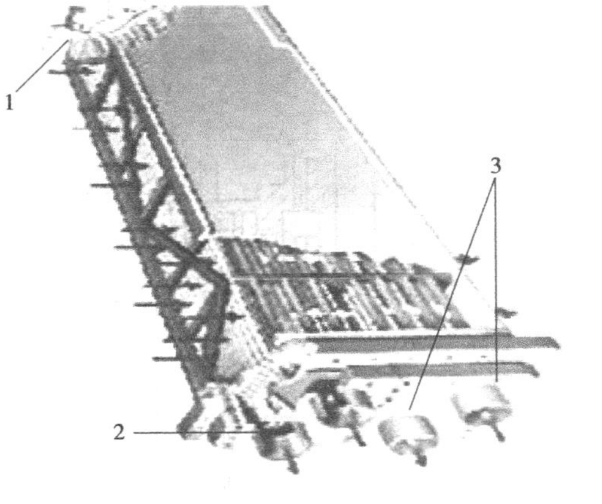


图 1.17　QFR-400-2-20 型燃气轮机发电机氢气冷却器

1—承管板;2—安装法兰;3—进出水法兰

(5)定子出线

定子出线导杆是装配在出线瓷套管内的,两者组成了出线瓷套端子。出线穿过装在出线盒上的瓷套端子,将定子绕组出线引出机座外。

F 级燃气轮机发电机的出线结构相似,如 QFR-400-2-20 型燃气轮机发电机,在机座下方有 6 个出线套管,其中 3 个出线端,3 个中性点。定子电流经定子引线、出线套管引出。定子出线套管为氢内冷的瓷套管。

(6)轴承和密封座

1)轴承

轴承是支撑发电机转子并允许转子高速转动的承力部件,由高刚性的、其内壁加有巴氏合金衬里的金属块组成。以 QFR-400-2-20 型燃气轮机发电机为例。轴瓦套为水平中分的上下两半,用两侧的销在中分面处定位对中。上、下半轴瓦套内各安装有两块轴瓦,轴瓦通过垫块支撑在轴瓦套内。轴瓦的上半部分为普通椭圆形轴瓦,下半部分由带球面座的可倾斜轴瓦组成。下瓦套内圆垂线中心线两侧 45°位置各有一个可倾斜的瓦块,下瓦套的球面座可使轴瓦具有自调心功能。瓦块内设有泄油沟,如图 1.18 所示。

图 1.18　QFR-400-2-20 型燃气轮机发电机的轴承和轴瓦

2)密封座

密封座装在轴承内侧防止机座沿着转轴方向漏氢;当密封油的压力大于机座内的压力时,密封油被压入密封瓦的槽里。通过密封瓦与转轴的间隙流到氢侧和空气侧,防止氢气从机内泄漏。QFR-400-2-20 型燃气轮机发电机在正常运行工况下,密封油压大于发电机内氢气压力为(0.06 ±0.01) MPa。具体结构如图 1.19 所示。

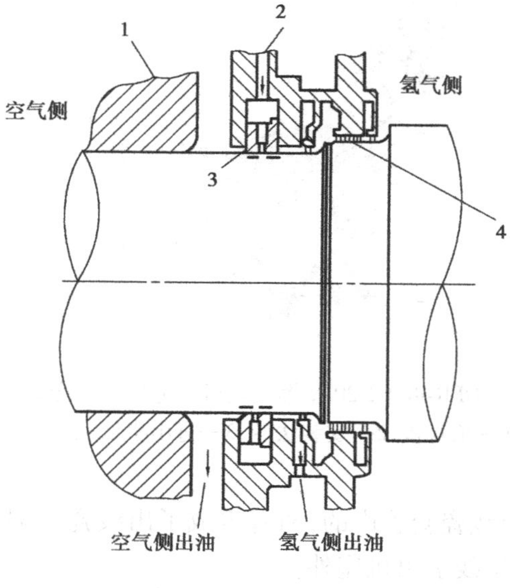


图 1.19　QFR-400-2-20 型燃气轮机发电机密封油座示意图

1—轴承;2—进油孔;3—密封瓦;4—挡油盖梳齿

3)轴电压和轴电流

①轴电压和轴电流的概念。轴电压是指发电机组在正常运行时,在其转轴两端会产生电压差,或称对地有轴电压。轴电流是指当发电机两端通过地提供了回路,轴电压将在转子一端通过轴承到外壳或地再到另一端上产生非常大的电流。

②轴电压的防护措施。发电机正常运行时轴电压的产生是不可避免的,但是必须采取措施加以抑制,否则一旦轴电压足以击穿轴与轴承之间的小间隙油膜时,便会发生放电,使滑油油质逐渐劣化,严重时将导致轴瓦烧坏。

a. 抑制轴电压幅值。发电机组在发电机驱动端安装了轴接地碳刷,从而抑制直流静电电压和交流耦合电容电压的建立。

b. 切断轴电流回路。通过将发电机励磁端的轴承、励磁机和副励磁机的落地式轴承对地绝缘的方法,切断流过转子及轴承的轴电流回路。通常采用外绝缘法,在轴承座对地之间以及与这些轴承座连接的油管路的法兰盘之间安装绝缘垫。一般用两层绝缘垫片中间夹一片金属片。此金属片在悬浮电位状态,用引线将金属片引至机壳上的端子,以便监测绝缘状态。

③轴电压的监视。在实际运行中,由于安装、运行环境的恶化、磨损等,会使得转子轴接地不好或轴承绝缘下降,导致轴电压上升,轴电流增大,最终可能损坏轴瓦。因此,定期测量轴电压应及时改善发电机运行情况是十分必要的。如图1.20所示,定期测量$U_2$、$U_3$和$A$,从数据的变化可以判断发电机的状况。

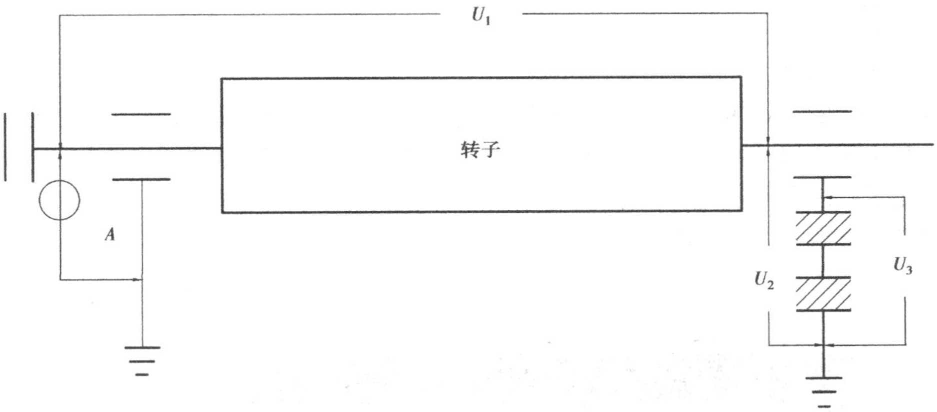


图1.20　轴电压监视原理图

图1.20中,$U_1$:发电机转子两端轴电压差,正常情况下主要由转子磁不对称导致的轴电压。$U_2$:发电机励磁端轴对地电压。$U_3$:发电机励磁端轴承座对地电压。$A$:发电机前端接地碳刷的接地引下线上测得的电流。

### 1.1.3　发电机冷却方式

发电机的发热部件主要是定子绕组、定子铁芯、转子绕组以及铁芯两端的金属附件。必须采用高效的冷却措施,使这些部件产生的热量及时散发出去,保证发电机各部分温度不超过允许值。

目前,发电机的冷却介质主要有空气、氢气、水。氢气是气体中密度最小的。它是无色、无味和无嗅的气体,在标准状况下,1 $m^3$ 的氢气质量为89.87 g,而同等情况下的空气质量为

1 293 g。运行经验表明，发电机的通风冷却损耗与冷却介质的质量相关，冷却介质质量越轻，损耗越小，反之亦然。氢气的有利特性不仅是质量轻，而且其传热系数也比较高。氢气的传热系数是空气的1.51倍。以空气特性为基准，特性比较见表1.2。

**表1.2　氢气和空气的特性比较**

| 气体的特性 | 空气 | 氢气 | 气体的特性 | 空气 | 氢气 |
|---|---|---|---|---|---|
| 密度 | 1 | 0.069 6 | 单位容积含热量 | 1 | 0.996 |
| 热传导率 | 1 | 6.69 | 是否助燃 | 是 | 否 |
| 从表面到气体的传热系数 | 1 | 1.51 | 氧化剂 | 有 | 无 |

但是氢气是易燃易爆的气体。在密闭的容器中，当氢气与空气混合，氢的含量在4% ~ 75%的范围内，即形成易爆的混合气体。在发电机的冷却系统中，冷却介质可按照不同的方式进行组合。目前，国内F级燃气轮机发电机广泛应用的冷却方式有以下两种：

①全氢冷：定子铁芯采用氢外冷，定子绕组、转子绕组氢内冷。QFR-400-2-20型和390H型燃气轮机发电机采用此种冷却方式。

②水氢氢冷：定子绕组采用水内冷，转子绕组氢内冷，定子铁芯氢外冷。THDF108/53型燃气轮机发电机采用此种冷却方式。

下面对这两种冷却方式加以介绍：

(1)全氢冷冷却方式

1)定子冷却方式

如图1.21所示，QFR-400-2-20型燃气轮机发电机定子采用单风区全径向通风。氢气在铁芯两端从定子绕组端部和转子护环之间进入气隙，再沿径向经过铁芯风道流入铁芯背部。氢气冷却定子铁芯和定子绕组后进入沿轴向布置在机座顶部的冷却器，冷却后由转轴两端的轴流风扇鼓入发电机内部再次循环。

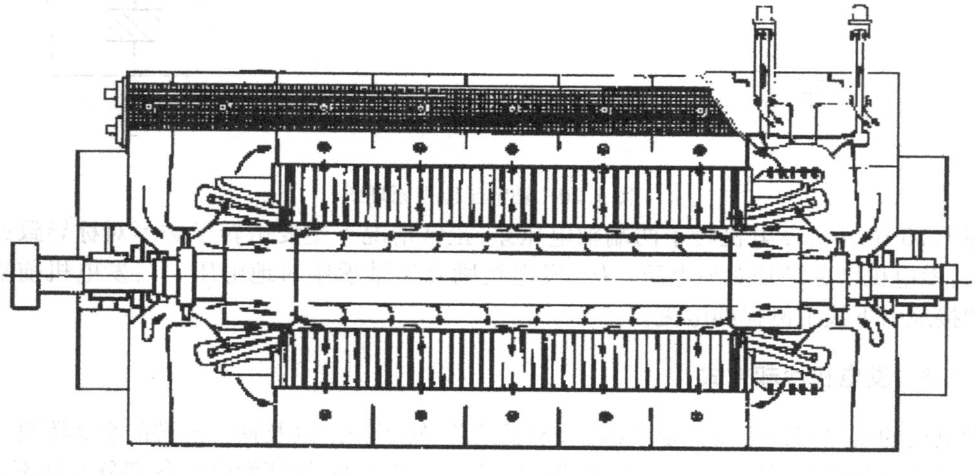

图1.21　QFR-400-2-20型燃气轮机发电机通风示意图

2)转子冷却方式

氢气从中心环和转轴之间的空隙进入护环下的区域。一部分进入由端部垫块形成的S形风道表面冷却转子线圈端部,经大齿甩风槽进入气隙。转子线槽底部设有轴向风道,气体从转子本体两端进入槽底风道后,沿轴向向转子中部流动,经转子绕组径向风孔冷却转子绕组后进入气隙,再进入定子铁芯径向风道,如图1.22所示。

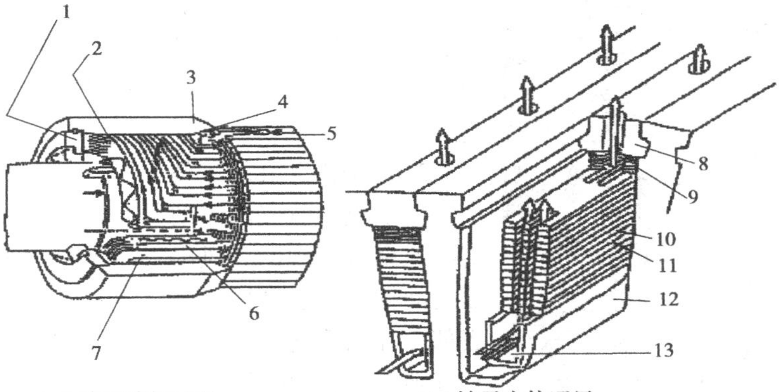


(a)转子端部通风　(b)转子本体通风

图1.22　QFR-400-2-20型燃气轮机发电机转子冷却

1—中心环;2,6—挡风块;3—护环;4—环键;5—通风槽;6—挡风块;7—转子线圈端部;8—槽楔;9—填料;10—层间绝缘;11—转子线圈;12—槽衬;13—通风槽

(2)水氢氢冷冷却方式

1)定子绕组的冷却

THDF108/53型发电机定子绕组采用冷却水进行冷却,配置专门的冷却水回路。发电机定子绕组由一定比例的不锈钢空心股线和实心铜股线混编而成。不锈钢空心股线通冷却水对定子绕组进行冷却,实心铜股线起导流作用。图1.23为定子冷却水系统简图。

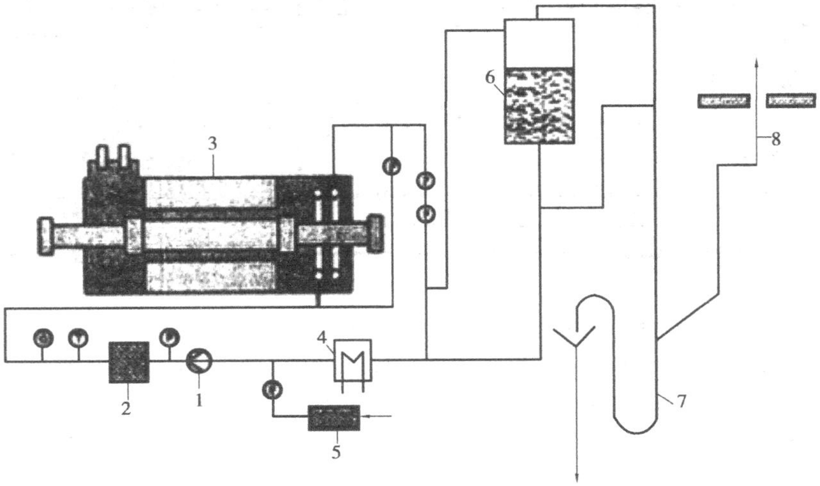


图1.23　定子冷却水系统简图

1—水泵;2—过滤器;3—发电机;4—冷却器;5—补水过滤器;6—定子水箱;7—水封溢水管;8—排气管

图1.24中从定子冷却水供水装置出来的冷水经发电机入口中设置的过滤器进入发电机

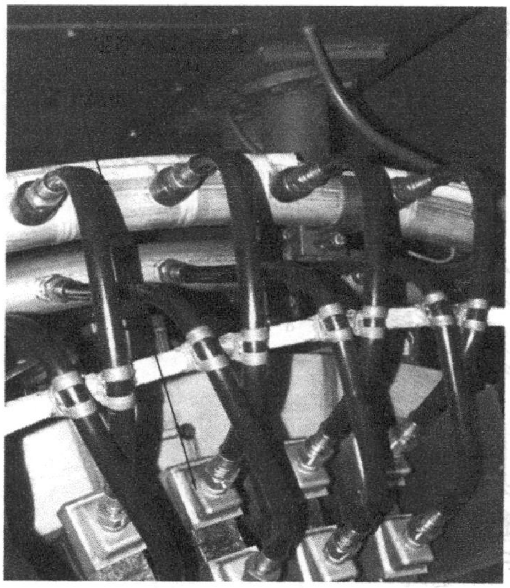

图 1.24　定子冷却水进出水端部结构图

定子绕组的进水汇流管,再经过定子绝缘引水管进入定子绕组的不锈钢导水管。热水从定子绕组流出,经绝缘引水管,出水汇流管后,从发电机顶端流出,回到定子水供水装置,从而保证了发电机定子绕组及汇流管始终充满冷却水。在发电机入口管道处设有反冲洗管道,可对绕组进行反冲洗或通过旁路对绕组或管道进行清洗。

2)定子铁芯和转子绕组的冷却

发电机内氢气的流动是通过转子励端的单个径向离心风扇来实现的。风扇将冷氢从水平布置的氢冷却器之间抽出,送至励端定子绕组端部空间,再通过机座底部冷却风管送至气端定子绕组的端部空间。两端均有气隙密封,防止进入转子的冷氢流向定子气隙。

在每一端端部线圈的空间,冷氢分为 3 通道,如图 1.25 所示。

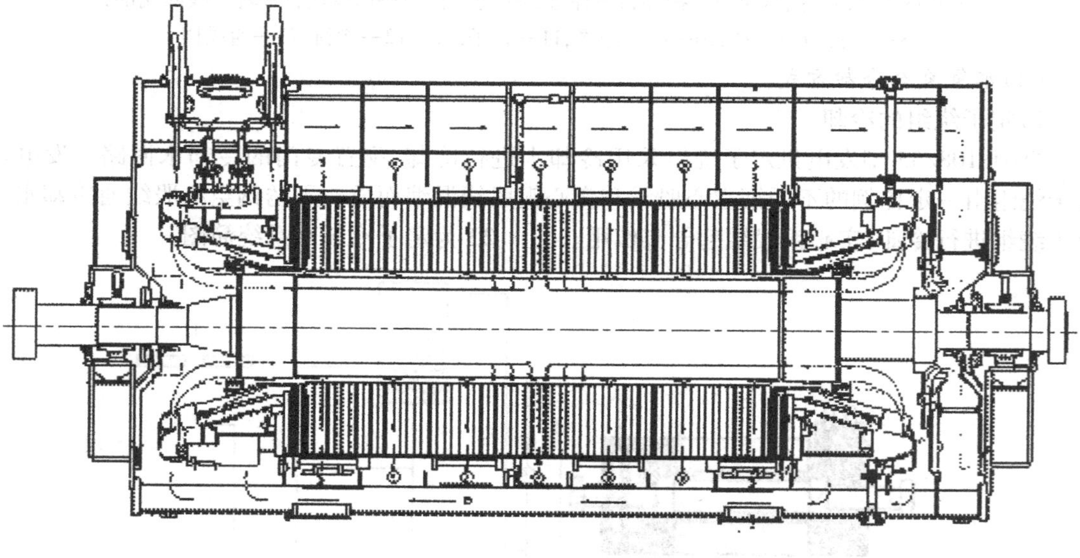

图 1.25　THDF108/53 型燃气轮机发电机通风冷却示意图

①通道 1。冷氢直接通过定子端部线圈流至铁芯端部风区。冷氢流过铁芯端部的四档径向风道、压板、压板与磁屏蔽之间的间隙。沿着这一风路,冷氢吸收了此部分产生的热量,然后热氢进入定子铁芯背部区域。

②通道 2。冷氢经转子端部线圈下而进入转子。在转子端部线圈区域,冷氢通过位于导线侧面的风孔进入空心铜线。然后冷氢再分成两路:一路较少的冷氢经每根铜线的单一通风孔流向圆弧部分的中心位置,通过位于导线侧面的风孔并汇集于端部线圈下面的空间,然后热氢通过转子大齿的通风槽排入气隙;另一路较多的冷氢经每根铜线的双通风孔流向转子轴中心,再经导线和转子槽楔的径向通风孔排出转子进入气隙。这部分线圈温度最高,因此,冷却气体是沿着轴向不同位置排出,以降低温度。

③通道3。冷氢流过气隙和端部绕组空间之间的密封。气隙密封的设计允许少量的冷氢进入气隙与转子排出的热氢混合。然后氢气流过定子铁芯的径向风道,吸收铁芯释放的热量,然后流出铁芯,到达热氢区域,再流进冷却器。

### 1.1.4　发电机氢气系统

(1)氢气系统的作用

大容量的发电机采用氢气作为冷却介质,需要建立一套专门的供给氢气系统。这个系统能保证给发电机充氢和补氢,自动监视和保持发电机内氢气的额定压力、规定的纯度以及冷却器冷端的氢温。

发电机氢气系统的主要作用可以归纳为以下几点:

①维持机内正常运行时所需的气体压力和纯度。发电机内氢气压力低于正常值时会导致发电机内冷却效果不佳。发电机内氢气纯度必须维持在不小于95%。氢气纯度低,不仅影响冷却效果,而且还会增加通风损耗。当低于密封油压力过多,严重时会出现大量进油的情况。

②干燥氢气,排出可能从密封油系统进入发电机内的水气。氢气中的含水量过高对发电机将造成多个方面的不良影响,在发电机外设置专用的氢气干燥器,进氢管路接至转子风扇的高压侧,回氢管路接至风扇的低压侧,从而使机内氢气不断地流经干燥器,使其得到干燥。

③氢气系统中针对各运行参数设置有不同的专用表计,用以现场监测,超限时会发出报警信号,如氢气压力、纯度、冷氢热氢温度、含水量、补充氢气流量等。

④由于发电机内空气和氢气不允许直接置换,需要使用二氧化碳作为中间介质,以免形成具有爆炸浓度的混合气体,实现发电机安全的充、排氢操作。

(2)氢气纯度的要求

保持高纯度氢气的主要目的是提高发电机的效率。氢气纯度下降,其密度增大,发电机的风摩损耗相应的增大。一般情况下,氢气压力不变时,其纯度每下降1%,其风摩损耗约增加11%。

在发电机运行过程中,氢气纯度下降的主要原因有:密封瓦的氢侧回油带入溶解于油的空气;密封油箱油位过低时,从主油箱补充油中混入空气。氢气纯度降低,其有害杂质主要是氧气,因此,有的发电机也通过测量氢气系统中氧气的含量来反映氢气的纯度。对于大容量的发电机一般要求氢气系统中含氧量不超过1%。

(3)氢气湿度的要求

1)发电机氢气湿度的表示方式

湿度是表示气体中含水蒸气的一个物理量。在发电机氢气系统中一般用露点来表示。露点是指气体在水蒸气含量和气压不变的条件下,冷却到蒸汽饱和(出现结露)时的温度。气体中水蒸气的含量越少,露点越低。反之,水蒸气含量越多,露点就越高。因此,露点的高低是衡量气体中水蒸气含量多少的一个尺度。

2)对发电机内氢气湿度的要求

氢冷发电机不仅对氢气的纯度有规定,而且对机内氢气的湿度也有严格的规定。氢气的湿度过高不仅影响绕组的电气绝缘强度,而且还会加速转子护环的应力腐蚀,导致裂纹的出现。

根据我国《氢冷发电机氢气湿度的技术要求》(DL/T 651—1998)中对于200 MW以上氢

冷发电机的规定。机内的氢气和供发电机充、补氢用的新鲜氢气，湿度均以露点表示，其规定如下：

①发电机在运行氢压下的氢气允许湿度高限应按发电机的最低温度，由表1.3可知。规定发电机内允许最低温度的低限为 $t_d = -25$ ℃。

**表1.3 发电机内最低温度限值与允许氢气湿度高限值的关系**

| 发电机内最低温度/℃ | 5 | ≥10 |
|---|---|---|
| 发电机在运行氢压下的氢气允许湿度的高限/℃ | 露点温度 $t_d < -5$ | 露点温度 $t_d < 0$ |

注：发电机内最低温度可按如下规定确定：

①稳定运行中的发电机：以冷氢温度和内冷水入口水温中的较低值。

②停运和开、停机过程中的发电机：以冷氢温度、内冷水入口水温、定子线棒温度和定子铁芯温度中的最低值，作为发电机内的最低温度值。

②供发电机充、补新鲜氢气在常压下的允许湿度：对新建、扩建发电厂露点温度 $t_d \leq -50$ ℃；对已建发电厂露点温度 $t_d \leq -25$ ℃。对于进口的发电机组应按制造厂规定的氢气湿度来控制，若无明确规定，则可参照此标准来执行。

(4)氢气系统的组成

以某电厂THDF108/53型水氢氢冷发电机的氢气系统为例，如图1.26所示，对氢气系统的组成加以介绍。

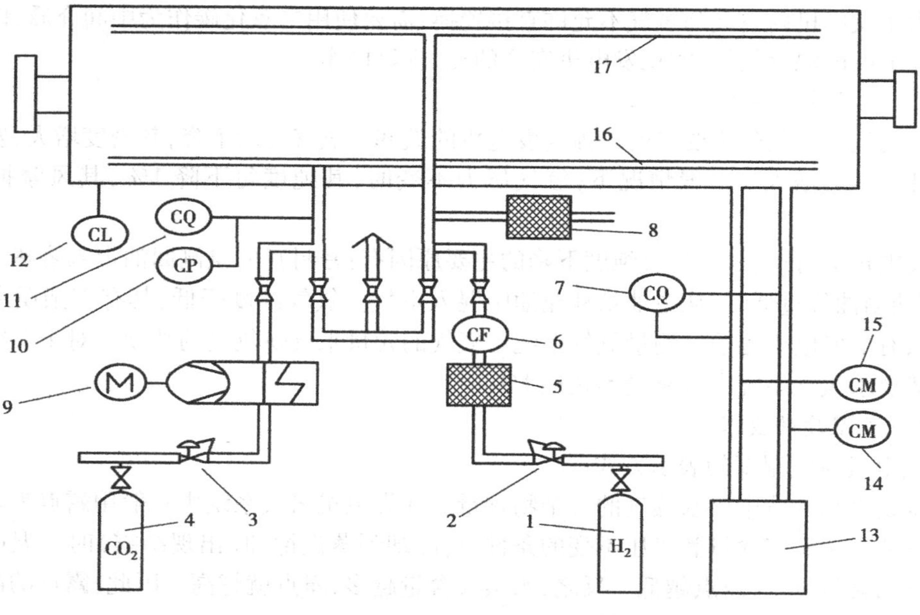


图1.26 THDF108/53型燃气轮机发电机的氢气系统简图

1—氢气瓶及汇流排；2—氢气减压阀；3—二氧化碳减压阀；4—二氧化碳瓶及其汇流排；5－氢气过滤器；6—氢气流量仪；7—绝缘过热监测装置；8—空气过滤器；9—二氧化碳蒸发器；10—压力变送器；11—气体纯度分析仪；12—漏液检测装置；13—双塔吸附式氢气干燥器；14—湿度仪（干燥器出口）；15—湿度仪（干燥器入口）；16—发电机底部二氧化碳分流管；17—发电机顶部氢气分流管

氢气系统由氢气汇流排、二氧化碳汇流排、二氧化碳蒸发器、氢气控制装置、氢气干燥器、发电机绝缘过热监测装置、发电机漏液检测装置、发电机漏氢检测装置等组成。当系统正常运行时，来自气瓶中的氢气通过减压阀、氢气过滤器、氢气流量仪，沿顶部氢气分流管进入发电机内部，以维持发电机正常运行的需要。

1）氢气汇流排

氢气汇流排由 10 瓶组高压回流排和 2 级减压阀构成，来自气瓶中的氢气需经过两次减压后，在通过氢气控制装置再次减压后送到发电机，发电机内氢气压力在 0.5 MPa 左右。

2）二氧化碳汇流排

二氧化碳汇流排由 10 瓶组汇流排和 1 个压力表组成。汇流排上的压力表显示气瓶内的压力，当压力低于 1 MPa 时即认为是空瓶。

3）二氧化碳蒸发器

二氧化碳蒸发器中组合了两套蒸发装置，各有两个风扇、两个热交换器和一个电磁阀。为了防止二氧化碳蒸发时因吸热而在热交换器和管道结霜或冻结，两个蒸发装置每工作 8 ~ 10 min 相互切换一次，具体切换时间根据环境温度和实际流量来设置。切换工作由电磁阀来完成。为了保证蒸发器的工作效率，要求蒸发器的工作环境温度不得低于 5 ℃。

4）氢气控制装置

氢气控制装置是一个集装装置，主要包括气体置换系统和气体监测系统。气体置换系统由气体过滤器、氢气压力减压阀、置换阀门、氢气质量流量仪、补充氢气压力变送器、发电机内压力变送器等组成。气体监测系统由两台并联的三范围气体纯度分析仪和一台机内压力分析仪组成。

5）氢气干燥器

氢气干燥器用于干燥发电机内的氢气，以防机内水分过高时对发电机内的绝缘产生危害。干燥器由两个干燥塔组成，塔内装填有干燥剂和加热元件，一个工作时，另一个加热再生。每个塔内装有一台循环风机连续工作。系统中的干燥循环是闭式循环，不会消耗氢气，也不会引入空气。氢气干燥器的入口和出口分别装有一台露点仪。入口露点仪用以监测干燥器入口即发电机内的氢气湿度。出口露点仪用以监测干燥器的干燥效果。

6）发电机绝缘过热监测装置

发电机绝缘过热监测装置用以监测发电机内部绝缘材料是否有过热现象，在本节后续内容中，将有详细的介绍。

7）发电机漏液检测装置

发电机漏液检测装置用以检测发电机水冷定子线圈或氢气冷却器因泄露而积累在发电机底部的液体，同时也可用以检测渗漏到发电机内的密封油或轴承油。

8）发电机漏氢检测装置

漏氢检测装置为一台可燃气体巡回检测仪。装置上设有 8 个通道，最多可监测 8 个部分的漏氢情况。

（5）发电机内气体的置换

气体的置换应在发电机静止或盘车时进行，同时密封油系统和排油烟机应投入运行。如出现紧急情况，可在发电机减速过程中进行气体置换，但不允许发电机在高速运行的情况下充入二氧化碳气体。

1）二氧化碳置换空气

二氧化碳瓶已与汇流排连接完毕，气体分析仪、氢气控制器、二氧化碳蒸发器处于工作状态，各个阀门位置正常。设置气体分析仪取样来自发电机底部，工作状态为“空气中的二氧化碳”。来自二氧化碳气瓶的二氧化碳气体经过减压阀、二氧化碳蒸发器到二氧化碳分流管，进入发电机的底部，机内空气从发电机顶部的氢气分流管路，经图1.26中箭头所示方向排出。当发电机内二氧化碳的浓度≥90%时停止充入二氧化碳的操作。

2）氢气置换二氧化碳

操作前须确认发电机内已经充满二氧化碳气体。气体分析仪、氢气控制器处于工作状态，各个阀门位置正常。设置气体分析仪取样来自发电机顶部，工作状态为“二氧化碳中的氢气”。来自氢气瓶的氢气，经过减压阀、氢气过滤器后到氢气分流管，进入发电机顶部。当发电机内氢气纯度达到98%时，则认为发电机内已经充满了氢气。此时继续向发电机内充入氢气以升高压力，氢气压力每升高0.1 MPa约需要1倍的发电机容积的氢气。当达到氢气压力的规定值时，停止向发电机内充入氢气。

3）二氧化碳置换氢气

当发电机密封油系统需要退出运行、氢气系统附近需要进行焊接作业或发电机上需要进行作业时必须排出发电机内的氢气，进行置换操作。

首先应降低发电机内氢气的压力，进行此项操作前应确认发电机处于停机状态或盘车状态。机内的氢气通过氢气分流管和二氧化碳分流管，经图1.26中箭头所示方向排出。当机内氢气压力不大于20 kPa时，可以向发电机内充入二氧化碳气体。设置气体分析仪取样来自发电机底部，工作状态为“二氧化碳—氢气”。当确认有二氧化碳进入发电机后，将气体分析仪取样设置在发电机顶部。来自二氧化碳气瓶的二氧化碳气体经过减压阀、二氧化碳蒸发器到二氧化碳分流管，进入发电机的底部，机内氢气从发电机顶部的氢气分流管路，经图1.26中箭头所示方向排出。当机内二氧化碳浓度不小于95%时，操作完毕。

4）空气置换二氧化碳

首先应确认发电机内已经充满二氧化碳，将气体纯度仪设置在“二氧化碳—空气”。此时来自压缩空气系统的空气通过空气过滤器、氢气分流管进入发电机内。而发电机内的二氧化碳气体通过二氧化碳分流管，经图1.26中箭头所示方向排出。当气体分析仪显示二氧化碳中空气的含量为100%后，说明机内置换完毕。

### 1.1.5 发电机故障在线监测装置

对于发电机来说，其常见的故障有定子铁芯故障、定子绕组故障、定子端部线圈故障、转子本体故障、转子绕组故障等。无论是哪一种故障都会按一定的模式或机制发展，即从最初的缺陷发展成为故障，在劣化的过程中总有一些特征量可以反映劣化的情况。发电机的在线监测装置，就是通过对这个过程中各个特征量的监测，来反映发电机内故障的发展情况。下面以某F级燃气轮机发电厂所使用的JDY-Ⅲ型局部放电监测仪和FJR-ⅡA型绝缘过热监测装置加以介绍。

（1）JDY-Ⅲ型局部放电监测仪

JDY-Ⅲ型发电机局部放电监测仪的安装原理如图1.27所示。装置采用固定接线，其测量点为发电机中性点，利用中性点耦合的方式取放电信号。该装置采用脉冲电流法的原理，当发电机发生绝缘放电时，在监测耦合回路引起电荷转移，产生高频脉冲。此脉冲经传输电缆耦合至主机前置放大器部分，在微电脑电路的控制下，进行放大和各种信号的处理，最后以数字值的方式通过计算机显示PC值和放电波形，报警设定值为$0.01\times10^{8}$ PC，达到或者高于此值时系统自动报警。

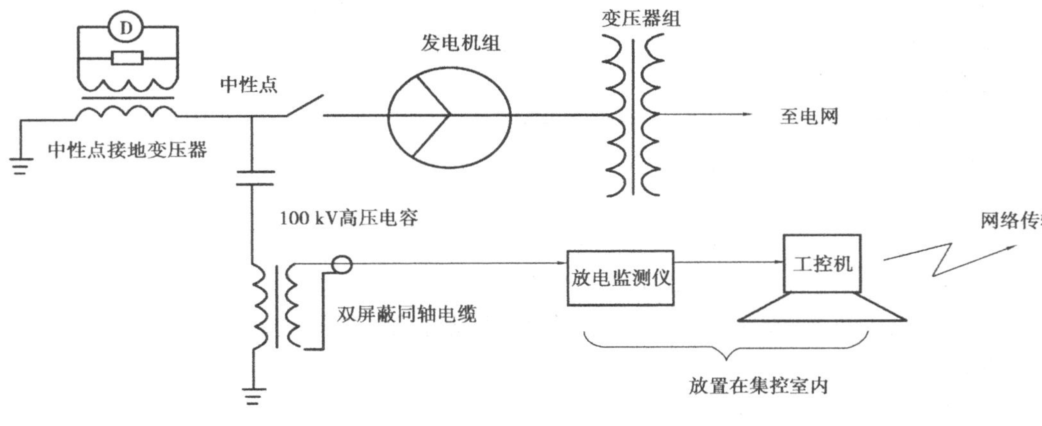


图1.27　JDY-Ⅲ型发电机在线监测仪安装原理图

(2)FJR-ⅡA 型发电机绝缘过热监测装置

FJR-ⅡA 型发电机绝缘过热监测装置在线检测时接通氢气管路，将连接管路与发电机本体构成密闭循环系统，如图1.28所示。在发电机风扇压力的作用下，使机内的氢气流经装置内部。氢气在受到离子室内α射线的轰击，使得氢气电离，产生正、负离子对，又在直流电场作用下，形成极为微弱的电离电流。电离电流经放大器放大后，显示数值。在发电机运行过程中，当其部件绝缘出现局部过热时，过热绝缘材料热分解后，产生冷凝核，该核随气流进入装置内。由于冷凝核远比氢气分子的体积大且重，负离子附着在冷凝核上，负离子运行速度受阻，从而使得电离电流大幅度下降。

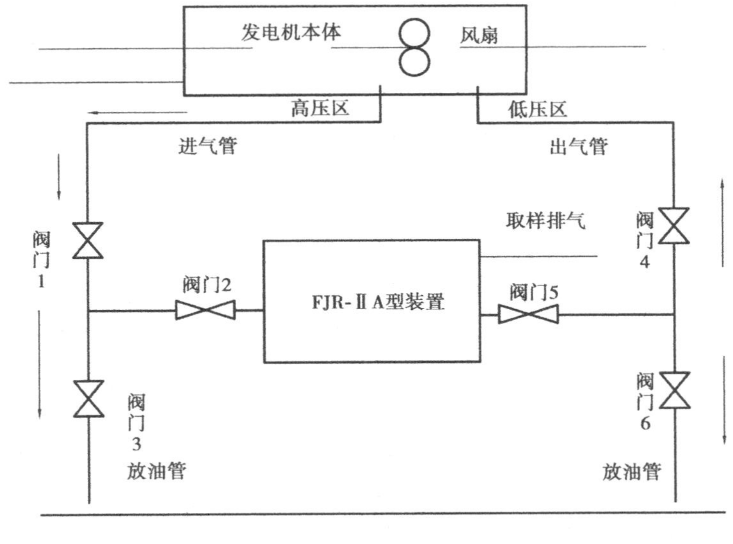


图1.28　FJR-ⅡA 型装置与发电机本体管路连接示意图

电离电流下降速率与发电机绝缘过热程度有关。电流下降到某一整定值75% ±1%时，代表绝缘早期故障隐患的发生和存在，装置发出报警信号，运行人员可根据该信号作相应的处理。

### 1.1.6 发电机中性点接地方式

大容量的发电机电容电流不断增大，而发生定子接地故障时，故障点的接地电流主要受发电机电容电流和中性点运行方式的影响。因此，发电机需要选择合理的中性点接地方式，以实现接地故障的保护。

对发电机中性点接地方式的要求有以下 3 点：

①单相接地故障电流尽量小。

②暂态过电压倍数尽量低。

③易于实现灵敏度较高的定子接地保护。

目前，发电机中性点接地的方式主要有中性点不接地、中性点直接接地、中性点经消弧线圈接地和中性点经高电阻接地 4 种。根据不同的情况可采用不同的接地方式，现将各种接地方式简述如下。

(1)发电机中性点不接地方式

当发电机单相接地时，接地点仅流过系统另两相与发电机有电气联系的电容电流。当这个电流较小时，故障点的电弧常能自动熄灭，故可大大提高供电的可靠性。当采用中性点不接地方式而电容电流小于 5 A 时，单相接地保护只需利用三相五柱式电压互感器开口侧的零序电压给出信号即可。中性点不接地方式的主要缺点是发生单相接地故障时非故障相对地电压升到线电压。

(2)发电机中性点直接接地

这种方式虽然内部过电压对相电压的倍数较低，但是单相接地短路电流很大，可能使发电机定子绕组和铁芯损坏，而且在发生故障时会引起短路电流波形畸变，从而使继电保护复杂化。

(3)发电机中性点经消弧线圈接地

当发电机电容电流较大时，一般采用中性点经消弧线圈接地。这主要考虑接地电流大到一定程度时，接地点电弧不能自动熄灭而损坏设备。中性点接消弧线圈后，单相接地时可产生电感性电流，补偿接地点的电容电流而使接地点电弧自动熄灭。

(4)中性点经高电阻接地

在中性点不接地方式运行中，发生单相接地故障时，即使对地电容电流不大，由于对地电弧的燃烧和熄灭的重复过程，使得非故障相的电位可能升高到破坏其绝缘水平，甚至发生相间短路故障。在中性点通过高电阻接地，则可在熄灭电弧后释放其能量，降低中性点电位。故障相的电压恢复速度也变慢，减少了电弧重燃的可能性。此外还可以为定子接地保护提供电源，使保护接线简单化。中性点经高电阻接地有几种方案，其中以单相变压器-电阻器组合方式为最优，目前，F 级燃气轮机发电机均采用此种方式，如图 1.29 所示。

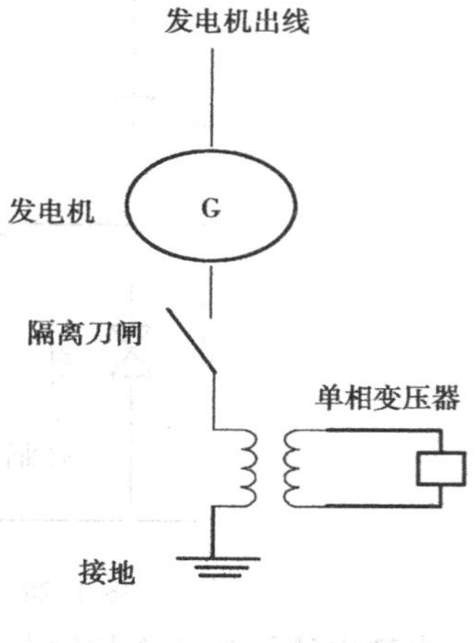


图 1.29 单相变压器-电阻器接线方式原理图

# 1.2 励磁系统

## 1.2.1 概述

励磁系统是同步发电机的重要组成部分,是提供发电机直流励磁电源的一整套系统。主要包括励磁电源(直流或交流励磁机、励磁变压器、整流桥等),励磁调节与控制设备(自动电压调节器、稳定器等),以及其他附属保护和测量设备等。

随着技术的发展,励磁方式从直流励磁机方式发展到交流励磁机加静止(或旋转)可控硅整流器的励磁方式和自励式可控硅整流励磁方式,励磁控制调节器也从传统的模拟调节发展到了数字调节。

近年来,由于自并励励磁系统具有固有的高起始快速响应特性,而且接线简单,维护方便,加之电力系统稳定器PSS(Power System Stabilizer)的配合使用,较好地解决了系统稳定性的问题,从而得到了广泛的应用。F级燃气轮机电厂目前也都采用自并励励磁系统。

(1)*励磁系统的作用与要求*

励磁系统对发电机及电网的稳定性具有重要的影响,其主要作用包括:

①维持发电机机端电压在给定水平。一般情况下发电机负荷变化时,发电机机端电压将随之变化,这时励磁系统将自动增加或减少发电机的励磁电流,使端电压维持在一定水平上,这是励磁系统最基本和最重要的作用。

②实现并网运行发电机间无功功率的合理分配。当发电机并网运行时,输出的无功和励磁电流有关,实现并网运行的发电机之间无功功率分配是励磁系统的一项重要功能。

③提高电力系统稳定性,包括静态稳定性和暂态稳定性。

对励磁系统的要求就是要能实现下列功能:

①能保证在各种运行状态下的可靠性,包括起励状态、空载状态、负载状态、强励状态、灭磁状态等。

②在正常工作状态时,电压控制和无功功率控制能得到很好的响应,并有足够的调节范围。

③励磁系统在故障状态时能迅速强励,将励磁电压迅速上升至顶值电压,即拥有高的强励顶值电压倍数(强励倍数)和电压上升速度。故障消除后,电压能得到快速恢复。

④在暂态过程中有足够的阻尼,以保证具有良好的稳定性能。

(2)*励磁系统的暂态性能指标*

励磁系统的暂态性能指标有强行励磁顶值电压倍数、励磁电压上升速度和励磁电压上升响应时间。

①强行励磁顶值电压倍数,是指在强励作用下励磁功率单元输出的最大励磁电压与额定励磁电压的比值。强励倍数用于衡量励磁系统的强励能力,现代同步发电机励磁系统的强励倍数一般为1.6~2。强励倍数越高,越有利于电力系统的稳定性。

②励磁电压上升速度,是指当强励作用时,在时间间隔为励磁机等效时间常数之内,顶值励磁电压与额定励磁电压差值的0.632倍的平均上升速度与额定电压之比。

③励磁电压上升响应时间，这是另一个反映响应时间快慢的指标，是指励磁电压从额定值上升到95%顶值励磁电压的时间。

### 1.2.2 常用励磁方式

(1)*励磁方式分类*

发电机励磁方式通常都是根据励磁电源来区分，主要分为以下3种方式：

1)直流励磁机励磁方式

励磁电源是直流发电机，直流励磁机通常和同步电机装在同一轴上，由原动机带动旋转，励磁功率取自轴功率，与交流网络无关。

2)他励硅整流励磁系统

这种励磁系统采用与发电机同轴的交流发电机作为交流励磁电源，经整流后，供给发电机励磁。这种励磁系统根据整流装置是静止还是旋转的，可分为他励静止励磁系统和他励旋转式励磁系统。他励旋转式励磁系统由于和发电机同轴，不需要经过转子滑环及碳刷引入，故又称旋转无刷励磁方式。

3)自励硅整流励磁系统

这种励磁电源取自发电机本身或发电机所在的电力系统，如在发电机出口处接一台励磁变压器，励磁变压器作为交流电源，通过静止可控硅整流，供给发电机励磁。在这种励磁系统中，励磁变压器、可控硅整流等都是静止元件，所以这种励磁系统又称静止励磁系统。自励硅整流励磁系统也有几种不同的形式，如果只用一台励磁变压器并联在发电机端，则称为自并励式。如果除励磁变压器外，还有与发电机定子回路串联的变压器作为交流励磁电源，则构成自复励形式等。

由于发电机的容量不断扩大，励磁电流可达数千，乃至上万安培，已经超过了直流励磁的制造极限，所以在现代大型发电机设备上不再采用直流励磁系统。下面只介绍目前F级燃气轮机电厂普遍采用的自并励励磁系统。

(2)*自并励励磁系统*

自并励励磁系统原理接线图如图1.30所示。在这种励磁方式中，发电机励磁电源取自发电机机端，经过励磁变压器EXT降压，可控硅整流器SCR整流后供给发电机励磁。自动励磁调节器AVR通过装在发电机出口的电压互感器TV和电流互感器TA采集实时的发电机电压、电流信号，按事先确定的调节准则控制触发三相全控整流桥可控硅的移相脉冲，从而调节发电机的励磁电流。使得发电机在运行时实现自动稳压，在并网时实现自动调节无功功率提高电力系统的稳定性。起励电源一般取自厂用低压380 V母线，或者取自直流系统220 V或110 V。

自并励励磁系统由于取消了励磁机，缩短了机组长度，所以具有维护工作量小、可靠性高、轴系稳定性好、励磁响应速度快等特点，这些优点使得自并励励磁系统得到了广泛采用。

### 1.2.3 可控硅整流装置

(1)*三相全控桥式整流电路*

可控硅整流装置是励磁系统的重要组成部分，现代同步发电机的励磁电流，基本上来自交流电通过整流装置转换成的直流。整流装置主要采用晶闸管作为整流元件。

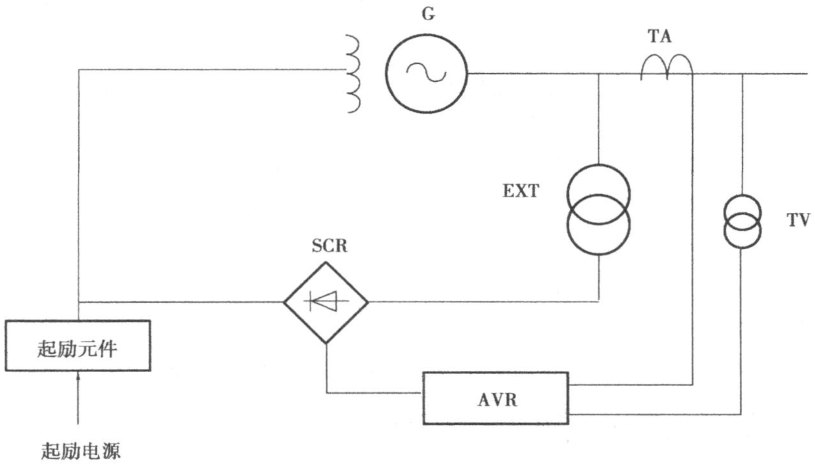


图1.30　自并励励磁系统原理接线图

晶闸管(Thyristor)的种类较多,可控硅整流管SCR(Silicon Controlled Rectifier)是晶闸管的一种,它和二极管一样是一种单方向导电的器件,但它不像二极管那样在正阳极状态就可以导通,晶闸管比二极管多了一个控制极,它必须在正阳极状态下,控制极加上触发电压才能导通。正是由于晶闸管的这一可控性,可控硅整流装置在励磁系统得到了广泛应用。

在诸多的可控硅整流装置接线方式中,三相全控桥式接线能够较好地平滑直流输出的波形,因此,在现代同步发电机励磁系统中,三相全控桥式接线已经成为通用的选项。

三相全控桥式整流电路的6个整流元件全部采用可控硅,这一电路称为三相全控桥式整流电路。其工作原理如图1.31所示。

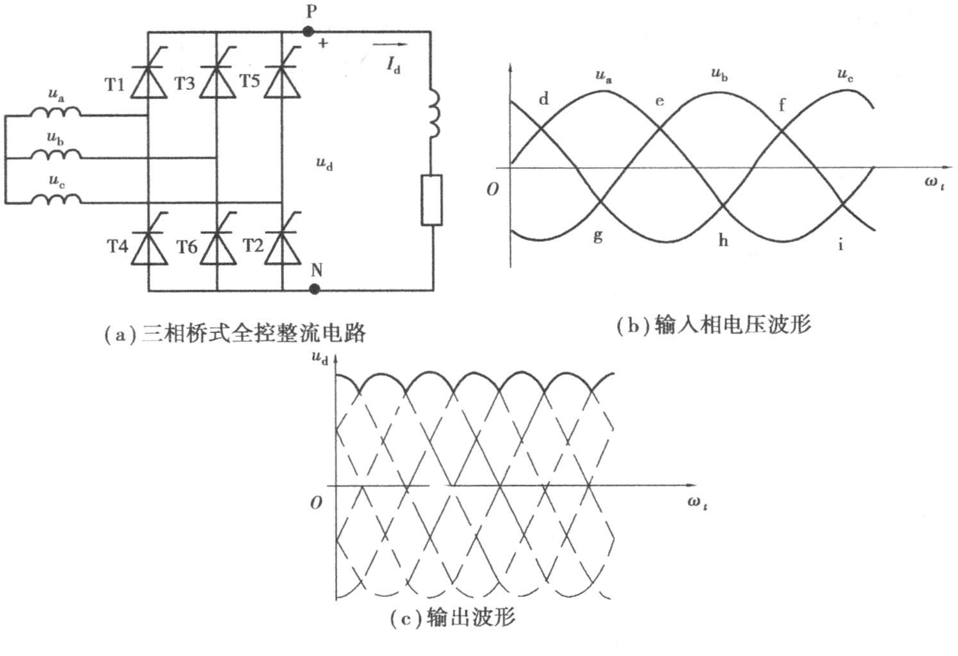


图1.31　三相桥式全控整流电路

图1.31中T1,T3,T5为共阴极组,T2,T4,T6为共阳极组。当控制角$\alpha=0$时,各可控硅的触发脉冲在对应自然换流点施加,如图1.31(b)中的d点,a相电压最高使得共阴极组T1导通,b相电压最低使得T6导通,此时整流桥输出电压为$u_{ab}$这种状况持续到g点,由于此时c相电压变成最低,因此,共阳极组换成T2导通,而共阴极组因为a相电压仍然最高,故T1继续导通,此时整流桥输出电压为$u_{ac}$。到了e点后,共阴极组则由T1导通变成T3导通,整流桥输出电压也变成$u_{bc}$。以此类推,在三相正弦波电压的焦点d(π/6),g(π/2),e(5π/6),h(7π/6),f(9π/6),i(11π/6)分别都会自动发生一次共阴极或共阳极组导通可控硅换相。因此,上述各点称为自然换流点。对应点位分别触发(T6,T1),(T1,T2),(T2,T3),(T3,T4),(T4,T5),(T5,T6)可控硅导通。

当控制角$\alpha>0$时给可控硅的触发脉冲在对应的自然换流点滞后$\alpha$处施加,因此换流点分别处在$\frac{\pi}{6}+\alpha,\frac{\pi}{2}+\alpha,\frac{5\pi}{6}+\alpha,\frac{7\pi}{6}+\alpha,\frac{9\pi}{6}+\alpha,\frac{11\pi}{6}+\alpha$,如图1.32所示。

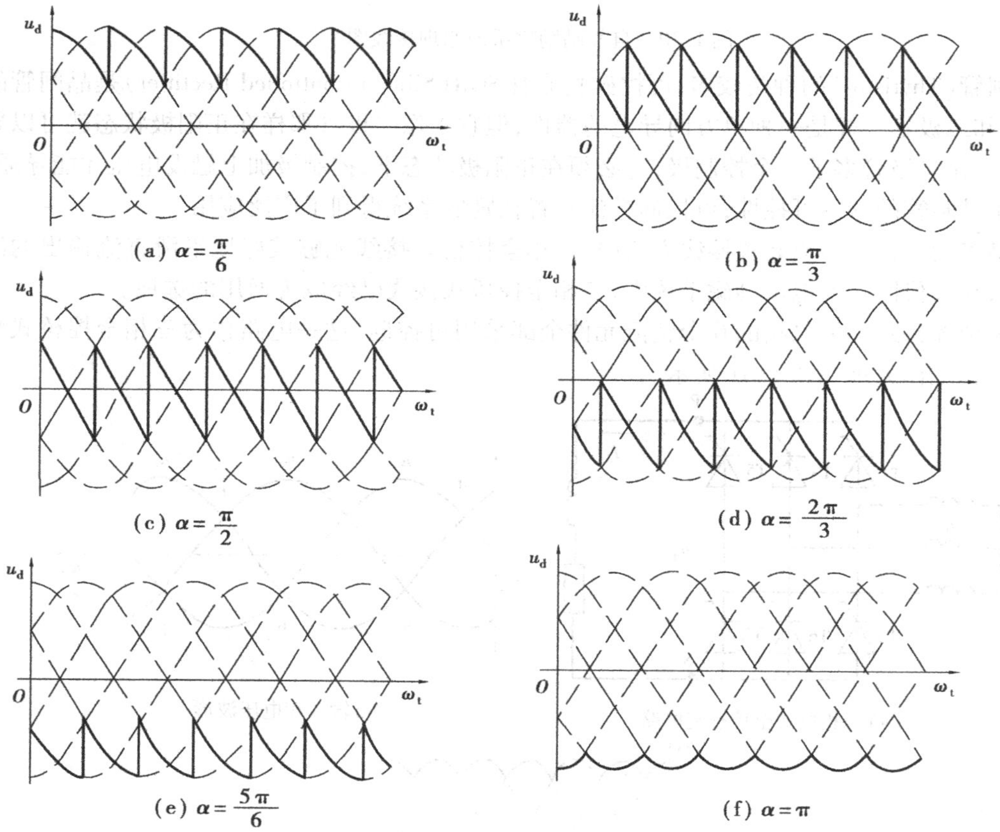


图1.32 不同控制角$\alpha$下的输出波形

在图1.32中,假设自然换流点d之前,共阳极组T6和共阴极组T5导通,到达d点后,a相电压开始成为最高,但由于T1在$\omega_t=(\pi/6+\alpha)$以前没有施加脉冲,所以共阴极组维持T5导通,共阳极组维持T6导通,整流桥输出电压始终为$u_{cb}$,$\omega_t=(\pi/6+\alpha)$时触发T1导通,T5变为截止,因此,整流桥输出电压变为$u_{ab}$,这种情况一直持续到$\omega_t=(\pi/2+\alpha)$时触发T2导通，T6变为截止，整流桥输出电压变为$u_{ac}$，以此类推，图1.32分别给出了不同$\alpha$时整流桥输出电压波形。

经过计算，在控制角$0 \leqslant \alpha \leqslant \pi/2$时，三相桥式全控整流电路输出的直流电压平均值为0～$1.35U$（整流桥交流侧电压有效值）之间连续可调，整流桥工作在整流状态，将交流变为直流。而一旦$\alpha > \pi/2$，输出的直流电压平均值就小于零，整流桥工作在逆变状态，将直流变为交流。在发电机励磁系统中，逆变工作状态主要在励磁系统强行减磁和灭磁时出现。

三相桥式全控整流电路的工作原理可以总结如下：

①在任意瞬间必须有两个可控硅导通，且共阴极组和共阳极组各一个才能形成导电回路。

②对于共阳极组的触发脉冲，必须保证T2，T4，T6依次导通，因此，它们的触发脉冲之间相位差为$2\pi/3$对于共阴极组的触发脉冲要保证T1，T3，T5依次导通，它们之间的触发脉冲的相位差也为$2\pi/3$。

③由于共阴极组的可控硅是在电源电压的正半周触发导通，而共阳极组的可控硅是在负半周触发导通，因此同一相的两只可控硅的触发脉冲相位相差$\pi$。

④每隔$\pi/3$要有一个可控硅换流，因此每隔$\pi/3$要触发一只可控硅，触发顺序是T1→T2→T3→T4→T5→T6→T1。

⑤只要负载电感足够大，在任意控制角下，元件导通的角度不变，即为$2\pi/3$。

（2）可控硅整流元件的保护

可控硅整流元件是励磁装置中的重要功率器件。在运行中需要采取适当的保护和抑制措施，防止元件的失常甚至损坏。

1）过流保护

可控硅元件出现过电流的主要原因是过载、短路和误触发。通常采用熔断器来切除故障。

2）过压保护

可控硅整流电路发生过电压的原因：一是由于装置拉、合闸等引起的过压；二是由于元件关断时产生的关断电压，还有因雷击等原因从电网侵入的浪涌电压。常用的过电压保护措施主要有下述几种：

①阻容保护。阻容保护是利用电容两端电压不能突变，但能储存能量的特性，可以吸收瞬间的浪涌能量，抑制过电压。串联电阻主要是防止电容与回路电感产生谐振。阻容吸收回路经常并联在整流桥的直流输出部分，用于吸收整流桥本身产生的过电压。也可用于交流侧，抑制交流侧产生的过电压。

②非线性电阻。采用非线性电阻进行过电压保护主要用在两个地方：一是并联在转子励磁绕组两端，用于吸收诸如快速灭磁过程中在直流侧产生的过电压；二是接在励磁变压器的二次侧，用于抑制交流侧入侵的过电压。由于非线性电阻的压敏特性，正常运行时，非线性电阻呈现高阻态，只有很小的漏电流流过非线性电阻。一旦出现过电压，非线性电阻阻值急剧下降到很低的数值，从而将过电压限制在安全水平。

③避雷器。装设在励磁变压器的原边，用于限制大气过电压和操作过电压。如果机端已有防护措施限制大气过电压和操作过电压到安全水平，则在励磁变压器原边可以不再另外装设。

### 1.2.4 励磁调节系统

(1)励磁调节器任务及要求

励磁调节器是励磁控制系统中的重要组成部分,其基本任务是监测和综合励磁控制系统运行状态的信息,包括发电机机端电压、有功功率、无功功率、励磁电流和频率等,并产生相应的控制信号,控制励磁功率单元输出,达到自动调节励磁、满足发电机及其系统运行需要的目的。由于励磁调节器的主要作用是实现发电机电压的自动调节,因此又简称为自动电压调节器 AVR(Automatic Voltage Regulator)。

自动励磁调节器在完成上述功能基础上,还必须满足下述要求:

①具有较小的时间常数,能迅速响应输入信息的变换。

②具有较高的调压精确度。

③要求调节灵敏度没有失灵区。

④保证调节系统运行稳定、可靠,调整方便,维护简单。

(2)励磁调节器的系统构成及工作原理

励磁调节器根据检测到的发电机的电压、电流或其他状态量的输入信号,按照给定的励磁控制准则自动调节励磁功率单元的输出。

励磁调节器一般由基本控制、辅助控制和励磁限制 3 大部分组成。图 1.33 表示出了励磁调节器的基本组成单元。

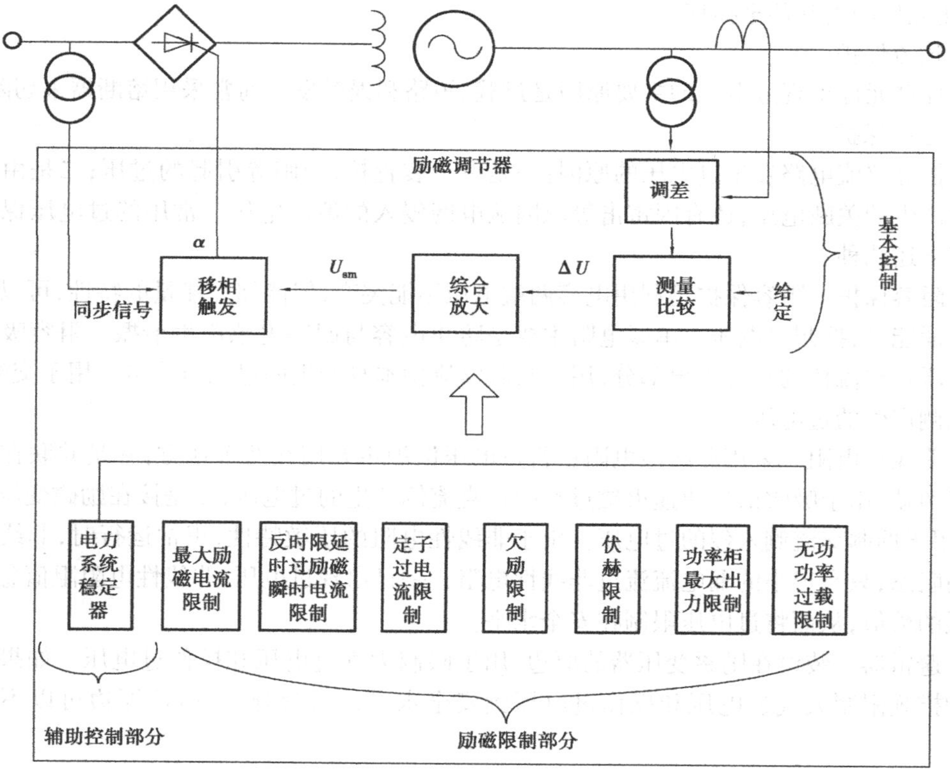


图 1.33 励磁调节器的基本组成单元

基本控制部分是励磁调节器的核心,它主要实现同步发电机的电压调节和无功分配等最为基本的控制功能。通常包括以下单元:测量比较单元、调差单元、综合放大单元和移相触发单元。

辅助控制部分主要是根据运行的需要,在基本控制部分之外,附加的一些稳定控制部分和补偿环节,用来改善电力系统的稳定性。主要包括电力系统稳定器PSS(Power System Stabilizer)。

励磁限制部分主要是在各种异常运行情况下,提供必要的励磁限制信号,并闭锁基本控制信号和辅助控制信号以保证机组的稳定和安全运行,主要包括最大励磁电流瞬时限制、欠励限制、反时限延时过励磁电流限制、伏赫限制和无功功率过载限制、定子过电流限制等。

1)测量比较单元

测量比较单元其主要作用是将从同步发电机机端电压互感器传来的三相交流电压,经过电压测量变压器降压,再经过整流器整流为所需要的直流信号电压,与给定的直流参考电压比较后,得出电压偏差信号,输出至综合放大单元。

测量比较单元通常由测量变压器、整流电路、滤波电路和电压比较、整定电路等环节组成。

2)调差单元

调差单元用于改变发电机电压调节特性斜率,实现并联运行机组间的无功功率合理分配。微机励磁调节器中,调差单元直接作用于电压给定环节。

调差系数$\delta$用来表征发电机调差外特性曲线的变化趋势。调差特性曲线如图1.34所示。

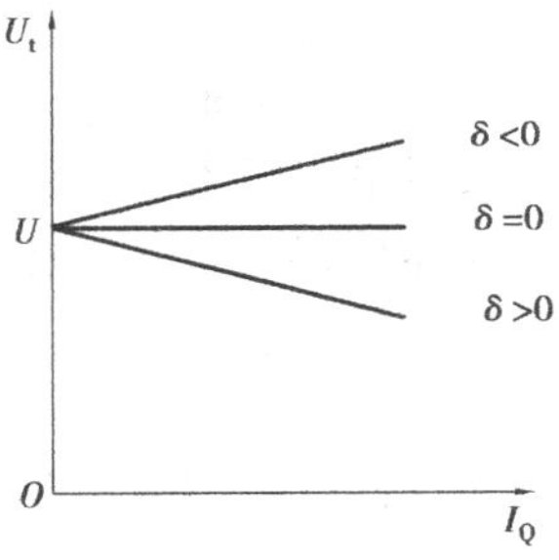


图1.34　调差特性曲线

调差系数的物理意义为同步发电机在功率因数等于零的情况下,无功功率从零变化到额定值时,发电机端电压变化的标幺值。

习惯上规定,向下倾斜的特性曲线(即电压随无功负荷增加而下降)的调差系数为正,称为正调差;向上倾斜的特性曲线(即电压随无功负荷增加而上升)调差系数为负,称为负调差。运行中的同步发电机具有正调差系数,该值一般取3%~5%。

3)综合放大单元

综合放大单元的任务是:根据励磁装置应实现的功能,线性叠加测量偏差、辅助控制以及限制等信号,并加以放大,进而获得满足移相触发单元所需要的控制信号。

4)移相触发单元

①移相触发单元的作用。产生触发脉冲,用来触发整流桥中的可控硅,其触发脉冲的相位随综合放大单元输出的控制电压的大小而改变,达到调节励磁的目的。

②移相触发的基本原理。利用主回路电源电压信号产生一个与主回路电压同步的幅值随时间单调变化的同步信号,将其与来自综合放大单元的控制信号比较,在两者相等时产生触发脉冲。

③移相触发单元一般包括同步、移相脉冲形成和脉冲放大环节。

### 1.2.5　励磁系统的灭磁方式

(1)灭磁的作用与要求

灭磁的作用是当发电机内部及外部发生故障,诸如定子接地、定子匝间短路、定子相间短路以及发电机—变压器组短路时，能迅速切断发电机的励磁，并将蓄存在励磁绕组中的磁场能量快速消耗在灭磁回路中。

对灭磁的要求如下：

①灭磁时间应尽可能短，这是评价灭磁装置的一项重要技术指标。

②发电机灭磁时转子绕组两端的过电压不应超过允许值，其值通常取为转子额定励磁电压的4~5倍。

（2）常用灭磁方法及其特点

灭磁最直接的方法是将磁场回路断开，使磁场电流瞬间回到零，完成灭磁。但由于同步发电机励磁绕组具有很大的电感，所以在切断励磁回路进行灭磁的过程中，励磁绕组两端会产生很高的灭磁过电压，灭磁速度越快，即励磁回路中电流衰减得越快，灭磁过电压就越高。因此，在断开磁场回路的同时，要想办法将转子励磁绕组接入到消能装置上迅速消耗掉其中的蓄能。理想的灭磁过程是指在保证灭磁过电压不超过转子励磁绕组允许值的前提下，转子电流按直线规律衰减，直到灭磁结束。

目前，在电力系统中常用的灭磁方式主要有5种。

1）线性电阻灭磁

利用线性电阻放电灭磁是一种传统的灭磁方法。它很早就被用于同步发电机的灭磁保护。灭磁电阻越大，灭磁速度就越快，但数值过大会使励磁绕组承受过高的电压。线性电阻作为耗能器件，随着转子电流的降低，电阻上的电压也降低，电阻上的耗散功率成倍地降低，相对来讲灭磁时间会延长。

2）非线性电阻灭磁

非线性电阻灭磁是利用非线性电阻的非线性伏安特性，保证灭磁过程中灭磁电压能较好地维持在一个较高水平，从而保持电流快速衰减，达到灭磁的目的。

3）逆变灭磁

逆变灭磁只适合于励磁电源采用全控整流桥的励磁系统。当需要灭磁时，将全控桥的控制角后退到最小逆变角，全控桥就可从整流状态过渡到逆变状态，转子励磁绕组中蓄存的能量就逐渐被反送回交流电源侧。

4）灭弧栅灭磁

灭弧栅灭磁主要是利用在相距很短的金属电极间形成的电弧压降近似保持恒定的原理来获得较快的灭磁速度。

5）由可控硅跨接器与灭磁电阻组成的灭磁方式

一组正反向并联的可控硅串联一个放电电阻后再并联在励磁绕组两端，当可控硅的触发器电路检测到转子过电压后，立即发出触发脉冲使可控硅导通，利用放电电阻吸收过电压能量。

典型的跨接器灭磁系统原理接线如图1.35所示。这种灭磁系统主要是考虑降低对灭磁开关的性能要求，可采用通用的灭磁开关。系统由并联连接的正、反向可控硅整流器V2和V1组成的跨接器与灭磁电阻相接后并接在励磁绕组两端。可控硅跨接器回路包括下列元件：

①反向过电压保护可控硅元件V1及正向过电压保护元件V2。

②包括过电压测量单元的可控硅触发回路。

③电源及电流监测报警回路。

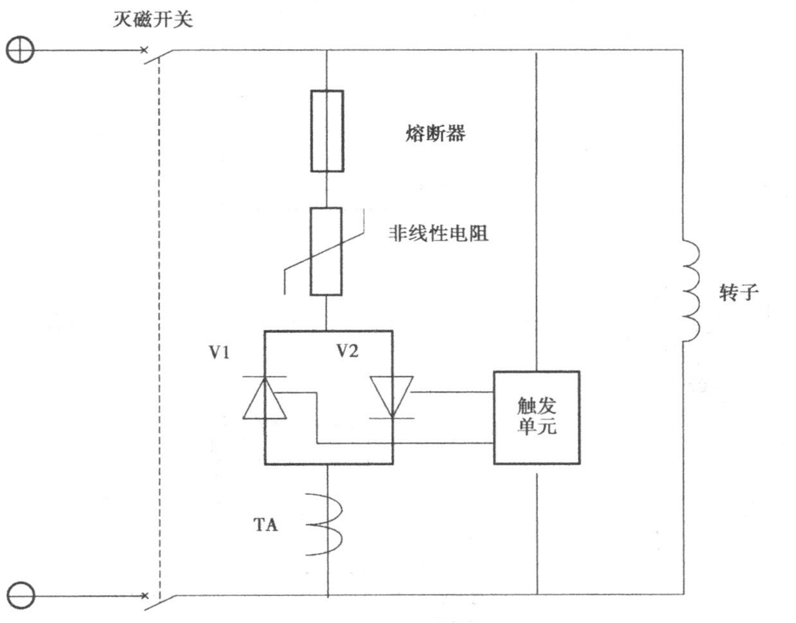


图1.35　非线性电阻跨接器灭磁系统原理

在灭磁时为励磁电流提供通路的可控硅元件V1的触发回路有多重的测量回路予以保证，在对灭磁开关发出跳闸指令时，由独立的触发回路使灭磁可控硅元件V1导通，接通灭磁电阻。即使此触发回路故障，由灭磁开关断开时所产生的过电压足以使灭磁可控硅元件V1导通。此外，可控硅元件自身亦可提供一种后备的灭磁保护措施。例如，当选择灭磁可控硅元件V1的正向峰值阻断电压低于断路器产生的弧电压时，即使在上述两种触发回路均故障的情况下，此时可控硅元件V1自身也可被此弧电压所强制触发而构成通路。这种操作方式，虽然导致可控硅V1损坏，但是对灭磁作用而言，却得到了保证。

在正向过电压作用下，测量回路中的雪崩二极管将被导通，进而触发正向过电压保护可控硅元件V2，使正向过电压被吸收和抑制。一旦正向过电压保护元件导通，则必须立即切断整流器的触发脉冲，避免电源继续通过V2向灭磁电阻续流。当正向过电压回路动作后，非同步状态仍在继续时，通常经过一段时间，需跳开磁场断路器进行灭磁。

### 1.2.6　自并励励磁系统的应用实例

以MEC5330型励磁系统为例，来介绍自并励励磁系统在F级燃机电厂中的应用。

*(1)励磁系统构成*

MEC5330型自并励励磁系统如图1.36所示，励磁电源取自发电机机端，同步发电机的磁场电流经励磁变压器、励磁开关和可控硅整流桥供给。由于采用自并励励磁方式，发电机启动时必须外加起励电源，起励电源由厂用直流220 V供给。由于F级燃气轮机启动时需要先将发电机变成同步，采用SFC方式启动，因此励磁装置中还有启动励磁变和启动励磁盘。在励磁回路的交流和直流侧分别装有过电压保护浪涌吸收器SAB（Surge Absorber）和氧化锌非线性电阻，用来吸收保护电源侧和负荷侧的过电压，保证设备的运行安全。整套励磁系统由励磁开关装置、整流装置、过压吸收装置SAB、励磁调节装置AVR以及励磁变和启动励磁盘等组成。启动励磁盘主要是在燃气轮机启动过程中为发电机提供励磁电源，电源取自厂用6 kV段经启动变压器供给。MEC5330型励磁系统设备规范见表1.4。

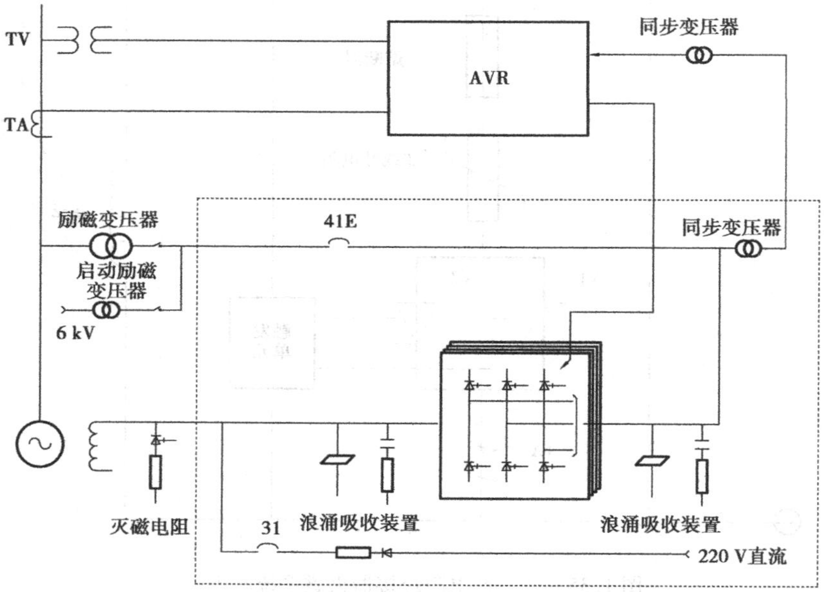


图1.36　MEC5330励磁系统简图

**表1.4　MEC5330型励磁系统设备规范**

| | | | |
|---|---|---|---|
| 发电机励磁基本参数 | | | |
| 额定励磁电流 | 3 390 A | 额定励磁电压 | 402 V |
| 空载励磁电流 | 1 280 A | 空载励磁电压 | 153 V |
| 励磁变压器 | | | |
| 额定容量 | 4 890 kVA | 额定电流 | 141 A/3 283 A |
| 额定电压 | 20 000 V/860 V | 绝缘等级 | F 级 |
| 短路阻抗 | 8.66% | 接线方式 | Y/d 11 |
| 励磁启动盘 | | | |
| 额定输入电压1 | AC 860 V | 控制电源 | DC 110 V |
| 额定输入电压2 | AC 6 kV | 交流电源 | AC 220 V |
| 可控硅整流柜 | | | |
| 额定输出 | 1 990 kW/500 V/3 980 A | 额定磁场电压 | 402 V |
| 额定磁场电流 | 3 390 A | 顶值电压 | 804 V |
| 整流方式 | 三相全控桥 | 反向峰值电压 | 2 800 V |
| 并联支路数 | 4(3+1 冗余) | 冷却方式 | 强迫风冷 |

续表

| 励磁开关 | | | |
|---|---|---|---|
| 额定电压 | 690 V(AC) | 形式 | 空气开关 |
| 遮断电流 | 65 kA | 额定电流 | 4 000 A |
| AVR 特性 | | | |
| 电压调整范围 | 70% ~110%（无载额定电压下） | | |
| | 95% ~105%（满负载额定电压下） | | |
| 磁场电流恒定调整范围 | 10% ~110%(额定电压) | 精度 | +0.5 |
| 冗余度 | 冗余(CPU/模拟、数字输入、输出卡) | 强励时间 | 10 s |
| 响应时间 | 0.1 s 以内 | | |

(2)*励磁系统组成*

1)励磁开关柜

励磁开关柜包括励磁开关 41E 和交流侧浪涌吸收器等装置。发电机正常运行时励磁开关从励磁变压器取电,在机组启动时切换到启动励磁变压器供电。

2)整流柜

整流柜主要由功率可控硅组件组成。可控硅整流组件采用 3 +1 冗余模式,正常运行时 4 组可控硅整流桥并联运行,当一组损坏时,其他三组还可提供正常励磁电流。柜中还装有过流保护,当可控硅元件故障或者短路时,熔断器将故障元件断开。整流柜采用强迫风冷方式冷却。共有两台风机,一用一备,风机故障时自动切换,两台风机均故障时励磁系统灭磁跳闸。主备风机可在线切换,不影响系统运行。

3)SAB 柜

SAB 柜包括启励回路、直流侧浪涌吸收装置及灭磁回路等。启励回路由厂用 220 V 直流供给。浪涌吸收器用来防止可控硅元件过压,开关分合时的浪涌电压通常是电源电压峰值的两倍,为保护可控硅整流器不被来自电源侧的浪涌电压损坏,在可控硅输入回路连接有浪涌吸收装置。对于直流侧的保护,采用能够耐受发电机高电压的可控硅,同时使用浪涌吸收器抑制过电压。灭磁回路采用加可控硅串联线性电阻方式灭磁。

4)AVR 柜

AVR 柜主要有两个独立的励磁调节器互为备用,当一个调节器故障时自动切换到另一个投入工作。

(3)*励磁系统运行及维护*

1)励磁系统运行模式

AVR 运行有 3 种方式:启动运行方式、恒励磁电流方式和恒电压方式。

①启动运行方式。其中,启动运行方式是 F 级燃气轮机特有的运行方式,这种方式与常规火电厂的励磁方式有所不同。该方式是励磁启动系统控制方式,又称静态频率变换器运行

方式 SFC(Static Frequency Converter),说明如图 1.37 和图 1.38 所示。这种运行方式是由于 F 级燃气轮机机组轴系较长,启动扭矩大,不便采用柴油机或电动机启动,所以采用 SFC 启动方式,将发电机作为电动机,当燃气轮机启动时,发电机出口开关将发电机和电网断开,SFC 把从厂用 6 kV 段取来的恒定电压、恒定频率的电源变换成可变电压和可变频率的电源,然后提供给在启动阶段作为同步电动机运行的发电机定子绕组,带动发电机转子到达自持转速后,SFC 退出控制。

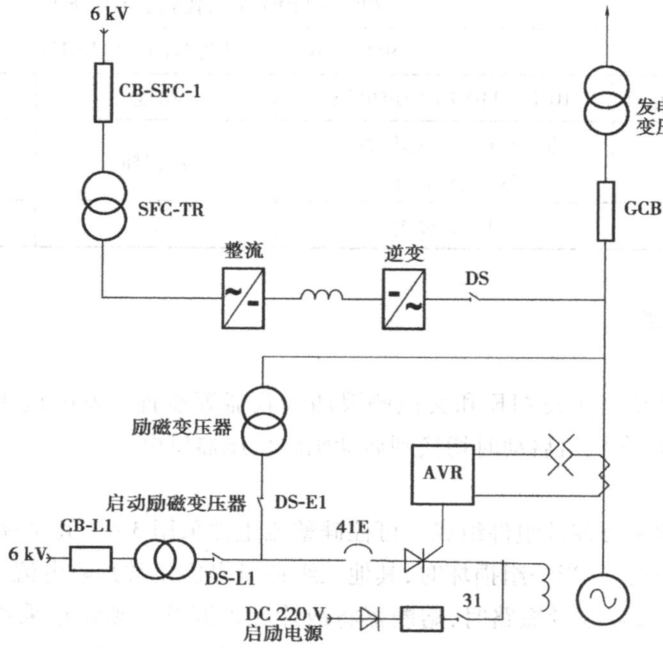


图 1.37 励磁启动系统控制方式

a. 在燃气轮机发出启动命令后,发电机控制盘 GCP(Generator Control Panel)命令合上 DS-L1,然后发出励磁断路器 41E 的闭合命令,启动励磁变投入,提供一恒定励磁电流,发电机转速上升,发电机的电压同转速成正比上升。

b. 当转速达到 600 r/min 时,燃机透平控制 GTC 发出"电压恒定"命令,AVR 维持发电机电压在额定电压的 20%。随后燃机清吹,点火,转速继续上升。

c. 当转速达到 2 000 r/min 时,燃气轮机到达自持转速,励磁断路器 41E 开关断开,启动励磁便退出,SFC 控制结束,励磁控制恢复正常启动方式。转速继续上升达到额定转速的 95% 后,GCP 发出励磁断路器 41E 开关闭合命令。

d. 在励磁开关 41E 闭合后,AVR 开始可控硅触发脉冲控制,使发电机电压达到额定电压值,准备进行同期操作。

②恒电压方式。恒电压方式即机组自动控制方式,指励磁系统保持发电机机端或指定的电压控制点为恒定值。励磁调节器通过接于发电机机端的电压互感器测量发电机当前的电压作为控制器的测量值,与控制器内部的电压给定值进行比较,根据两者的差值进行计算得出可控硅触发角度,通过可控硅整流改变发电机转子电压,从而改变发电机转子电流,实现发电机机端电压接近电压给定值。

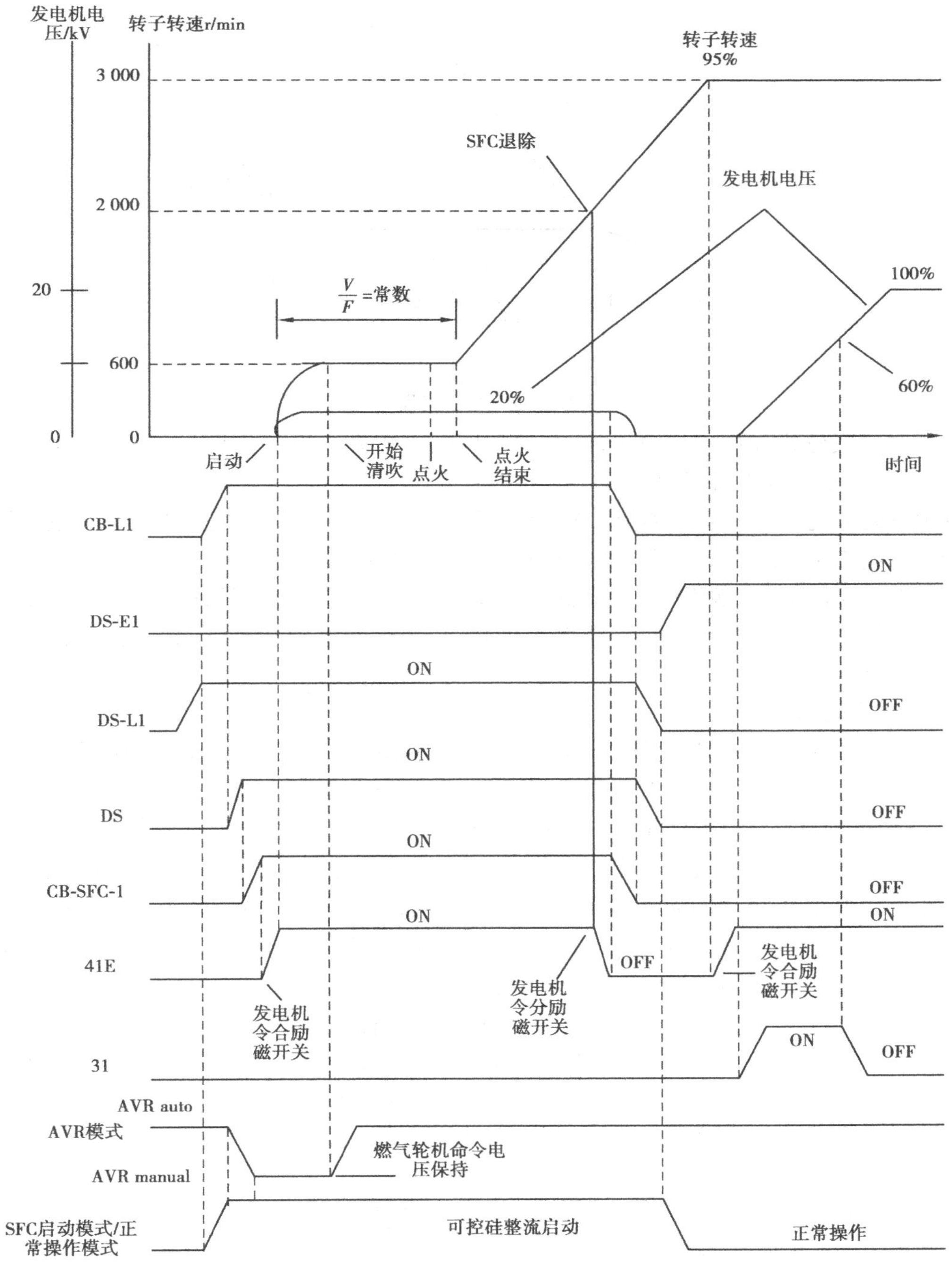


图1.38　SFC启动时序

在励磁断路器闭合后，启动起励流程，起励回路提供励磁电流，主整流回路开始运行，发电机机端电压上升，当机端电压达到60%的额定电压起励回路断开，如图1.39所示。

在发电机电压达到额定电压后，AVR给出已建立电压信号到同期装置，允许同期。同期装置发送增减磁信号给AVR柜进行调节。

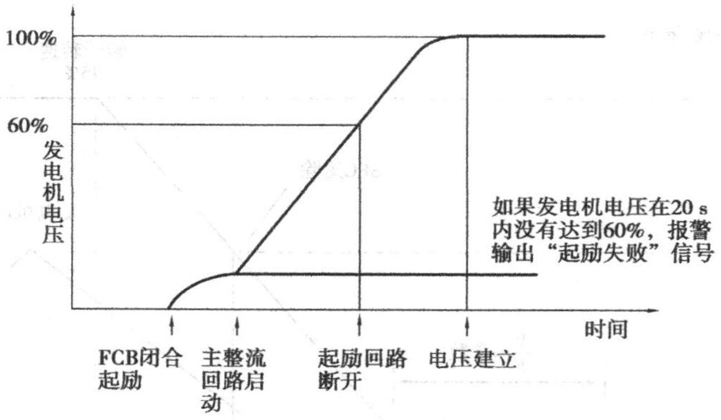


图 1.39　起励流程

停机时燃气轮机发出停机命令,断开发电机出口开关断路器 GCB,断开励磁开关 41E,AVR 退出励磁控制,发电机解列。

③恒励磁电流方式。恒励磁电流方式就是手动调节模式,是指恒定发电机转子电流控制方式即励磁电流保持恒定。励磁调节器通过接于励磁变压器副边的电流互感器测量发电机当前转子电流作为控制器的测量值,与控制器内部的电流给定值进行比较,根据两者的差值进行计算得出可控硅触发角度,通过可控硅整流改变发电机转子电压,从而改变发电机转子电流,实现电流接近给定值。

2)励磁调节器运行中通道的切换

本套励磁系统具有双 AVR 结构,即励磁调节控制系统为双通道(通道 1 和通道 2),并在每个通道中设有手动/自动两种调节方式,通道之间及方式之间均设有自动跟踪模式。为保证双 AVR 工作的独立性,两套 AVR 所输入的发电机电压取自不同的电压互感器。

励磁装置正常运行时,通道采用自动方式运行,可自由选择一个通道作为工作通道,则另一个就作为备用通道,备用的通道总是自动跟踪工作通道的参数。在工作通道发生故障时的切换顺序如下(假定励磁系统在通道1 的自动方式下运行,通道2 备用):通道1 的自动调节器故障,通道 2 正常时,装置自动切换至通道 2 的自动调节器运行;若此时通道 2 的自动调节器再次发生故障,则自动切换至通道 2 的手动调节器运行;若通道 2 的手动调节器有故障,则发送跳闸信号使发电机跳闸。在通道切换后,直到原通道故障修复后才允许手动切回原通道运行。励磁装置运行期间,在励磁系统无异常信号时,两通道之间可手动自由切换。在备用通道故障的情况下,从工作通道到备用通道的切换被自动闭锁。

3)励磁调节限制

①最小励磁限制。最小励磁限制的作用是在发电机处于进相运行时,将其最小励磁值限制在发电机临界失步稳定极限范围内,并且使最小励磁值不致低于发电机进相运行时定子端部绕组及铁芯部件的发热允许范围。

②过励限制。过励限制的目的是防止励磁线圈过热。其动作特性是反时限的,动作值低于发电机励磁线圈耐受限值。当过励限制保护动作时,发出报警,AVR 动作限制励磁电流不超过额定励磁电流。当励磁电流低于额定励磁电流 95% 时,过励限制报警和输出信号复位。

③电压/频率限制。发电机和主变压器的工作磁通密度与电压/频率比值成正比。当电压升高或频率降低都将使工作磁通密度增加。工作磁通密度增加使励磁电流增加，特别是在铁芯饱和后，励磁电流急剧增大。使发电机定子铁芯饱和而引起的发热超过危险值。电压/频率限制检测到发电机电压与频率的比值超过预设值时，发出减给定控制值信号，并报警。

④电力系统稳定器。AVR调节可以控制电压，提高电网电压运行质量和稳定水平，但也带来负阻尼效应，有可能产生低频振荡。为此增加自动调节环节PSS，它的主要作用是提供一个附加控制信号，产生正的附加阻尼转矩来补偿以端电压为输入的电压调节器可能产生的负阻尼转矩，从而提高发电机和整个电力系统的阻尼能力，抑制自发低频振荡的发生，加速功率振荡的衰减。

4）励磁系统投运前检查

①检查确认灭磁开关41E在工作位置，励磁柜内交直流电源均已送上。

②检查确认励磁柜上无报警和故障信息，设备的状态指示显示正常。

③检查确认整流柜风机的电源已送上，指示灯显示正常。

④检查确认励磁启动盘前后开关均在工作位置，控制电源均已送上。启动盘控制方式在“远方”位置。

⑤检查确认励磁控制方式在“远方”“自动”位置，发电机控制盘上无报警。

⑥检查确认直流励磁启动电源空开在合闸位置；检查确认6 kV励磁启动电源开关在工作位置，分闸状态，控制电源均已送上，控制方式在远方。

⑦检查确认AVR柜内无故障和报警信息。

⑧检查确认工作励磁变、启动励磁变工作均已结束，人员均已撤离，柜门已关闭；检查确认工作励磁变、启动励磁变绝缘正常，工作励磁变温控器运行正常，风扇电源已送上。

⑨检查确认发电机转子绝缘是否合格，励磁伴热带应在机组启动前退出。

⑩检查确认整流柜加热器是否投运（根据实际情况选择是否投运）。

5）励磁系统异常运行及故障处理

①励磁调节系统异常故障。确认故障内容，记录故障信号。若故障发生在工作通道且系统自动切换到备用通道，应检查机组机端电压是否正常，备用通道运行是否正常，发电机励磁电压、励磁电流是否正常。如果发现参数有偏差，可手动调整。若因调节器工作通道故障，未自动进行通道切换，而切换到手动通道运行时，运行人员应在确认发电机励磁电压、励磁电流正常后，检查备用通道是否存在故障，联系检修，迅速消除故障，恢复自动运行方式。

②整流柜单元的异常故障。若整流柜内温度高，检查屏内冷却风扇运行是否正常，否则开启备用的一组冷却风扇。当一组风扇故障切换到备用风扇时，应立即通知检修更换故障风扇，保证整流柜的冷却装置完好。

③励磁主回路异常故障。若主励磁机碳刷温度高或冒火，但励磁滑环出现发红甚至火花时，不必立即解列发电机，应立即减少发电机的励磁电流，至火花消失为止，如果无效再减发电机有功。

# 1.3 变频启动装置

## 1.3.1 概述

燃气轮机机组启动过程中,在透平发出的功率小于压气机所需功率的时间内,需由外部动力来拖动燃气轮机,等达到自持转速(此时,由透平发出的功率等于压气机所需的功率)后,再把外部设备脱开。通常把这种外部动力设备及其附件系统统称为启动装置。

由于F级燃气轮机机组轴系较长,启动扭矩大,所以其启动方式不宜像中小型机组那样采用柴油机或电动机来启动。其通用的启动方式是将发电机作为同步电动机来带动转子。因此,引入了变频启动装置静态变频器SFC(Static Frequency Converter),在启动过程中给发电机(此时作为同步电动机)提供频率和电流可调的启动电源。

## 1.3.2 变频启动装置的工作原理

(1)变频启动装置的原理

当三相同步电机定子绕组通入三相交流电后,定子绕组会产生旋转磁场,旋转磁场的转速$n$(即电机转速)与交流电源的频率$f$及电动机的磁极对数$p$有如下关系:

$$n = \frac{60f}{p}$$

既然电机的转速$n$与交流电源的频率$f$和电动机的磁极对数$p$有关,那么通过改变交流电源的频率$f$和电机磁极对数$p$即可改变电机转速。一般电机生产后其磁极对数已经确定,因此,通常采用改变交流电源的频率$f$来达到电动机调速的目的,通过改变交流电源的频率$f$来调节电动机转速的方法称为变频调速。

在发电机定子上通三相交流电,产生一个旋转磁场,转子励磁后也建立一个磁场,这两个磁场相互作用产生同步电动机的转动力矩,从而达到拖动燃机的目的。

F级燃气轮机机组采用静态变频装置SFC来提供电压和频率可调的电源。启动时SFC的输出连接在发电机定子绕组上,根据实际转速改变输入定子绕组的频率和电流,来产生可变的旋转磁场;启动励磁装置产生的恒定励磁电流作用在转子上使转子也产生磁场,两个磁场相互作用,使得转子的转速逐步增加。

图1.40为变频器工作原理简图,它主要由主电路和控制电路组成。主电路包括整流电路、中间电路、逆变电路3个部分。

1)主电路

①整流电路。整流电路的主要作用是将交流电变换成直流电,为逆变电路提供所需的直流电源。常用的三相变频器的整流电路由三相全波整流桥组成,与三相交流电源连接。其工作原理请参见励磁系统部分的介绍,本节不再介绍。

②中间电路。中间电路的作用是对整流电路的输出进行滤波平滑,以保证逆变电路和控制电源能够得到质量较高的直流电源。当变频器是电压型变频器时,中间电路的主元件是大容量的电解电容;当变频器是电流型时,中间电路的主元件是由大容量的电感组成。F级燃气

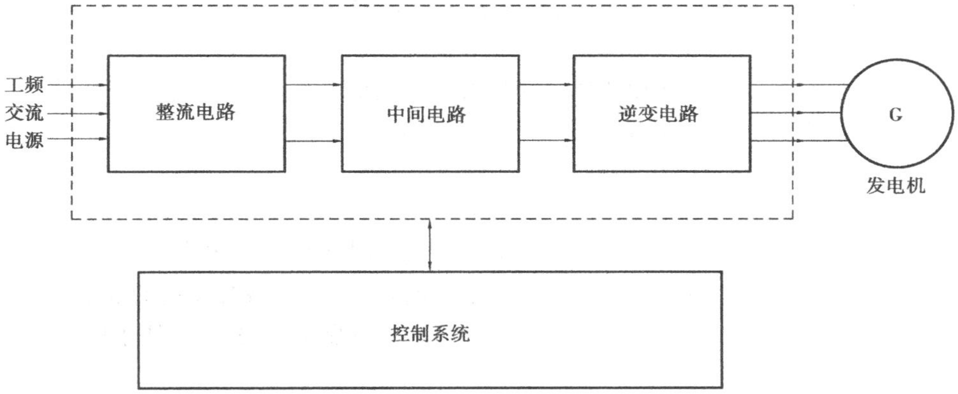


图1.40　变频器工作原理简图

轮机机组所用的SFC是电流型变频器。

③逆变电路。逆变电路的作用是把直流电通过逆变器变成不同频率的交流电。如图1.41所示为三相电流型逆变电路及波形图。

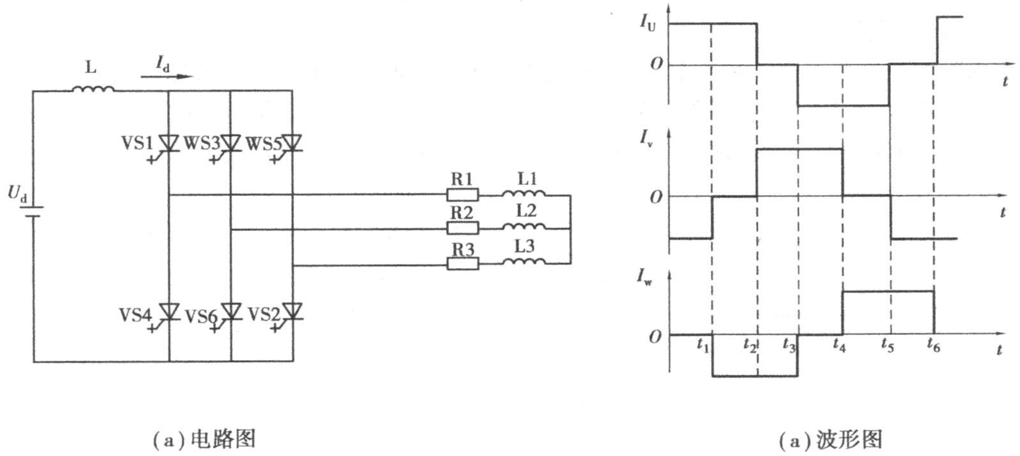


图1.41　三相电流型逆变电路及波形图

工作过程如下：

①在0 ~ $t_1$ 期间，VS1，VS6导通，有电流 $I_d$ 流过负载，电流途径是：$U_{d+}$→L→VS1→R1、L1→L2、R2→VS6→$U_{d-}$。

②在 $t_1$ ~ $t_2$ 期间，VS1，VS2导通，有电流 $I_d$ 流过负载，电流途径是：$U_{d+}$→L→VS1→R1、L1→L3、R3→VS2→$U_{d-}$。

③在 $t_2$ ~ $t_3$ 期间，VS3，VS2导通，有电流 $I_d$ 流过负载，电流途径是：$U_{d+}$→L→VS3→R2、L2→L3、R3→VS2→$U_{d-}$。

④在 $t_3$ ~ $t_4$ 期间，VS3，VS4导通，有电流 $I_d$ 流过负载，电流途径是：$U_{d+}$→L→VS3→R2、L2→L1、R1→VS4→$U_{d-}$。

⑤在 $t_4$ ~ $t_5$ 期间，VS5，VS4导通，有电流 $I_d$ 流过负载，电流途径是：$U_{d+}$→L→VS5→R3、L3→L1、R1→VS4→$U_{d-}$。

⑥在 $t_5 \sim t_6$ 期间，VS5，VS6 导通，有电流 $I_d$ 流过负载，电流途径是：$U_{d+}$→L→VS5→R3、L3→L2、R2→VS6→$U_{d-}$。

上述 6 个过程为一个周期内的完整过程，当一个周期结束后，接着进入下一个周期，即重复上述 6 个过程，直至启动过程结束，逆变器才停止工作。

2）控制电路

控制电路主要包括主控制电路、信号检测电路、门极驱动电路、保持电路、外部接口电路和操作显示电路等，控制电路是变频器的控制中心，当它接收到燃气轮机控制系统以及主电路送来的控制信号后，会发出相应的控制信号去控制主电路，使主电路按设定的要求工作，同时控制电路还会将有关设置和机器状态信号送到显示装置，以显示有关信息，便于用户操作或了解变频器的工作情况。

（2）*发电机转子初始位置的测量原理*

燃气轮机发电机作为同步电动机启动时，转子的初始位置必须在 SFC 启动前的瞬间测定，以使控制系统确定最先被触发导通的晶闸管，使转子获得最大的电磁启动转矩。不同的厂家，采用不同的原理测量转子初始位置，SFC 采用的转子初始位置测量原理也不相同，三菱采用的是转子位置传感器的方法，而其他厂家如 ABB 大多采用电气测角推算的办法。两种方法介绍如下：

1）转子位置传感器

在大轴末端安装一个六齿齿盘，在支架上配置 3 个位置传感器探头，布置 A 相位置传感器与定子中心线重合，A，B，C 相传感器位置依次差一定角度，供给直流稳压电源，在机组静止时也能发出相差互为 120°的方波脉冲信号，通过这 3 个方波脉冲信号可随时叠加计算出转子的位置。

2）电气测角推算法

在启动之前，首先投入励磁，从定子出口电压互感器 TV 取三相感应电势进行计算便可得知转子的初始位置。此结果将送到控制系统中的转子位置计算模块，配合脉冲发生器的零脉冲检测结果，便可在同步电动机的整个运行过程中得知转子的动态位置。

（3）*启动装置与励磁系统的配合方式*

在机组启动过程中，SFC 只能给发电机定子输入电流，在定子绕组中产生旋转磁场和旋转磁动势，要产生电磁转矩，必须在发电机转子绕组中输入励磁电流产生转子磁动势，两个磁动势相互作用，才能在发电机转子上产生同步力矩，拖动转子旋转。因此，在 SFC 的启动过程中，励磁系统的配合也很重要。

从目前的应用情况来看，主要有另设启动励磁装置和利用发电机原有的励磁装置两种方式，不论采用哪种方式，都要求发电机配套的励磁系统是静态励磁，即带有交流励磁机的励磁系统及无刷励磁系统是不适用的。究其原因是由于，当发电机要作为同步电动机启动时，在启动阶段需要励磁系统提供转子磁场，在启动阶段因发电机的转速较低，待交流励磁机的励磁系统及无刷励磁系统无法向转子提供正常的励磁电流，从而使整个启动过程无法完成。

对于静态自并励系统，由于励磁系统的一次电源来自发电机出口，在发电机的启动阶段，发电机的出口电压无法满足励磁系统的要求，其次在发电机静态变频启动过程中并不适合带励磁变压器运行，故该励磁方式也不适用于启动期间的励磁，SFC 需要设置另外的启动励磁装置；如果发电机采用他励励磁方式，则 SFC 可以使用发电机本身的励磁系统进行启动励磁而无须再另外设置启动励磁装置。

三菱机组使用的是自并励励磁系统，故其 SFC 采用的是单独设置启动励磁的方式；西门子和 GE 机组使用的他励励磁系统，不需要单独设置启动励磁，其励磁电源从厂用 6 kV 母线引接，SFC 利用发电机本身的励磁系统完成启动励磁过程，下面对上述两种方法分别作介绍：

1）三菱 SFC 的启动励磁工作过程

启动励磁装置在发电机 SFC 启动运行时，通过励磁启动盘内装设的 6 kV/150 V 专用启动励磁变压器向励磁系统供电，当 SFC 启动完成退出运行后，启动励磁退出，发电机转速达到额定转速时，控制系统将励磁功能切换到机组本身的正常励磁方式。

2）GE 和西门子 SFC 的启动励磁工作过程

由于未设单独的启动励磁装置，启动期间和启动后没有励磁切换的过程，启动过程主要是磁通控制，即在启动过程中 SFC 向励磁系统提供适合需要的发电机励磁电压设定信号，启动过程结束后转由机组控制系统向励磁系统提供机组正常运行需要的发电机励磁电压设定信号。

（4）变频器保护

在变频器中硅整流元件是重要的功率元件，应当设置一些保护措施。如果不适当采用保护措施，在运行中有可能使硅整流元件运行失常、缩短寿命，严重时损坏设备。变频器一般设置过电流和过电压保护，变频器的保护和励磁系统中的整流回路的保护相同，详见本章第 2 节励磁系统。

### 1.3.3 变频启动装置实例

目前，在国内的 F 级燃气轮机电厂有三菱、西门子、GE 这 3 种机型，各机型所用启动装置在整体结构和工作原理上基本相同，均采用交直交电流型变频器，均配有进线开关、隔离变压器、整流柜、电抗器柜、逆变柜、控制柜、逻辑切换柜等，但 SFC 的容量大小、隔离变的二次侧绕组数、整流桥的个数、启动励磁的来源、转速的探测方式、冷却方式等方面不同。本节介绍三菱 M701F 所采用的 SFC 装置。

（1）三菱 M701F 机组采用的启动装置组成

SFC 系统主要由变压器、直流电抗器、整流器、逆变器以及控制部分组成，其结构原理如图 1.42 所示。

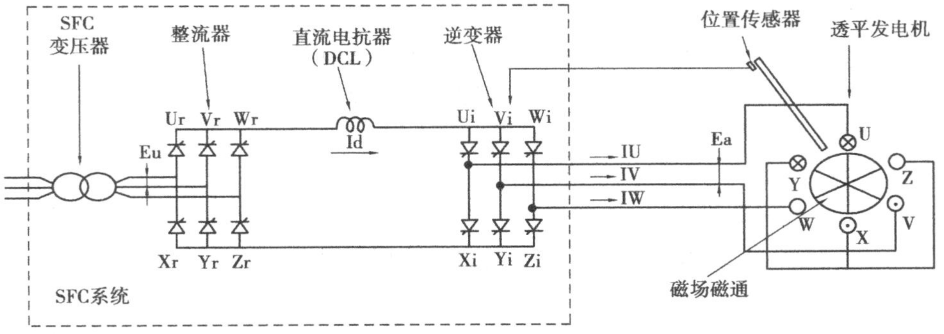


图 1.42 SFC 原理图

整流器采用的是三相六脉冲桥式电路，三相交流电通过它变成了可变电压的直流电。逆变器也采用的是三相六脉冲桥式电路，每一个设备的功能描述见表 1.5。

表 1.5 SFC 各部件功能介绍

| 设备名称 | 实现的功能 |
| --- | --- |
| SFC 变压器 | 建立整流器的输入电压,一旦整流器的桥臂发生短路时,变压器的漏阻抗可以限制短路电流,隔离三次谐波 |
| 整流器 | 通过晶闸管相控控制直流电压,来调节直流电流到合适的值 |
| 直流电抗器 | 用来平滑直流电流 |
| 逆变器 | 通过晶闸管相控把直流转换成交流,使得交流的频率和发电机的转速相协调,从而实现平滑的加速发电机 |
| SFC 控制柜 | 1. 燃机转速控制<br>2. SFC 电流控制<br>3. SFC 系统保护<br>4. SFC 系统顺序控制 |

(2)启动过程励磁控制模式

启动过程中,自动励磁调节器(AVR)根据机组的转速情况分别工作在恒励磁电流模式和恒机端电压模式,通常在机组转速小于 18% 额定转速时采用恒励磁电流模式,在机组转速大于 20% 额定转速时采用恒机端电压模式。

1)恒励磁电流模式

在发电机转速较低,机端电压尚未达到规定电压值时(约 17% 额定电压),为防止过激磁,SFC 控制柜发信号给励磁系统,由 AVR 维持励磁电流为恒定值,从而使磁通参数 $V/f$ 为恒定值。

2)恒机端电压模式

当发电机转速已经较高(约 15% 额定转速),机端电压达到规定电压值 3.4 kV 时,为防止定子过电压,SFC 控制柜发信号给励磁系统,由 AVR 通过减小励磁电流维持机端电压保持恒定。

(3)启动过程逆变器的换相方式

在 SFC 启动机组的过程中,逆变柜必须周期性地完成换流过程。由于晶闸管为半控开关元件,门极能触发导通晶闸管,而无法关断晶闸管,晶闸管的关断要靠反向电压来完成。因此,SFC 在启动机组的过程中主要采用以下两种换流方式:

1)脉冲换相

在启动或低转速时期,发电机不能提供足够的反电势实现逆变器晶闸管的截止和换相,必须在每隔 60°控制整流器强制断流使逆变器截止和换相。这种方式称为脉冲换相方式。

2)负载换相

当发电机转速较高时,SFC 进入负载换相方式,此时发电机已经能够提供足够的反电势使该换相的逆变器桥臂晶闸管截止并完成换相。逆变器此时的换相方式称为负载换相方式。

(4)启动切换装置

一般大型燃气轮机电厂都为多台机组配置,而启动装置的台数通常等于或少于机组台数,在配置上采用的是“二拖三”或“二拖四”的方式,考虑启动的可靠性和灵活性,需要实现任何一台启动装置启动任何一台机组，启动系统需要设置切换逻辑盘和切换开关柜，来实现这一功能。

1)切换逻辑盘和切换开关柜功能及系统组成

切换逻辑盘是为两台 SFC 用于启动 3 台燃气轮机的逻辑切换控制而设计的，它接收来自 DCS，TCS 的指令，根据预定逻辑按顺序对相应的断路器或隔离开关进行断开或闭合操作，以便实现机组选择 SFC 的目的。它采用可编程序控制器(PLC)作为控制核心，以计算机智能化程序控制取代传统的继电器逻辑控制，能可靠地完成燃气机组启动时对外部各个开关的正常断开或闭合。逻辑切换盘主要由 PLC、人机界面、输出继电器及电源 4 个部分组成。

切换开关柜是为两台 SFC 用于启动 3 台燃气轮机的电气通路切换而设计的，每台 SFC 均配备一个切换开关柜，每个切换开关柜内配备 3 个电动隔离开关，隔离开关的一端连接 SFC，另一端连接各台发电机，切换开关柜内的隔离开关通过接收切换逻辑盘的指令而动作，其只是切换逻辑盘操作和监视内容的一部分。

切换逻辑盘、切换开关柜、SFC 与发电机之间的关系如图 1.43 所示。

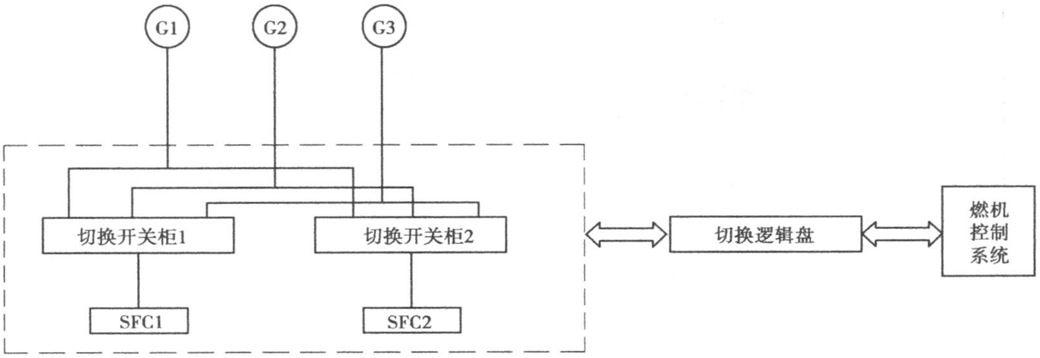


图 1.43　启动切换装置的关系

2)机组与 SFC 选择过程

当逻辑切换盘检测到燃机控制性系统发出的"Sfc Selected For GT"指令后，切换逻辑盘将检测燃机控制系统所选 SFC 和 GT(Gas Turbine) 当前的状态，从而判断是否能够满足燃气机组的启动要求，并将结果反馈至燃机控制系统。

当燃机控制系统所选 SFC 和 GT 满足启动要求后，切换逻辑盘开始对相应的断路器和隔离开关进行切换操作并检测其状态。操作指令发出一定时间后，如果断路器和隔离开关的状态与设置不一致，切换逻辑盘将向燃机控制系统发出"Sfc Circuit Fault"故障信号。

3)启动过程

在切换逻辑盘完成机组与 SFC 的选择过程之后，切换逻辑盘开始等待燃机控制系统发出的 SFC 启动指令，当切换逻辑盘接收到启动指令后，首先发命令闭合相应机组 GCB 通往 SFC 的隔离开关，然后向 SFC 发出启动指令，SFC 开始拖动发电机逐步加速，在 SFC 运行期间，切换逻辑盘的主要任务是将来自燃机控制系统的指令传送给对应的 SFC，并将 SFC 的要求反馈给相应的设备，且始终监测相应断路器和隔离开关的状态，一旦出现异常，则向对应的 SFC 发出事故停机指令，启动结束后，相应的断路器和隔离开关都应回到初始状态。

(5)三菱 M701F 机组采用的启动装置的技术参数

三菱 M701F 机组采用的启动装置的技术参数见表 1.6。

**表 1.6　某电厂 M701F 机组配置的三菱产 SFC 的技术参数**

| 设备名称 | 参　数 | 具体数值及内容 |
|---|---|---|
| SFC 系统 | 额定输入容量 | 6 600 kVA |
| | 输入电压 | 3 相,6 kV,50 Hz |
| | 直流额定电压 | 4.1 kV DC |
| | 直流额定电流 | 1 195A DC |
| | 输出电压 | 3 相,3.4 kV,0.05 ~ 33.3 Hz |
| | 额定功率 | 4 900 kW |
| | 冷却方式 | 强迫风冷 |
| | 允许环境温度 | 0 ~ 40 ℃ |
| | 额定工作方式 | 连续运行 |
| | 晶闸管规格 | 整流:FT1500AU-240 1S1P6A<br>逆变:FT1500AU-240 1S1P6A |
| | 标准 | IEC-60146 |
| SFC 隔离变压器 | 额定容量 | 6 600 kVA |
| | 额定电压 | 6 kV/3.8 kV |
| | 阻抗电压 | $U_d$ 12% |
| | 接线组别 | Y/△-1 |
| | 相数 | 3 相 |
| | 频率 | 50 Hz |
| | 冷却方式 | 油浸自冷 |
| | 绝缘等级 | F 级 |
| 整流柜 | 输出容量 | 4 900 kW |
| | 额定直流电压 | DC 4.0 kV |
| | 额定直流电流 | DC 1 225 A |
| | 冷却方式 | 强迫风冷 |
| | 规格 | 3 相全控整流桥,1S1P6A |
| | 形式 | 室内,六脉冲整流 |
| 逆变柜 | 输出电压 | 3.4 kV |
| | 输出电流 | 1 000 A |
| | 额定直流电压 | DC 4.0 kV |
| | 额定直流电流 | DC 1 225 A |

续表

| 设备名称 | 参　数 | 具体数值及内容 |
|---|---|---|
| 逆变柜 | 冷却方式 | 强迫风冷 |
| | 规格 | 3 相全控整流桥,1S1P6A |
| | 形式 | 室内,六脉冲逆变 |
| 直流电抗器 | 直流额定电压 | DC 4.0 kV |
| | 直流额定电流 | DC 1 225 A |
| | 感抗 | 30 mH |
| | 冷却方式 | 强迫风冷 |
| | 形式 | 干式,户内 |
| 谐波滤波器 | 额定频率 | 50 Hz |
| | 相数 | 3 相 |
| | 额定电压 | 6 kV |

### 1.3.4　启动装置的运行

(1)SFC 启动过程

某 F 级燃气轮机电厂,有 3 台三菱 M701F 型机组,配置两套 SFC 启动装置,每套装置均能启动任一台机组。机组启动之前,首先确定好用哪套 SFC 启动装置启动。并且要检查确认要启动的机组已经满足启动条件。SFC 运行时,需要密切关注各阶段电流、电压和转速的变化情况。图 1.44 中 SFC 启动电源由 6 kV 高压厂用电而来,在发电机出口断路器(GCB)断开的情况下,经 6 600 kVA 变频装置,将最大值为 3.4 kV 的变频电压输入到发电机定子绕组;同时,发电机转子绕组由一台启动励磁变压器提供整流励磁电源。

M701F 型燃气轮机正常启动模式下的各相关参数变化情况,如图 1.45 所示。

1)转子拖动阶段:转子由初始转速升到约 700 r/min

当 SFC 接收到 TCS 控制系统发出的“启动”命令后,盘车装置停止运行。SFC 给发电机提供变频电源,发电机将作为同步电动机拖动转子轴升速。升速时间约 180 s。该阶段发电机定子电流恒定(SFC 输出电流),SFC 的输出按照发电机定子电流恒定进行跟踪调节,AVR 调节为 V/F 等于常数的方式。

2)燃机高速保持阶段(即清吹阶段):转子转速保持 700 r/min

当燃机转速达到 700 r/min 时,TCS 发出“高速保持”命令,此时,转速维持 700 r/min,燃机进行吹扫,速度保持时间约 300 s。该阶段发电机定子电压上升至 3.4 kV 维持恒定。

3)燃机低速保持阶段(即点火阶段):转子由 700 r/min 下降到 580 r/min

当燃机清吹计时 300 s 结束,TCS 发出“解除高速保持”命令,转速下降到 580 r/min,TCS 发出“低速保持”命令,时间约 120 s,计时结束后 TCS 发出“燃机点火”命令,燃机开始点火。此阶段 SFC 输出电压不变,SFC 输出频率使转速下降, SFC 输出电流下降,输出功率也下降。

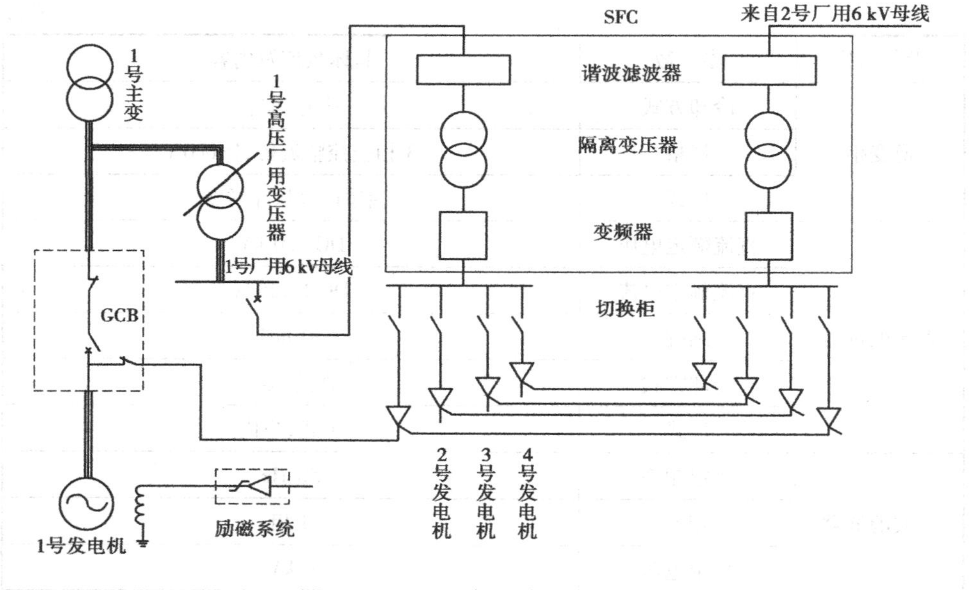


图 1.44　SFC 电气回路接线示意图

4)燃机加速阶段:转子由 510 r/min 上升至 2 000 r/min

当燃机点火成功后,TCS 发出"解除低速保持"命令,同时发出"加速命令",转子轴升速至 2 000 r/min,时间约 10 min 后,TCS 控制系统发停止 SFC 装置命令。

5)SFC 脱扣停止阶段

当 SFC 接收到 TCS 发出的"停止命令"后,SFC 与燃机与脱扣,并停止运行。

(2) SFC 启动前的检查项目

SFC 启动前的检查项目如下:

①检查 SFC 装置各部分电源开关位置正常。

②检查 SFC 装置各部分电源开关位置指示灯指示正常。

③检查 SFC 装置冷却系统正常,通道顺畅无堵塞,温度指示器正常。

④检查 SFC 装置控制柜无"major failure""minor failure"报警,屏面上显示器上无异常事件或报警记录,柜内 PLC,DSP 板上均无报警。

⑤SFC 装置各部分控制模式均选为"远方"。

(3)SFC 的正常模式启动操作

SFC 的正常模式启动操作如下:

①在机组燃机控制系统操作界面中 SFC 选择画面选择相应的按钮,并执行。

②发电机中性点接地刀闸将断开。

③工作励磁变出口开关将断开。

④启动励磁变出口开关将合上。

⑤SFC 和发电机之间的切换开关将合上。

⑥启动励磁变 6 kV 进线开关将合上。

⑦SFC 至发电机出口的隔离开关将合上。

⑧SFC 6 kV 侧的开关将合上。

⑨发电机励磁开关合上,SFC 开始启动,机组转速开始上升。

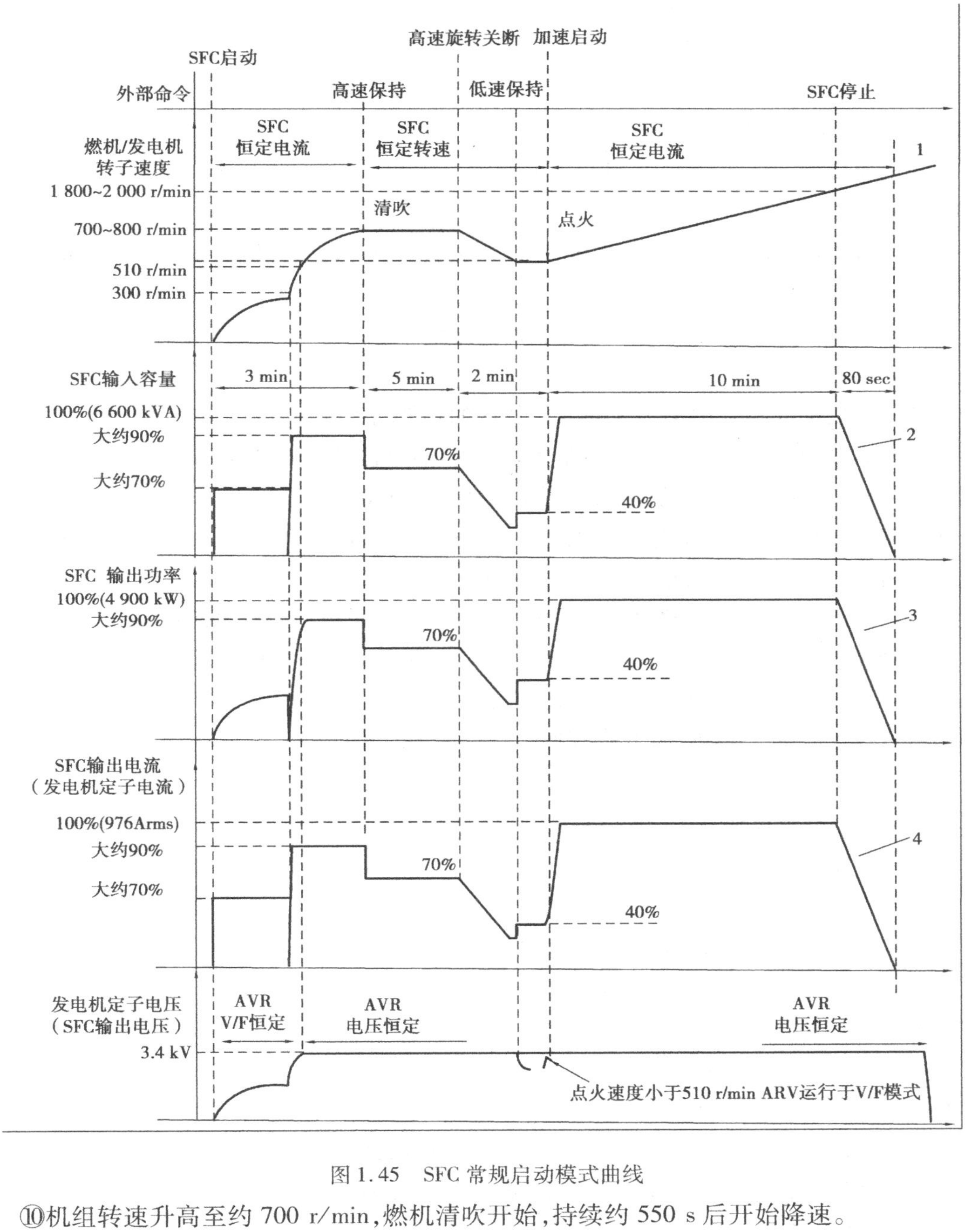


图 1.45　SFC 常规启动模式曲线

⑩机组转速升高至约 700 r/min，燃机清吹开始，持续约 550 s 后开始降速。

⑪燃机点火前，透平降速到约 580 r/min，燃机燃料关断阀开始打开，燃料管道开始通气，随后燃机点火。

⑫当机组转速达到约 2 180 r/min 时，励磁开关自动断开。

⑬SFC 6 kV 侧的进线开关将自动断开。

⑭SFC 至发电机出口的隔离开关将分开。

⑮启动励磁变 6 kV 进线开关将断开。

⑯启动励磁变低压侧开关将断开。

⑰工作励磁变出口开关将合上。

⑱SFC 和发电机之间的切换开关将断开，发电机中性点接地刀闸合上。

(4)SFC 高盘模式启动操作

高速盘车简称“高盘”，是单独通过 SFC 将燃气轮机升速到 700 r/min 左右并保持运行的一种运行状态模式。具有如下功能：

①在燃气轮机启动过程中如果点火失败，则必须通过高盘来排出过渡段内的残余燃气，防止再次点火时发生爆燃事故。

②机组在长期停止运行或检修后，重新启动之前可以通过高盘检查启动设备是否正常及燃气轮机各部件是否完好。

③燃气轮机停机之后，燃烧室和透平缸体内的部件均为高温，在冷却过程中容易因为冷却速度不同而导致相互之间温差过大，变形不均。所以停机之后，可以通过高盘来均匀的冷却热通道内的部件，减少上下缸体的温差，为下次启动做好准备。

④燃气轮机水洗时采用高速盘车加强燃气轮机内水流冲击，使水洗达到更好的效果，并且水洗完成后，可以采用高速盘车将燃气轮机吹干。

⑤检修停机之后，如果检修计划没有特别要求，应当对机组进行高盘冷却。采用高盘冷却，可将燃机冷却时间由自然冷却的 72 h 缩短到约 10 h，大大缩短检修工期。

SFC 的 SPIN 模式经历启动开始、升速、清扫、SFC 停止 4 个阶段。执行高速盘车时，密切监视高盘过程各设备逻辑响应和状态变换情况。具体过程如下：

①在机组 TCS 的控制系统中选择“SPIN”，如果条件满足，执行。

②发电机中性点接地刀闸将断开。

③工作励磁变出口开关将断开。

④启动励磁变出口开关将闭合。

⑤SFC 和发电机之间的切换开关将合上。

⑥SFC 6 kV 启动励磁电源开关合闸。

⑦SFC 与发电机出口开关柜相连的隔离刀开关将合上。

⑧SFC 6 kV 侧的开关将合上。

⑨发电机励磁开关将合上。

⑩燃机升速至 700 r/min，并维持转速在 700 r/min，此时应注意检查励磁电压、励磁电流的大小，各刀闸状态以及各轴瓦瓦块振动情况，各轴瓦瓦温，回油温度等。

(5)SFC 高盘模式停止操作

当 SFC 的 SPIN 控制模式选为“自动”时，高盘任务完成后，控制系统自动发高盘停止命令，并执行高盘停止操作。当 SFC 的 SPIN 控制模式选为“手动”时，高盘任务完成后，须手动发高盘停止命令，控制系统才执行高盘停止操作。停止响应过程与启动响应过程相反，同样要密切监视高盘过程各设备逻辑响应和状态变换情况。

### 1.3.5　启动装置的运行监视与异常处理

(1)三菱 SFC 控制盘的运行监视

1)SFC 控制面板的运行监视

①监视 SFC 控制面板状态指示灯指示情况。

②监视 SFC 运行参数。

③监视 SFC 控制盘声音有无异常。

④日常巡检中,巡检完毕要注意把柜门关好,防止潮气引起设备误动。

2)SFC 变压器的运行监视

①检查系统接线是否完整,检查柜门是否关严,锁好。

②变压器运行时,检查 SFC 6 kV 开关综保装置上的参数是否正常,综保装置上是否有报警,有无保护动作信号。

③检查 SFC 控制柜面板上的变压器保护装置有无异常报警,查明具体报警信息。

④听变压器运行时的声音,无明显噪声和振动,无放电声音等。

3)整流/逆变柜的运行监视

①整流/逆变柜均属于发热设备,设备运行时,要注意检查 SFC 配电间空调运行是否正常,检查房间温度是否偏高。检查确认整流/逆变柜风扇运行正常,进风滤网和出风口无异物堵塞。

②检查整流/逆变柜内有无异常声响,如无较大噪声、振动或放电声等;检查确认柜内有无异常焦臭味道等,如有异常应及时汇报。

③当 SFC 投入运行时,整流/逆变柜内的冷却风机将自动投入运行。当 SFC 退出运行后,冷却风机将继续运行 30 min 后,冷却风机将自动停止。

4)直流电抗器运行监视

①监视直流电抗器室空气温度计指示在正常值。

②冷却风扇运行正常,空气进口及冷却风机出口畅通无堵塞。

③听直流电抗器室声音有无异常,如无较大噪声、振动或放电声等,如有异常则及时上报。

④检查直流电抗器有无焦煳味等异味。

(2)启动装置异常处理

SFC 运行时,各部件的参数均可在控制盘上的屏幕上监视。如果设备出现故障,所有的报警信息都会汇总在 SFC 逻辑控制盘上。SFC 异常跳闸或在运行是否出现异常,均会在控制盘上显示相关的信息。运行人员可以通过查找相关的事件记录和查看故障信息等查找故障原因。

SFC 的故障分为主要故障“MAJOR FAILURE”和次要故障“MINOR FAILURE”两种。对于主要故障“MAJOR FAILURE”,SFC 系统会断电自动停机,若发现 SFC 已报“MAJOR FAILURE”故障但 SFC 仍在运行,以下两种方法可以紧急停运 SFC 系统:

①如果机组在高盘或启动过程中,通过 TCS 的“GT OPERATION”画面的“GT OPERATION”操作界面中单击“NORMAL STOP”停运 SFC。

②在 SFC 控制柜就地按下手动跳闸“MANUAL TRIP”按钮。确认 SFC 系统已经停运,检查确认相应 SFC 系统的各开关、刀闸均已分开。

对于次要故障“ MINOR FAILURE”SFC 系统可继续运行,但应在 GOT 界面上查明故障内容,将信息反馈给相关电气检修人员。并密切监视设备运行情况,待 SFC 停运后再进行检查和处理。

若出现火灾、危及人身安全、设备及系统安全的紧急情况时,应立即按下手动跳闸“MAN-

UAL TRIP”按钮,停运设备。

主要报警及次要报警见表 1.7 和表 1.8。

**表 1.7　SFC 主要故障“MAJOR FAILURE”项目清单**

| 序号 | 故障原因 | 序号 | 故障原因 |
|---|---|---|---|
| 1 | 变压器差动 | 23 | 线路电压低/ MCCB 跳闸 |
| 2 | 整流器可控硅触发脉冲丢失 | 24 | DC 电源过载 |
| 3 | 整流器触发脉冲放大器故障 | 25 | 由于冷却风机和位置传感器回路引起 MCCB 跳闸 |
| 4 | 整流器缺相 | 26 | 位置传感器回路过流 |
| 5 | 整流器过流 | 27 | 电源电压低 |
| 6 | 整流器浪涌吸收器故障 | 28 | 电流偏差-整流器/逆变器 |
| 7 | 整流器冷却空气温度高 | 29 | 加速时间延长 |
| 8 | 整流器冷却风机故障 | 30 | 超速 |
| 9 | DC 电抗器温度高 | 31 | 手动跳闸 |
| 10 | DC 电抗器冷却风机故障 | 32 | 控制器冷却风机主要故障 |
| 11 | 逆变器可控硅触发脉冲丢失 | 33 | MELSEC 故障 |
| 12 | 逆变器触发脉冲放大器故障 | 34 | DC 24 V 电压低 |
| 13 | 逆变器缺相 | 35 | 控制回路故障 |
| 14 | 逆变器过流 | 36 | 紧急停机（外部）由外部跳闸信号引起自动复位 |
| 15 | 逆变器浪涌吸收器故障 | 37 | 谐波滤波器熔断器熔断 |
| 16 | 逆变器冷却空气温度高 | 38 | 谐波滤波器电容器故障 |
| 17 | 逆变器冷却风机故障 | 39 | 谐波滤波器过热 |
| 18 | DC 电源电压低 | 40 | 谐波滤波器过流 |
| 19 | DC 15 V 电压低 | 41 | 谐波滤波器风机故障 |
| 20 | DC 5 V 电压低 | 42 | — |
| 21 | 触发脉冲 DC 24 V 电压低 | 43 | — |
| 22 | 高压触发脉冲电源电压低 | 44 | — |

**表 1.8　SFC 次要故障“MINOR FAILURE”项目清单**

| 序号 | 故障原因 | 序号 | 故障原因 |
|---|---|---|---|
| 1 | 整流器冷却风机次要故障 | 4 | 控制器冷却风机次要故障 |
| 2 | DC 电抗器冷却风机次要故障 | 5 | 谐波滤波器/变压器风机次要故障 |
| 3 | 逆变器冷却风机次要故障 | 6 | 辅助回路 MCCB 跳闸 |

### 1.3.6 SFC的谐波问题及抑制措施

(1)SFC谐波的产生

静态变频器(SFC)由6 kV母线供电，采用交—直—交电流变换，由于SFC从厂用母线中吸取能量的方式不是连续的正弦波，而是以脉动的断续方式获得电流，这种脉动电流和电网的沿路阻抗共同形成脉动电压而叠加在厂用母线的电压上，在其工作时将使厂用6 kV母线电压波形产生严重的畸变，对6 kV及380 V低压厂用电造成谐波污染。由傅里叶变换可知，任何周期性非正弦波都可分解为基波与一系列的高次谐波，因此在SFC运行时，将产生大量的高次谐波。由于三相系统的对称关系，偶次谐波已被消除，只有奇次谐波存在，而SFC运行期间，发电机中性点接地刀闸是断开的，在中性点不接地的6 kV系统中，由于3次谐波电流没有通路，因此3次谐波已被抑制，在SFC的运行过程中，对系统产生影响的是5次和7次谐波，再高次的谐波幅值已经很小，可忽略不计。

(2)SFC谐波对厂用电系统的影响

1)容易使厂用电系统形成谐振

静态变频器(SFC)电源取自6 kV厂用母线，母线上除谐波源外还有电力电容、电缆、供电变压器及电动机等负载，而且这些负载处于经常性的变动中，容易形成谐振。一旦发生谐振，将会发生系统过电压。

2)对变压器的影响

谐波电压可使变压器的磁滞及涡流损耗增加，而谐波电流使变压器的铜耗增加造成变压器过热，降低变压器寿命，导致早期故障。

3)对发电机出口电压互感器的影响

SFC在运行时，谐波的干扰同时加在发电机机端的出口电压互感器上，谐振过电流会使电压互感器熔断器熔断，谐振过电压使电压互感器铁芯磁通饱和，严重发热、甚至烧毁。

4)对厂用电动机的影响

厂用电动机均为感应式异步电动机，电压谐波会导致异步电机的额外损耗，高次谐波导致的扭矩脉动可能引起机械共振，在联轴器和轴承处产生磨损和裂纹。另外，由于电机转速与基波频率是一致的，谐波能量转化不成旋转扭矩，而是以额外的热量形式散发，从而还会导致设备的发热及老化。

5)对保护装置影响

很多种继电保护和自动装置会受到非线性负荷的影响，谐波源注入系统的谐波，将引起系统各类型保护和自动装置误动或拒动，其中最主要的是反映负序分量的装置。

(3)SFC谐波的抑制措施

一般的，对于SFC谐波的抑制方法，首先，应在设计上采用技术先进的方案减少谐波的产生，其次，再考虑采用隔离、滤波、接地和增加谐波阻抗等方法来抑制谐波。现阶段投产的F级燃气轮机电厂，也常采用这几种方法对大功率SFC的谐波进行抑制。

1)采用技术先进的方案

高压变频器采用多重化整流技术，可以减小对电网的谐波污染，提高变频器输入侧的功率因数。例如，某制造商的SFC通过在隔离变二次侧设置两个相角差30°的变压器绕组分别供电两个三相整流电路可构成12脉冲整流电路，其电网侧电流仅含($12k\pm1$)次谐波，而且各次谐波的有效值与其谐波次数成反比，而与基波有效值的比值是谐波次数的倒数，与三相6脉冲晶闸管整流桥比较，12脉晶闸管整流桥能大幅减少谐波幅值较大的5次和7次谐波。

2）使用专用输入（隔离）变压器

使用专用输入（隔离）变压器作为静态变频器与工作电源的隔离，输入变压器对来自于变频装置的传导干扰进行了隔离，变压器的短路阻抗也可起到与变频器滤波电容等容性元件的补偿作用，短路阻抗值相对越大，谐波含量就越小。

3）采用无源滤波器

使用大功率的谐波过滤器并联接入静止变频器的电源端，谐波过滤器内部是由电感和电容组成5次和7次无源滤波电路，用来吸收在整流和逆变过程中所产生的5次和7次谐波。

4）可靠接地

可靠接地是一种被动的防御性措施，要保证设备外壳、屏柜均良好可靠地接地、接地电阻符合设计规定，各盘柜之间的连接电缆采用有屏蔽层的电缆，保证控制系统的一点接地，提高控制系统的干扰能力。

5）使用微机消谐装置

使用微机消谐装置是一种被动防御措施，厂用电6 kV母线电压互感器及发电机出口电压互感器外，均可装设微机消谐装置，以降低谐振产生的可能性。

## 1.4 发电机同期系统

### 1.4.1 同期系统概述

在电力系统中有多台发电机并列运行，在正常运行情况下，发电机均以同一电角速度运转，因而称在系统中参与并列运行的发电机是同步的。

（1）同步发电机同期并列的基本概念

目前，国内的F级燃气轮机发电机组大多作调峰运行，同步发电机退出和并入系统是经常性的。通过合上断路器将发电机投入系统同步运行的操作称为同期并列操作。同期并列操作的断路器称为同期点。

图1.46为发电机同期并列示意图。$\dot{U}_G$为待并发电机机端电压，$\dot{U}_S$为断路器系统侧电压，QF断路器为同期点。

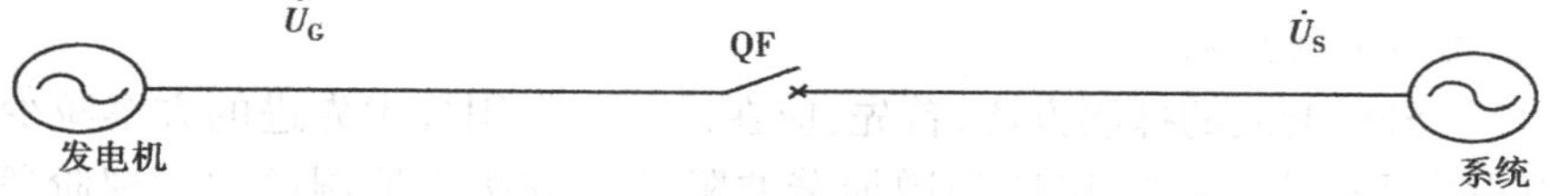


图1.46　发电机同期并列示意图

发电机电压和系统电压的相量图如图1.47所示。$\dot{U}_G$和$\dot{U}_S$分别以电角速度$\omega_G$和$\omega_S$旋转，$\Delta U=\dot{U}_G-\dot{U}_S$为断路器主触头两侧电压的相量差，$\delta$为发电机电压和系统电压的相角差。

当待并发电机电压的幅值和频率与系统电压的幅值和频率相等且相位一致时，$\Delta\dot{U}$ 等于零，频率差也等于零。若此时断路器合闸，其冲击电流为零，且合闸后发电机和系统间不会因频率差而发生振荡。准同期并列的前提条件是同期点两侧电压的相序必须相同。由于该条件在安装和检修后的调试中已经满足，因此理想的同期条件为：

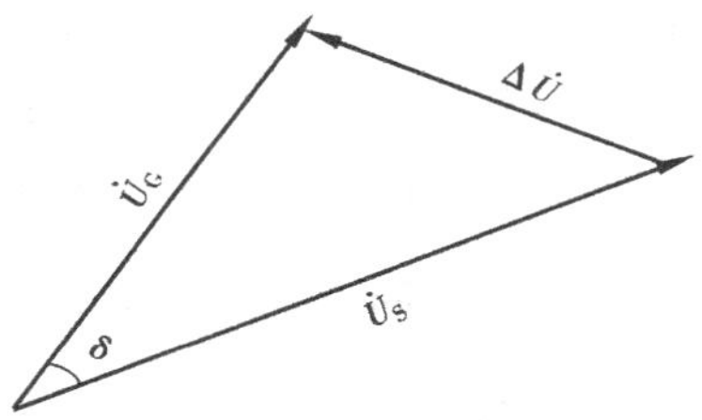

图1.47　电压相量图

①发电机电压与同期点系统电压相等。

②发电机的频率与系统的频率相等。

③合闸瞬间发电机电压相位与系统电压相位相同。

因此在并列操作时，只要满足上述3个条件，就意味着断路器两侧的电压向量重合且无相对运动，并列时产生的冲击电流为零，发电机与系统立即同期运行，不发生任何扰动。

(2)准同期并列原理

准同期并列是当待并发电机电压的幅值、频率和相位与同期点系统侧电压的幅值、频率和相位接近相等时，通过同期点断路器合闸将发电机并入系统。目前，发电厂均采用准同期并列方式将发电机并入系统。

准同期并列操作可以通过带非同期闭锁的手动准同期装置或自动准同期装置完成。F级燃气轮机发电机组都装设有自动准同期装置，可以实现手动或自动准同期并列，前者是由操作员借助准同期装置观察判断准同期条件满足时，操作断路器控制开关手动合闸，后者是由自动准同期装置自动判断准同期条件满足时，控制断路器合闸，完成准同期并列操作。

与自动准同期合闸相关的几个概念：

1)导前时间 $t_D$

假如合闸并列是在瞬间完成的，则合闸命令可以在电压幅值差和频率差均在允许范围之内，$\delta$ 在接近零度时发出。事实上，断路器具有一定的固有合闸时间，因此，理想的合闸命令发出时刻，应在 $\delta=0$ 之前的 $t_D$ 时间，这个时间称为导前时间，它应等于断路器的固有合闸时间 $t_{QF}$，即 $t_D=t_{QF}$。

2)滑差角频率 $\omega_e$

在待并发电机并入系统前，发电机电压和系统电压角频率分别为 $\omega_G$ 和 $\omega_S$，发电机电压和系统电压角频率的差值 $\omega_e=\omega_G-\omega_S$ 称为滑差角频率。

3)提前合闸相位差 $\delta_D$

$\delta=0$ 是理想的并列时刻，它表示在电压差和频率差都满足并列条件时，给同期并列点断路器发出合闸脉冲的时刻应提前 $t_D$。在 $\omega_e$ 等于常数的情况下，可以得出提前合闸相位差：$\delta_D=\omega_e t_D=\omega_e t_{QF}$。

采用恒定导前时间的自动准同期装置的基本原理，就是假定在导前时间内，滑差 $\omega_e$ 是不变的常数，即认为并列操作是在发电机频率和系统频率已达稳定的情况时进行的，这是理想情况。实际情况是多变的，如系统具有较强的冲击性负荷或由于原动机和发电机的惯性、调速器的不灵敏，都会导致系统频率不稳定或发电机转速不稳定，引起滑差 $\omega_e$ 的变化。对于合闸时间较长的断路器，$\omega_e$ 的变化会导致合闸瞬间相角差较大，引起较大的冲击电流。

随着电力系统的发展，单机容量越来越大，对准同期合闸相角差的要求也越来越高。以匀

速 $\omega_e$ 准则实现的自动准同期装置受其原理上的限制，难以满足要求。近年来，随着计算机技术的发展，对变速 $\omega_e$ 条件下的准同期原理的实现提供了可能。利用微机，可对复杂的数学模型进行求解计算，在计算中采用等加速 $\omega_e$ 和变速 $\omega_e$ 等。

### 1.4.2 同步发电机准同期并列的条件

在实际的同步发电机准同期并列操作中，同期并列的理想条件通常是难以同时满足的。为了保证发电机的安全，减小在并列时对系统的冲击，并列操作应遵循以下原则：

①合闸瞬间，发电机的冲击电流和冲击力矩不超过允许值。

②并列后发电机能迅速被拉入同步。

下面分 3 种情况来说明发电机在非理想条件下并列时出现的现象：

1）并列时存在电压幅值差

这种情况下，冲击电流与发电机电压 $U_G$ 和系统电压 $U_S$ 的电压差 $\Delta U$ 成正比，当 $U_G > U_S$ 时，发电机并入系统时立即向系统输出无功功率；当 $U_G < U_S$ 时，发电机将从系统吸收无功功率。因此，在并列时应控制发电机与系统电压的差值，保证不致因冲击电流过大产生的电动力损坏发电机和对系统带来大的扰动。

2）并列时存在相位差

在有相角差的情况下并列，发电机主要承受有功的冲击，使机组受轴扭矩的冲击，当发电机电压超前系统电压时，发电机主轴将受到制动的轴扭矩；当发电机电压滞后系统电压时，发电机主轴将受到驱动的轴扭矩。因此，并列时应将发电机电压与系统电压的相位差控制在一定范围内。

3）并列合闸时存在频率差

在存在频率差的情况下并列，机组进入同步运行的暂态过程与并列时的滑差角频率的大小有关，滑差角较小时，发电机可以很快进入同步运行；若滑差角很大，且正使机组加速的机组原动力也较大时，机组经历较长时间的振荡之后才能进入同步运行，甚至可能会出现失步或机组解列的情况。因此，并列时应将角频率差限制在一定的范围内。

在实际的准同期并列过程中，3 个条件的偏差是同时存在的。按照保证发电机和电力系统安全的总体要求，规程规定，并列时引起的冲击电流应当限制在发电机机端短路时短路电流的5% ~10%以内，按照该原则，经过计算校核并考虑保险系数之后，同步发电机准同期并列的允许偏差可定为：

①允许电压差不超过额定电压的5% ~10%。

②允许合闸相角差不超过10°。

③允许频率差不超过0.1 ~0.25 Hz。

### 1.4.3 发电机同期系统的构成

发电机同期系统主要由电压互感器、同期信号回路、自动准同期装置等构成。图 1.48 是发电机同期系统示意图。发电机机端电压 $\dot{U}_G$和系统电压 $\dot{U}_S$分别经过电压互感器降压后送入自动准同期装置。自动准同期装置由均频控制单元、均压控制单元和合闸控制单元 3 个部分组成。

均频控制单元自动检测发电机电压与系统电压频率差的方向,发送增速或减速信号到机组调速器,调节发电机电压的频率,使频率差减小。

均压控制单元自动检测发电机电压与系统电压的幅值差方向,发出升压或降压信号到发电机的励磁调节器,调节发电机电压的幅值,使电压幅值差减小。

合闸控制单元自动检测发电机电压与系统电压之间的频率差和幅值差,在频率差和幅值差小于整定值时,在设定的导前时间发出合闸信号送到发电机断路器的控制回路,使断路器合闸。

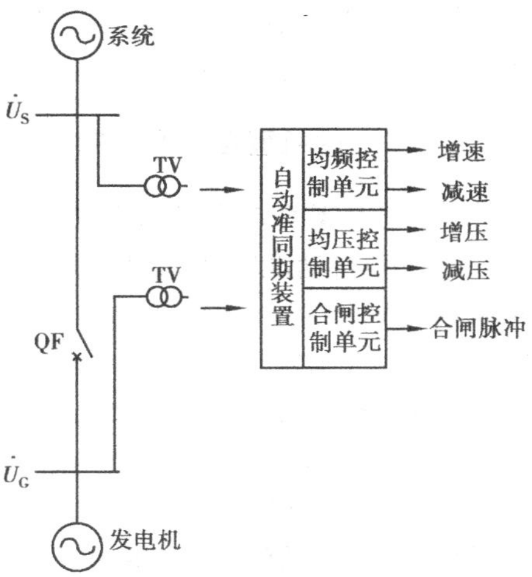


图1.48　发电机同期系统示意图

(1)同期点的选择

在发电厂中,必须有一部分断路器由同期装置来进行并列操作,凡是有同期并列要求的断路器都是电厂的同期点。在电厂设计初期,主接线确定之后,同期点也就随之确定,选择同期点的原则主要是考虑电厂主接线运行方式灵活,操作简单方便。

F级燃气轮机发电机组一般采用发电机变压器组单元接线,发电机出口一般装设有发电机出口断路器,主变压器高压侧装有高压断路器。正常运行时,一般使用发电机出口断路器作为发电机准同期并列的同期点。机组采用分轴布置时,汽机发电机出口一般不装发电机出口开关,需要用主变高压侧断路器作为同期点。

(2)同期电压的取得方式

同期电压是同期点(断路器)两侧电压经过电压互感器变换后的交流电压。同期电压的引入应考虑以下两个方面的问题:

①电气主接线及其运行方式,电压互感器的接线方式。

②二次电压和同期点两侧电压的相序及相位。

对于发电机变压器组,当同期点设置在主变压器高压侧时,同期电压一侧取自母线电压互感器;另一侧取发电机出口电压互感器电压来代替变压器高压侧电压。因受变压器接线组别(如YN11)的影响,变压器两侧电压便相差一个角度。因此,在发电机出口电压互感器二次回路中,加装一个转角变压器(如Dy1),从而使引接到同期装置上的电压正确反映变压器高压侧一次电压的相位。当同期点设置在发电机出口时,同期电压一侧取自发电机出口电压互感器;另一侧也可取母线电压互感器电压来代替主变压器低压侧电压。

(3)自动准同期装置

自动准同期装置的作用是代替准同期并列过程中的手动操作,以实现迅速、准确的准同期并列。自动准同期装置的基本功能如下:

①自动检测待并发电机与系统之间的电压差及频率差,当电压差或频率差过大时,分别向发电机励磁系统或调速系统发出调节命令,以加快并列过程。

②在满足准同期合闸条件时,自动提前发出合闸脉冲,使同期点断路器主触头在两侧电压相位差为零的瞬间闭合。

当燃气-蒸汽联合循环机组采用单轴布置方式时,燃气轮机和汽轮机拖动一台发电机,自动准同期装置一般整合在燃气轮机控制系统中，布置在发电机控制盘上。当机组采用分轴布置方式时，汽轮发电机的自动准同期装置一般整合在DCS中。

### 1.4.4 微机型自动准同期装置

(1)微机型自动准同期原理

微机型自动准同期原理是利用微机高速测取发电机和系统的电压及频率值，经过数据处理和逻辑判断，在满足电压差和频率差要求的条件下，按照设定的数学模型实时地求出提前合闸相位差 $\delta_D$，当实测相位差 $\delta$ 等于 $\delta_D$ 时，发出合闸命令，将发电机并入电网。

(2)微机型自动准同期装置构成

微机型自动准同期装置的功能由硬件和软件两部分完成。硬件部分包括基于微处理器构成的主机、输入和输出通道及其接口电路和人机联系设备等。软件部分主要完成对输入信号的采样、测量、计算比较、判断以及控制等。

以某F级燃气轮机电厂采用的ASY-100S71型自动准同期装置为例，图1.49是其硬件构成图，分为6个部分，分别是转速匹配电路、均压电路、发电机侧反相检测电路、相角差限制电路、CPU电路和合闸命令电路。

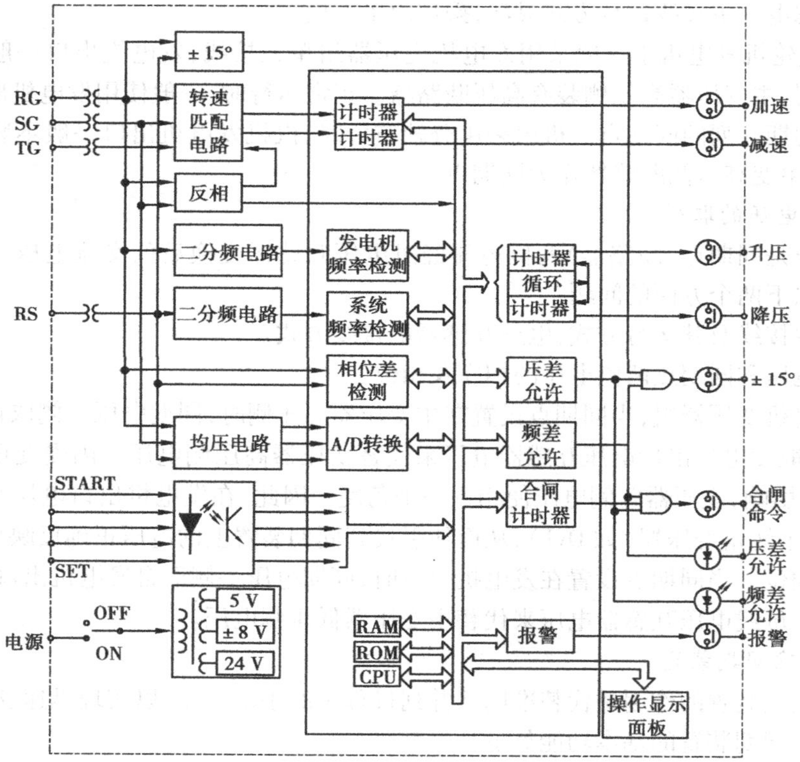


图1.49 ASY-100S71微机自动准同期装置

1)转速匹配电路

转速匹配电路检测系统侧和发电机侧频率的变化，并发出控制脉冲调节发电机转速。当发电机侧频率 $f_G$ 小于系统侧频率 $f_S$ 时，发出加速信号，当发电机侧频率 $f_G$ 大于系统侧频率 $f_S$

时，发出减速信号。当频率差小于设定值时，自动准同期装置发出频率差允许信号，停止输出发电机加速或减速信号。

2)均压电路

均压电路用以检测发电机侧和系统侧的电压差，并发出控制信号调节发电机电压，该电路具有整定允许压差和检查压差极性的功能。从并列点断路器两侧电压互感器二次侧绕组来的电压信号都经过A/D转换后输入处理器进行处理。当发电机侧和系统侧的电压差大于设定值时，若发电机侧电压 $V_G$ 大于系统侧电压 $V_S$，输出降压信号，若发电机侧电压 $V_G$ 小于系统侧电压 $V_S$，输出升压信号。当电压差小于设定值时，自动准同期装置发出电压差允许信号，停止输出发电机降压或升压信号。

3)发电机侧反相检测电路

发电机侧反相检测电路具有发电机侧电压反相检测功能，当检测到发电机侧电压为反相时，复位转速匹配电路，停止发转速调整信号和电压调整信号，微机停止控制并发出报警。

4)相角差限制电路

相角差限制电路用以检测发电机侧和系统侧的电压相角差，当发电机侧电压和系统侧电压相角差在±15°范围内，且频率差和电压差小于设定值时，±15°触点闭合，允许合闸。

5)CPU电路

CPU电路用于计算发电机侧和系统侧的电压差和相位差，在电压差和相位差满足要求时，解锁频差闭锁、压差闭锁和合闸命令电路。此外，还可以通过键盘对设定值进行更改。

6)合闸命令电路

合闸命令电路可以检测发电机侧和系统侧电压的频率差和相角差是否小于设定值，在条件许可时解除频差和压差闭锁，预估提前合闸时间，并提前发出合闸信号。

(3)发电机的准同期并网操作

发电机的准同期并网分为手动准同期和自动准同期两种。发电机正常并列采用自动准同期并网，手动准同期一般作为自动准同期装置失灵时的备用并网手段。进行手动准同期并网须经有关领导批准后方可执行，且应由值长监护有经验的操作人员操作。

采用自动准同期方式时，将要并网的发电机拖动到接近同步转速，投入发电机励磁，检查发电机升压至额定电压，检查自动准同期装置完好，投入同期装置，由装置自动微调转速和电压。在满足同期并列条件后，由同期装置发出合闸命令，同期点断路器合闸，检查并确认同期装置自动退出。

采用手动准同期并网时，检查发电机升速到接近同步转速，且机端电压升至额定电压，通过电压调节开关调节发电机电压，使同期点两侧的电压差小于允许值，且发电机侧电压略高于系统侧电压。通过转速调节开关调节发电机转速，使发电机侧频率略高于系统侧频率，即相位表指针按顺时针方向缓慢旋转，并观察旋转一周所需的时间为6～8 s，当相位表指针转至12点的位置时，操作手动合闸按钮合上同期点断路器。现场检查合闸情况，确认合闸正常。

# 1.5 发电机保护

## 1.5.1 继电保护概述及微机保护介绍

(1)电力系统的正常、不正常和故障状态

电力系统运行状态是指电力系统在不同运行条件(如负荷水平、出力配置、系统接线、故障等)下的设备工作状况。根据不同的运行条件,可以把电力系统的运行状态分为正常状态、不正常状态和故障状态。

电力系统正常运行状态是指电力系统能以合格的电能满足用电需求的运行状态。这时,电力系统中总的有功功率和无功功率出力能和负荷总的有功功率和无功功率需求达到平衡(包括电网损耗);电力系统的各母线电压和频率均在正常运行的允许偏移范围内;各电源设备和输变电设备均在其各自规定的限额内运行。在这种状态下,发电及输变电设备均有足够的备用容量,使系统具有适当的安全水平,能承受正常的干扰(如无故障开断一条线路或发电机)而不产生有害的后果(如设备过载)。

电力系统不正常运行状态是指系统的正常工作受到干扰,使运行参数偏离正常值,如过负荷、电压异常、系统振荡等。电力系统故障是指电力系统出现短路或者断线的状态。其中短路故障也称横向故障,是指电力系统中正常情况以外的一切相与相之间或相与地之间发生通路的情况;断线故障也称纵向故障,是指电力系统一相断开或两相断开的情况。

(2)继电保护原理及其组成

继电保护是研究电力系统故障和危及安全运行的异常工况,以探讨其对策的反事故自动化措施。因在其发展过程中曾主要用有触点的继电器来保护电力系统及其元件(如发电机、变压器、输电线路等),使之免遭损害,所以又称继电保护。其基本任务是:当电力系统发生故障或异常工况时,在可能实现的最短时间和最小区域内,自动将故障设备从系统中切除,或发出信号由值班人员消除异常工况根源,以减轻或避免设备的损坏和对相邻地区供电的影响。为完成继电保护所担负的任务,应该要求它能够正确地区分系统正常运行与发生故障或不正常运行状态之间的差别,以实现保护。

在电力系统正常运行时,每条线路上都流过由它供电的负荷电流,越靠近电源端,负荷电流就越大。同时,各变电所母线上的电压,一般都在额定电压±(5%~10%)的范围内变化,而且越靠近电源端,母线电压就越高。线路始端电压与电流之间的相位角决定于由它供电的负荷的功率因数角和线路的参数。由电压与电流之比值所代表的“测量阻抗”,则是线路始端所感受到的、由负荷所反映出来的一个等效阻抗,其值一般很大。

当系统发生故障时,假定在线路上发生了三相短路,则短路点的电压降低到零,从电源到短路点之间将流过很大的短路电流,各节点母线上的电压也将有不同程度的降低,距短路点越近降低越多。设以 $Z_d$ 表示短路点到节点 B 母线之间的阻抗,则母线上的残余电压应为 $U_{(B)}=I_dZ_d$。此时,$U_{(B)}$ 与 $I_d$ 之间的相位角就是 $Z_d$ 的阻抗角,在线路始端的测量阻抗就是 $Z_d$,此测量阻抗的大小正比于短路点到节点 B 母线之间的距离。

在一般情况下,发生短路以后,总是伴随有电流的增大、电压的降低、线路始端测量阻抗的减小，以及电压与电流之间的相位角的变化。因此，利用正常运行与故障时这些基本参数的区别，便可以构成不同原理的继电保护。例如，①反映电流增大而动作的过电流保护；②反映电压降低而动作的低压保护；③反映短路点到保护安装地点之间的距离而动作的距离保护（或低阻抗保护）等。

利用每一个电气元件内部故障与外部故障（包括正常运行情况）时，两侧电流相位或功率方向的差别，就可以构成各种差动原理的保护。如纵联差动保护、相位高频保护、方向高频保护等。差动原理的保护只能在被保护元件的内部故障时动作，而不反映外部故障，因而被认为具有绝对的选择性。

在按照上述原理构成各种继电保护装置时，可以使它们的参数反映每相中的电流和电压，也可以使之仅反映其中的每一个对称分量（如负序、零序或正序）的电流和电压。由于在正常运行情况下，负序和零序不会出现，而在发生不对称接地短路时，它们都具有较大的数值。在发生不接地不对称短路时，虽然没有零序分量，但负序分量却很大，因此，利用这些分量构成的保护装置，一般都具有良好的选择性和灵敏性，这正是这种保护装置获得广泛应用的原因。

除上述反映各种电气量的保护以外，还有根据电气设备的特点实现反映非电量的保护。例如，当变压器油箱内部的绕组短路时，反映于油被分解所产生的气体而构成的瓦斯保护；反映于电动机绕组的温度升高而构成的过负荷或过热保护等。

以上的各种原理的保护，可以一个或若干个继电器连接在一起组成保护装置来实现。

就一般情况而言，整套继电保护装置是由测量部分、逻辑部分和执行部分组成的。如图 1.50 所示，现分述如下：

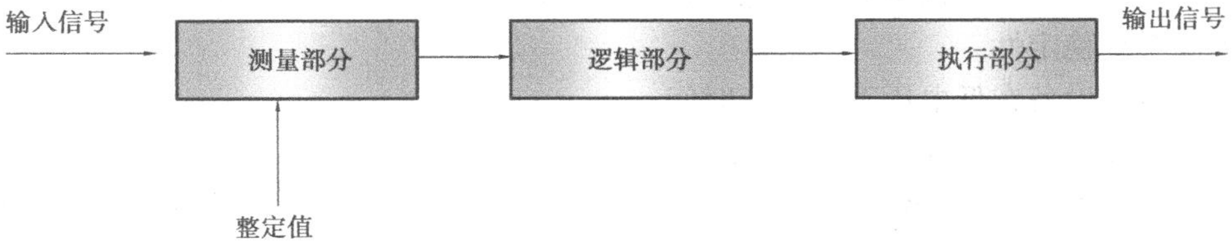


图 1.50　继电保护装置原理结构图

1）测量部分

测量部分是测量从被保护对象输入的有关电气量，并与已给定的整定值进行比较，根据比较的结果，给出“是”“非”“大于”“不大于”，等于“0”或“1”性质的一组逻辑信号，从而判断保护是否应该启动。

2）逻辑部分

逻辑部分是根据测量部分各输出量的大小、性质、输出的逻辑状态、出现的顺序或组合，使保护装置按一定的逻辑关系工作，最后确定是否应该发出信号或使断路器跳闸，并将有关命令传给执行部分。继电保护中常用逻辑回路有“或”“与”“否”“延时启动”“延时返回”以及“记忆”等回路。

3）执行部分

执行部分是根据逻辑部分传送的信号，最后完成保护装置所担负的任务。如故障时，动作于跳闸。

（3）继电保护的基本要求

继电保护在技术上一般应满足 4 个基本要求：选择性、速动性、灵敏性和可靠性，保护四性。

1)选择性

选择性是指电力系统发生故障时,保护装置仅将故障元件切除,而使非故障元件仍能正常运行,尽量缩小停电范围。以图 1.51 为例:

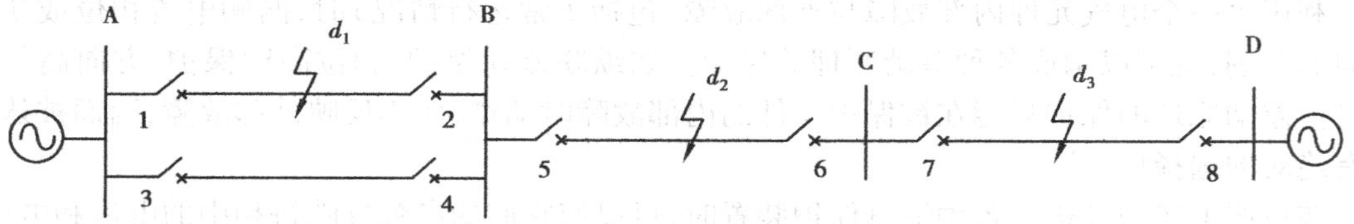


图 1.51　典型线路故障图

①当 $d_1$ 短路时,跳断路器 1,2,有选择性。

②当 $d_2$ 短路时,跳断路器 5,6,有选择性。

③当 $d_3$ 短路时,跳断路器 7,8,有选择性;若断路器 7 拒动,则跳断路器 5(有选择性);若断路器 7 正确跳闸,断路器 5 也跳闸,则属于越级跳闸(非选择性)。

选择性就是故障点在区内就动作,区外则不动作。当主保护未动作时,由近后备或远后备切除故障,使停电面积最小。因远后备保护比较完善(对保护装置、二次回路和直流电源等故障所引起的拒绝动作均起后备作用)且实现简单、经济,应优先采用。

2)速动性

速动性是指电力系统发生故障时保护装置快速切除故障。其目的是:

①提高系统稳定性。

②减少电气设备在低电压下的运行时间。

③降低故障元件的损坏程度,避免故障进一步扩大。

故障切除时间包括保护动作时间和断路器动作时间。快速保护动作时间为 0.06 ~0.12 s,最快的可达 0.01 ~0.04 s;断路器的动作时间为 0.06 ~0.15 s,最快的可达 0.02 ~0.06 s。

3)灵敏性

灵敏性是指保护装置在规定的保护范围内,对故障情况的反应能力。满足灵敏性要求的保护装置应在区内故障时,不论短路点的位置与短路的类型如何,都能灵敏地正确地反映出来。通常,灵敏性是用灵敏系数来衡量,并表示为 $K_{lm}$。

对反应于数值上升而动作的过量保护(如电流保护)

$$K_{lm}=\frac{\text{保护区内金属性短路时故障参数的最小计算值}}{\text{保护的动作参数}}$$

对反应于数值下降而动作的欠量保护(如低电压保护)

$$K_{lm}=\frac{\text{保护的动作参数}}{\text{保护区内金属性短路时故障参数的最大计算值}}$$

其中,故障参数的最小、最大计算值是根据实际可能的最不利运行方式、故障类型和短路点来计算的。

4)可靠性

可靠性是指电力系统发生故障时,保护装置能可靠动作,即不拒动;而在不该动作时,保护装置能可靠不动,即不发生误动。

影响可靠性主要有内在的和外在的两种因素：

①内在的：装置本身的质量，包括结构设计的合理性、制造工艺水平等。

②外在的：安装、调试及运行维护水平。

上述 4 个基本要求是分析研究继电保护性能的基础，在它们之间既有矛盾的一面，又有在一定条件下统一的一面。

(4)微机保护硬件原理概述

目前，继电保护已经发展到微机式保护阶段，采用微机来实现的保护称为微机保护，具有以下优点：

①可靠性高。

②灵活性强。

③性能改善，功能易于扩充。

④维护调试方便。

⑤有利于实现综合自动化。

微机保护装置从功能上可分为 6 个部分，如图 1.52 所示。

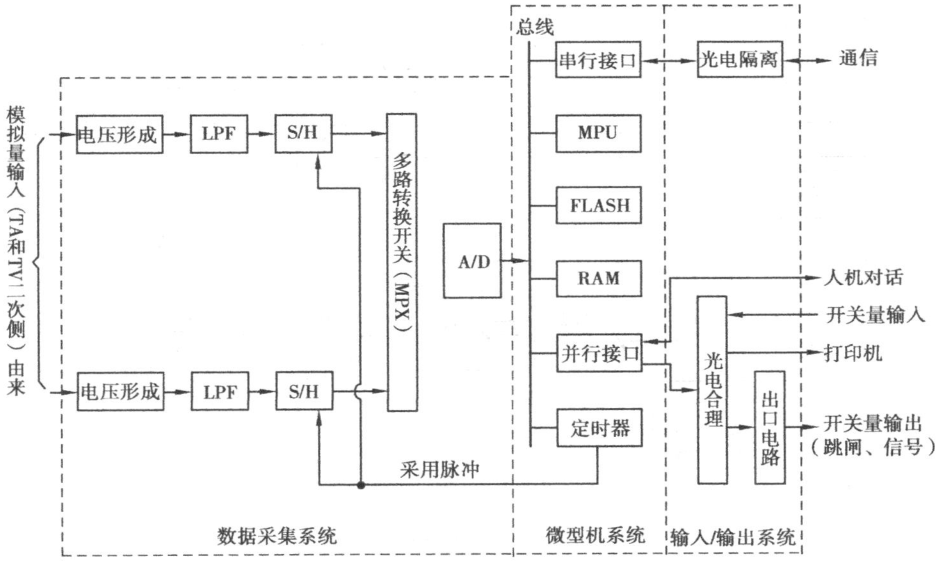


图 1.52　典型微机保护装置结构图

各部分的功能如下：

1)数据采集系统

数据采集系统包括电压形成、模拟滤波(ALF)、采样保持(S/H)、多路转换开关(MPX)以及模数转换(A/D)等功能块。该系统完成将模拟输入量准确地转换为所需的数字量。

2)微型机系统

微型机系统包括微处理器(MPU)、只读存储器(FLASH)、随机存取存储器(RAM)及定时器等。MPU 执行存放在 FLASH 中的程序，对由数据采集系统输入至 RAM 区的原始数据进行分析处理，并与存放中的定值比较，以完成各种保护功能。

3)开关量输入/输出系统

开关量输入/输出系统由光电耦合电路及有接点的中间继电器等组成,以完成各种保护的出口跳闸、信号指示及外部接点输入等工作。

4)人机接口部分

人机接口部分包括打印、显示、键盘、各种面板开关等,其主要功能用于人机对话,如调试、定值调整等。

5)通信接口

通信接口用于保护之间通信及远动的要求。

6)电源

提供整个装置的直流电源。以 RCS-978H 变压器保护装置为例,图 1.53 是其硬件结构图。

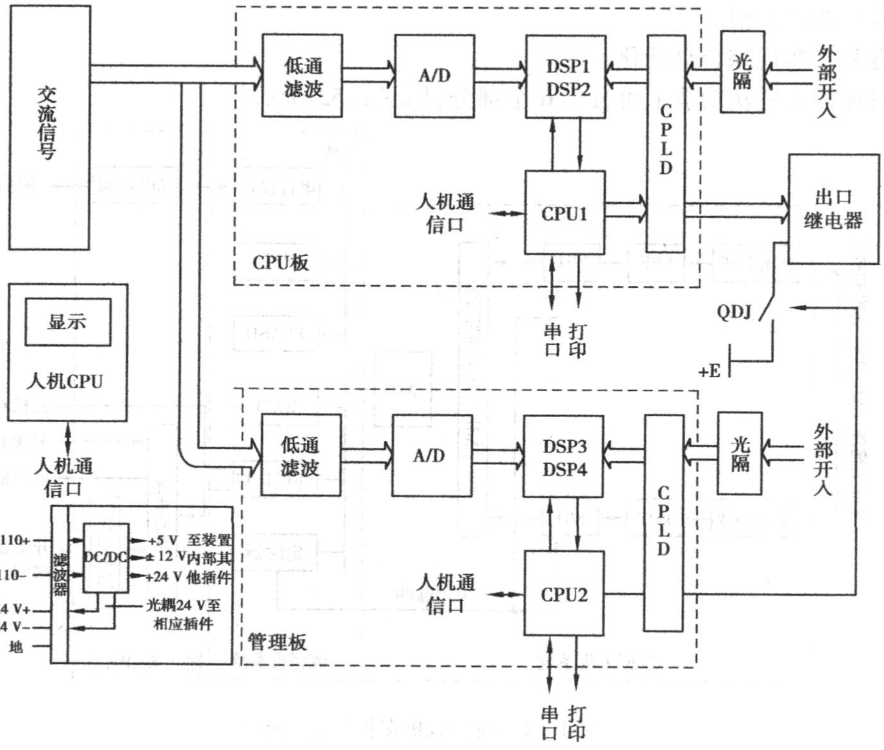


图 1.53　RCS-978 变压器保护装置硬件结构图

装置的工作过程如下:电流、电压首先转换成小电压信号,分别进入 CPU 板和管理板,经过滤波、模数(AD)转换后,进入数字信号处理器(DSP)。DSP1 进行后备保护的运算,DSP2 进行主保护的运算,结果传给 32 位 CPU1。32 位 CPU1 进行保护的逻辑运算及出口跳闸,同时完成事件记录、录波、打印、保护部分的后台通信及与人机 CPU 的通信。管理板工作过程类似,只是 32 位 CPU2 判断保护启动后,只开放出口继电器正电源。另外,管理板还进行主变故障录波,录波数据可通过通信口输出或打印输出。电源部分由一块电源插件构成,功能是将 220 V 或 110 V 直流变换成装置内部需要的电压,另外,还有开关量输入功能,开关量输入经由 220/110 V 光耦隔离。

模拟量转换部分由2~3块交流插件构成,功能是将TV或TA二次侧电气量转换成小电压信号,交流插件中的电流变换器按额定电流可分为1 A和5 A两种。

CPU板和管理板是完全相同的两块插件,完成滤波、采样、保护的运算或启动功能。

出口和开入部分由3块开入开出插件构成,完成跳闸出口、信号出口、开关量输入功能,开关量输入经由24 V光耦隔离。

(5)软件构成

微机保护的原理、特性及测控等性能均由软件来实现。它按照保护原理的要求对硬件进行控制,有序地完成数据采集、外部信息交换、数字运算和逻辑判断、动作指令执行等各项操作。

软件通常可分为监控程序和运行程序两部分。监控程序包括人机对话接口,键盘命令处理程序及为插件调试、定值整定、报告显示等所配置的程序。运行程序是指保护装置在运行状态下所需执行的程序。运行程序软件一般分为主程序和中断服务程序两个模块。主程序包括初始化、全面自检、开放及等待中断等。中断服务程序通常有采样中断、串行口中断等。前者包括数据采集与处理、保护启动判断等,后者完成保护CPU与保护管理CPU之间的数据传送。如保护的远方整定、复归等。中断服务程序中包含故障处理程序子模块,它在保护启动后才投用,用以进行保护特性计算、判定故障性质等。

### 1.5.2　发电机保护

(1)概述

1)发电机可能发生的故障和相应的保护装置

①定子绕组相间短路。定子绕组相间短路会引起巨大的短路电流,严重时会烧坏发电机,需装设瞬时动作的纵联差动保护。

②定子绕组的匝间短路。定子绕组的匝间短路分为相同分支的匝间短路和同相异分支的匝间短路,两者都会产生巨大的短路电流而烧坏发电机,需要装设瞬时动作的专用的匝间短路保护。

③定子绕组的单相接地。定子绕组的单相接地是发电机易发生的一种故障。通常是因绝缘破坏使其绕组对铁芯短接,虽然此种故障瞬时电流不大,但接地电流会引起电弧灼伤铁芯,同时破坏绕组的绝缘,有可能发展为匝间短路或相间短路。因此,应装设灵敏度高的、反映全部绕组任一点接地故障的100%定子绕组接地保护。

④发电机转子绕组一点接地和两点接地。转子绕组一点接地后虽对发电机运行无影响,但若再发生另一点接地,则转子绕组一部分被短接造成磁势不平衡而引起机组剧烈振动,产生严重后果。由于大型燃气轮机发电机没有必要在发生一点接地后继续维持运行,因此,大型机组也可不装设两点接地保护。某F级燃气轮机电厂只装设了一点接地保护报警,两点接地保护没有作用于机组跳闸,当发生转子一点接地而无法找到接地点时,采取及时顺控停机的做法。

⑤发电机失磁。发电机失磁分为完全失磁和部分失磁,是发电机的常见故障之一,一般是由于励磁回路的故障而出现的励磁电流异常下降或消失引起的。失磁故障不仅对发电机造成危害,而且对系统安全也会造成严重影响,因此需装设失磁保护。

2)发电机的异常运行状态及相应的保护装置

发电机异常运行的危害不如发电机故障严重,但危及发电机的正常运行,特别是随着时间的延长,可能会发展成故障。因此,为防患于未然也要装设相应的保护。

①定子绕组负荷不对称运行。会出现因负序电流引起的发电机转子表层过热,需装设定子绕组不对称负荷保护。

②定子绕组对称过负荷。需装设对称过负荷保护(一般采用反时限特性)。

③转子绕组过负荷。需装设转子绕组过负荷保护。

④逆功率保护。并列运行的发电机可能因机炉的保护动作或人为误操作等原因将主汽阀关闭,从而导致逆功率运行,使汽轮机叶片与残留尾气剧烈摩擦过热而损坏,因此要装设逆功率保护。

⑤过激磁保护。为防止过激磁引起发热而烧坏铁芯,应装设过激磁保护。

⑥失步保护。因系统振荡而引起发电机失步异常运行,危及发电机和系统运行安全,要装设失步保护。

⑦其他保护。定子绕组过电压、低频运行、非全相运行及与发电机运行直接有关的热工方面的保护,对水内冷发电机还应装设断水保护等,另外,还应装设发电机的后备保护,如电流保护、电压保护、阻抗保护等。

(2)某F级燃气轮机电厂发电机保护配置

该电厂发电机保护采用的是GE生产的G60系列,励磁变保护采用的是GE的T35系列,分A,B两面屏柜采用双重配置,每面屏柜设一套G60和一套T35,转子一点接地保护采用的是LDP2094数字式保护装置,只安装一套。下面仅罗列其保护配置(括号里面的数字加字母为该保护在保护装置中的代号,供定值整定用),见表1.9。

**表1.9　某F级燃气轮机电厂发电机保护配置**

| 序号 | 保护名称 | 输入信号 | 出口方式 |
|---|---|---|---|
| 1 | 发电机纵差保护(87G) | 发电机出口TA,发电机中性点TA | 全停、启动失灵 |
| 2 | 发电机匝间保护(67G) | 匝间TV开口三角 | 全停、启动失灵 |
| 3 | 发电机定子90%接地(64G) | 中性点接地变二次电压 | 全停、启动失灵 |
| 4 | 发电机定子100%接地(64G) | 发电机出口TV三次谐波 | 报警 |
| 5 | 发电机失磁(40G) | 发电机出口TV、发电机中性点TA | T1发信号、减出力<br>T2,T3,T4解列灭磁、启动失灵 |
| 6 | 发电机定子过负荷(反时限)(49G) | 发电机中性点TA | 解列灭磁、启动失灵 |
| 7 | 发电机负序过流(定时限、反时限)(46G) | 发电机中性点TA | 定时限:报警<br>反时限:解列灭磁、启动失灵 |
| 8 | 发电机低频(81u) | 发电机出口TV | 报警 |
| 9 | 发电机过频(81o) | 发电机出口TV | 报警 |

续表

| 序号 | 保护名称 | 输入信号 | 出口方式 |
|---|---|---|---|
| 10 | 发电机过励磁(24G) | 发电机出口 TV | 反时限:解列灭磁、启动失灵<br>定时限:报警 |
| 11 | 发电机过电压(59G) | 发电机出口 TV | 解列灭磁、启动失灵 |
| 12 | 发电机误上电(50AG) | 发电机出口 TV | 解列灭磁、启动失灵 |
| 13 | 发电机逆功率(32G) | 发电机出口 TV、发电机中性点 TA | 全停、启动失灵 |
| 14 | 发电机低压记忆过流(复压过流) | 发电机中性点 TA | 全停、启动失灵 |
| 15 | 发电机失步 | 发电机出口 TV、发电机中性点 TA | 解列灭磁、启动失灵 |
| 16 | 发电机出口断路器(GCB)失灵 | 发电机出口 TV、发电机中性点 TA | 跳 GCB,失灵开出至主变保护 |
| 17 | 启停机保护(在 T35 中实现) | 发电机出口 TV、发电机出口 TA、发电机中性点 TA | 全停,不跳 GCB,不启动失灵 |
| 18 | 转子一点接地保护 | 转子一点接地保护装置阻抗、电压采样 | 报警 |
| 19 | 励磁变差动保护(87ET) | 励磁变高压侧 TA、低压侧 TA | 全停、启动失灵 |
| 20 | 励磁变高压侧过流(TOC1) | 励磁变高压侧 TA | 全停、启动失灵 |
| 21 | 励磁变温度保护 | 外部开入 | 目前只投报警 |
| 22 | 热工保护 | 外部开入 | 全停 |
| 23 | 主变联跳、母差保护联跳 | 外部开入 | 解列灭磁、跳厂变低压侧 |
| 24 | 励磁系统联跳 | 外部开入 | 解列灭磁、启动失灵 |
| 25 | SFC 联跳 | 外部开入 | 全停 |

出口方式:

①全停。跳 GCB、跳灭磁开关 41E、关闭气轮机主气门、跳燃气轮机。

②解列灭磁:跳 GCB、跳 41E。

图 1.54 是单线图,表 1.10 为对应的装置号码和功能。

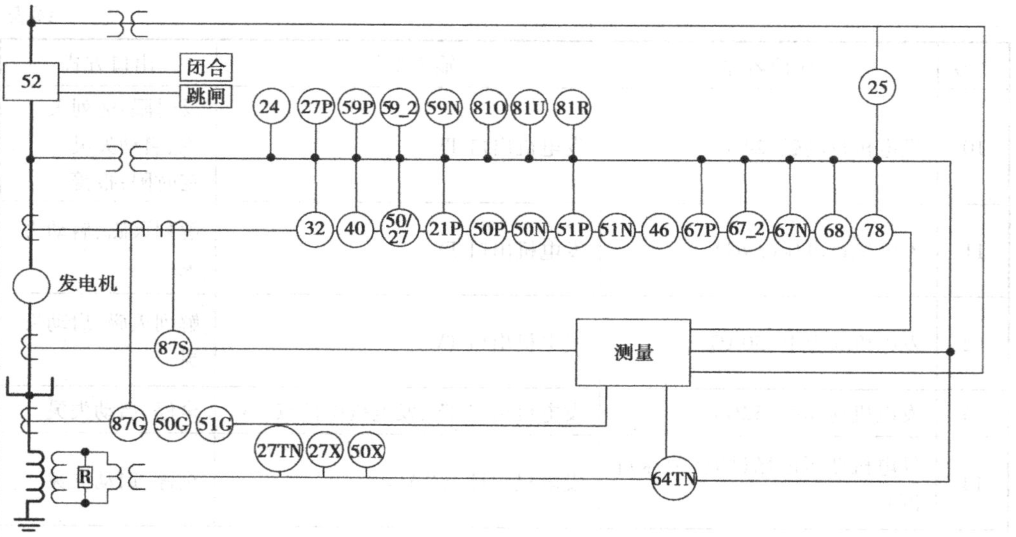


图 1.54　单线图

**表 1.10　装置号码和功能**

| 装置号码 | 功　能 | 装置号码 | 功　能 |
|---|---|---|---|
| 21P | 相间距离 | 59N | 中性点过电压 |
| 24 | 过激磁 | 59P | 相间过电压 |
| 25 | 同步检测 | 59X | 辅助设备过电压 |
| 27P | 相间欠压 | 59_2 | 负序过电压 |
| 27TN | 三次谐波中性点欠电压 | 64TN | 100% 定子接地 |
| 27X | 辅助设备欠压 | 67_2 | 负序方向过电流 |
| 32 | 灵敏方向功率 | 67N | 中性点方向过电流 |
| 40 | 失磁 | 67P | 相间方向过电流 |
| 46 | 发电机不平衡 | 68/78 | 振荡闭锁 |
| 50G | 瞬时接地过流 | 81O | 过频率 |
| 50N | 瞬时中性点过流 | 81R | 频率比率改变 |
| 50P | 瞬时相间过流 | 81U | 欠频率 |
| 50/27 | 偶然事件激励 | 87G | 限制性接地故障 |
| 51G | 定时限接地过流 | 87S | 定子差动 |
| 51P | 定时限相间过流 | | |

(3)发电机的纵联差动保护

1)纵联差动保护的基本原理

纵联差动(纵差)保护是比较被保护设备各引出端电气量(例如电流)大小和相位的一种

保护。以图 1.55 为例，被保护设备由 $n$ 个引出端，各个端子的电流相量如图 1.55 所示，定义流入为电流正向，则当被保护设备没有短路时，恒有 $\sum_{i=1}^{n} \dot{I}_i = 0$；当被保护设备本身发生相间短路时，设短路电流为 $\dot{I}_{k.in}$，则有 $\sum_{i=1}^{n} \dot{I}_i = \dot{I}_{k.in}$。

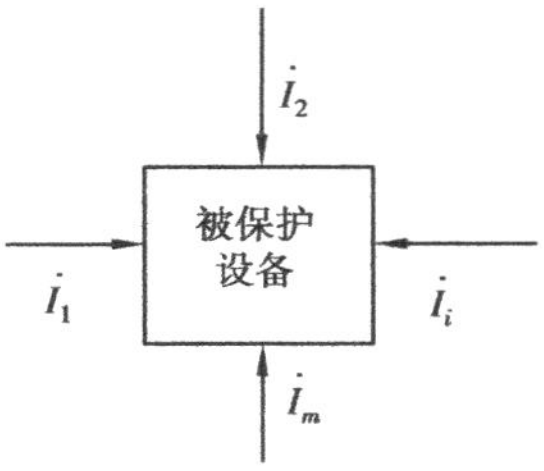


图 1.55　纵差保护原理示意图

由此可见，以被保护设备诸端子电流 $\dot{I}_i$ 的相量和 $\sum_{i=1}^{n} \dot{I}_i$ 为动作参数的电流继电器，在被保护设备正常运行或外部发生各种短路时，该继电器中理论上没有动作电流，保护可靠不误动；当被保护设备本身发生相间短路时，巨大的短路电流全部流入该继电器，保护灵敏动作，这就是纵差保护的基本原理。它只反映被保护设备本身的相间短路，理论上与外部短路无关。

对于发电机而言，在中性点侧装设一组电流互感器，在机端引出线装设另一组电流互感器，所以它的保护范围是定子绕组及其引出线。

2）发电机的比率制动式纵联差动保护

纵联差动保护整定时，动作电流一般躲过不平衡电流，这样动作电流可能会很大，有可能在发电机内部相间短路时拒动，因此，需引入制动电流，以提高保护灵敏度，这就是所谓的比率制动式纵差保护。

发电机每相首末两端电流各为 $\dot{I}_1$ 和 $\dot{I}_2$，定义流入发电机为正方向，如图 1.56 所示。

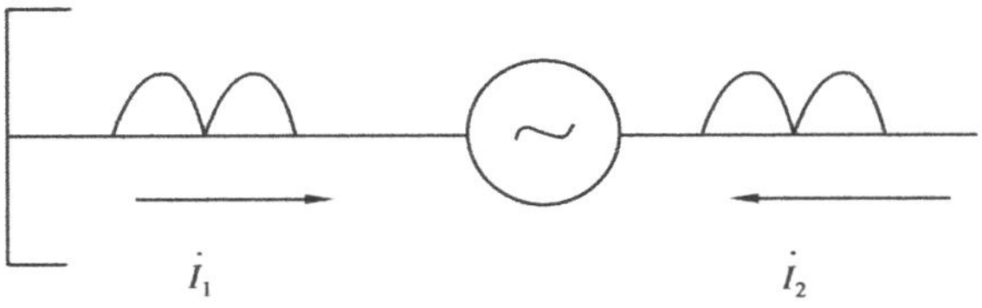

图 1.56　发电机纵差保护电流示意图

差动电流

$$\dot{I}'_{op} = \dot{I}'_1 + \dot{I}'_2 = (\dot{I}_1 + \dot{I}_2)/K_{TA}$$

制动电流

$$\dot{I}'_{res} = 0.5(\dot{I}'_1 - \dot{I}'_2) = (\dot{I}_1 - \dot{I}_2)/2K_{TA}$$

其中，$K_{TA}$ 为电流互感器变比；$\dot{I}_1$，$\dot{I}_2$ 分别为发电机两侧电流；$\dot{I}'_1$，$\dot{I}'_2$ 为 $\dot{I}_1$，$\dot{I}_2$ 的二次侧值。

图 1.57 为比率制动式纵差保护动作特性，$\dot{I}_{op}$ 随外部短路电流 $\dot{I}_k$ 增大而增大的性能，通常称为“比率制动特性”（折线 BC）、折线 ABC 以上的部分为动作区，曲线 DE 表示外部故障时实际测得的 $I_{op}$ 与 $I_{res}$ 的关系曲线，可见，动作曲线总是在实际曲线 DE 之上。

3）G60 发电机定子差动保护的特点

传统的比率制动式纵差保护尽管原理上比较先进，但在实际运行过程中，由于 TA 特性不一，大电流下发生饱和等原因，在外部故障时会使差动保护产生较大的不平衡电流，可能使保护误动作。

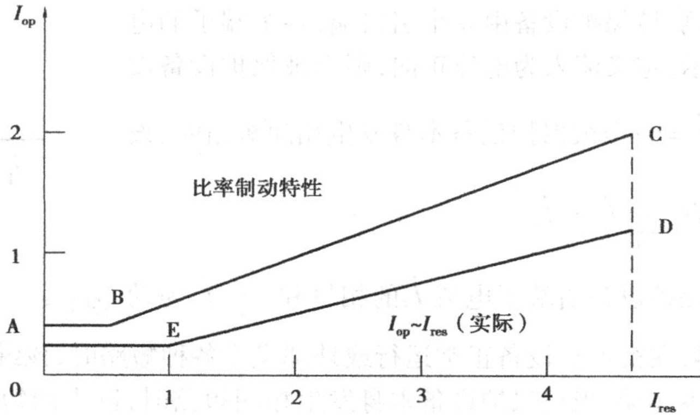


图 1.57　比率制动式纵差保护动作特性图

GE 公司的差动保护特性曲线设置为双斜率特性，它的主要目的是在外部短路时躲过由 TA 产生的不平衡电流，该特性使差动保护可以在小故障电流的时候将定值整定得非常灵敏；当故障电流大时 TA 误差大，又可以将定值整定放大。

如图 1.58 所示，TA 流过短路电流后，要在 1.5～2 个周波后才开始达到饱和，在拐点以前的区域，TA 处于线性工作区内，由 TA 饱和引起的不平衡电流小，因此设置小的制动比以提高灵敏性；在高拐点后，TA 开始饱和，差动回路中的不平衡电流增大，为了防止误动，采用较高的制动比。

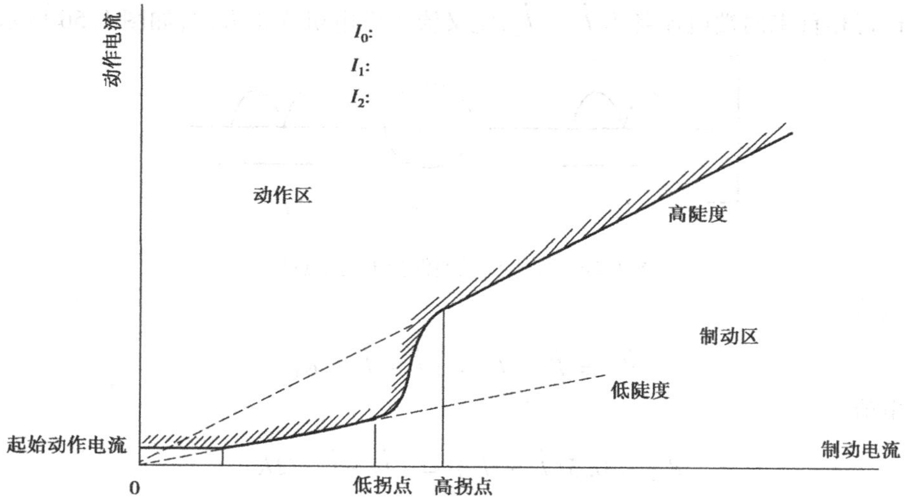


图 1.58　双陡度双拐点比率制动特性

某 F 级燃气轮机发电机定子差动保护动作逻辑图如图 1.59 所示。

(4)发电机定子接地保护

发电机定子绕组单相接地的危害是使非接地相对地电压升高，将危及对地绝缘，当非故障相原来绝缘较弱时，可能造成非接地相相继发生接地故障，从而造成相间接地短路，损害发电机。另外，流过接地点的电流具有电弧性质(因为定子绕组导电体不可能直接接地)，可能烧伤定子铁芯。定子铁芯为硅钢片锻压而成，制造工艺复杂，如果定子铁芯被烧伤，其修复很困难。分析表明：接地点距发电机中性点越远，接地运行对发电机的危害就越大，反之越小。

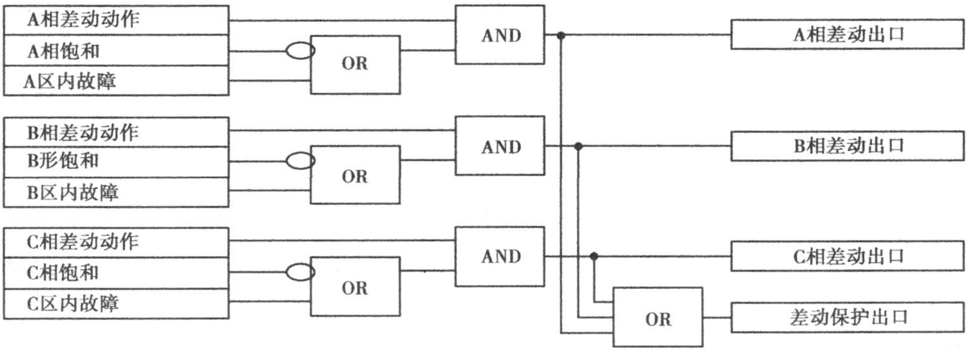


图1.59　某F级燃气轮机发电机定子差动保护动作逻辑图

统计表明，在发电机的各种故障中，定子接地故障占的比例很大。为确保发电机的安全，当出现定子绕组接地故障时，应及时发现并作相应的处理。这就要靠定子接地保护。我国《继电保护及安全自动装置设计技术规程》(GB/T 14258—2006)规定，对容量100 MW及以上的发电机，应装设100%定子接地保护(即没有死区的接地保护)。

定子接地保护的种类很多。其中有零序电压式、零序电流式、三次谐波电压式、叠加直流式、叠加交流式等。有时称叠加电源式为注入式。下面仅介绍零序电压式定子接地保护原理。

1)零序电压式定子接地保护原理

零序电压式定子接地保护的零序电压，可取自机端TV二次开口电压，也可取自发电机中性点TV二次(或消弧线圈或接地变压器)。当零序电压取机端TV开口三角时，为防止TV一次断线保护误动，应设置TV断线闭锁；当零序电压取发电机中性点TV(或消弧线圈或接地变压器)二次时，不需设置TV断线闭锁。为了提高零序电压式定子接地保护的动作可靠性，在大型发电机上运行的保护装置，通常取上述两路零序电压构成"与门"逻辑。

零序电压式定子接地保护的优点是简单可靠，其缺点是：

①有死区，当发电机中性点附近发生接地故障时，保护不能动作。

②选择性差，当发电机外部出线或与发电机母线有电联系的其他出线或机组发生接地故障时，该保护可能误动。因此，它只适用发电机-变压器组接线，而不适用几台发电机直接并联运行或发电机母线出线电缆很多的发电机。

③主变高压侧或厂变低压侧接地故障可能会导致保护误动。

由于零序电压式定子接地保护并不能实现100%定子接地保护，因此也俗称90%定子接地保护。某F级燃气轮机电厂主接线方式为发电机-变压器组单元接线，经计算验证，当主变高压侧单相接地短路时，基波零序电压不会导致保护误动，按照保护整定导则中提到的，对于大容量发电机中性点接地运行的发电机组，可采用90%定子接地保护出口跳闸。该电厂定子接地保护取的是发电机中性点接地变压器二次电压，延时1 s全停、启动失灵。因为即使在死区范围内(即发电机中性点附近接地)，短路电流也不会较大，对发电机运行不会造成较大影响，若出现此情况，可以安排顺控停机。要真正做到100%定子接地保护，可增加采用$3\omega$定子接地保护。

2)$3\omega$定子接地保护

正因为零序电压式定子接地保护具有其局限性，因此，需要一种保护能够真正做到100%

保护，某F级燃气轮机电厂100%定子接地保护采用的就是三次谐波原理，保护动作采用报警发信号，不动作于跳闸。

目前，国内生产并广泛应用的$3\omega$定子接地保护的构成方式有两种：一种是幅值比较式；另一种是幅值相位比较式。该电厂采用的是幅值比较式。所谓幅值比较式，是比较中性点三次谐波电压$U_{3\omega N}$与机端三次谐波$U_{3\omega S}$的幅值。其动作方程为

$$|K_1 U_{3\omega S}| > K_3 U_{3\omega N} + \Delta U$$

式中 $K_1$——调平衡系数，当中性点TV（或消弧线圈或接地变压器）的变比为$U_N/(\sqrt{3}/0.1)$ kV时，$K_1=1$；

$K_3$——制动系数；

$\Delta U$——浮动门槛电压；

$U_{3\omega S}$——机端三次谐波电压；

$U_{3\omega N}$——中性点三次谐波电压。

$3\omega$定子接地保护逻辑框图如图1.60所示。

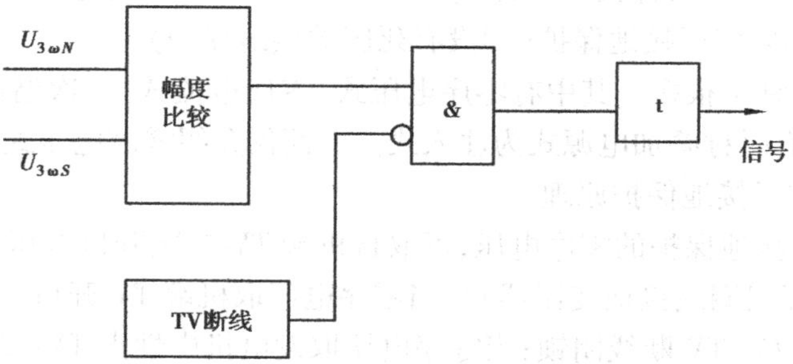


图1.60 $3\omega$定子接地保护逻辑框图

（5）发电机失磁保护

1）并网运行发电机失磁后的物理过程

发电机发生失磁故障的原因很多，主要有励磁开关41E误跳、转子回路短路、励磁电源故障及励磁调节器异常等情况。

发电机失磁后，发电机转子电流及气隙磁通按指数衰减，发电机电势也按指数减少，功角特性曲线逐渐降低，如图1.61所示，（$P_t$为原动机对发电机输入的有功功率，$P_m$为功率极限）功角特性由曲线1向曲线2、曲线3、曲线4等变化。此时由于原动机输入的功率未变，发电机的功角必须增大，以满足其输入-输出功率平衡。因此，当功角曲线向低变化时，功角$\delta$必须逐步增大（由$\delta_0$增大至$\delta_1$等），才能满足发电机输入与输出功率之间的平衡。

上述变化一直持续到$\delta=90°$，当功角增大到90°之后，功角的增大反而使电磁功率减少，发电机输入功率大于输出功率，转子加速运行，很快使功角达到180°之后，发电机便转入失步运行。

发电机失步之后，发电机转子的转速大于同步速，与定子旋转磁场之间产生滑差$S$。定子旋转磁场将切割转子，在转子上产生涡流。转子的涡流磁场使发电机产生异步转矩，发电机发出异步功率。

发电机失磁失步后，各电气量的变化如下：

①有功功率：基本不变。

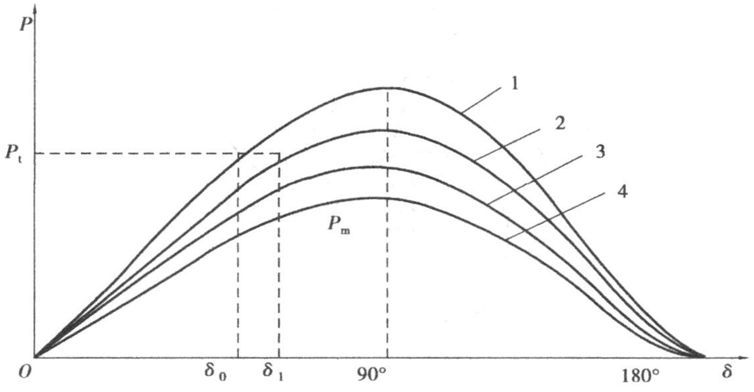


图 1.61　发电机失磁后功角特性的变化

②无功功率：失磁后无功很快减小到零，然后向负变化到最大值，失步后，按照滑差周期有规律的摆动。

③定子电流：失磁后先减小到某一值，此后增大，失步后也作周期性摆动。

④定子电压：失磁后定子电压降低，当下降到某一值之后，将按滑差周期作有规律地摆动。

2）发电机失磁运行的危害

理论分析及运行实践证明，发电机失磁失步运行，对电力系统、对相邻机组、对失磁机组本身及厂用电系统均可能造成危害。

①对电力系统的危害。发电机失磁之后，从向系统送出无功到从系统吸收无功，且发电机维持的有功越大，失磁运行时从系统吸收的无功越多。大机组带大有功失磁运行时，将从系统吸收很多无功。如果系统无功储备不足，大机组的失磁运行可能破坏系统的稳定性。

②对相邻机组的危害。发电机失磁运行（特别是大机组失磁运行），从系统吸收无功。造成的无功缺额要由其他机组（特别是相邻机组）补充。可能使相邻机组过负荷或过电流。

③对厂用系统的影响。发电机失磁后，机端电压降低，厂用电压降低，电动机惰转，电动机电流增大进而引起厂用电压更低，电动机电流更大……这样恶性循环下去，可能导致厂用系统瓦解。

④对发电机组本身。发电机失磁运行对机组本身的危害是：定子过电流、转子过热。当发电机维持满载运行时，最大过电流倍数达额定电流的 2.5 ~ 2.8 倍。

3）失磁保护原理

①机端测量阻抗。

a. 等有功阻抗圆。正常运行时，若维持发电机的有功不变，当无功变化时机端测量阻抗随无功变化的轨迹为阻抗复平面上的一个圆，通常将该圆称为等有功阻抗圆。如图 1.62 所示中的曲线 1。

b. 静稳极限阻抗圆。在不同工况下，若维持发电机功角等于 90°，则机端测量阻抗随运行工况变化的轨迹为阻抗复平面上的一个圆。该圆的右半圆为发电机工况，而左半圆为同步电动机工况。将该阻抗圆称为静稳极限阻抗圆。如图 1.62 所示中的曲线 2。

c. 异步边界阻抗圆。发电机失磁失步后，机端测量阻抗的轨迹必然进入一个圆内，将该圆称为异步边界阻抗圆，如图 1.62 所示中的曲线 3。

发电机失磁后，由于有功功率维持不变而无功功率由送出向吸收变化，故机端测量阻抗一

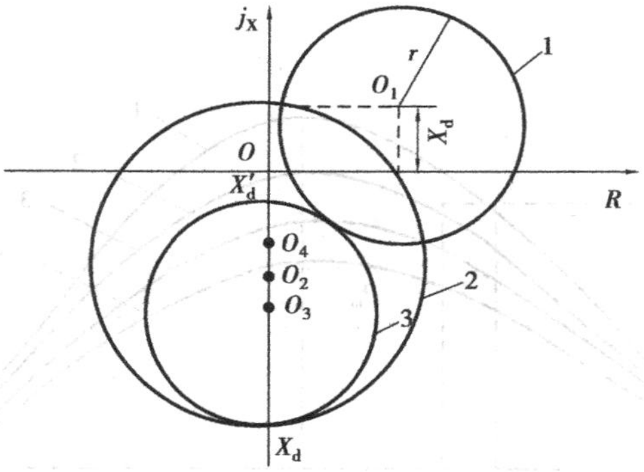


图 1.62　发电机机端测量阻抗轨迹

1—等有功阻抗圆;2—静稳极限阻抗圆;3—异步边界阻抗圆

定沿着在阻抗复平面上的等有功阻抗圆由第Ⅰ象限向第Ⅳ象限变化;发电机失步后便进入异步阻抗圆内。

②判别元件。

a.危害系统的判别元件。目前,国内外广泛采用的发电机失磁运行对系统危害的判别元件,是系统低电压元件。低电压元件的接入电压通常取发电机高压母线电压。

b.微机厂用系统的判别元件。发电机正常运行时,该机组的厂用电源由发电机供给,因此,采用机端低电压元件作为发电机失磁运行时对厂用电源危害的判别元件。该低电压元件的接入电压为机端 TV 二次电压。

c.危害机组的判别元件。由于发电机失磁运行对机组的主要危害是转子过热及定子过流,失磁运行发电机维持的有功越大,转子过热越严重,定子过流倍数就越大,因此用功率元件可以间接判别失磁运行对机组本身的危害。另外,失磁的发电机滑差越大,转子过热越严重,定子过流倍数越大,因此可以用滑差元件作为机组危害的判别元件。

③GE 失磁保护范例。下面以 G60 失磁保护为例,介绍失磁保护的动作逻辑。其动作逻辑图如图 1.63 所示。

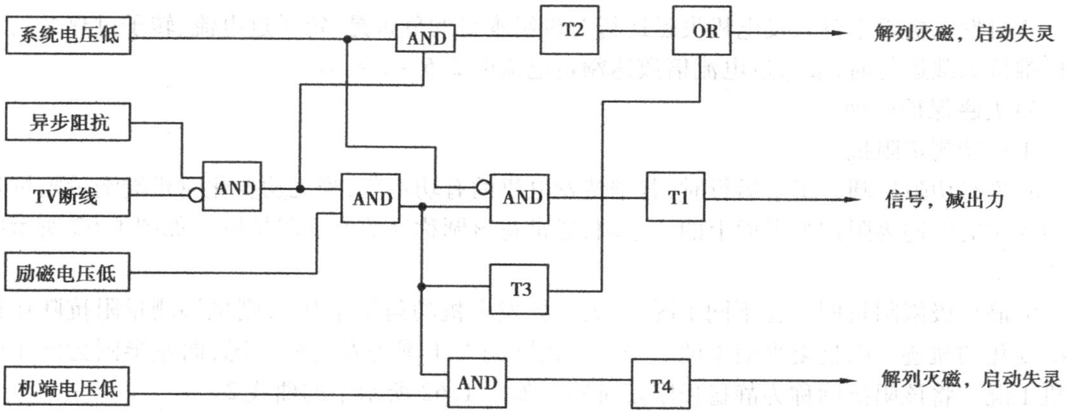


图 1.63　G60 失磁保护动作逻辑图

其中,系统电压低取自母线保护“220 kV 系统三相电压同时低”开入接点;异步阻抗条件采用大圆套小圆的方式，分别整定出大小圆的圆心及半径大小，大圆为躲系统振荡，延时整定为1.5 s，小圆为躲TV断线，延时整定为0.5 s，异步阻抗圆判据中不需要机端低电压闭锁；励磁电压低条件实际上为转子低电压开入，取自转子一点接地保护中的转子低电压输出，取120 V（一次值），延时0.1 s，考虑转子一点接地保护低电压干接点输出不十分可靠，系统电压低跳闸不经该条件闭锁。机端低电压取自发电机出口TV二次线电压，取70 V。逻辑图中T1 = 1.0 s，T2 =0.2 s，T3 =3 s，T4 =0.5 s。

（6）发电机负序过流保护

1）装设发电机负序过流保护的目的

电力系统中发生不对称短路或三相负荷不对称时，发电机定子绕组中将出现负序电流。负序电流产生负序旋转磁场，它以两倍的同步速切割转子，在转子表面感应倍频电流，使转子表层（特别是端部、护环内表面、槽楔与小齿接触面等）过热，进而烧伤及损坏转子。另外，发电机定子负序电流与气隙旋转磁场（由转子电流产生）之间、负序旋转磁场与转子电流之间将产生100 Hz的交变电磁力矩，引起机组振动。装设发电机负序过电流保护的主要目的是保护发电机转子。有时，还可作发电机变压器组内部或系统不对称短路故障的后备保护。对于大型发电机，其承受负序电流的能力，主要取决于转子的发热条件（发热有一个积累过程），因此，发电机的负序过流保护应具有反时限动作特性。

2）发电机负序过流保护原理

该保护应由负序过负荷及负序过电流两部分构成。过负荷保护作用于信号，过电流保护作用于跳闸。大型发电机的负序过电流保护应具有反时限特性。该动作特性通常由3部分组成，即反时限部分及上限和下限定时限部分。反时限部分用以防止由于过热而损伤发电机转子，上限和下限定时限主要作为发电机变压器组内部短路及相邻元件的后备保护。保护的接入电流，应为发电机中性点TA二次三相电流。

大型发电机负序过负荷及过流保护的逻辑框图如图1.64所示。其中，$I_A$，$I_B$，$I_C$ 分别为发电机中性点TA二次三相电流；$I_{2op}$ 为负序过负荷元件；$I_{2opl}$ 为负序过流下限定时限元件；$I_{2oph}$ 为负序过流上限定时限元件；$I_{2t}$ 为负序过流反时限元件；$t$，$t_s$，$t_{up}$ 分别为动作延时。

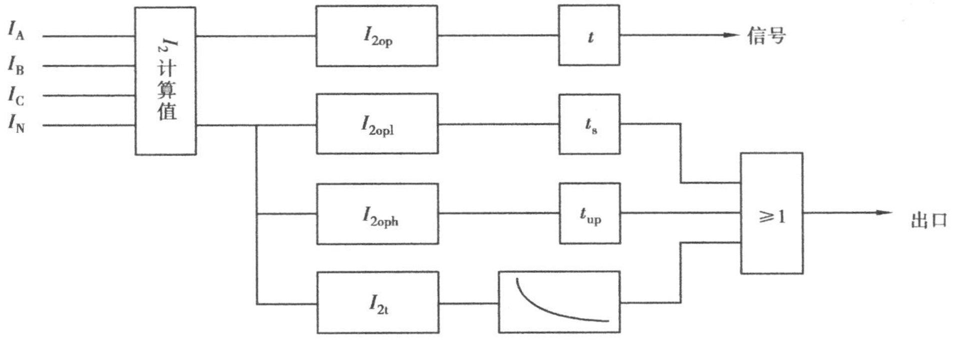


图1.64 发电机负序过流保护逻辑图

某F级燃气轮机电厂发电机负序过流保护反时限动作特性：$T = A/I_2^2$，取 $A = 8.0$，下限动作时间整定为800 s，上限动作时间整定为1.6 s，出口方式为解列灭磁，启动失灵保护。定时限启动值取7%额定电流，延时10 s报警。

(7)发电机的其他保护

除以上所述几种重要保护外,发电机保护还包括多种后备保护,主要包括逆功率保护、误上电保护、启停机保护、过激磁保护、GCB 失灵保护、转子一点接地保护以及其他联跳保护。下面简要叙述这些保护的主要作用。

1)逆功率保护

发电机运行时,将输入的机械能变成电能,输入电网。此时,发电机向系统输出功率。当燃气轮机减负荷而气轮机主气门又关闭时,发电机变成同步电动机,从系统吸收有功拖着发电机旋转。此时,发电机将电能转变成机械能。气轮机主气门关闭后,其叶片带动蒸汽旋转,叶片与蒸汽之间产生摩擦,长久下去,因过热而损坏叶片。为保护气轮机,需装设逆功率保护。

2)误上电保护

发电机误上电的发生有两种可能:第一种是发电机在盘车或升速过程中突然接入电网;第二种是非同期并网。发电机在盘车或升速过程中突然接入电网,将产生很大的定子电流,损坏发电机。另外,当发电机转速很低时,定子旋转磁场将切割转子,造成转子过热,损伤转子。发电机非同期并网,将产生较大的冲击电流及转矩,可能损坏发电机或燃气轮机大轴及引起系统振荡。

因此,对大型发电机应装设误上电保护。某 F 级燃气轮机电厂由于有发电机出口断路器,因此,误上电保护的接入电压为发电机机端 TV 二次三相电压。G60 接入 GCB 辅助接点,将机端电压低与 GCB 断开时判断为停机状态,发电机升压后在并网前误上电保护退出。误上电保护动作的条件是保护投入过程中 GCB 合上或机端电压达到额定电压 50%,出口解列灭磁、启动失灵。

3)启停机保护

在发电机启动及停机的过程中,可能发生故障。发电机在启动过程中,由于频率较低,故一般有关保护的性能不能满足要求,因此,需设置专用的启停机保护。正因为发电机低速运行时,各电量频率较低,因此,要求保护元件及变换元件对电量的频率反应不敏感,只反映电量的有效值,在发电机并网后该保护自动退出运行。

某 F 级燃气轮机电厂启停机保护装设在励磁变保护(T35)中,其逻辑框图如图 1.65 所示。

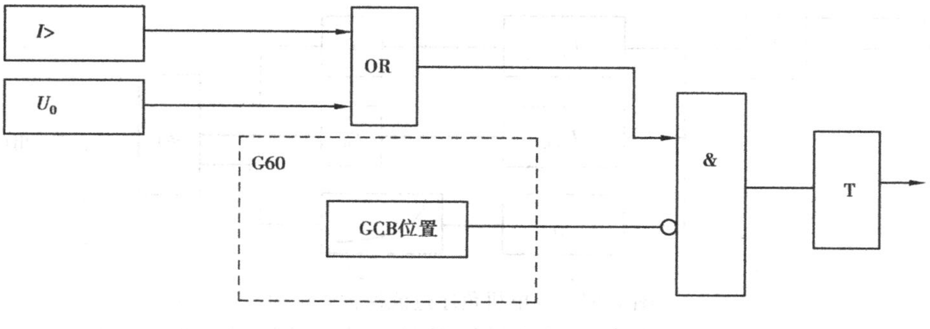


图 1.65　某 F 级燃气轮机电厂启停机保护逻辑框图

当 GCB 打开时才投入启停机保护,延时 1.0 s 躲 TV 断线检测。电流判据采用发电机差流,防止运行过程中因闭锁失效而误动,$I>$ 躲 SFC 启动时的最大电流,$U_0$ 取机端开口三角,躲启动中最大不平衡零序电压,取 10 V。出口全停,但不跳 GCB,不启动失灵。

4)过激磁保护

发电机会由于电压升高或频率降低而出现过激磁,过激磁也称过励磁。发电机转速低时如励磁未按 $U/f$ 限制减少,对发电机来说会使铁芯过度饱和,当铁芯温度升高超过规定值时,会使绝缘漆起泡或损坏。因此,大容量发电机组需要装设过激磁保护。

某F级燃气轮机电厂配有SFC系统,在SFC启动过程中,需退出过激磁保护。根据发电机允许的过激磁能力,过激磁保护按反时限方式,出口解列灭磁,启动失灵。定时限报警并且减励磁。

5)GCB失灵保护

某燃气轮机电厂装有GCB,是为了方便燃气轮机组日启停的运行方式而设计的。发电机保护中的很多保护都会启动失灵,实际上就是启动GCB失灵保护。在出口跳开GCB的同时启动失灵,如果GCB没有按要求跳开,则GCB失灵保护通过主变保护跳高压侧断路器。该保护需设置相电流启动值和负序电流启动值,并检测GCB分合闸位置。当GCB失灵保护动作时,检测到GCB处于合位,且满足相电流判据或负序电流判据,则失灵出口,延时0.3 s重跳GCB。若仍无法跳开,则延时0.5 s再跳GCB、失灵开出至主变保护。

6)转子一点接地保护

发电机正常运行时,发电机转子电压(直流电压)仅有几百伏,且转子绕组及励磁系统对地是绝缘的。因此,当转子绕组或励磁回路发生一点接地时,不会构成对发电机的危害。但是,当发电机转子绕组出现不同位置的两点接地或匝间短路时,很大的短路电流可使发电机转动时所受的电磁转矩不均匀并造成发电机振动,损坏发电机。

为确保发电机组的安全运行,当发电机转子绕组或励磁回路发生一点接地后,应立即发出信号告知运行人员进行处理;若发生两点接地时,应立即切除发电机。因此,对发电机组装设转子一点接地保护和转子两点接地保护是非常必要的。

转子一点接地保护的种类很多,主要有叠加直流式、乒乓式及测量转子绕组对地导纳式(叠加交流式)。目前,在国内叠加直流式和乒乓式转子一点接地保护得到广泛应用。两者都是利用转子一点接地时设计回路中电阻分布的不同,通过两组方程,计算出接地电阻大小。但比较表明,由装置自产直流电源的叠加直流式转子一点接地保护具有以下优点:

①机组停运时也能检测转子绕组及励磁系统的对地绝缘,具有较高经济意义。

②受转子电压中高次谐波的影响相对小,不受转子过电压的影响。

③也可用于无刷励磁的发电机。

某F级燃气轮机电厂采用的是LDP2094转子一点接地保护,其根本原理也是采用叠加直流式。采用注入低频方波原理,通过改变注入电压的极性消除励磁电压直流分量的影响,实时计算转子接地电阻和接地位置,该装置还可检测到励磁变压器低压侧的一点接地。每台机组装设两套转子一点接地保护,但运行时只投入一套,整定值为10 kΩ,延时1 s发报警信号,根据《继电保护技术规程》(GB/T 14285—2006),取消跳闸,仅投报警。

7)其他系统联跳保护

作为燃气轮机组,G60中还设置了其他系统联跳保护,主要有:

①热工保护联跳:由TCS系统发过来,出口全停,由于停机时热工保护联跳为常信号,因此不启动GCB失灵。

②主变保护联跳:主变保护联跳与母差保护联跳共用同一通道,出口:解列灭磁。

③DCS 发电机全停按钮开入:出口全停,启动 GCB 失灵。

④励磁系统联跳:从励磁系统开入过来,出口解列灭磁,启动 GCB 失灵。

⑤SFC 联跳:经 GCB 位置闭锁,出口全停。

## 1.6 发电机运行

### 1.6.1 发电机的正常运行与操作

(1)概述

发电机的正常运行方式是指发电机并网后,按电网要求和发电机的运行范围图所规定的范围,长期稳定的运行方式,包括发电机在额定参数下运行和部分负荷运行。在这两种运行状态下,发电机的电压、电流、频率、功率因数、功率、冷却介质的温度压力均在额定值范围内。

发电机的正常运行主要考虑以下几个方面:发电机在额定参数下运行的允许温升;冷却条件变化对发电机的影响;电压、频率变化对发电机出力的影响;发电机功角特性;发电机励磁和有功功率的调节以及发电机的 P-Q 曲线。

(2)发电机在额定参数下运行的允许温升

发电机在额定参数下长期运行,其功率主要受机组的允许发热条件限制。发电机带负荷运行,定子、转子绕组和铁芯中有能量的损耗,引起各部分发热。在一定的冷却条件下运行时,发电机各部分的温升和损耗与其所产生的热量有关,发电机负荷电流越大,损耗就越大,所产生的热量就越多,温升就越高。发电机的额定容量就是在一定冷却介质(空气、氢气和水)温度和压力下,由定子绕组、转子绕组和定子铁芯的长期允许发热温度的范围所确定的。

发电机的绕组和铁芯的长期发热允许温度,与采用的绝缘材料等级有关。大容量发电机一般都采用耐热等级为 B 或 F 级绝缘。绝缘材料耐热等级见表 1.11。

表 1.11　绝缘材料耐热等级

| 耐热等级 | Y | A | E | B | F | H | 200 |
|---|---|---|---|---|---|---|---|
| 温度/℃ | 90 | 105 | 120 | 130 | 155 | 180 | 200 |

发电机绝缘在运行过程中会逐渐老化,对绝缘有重大影响的是温度。温度越高、持续时间越长,老化就越快,使用期限就越短。经研究表明 A 级绝缘每升高 8 ℃、B 级每升高 10 ℃、F 级每升高 12 ℃,绝缘材料的寿命就会下降一半。因此,发电机运行时必须遵照制造厂家的规定,各部分最高温度均不得超过其允许值,以确保正常寿命。F 级燃气轮机发电机的各个部件均是采用冷却介质(水和氢气)直接冷却的,表 1.12 列出了国家标准《隐极同步发电机技术要求》(GB/T 7064—2008)规定的氢气和水直接冷却的发电机的允许温度限值。

表1.12 氢气和水直接冷却发电机及其冷却介质的允许温度限值

| 部件 | 温度测量位置和测量方法 | 冷却方法和冷却介质 | 温度限值/℃ | |
|---|---|---|---|---|
| | | | 130(B) | 155(F) |
| 定子绕组 | 直接冷却有效部分的出口处的冷却介质检温计法 | 水 | 90 | 90 |
| | | 氢气 | 110 | 130 |
| | 槽内上、下层线圈间埋检温计法 | 水 | 90[a] | 90[a] |
| 转子绕组 | 电阻法 | 气直接冷却转子全长上径向出风区的数目[b] | | |
| | | 1 和 2 | 100 | 115 |
| | | 3 和 4 | 105 | 120 |
| | | 5 ~ 7 | 110 | 125 |
| | | 8 ~ 14 | 115 | 130 |
| | | 14 以上 | 120 | 135 |
| 定子铁芯 | 埋置检温计法 | — | 120 | 140 |
| 不与绕组接触的铁芯及其他部分 | 这些部件的温度在任何情况下不应达到使绕组或邻近的任何部位和绝缘或其他材料有损坏危险的数值 | | | |
| 集电环 | 检温计法 | — | 120[c] | 140 |

注:a. 应注意用埋置检温计法测得的温度并不表示定子绕组最热点的温度,如冷却水和氢气的最高温度分别不超过有效部分出口处的限值(90 ℃和110 ℃),则能保证绕组最热点温度不会过热,埋置检温计法测得的温度还可用来监视定子绕组冷却系统的运行。在定子绝缘引水管出口端未装设水温检温计时,则仅靠定子绕组上下层间的埋置检温计来监视定子绕组冷却水的运行,此时,埋置检温计的温度限值不应超过90 ℃。

b. 采用氢气直接冷却的转子绕组的温度限值,是以转子全长上径向出风区的数目分级的。端部绕组出风在每端算一个风区,此时,埋置检温计的温度限值不应超过90 ℃。

c. 集电环的绝缘等级应与此温度限值相适应。

如QFR-400-2-20型燃气轮机发电机定子、转子绕组,包括进线和中性点连接导线的绝缘为F级绝缘,温升和总温度不超过B级绝缘允许值。发电机各部分的允许温升规定见表1.13。

表1.13 QFR-400-2-20型燃气轮机发电机各部分的允许温升

| 部件 | 测量方法 | 氢压/MPa | 冷氢温度/℃ | 温升/K | 温度限值/℃ |
|---|---|---|---|---|---|
| 定子绕组 | 埋置检温计 | 0.4 | 36 | 64 | 100 |
| 定子铁芯 | 热电偶 | 0.4 | 36 | 74 | 110 |
| 转子绕组 | 电阻法 | 0.4 | 36 | 84 | 120 |

注:在表1.13中,氢压为0.4 MPa,考虑冷却水温和氢气冷却器尺寸,将基本的环境温度(冷氢温度)设定为36 ℃,如果在实际运行中,冷氢温度降低5 K,温升限制相应提高5 K。

发电机在正常运行条件下，定子绕组温度按照 90 ℃进行监视，最高不得超过 100 ℃；定子铁芯温度按照 100 ℃进行监视，最高不得超过 110 ℃；转子绕组温度按照 100 ℃进行监视，最高不得超过 120 ℃。当温度超过上述监视值时，应降低发电机负荷，并加强监视。如果各温度点温度仍然有上升的趋势，应及时停机处理。

(3)冷却条件变化时对发电机功率的影响

在 F 级燃气轮机电厂中，冷却条件变化主要指氢气和冷却水的有关参数变化。

1)氢气温度变化的影响

如果发电机的负荷不变，当氢气入口(或冷端)风温升高时，绕组和铁芯的温度升高，会加速绝缘老化、使寿命降低。因此当氢气温度升高时，为了避免绝缘加速老化，要求降低发电机的功率，使绕组和铁芯的温度不超过在额定方式下运行时的最大监视温度。

2)氢气压力变化的影响

对于全氢冷发电机，当氢气压力的升高，氢气的传热能力增强，氢冷发电机的最大允许出力也可以增加。而当氢压低于额定值时，由于氢气传热能力的减弱，发电机的允许出力也相应降低。

对于水氢氢冷的发电机，由于其定子绕组为定子冷却水冷却与氢压无关，当氢压升高时不允许增加发电机负荷。但是当氢压降低时，由于定子铁芯和转子绕组为氢气冷却，发电机负荷需要相应地降低。

在实际运行情况中，由于受发电机机壳和氢气冷却器的承受压力限制，如 QFR-400-2-20 型燃气轮机发电机运行时，发电机要求氢气压力应不低于 0.380 MPa，最大压力不超过 0.435 MPa。正常运行时，应根据负荷的不同，保持氢气压力在 0.380 ~ 0.400 MPa。

3)氢气纯度变化的影响

氢气纯度的变化，对发电机主要有安全和经济两个方面的影响。

在氢气和空气混合时，若氢气含量降到 4% ~ 75%，便有爆炸的危险，故在运行中必须保证发电机内的混合气体不能接近这个比例。

从经济上看，氢气的纯度越低，混合气体的密度就越大，通风摩擦损耗就越大。当氢气压力不变时，氢气纯度每降低 1%，通风摩擦损耗约增加 11%，这对于大容量的发电机是很可观的。特别要注意的是，大容量氢冷的发电机不允许在机壳内有空气或二氧化碳时启动到额定转速甚至进行实验，以防止风扇叶片根部的机械应力过高，发生损坏。

如 QFR-400-2-20 型燃气轮机发电机要求机内氢气纯度应不低于 95%，否则应进行排氢、补氢直至纯度满足要求。运行中的发电机为避免氢气温度变化太大，每次置换氢气量不应超过 10% 的氢气总量。

4)水氢氢冷发电机定子绕组进水量和进水温度变化的影响

水氢氢冷的发电机定子绕组采用水冷。当冷却水量在 10% 范围内变化时，对定子绕组的温度实际上影响不大。当增加冷却水量超过 10% 会导致入口压力过分增大，由于大截面流向小截面的过渡部位可能发生气蚀现象，使水管壁损坏，故不建议提高流量。当减少冷却水量超过 10% 时，会导致冷却效果降低，定子绕组温度升高。

当绕组入口水温超过规定范围的上限时，应减小负荷，以保持绕组出口水温不超过额定条件下的允许出水温度。入口水温也不能低于制造厂的规定值，防止定子绕组和铁芯的温差过大或绝缘引水管表面结露。

5）冷却装置运行状态的影响

①氢气冷却器状态的影响。由于发电机内装设的氢气冷却器的数目不同，其运行状态变化对发电机的带负荷能力影响也不同。QFR-400-2-20 型燃气轮机发电机装设了两套氢气冷却器。正常运行时两套均投入；当停用一套时，发电机连续运行负荷不得超过额定值的 67%。THDF108/53 型燃气轮机发电机有 4 套氢气冷却器，当其中一套氢气冷却器退出运行时，允许带不超过 75% 的额定负荷。氢气冷却器停用时需要密切监视发电机的各部件的温度不超过规定值。

②定子绕组水冷却器的影响。THDF108/53 型燃气轮机发电机定子冷却水系统配置两台 100% 容量的定子水冷却器。在任意一台水冷却器退出工作时，仍然可以保证发电机的最大输出容量。

（4）发电机电压、频率变化时对发电机出力的影响

1）电压偏离额定值时的运行

F 级燃气轮机发电机正常运行的端电压，允许在额定电压 ±5% 范围内变化，而发电机的视在功率可保持在额定值不变。

当发电机电压超过额定值的 5% 时，必须适当降低发电机的出力，以保证定子绕组和铁芯的温升不高于额定值。因为电压升高到 105% 时，就会引起励磁电流和磁通密度的显著增加，而大容量发电机在正常运行时，其定子铁芯就已在比较高饱和程度下工作，所以即使电压继续提高不多，也会使定子铁芯进入过饱和，并导致定子铁芯温度升高和转子及定子结构件中附加损耗增大。发电机连续运行的最高允许电压，应遵循制造厂的规定，但不得大于额定电压值的 110%。

当电压降低值超过 5%，即电压低于 95% 额定电压时定子电流变化不应超过额定值的 5%，否则发电机要减小出力，防止定子绕组的温度将超过允许值。发电机的最低运行电压应根据系统稳定运行的要求来确定，一般不应低于额定值的 90%，因为电压过低不仅会影响并列运行的稳定性，还会使厂用电动机的运行情况恶化，从而使电厂运行受到影响。

2）频率偏离额定值时的运行

F 级燃气轮机发电机要求频率在（50 ±0.2）Hz 的范围内运行。

运行频率比额定值偏高较多时，由于发电机的转速升高，转子上承受的离心力增大，可能使转子的某些部件损坏。因此频率增高主要受转子机械强度的限制。此外频率升高、转速增大时通风摩擦损耗也将增加，此时发电机的效率略有降低。

运行频率比额定值偏低较多时，也有很多不利影响。如频率降低，转速下降，使发电机冷却风扇的送风量降低，导致发电机内的冷却条件变坏，各部分的温度升高。频率降低时为维持额定电压不变就得增加磁通，使漏磁增加而产生局部过热。频率降低还可能损坏燃气轮机的叶片，厂用电动机也有可能由于频率降低而影响到出力。

（5）发电机的功角特性和稳定概念

1）发电机的稳态功率角特性

稳态功率角特性是指并入电网的同步发电机对称稳态运行时，发电机发出的电磁功率和功率角之间的函数关系。所谓功率角就是指发电机电动势 $\dot{E}_q$ 和发电机端电压 $\dot{U}$（也即电网电压）这两个相量之间的夹角 $\delta$，功率角简称功角。发电机与电网并联运行时，发电机端电压 $\dot{U}$

为恒定，发电机向系统输出电流 $\dot{I}$ 滞后于端电压 $\dot{U}$ 的夹角称为功率因数角为 $\varphi$。

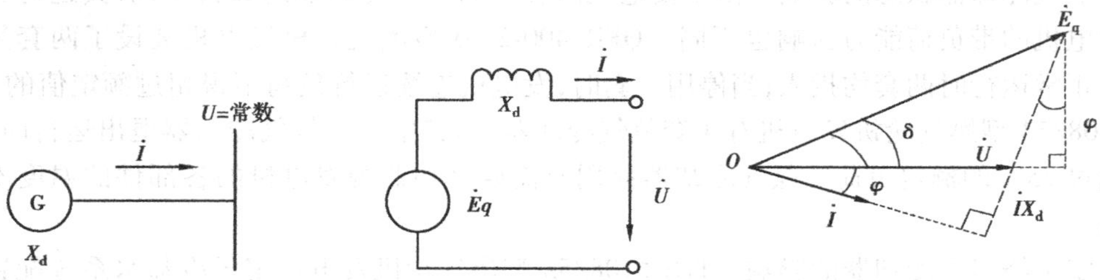


(a)接线图　　(b)等值图　　(c)相量图

图 1.66　发电机与无限大容量系统母线并联运行

图 1.66 中当同步电机作为发电机运行时，发电机电动势 $\dot{E}_q$ 总是超前发电机端电压 $\dot{U}$，设此超前 $\delta$ 为正值。

从电工学原理可知，发电机的电磁功率 $P_e$ 可表示为：

$$P_e = UE_q \sin\delta / X_d$$

式中　$P_e$——电磁功率；

$E_q$——发电机的感应电动势；

$X_d$——发电机的同步电抗（即为电枢反应电抗与定子端漏电抗之和）。

当忽略发电机的内部损耗时，发电机的有功功率 $P$ 与电磁功率 $P_e$ 有相等的关系，即 $P \approx P_e$。

当发电机端电压不变化时，则 $X_d$ 也不会变化。若励磁电流不变，则发电机电动势 $E_q$ 也不会改变。当发电机端电压和励磁电流都不变，而只改变原动机输入时，发电机的有功功率 $P$ 与功角 $\delta$ 之间的关系为一正弦函数变化关系，其关系曲线称为同步发电机的功角特性，如图 1.67 所示。发电机运行时，其有功功率 $P$ 决定于原动机输入到发电机转轴的机械功率 $P_1$。电磁功率 $P_e$ 即为由气隙磁场传递到定子的功率。若不考虑发电机定子的铜耗、铁耗和附件损耗，$P_1$ 与正弦曲线的交点 $a$ 即为当时发电机的运行点，功角等于 $\delta_a$。当 $\delta = 90°$ 时，电磁功率达最大值 $P_{max} = UE_q/X_d$。如果励磁发生变化，即反映 $P_{max}$ 发生变化，发电机的运行点 $a$ 也会发生变化。

2）静态稳定概念

电力系统正常运行中，假定原动机输入功率保持不变，发电机在受到小的扰动后，引起功角 $\delta$ 的变化，而功角 $\delta$ 能够自行恢复到原来的平衡状态，称为静态稳定。

当发电机直接与无限大容量系统并联运行，其电动势 $E_q$ 和系统电压 $U$ 为某一定值时，发电机可能向系统输出的最大功率 $P_{max} = UE_q/X_d$。只有原动机的输入功率小于 $P_{max}$ 时，原动机和发电机才有可能平衡。当原动机输入功率为 $P_1$ 时，它与发电机的功角特性曲线有两个交点，即 $a$ 和 $b$ 点（见图 1.67）。两个交点都满足功率平衡关系，相应的功角为 $\delta_a$ 和 $\delta_b$。这两个功率平衡点能否稳定工作，主要取决于受到小的扰动后，能否回到原来的工作点。紧接着分析 $a$ 和 $b$ 点能否稳定工作。

先看图 1.67 中的 $a$ 点，假设由于某种原因使发电机的功角 $\delta_a$ 产生了一个微小的增量 $\Delta\delta$，使发电机的运行点从 $a$ 点变化到 $a'$ 点，使发电机的输出功率增加 $\Delta P$，但此时原动机的功率仍

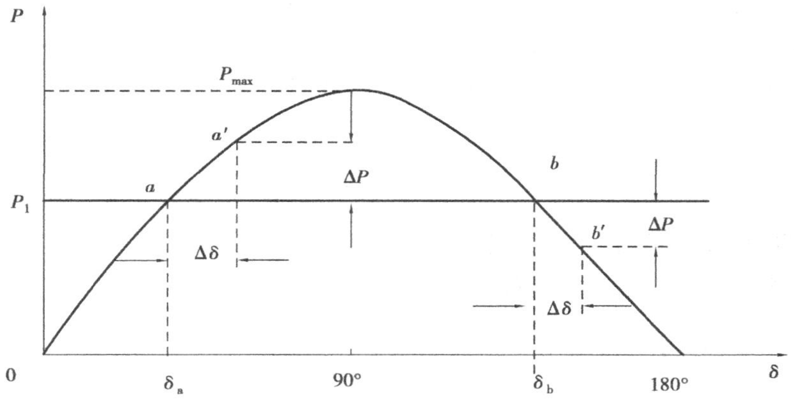


图 1.67 发电机的功角特性

维持恒定值 $P_1$。发电机功率变化的结果,使得发电机与原动机之间的转矩平衡遭到破坏。扰动后 $a'$ 点,由于发电机的电磁转矩超过了原动机的转矩,于是发电机的转速逐渐变慢,角增量 $\Delta\delta$ 逐渐减小至零,运行状态又恢复到起始点 $a$,所以 $a$ 点运行是静态稳定的。同理,当 $a$ 点处有一个负的角增量 $\Delta\delta$ 时,发电机的输出功率减小 $\Delta P$,此时发电机的电磁转矩小于原动机的输出转矩,于是发电机开始加速,相应的发电机电动势 $E_q$ 相对于系统电压 $U$ 的旋转速度加快,因而发电机又回到了原先的运行点 $a$,这也说明 $a$ 点是静态稳定的。

对于图 1.67 中的 $b$ 点,情况则完全不同。当角增量 $\Delta\delta$ 为正时,发电机的运行点从 $b$ 点变化到 $b'$ 点,带来的是负的发电机功率变量 $\Delta P$,由于发电机电磁功率变小,而原动机输出功率不变,引起发电机加速。在它的作用下 $\Delta\delta$ 不仅没有减小,反而越来越大,致使转子不断加速与系统失去同步。同理,当角增量 $\Delta\delta$ 为负时,发电机的电磁功率变大,而原动机输出功率不变,发电机开始减速,使得 $\Delta\delta$ 的负向增量越来越大,使得发电机继续减速脱离同步,故 $b$ 点是不稳定运行点。

依据上述的分析结果从图 1.67 中可知,当 $\delta < 90°$ 时发电机能够稳定运行;当 $\delta > 90°$ 时,发电机不能稳定运行,为非稳定区;当 $\delta = 90°$ 时,达到了稳定极限,此时对应的电磁功率称为理论静态稳定极限功率。在实际运行中,发电机应在稳定极限范围内运行,且应该有足够的静态稳定储备,发电机正常运行的功角 $\delta$ 一般为 $30° \sim 45°$。

上述结论均是在发电机直接与无限大容量的系统并列运行为前提的。但实际上,发电机是经过变压器和高压输电线路并入系统。例如,发电机经变压器和双回输电线路接入无限大容量系统,如图 1.68 所示。图中 $X_S$ 为变压器和线路阻抗之和。

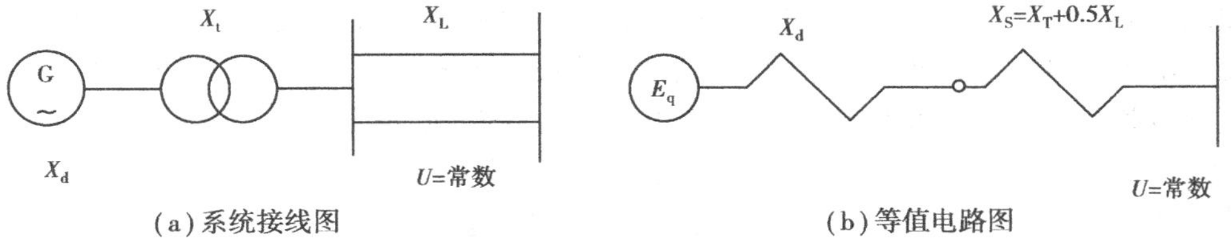


图 1.68 发电机经外电阻接入无限大容量系统

在这种情况下,若保持发电机的励磁电流不变(如额定励磁电流),即保持发电机电动势

$E_q$,这时发电机的端电压将随着发电机的输出功率而变化。我们研究发电机能否稳定运行,是指发电机能否与系统频率保持同步,仍以系统母线电压作为参考。若不考虑发电机、变压器和线路的有功损耗,则发电机输入系统的功率 $P$ 可根据发电机直接与无限大系统连接的类似公式推导,即

$$P = \frac{UE_q \sin \delta}{(X_d + X_s)} = \frac{UE_q \sin \delta}{X}$$

式中 $\delta$——发电机电动势 $E_q$ 与系统电压 $U$ 之间的夹角;

$X$——发电机电抗 $X_d$ 与外电抗 $X_s$ 之和。

在相同的发电机电动势 $E_q$ 下,发电机输入系统的静稳定极限功率 $P_{max} = E_q U/X$ 将随外电抗(发电机至无限大系统母线之间电抗和)$X_s$ 的增大而减小。另外,在发电机输出功率和励磁电流不变的情况下,由于 $X_s$ 的出现,发电机电动势 $E_q$ 与系统电压之间的夹角 $\delta$ 将随着 $X_s$ 的增加而增大,因而静稳定储备随之降低。

在电力系统中失去稳定的发电机由于电磁功率迅速减小,如果不立即减小原动机功率,就会使转子达到很高的转速,巨大的离心力将会使转子损坏。另外,由于发电机电动势的频率与系统电压频率不同,定子绕组中将会出现足以使定子损坏的大电流。因此,保持发电机静态稳定运行是发电机运行的最基本的要求。

3)暂态稳定

暂态稳定是指输电系统发生突然的、急剧的大扰动(如短路故障、输电线路突然切除等)时,发电机继续维持稳定运行的能力,即恢复到原来的工作状态或过渡到新的工作点稳定工作,继续保持与系统同步运行。

发电机受到剧烈扰动的原因可以归纳为以下几种:

①系统发生短路故障。

②负载突然发生变化(如投入大容量的用电设备)。

③切除或投入系统的某些组件(如输电线路突然切除)。

当系统发生比较大的扰动后,其各项运行参数电压、电流、功率都要发生急剧的变化。但是原动机的调速具有一定的惯性,不可能随着发电机功率的瞬时变化而及时地调整原动机的输出功率,因此,原来的功率平衡受到破坏,以至于机组转轴上出现转矩过剩或不足,引起转子的速度和发电机功率角的变化。而这些变化又将影响发电机的电流、电压和输出功率。因此在出现比较大的扰动后,系统中就会出现发电机的电磁-机械瞬变过程。

下面以双回输电线路突然切除一个回路为例,来说明暂态稳定过程。

图 1.69 中切除一回线路前发电机工作在曲线 1 的 $a$ 点,切除一回线路后发电机工作点突跃到曲线 2 的 $b$ 点。此时由于原动机调速系统动作的滞后性,发电机的输入功率 $P_1$,暂时保持不变。由于发电机电磁转矩小于原动机输出转矩,使转子加速。在加速的过程中,原来以同步转速旋转和系统电压 $U$ 角度相差 $\delta_a$ 的发电机电动势 $E_q$ 也相应加速。随着 $E_q$ 对 $U$ 的相对速度 $v$ 的产生并加大,引起了 $\delta_a$ 的加大,于是运行点从 $b$ 点沿着曲线 2 向 $c$ 点移动。在到达 $c$ 点以前原动机的输出转矩仍然大于发电机的电磁转矩,这个过程中转矩一直都是过剩的,但是过剩的量一直在减小。当到达 $c$ 点以后,发电机的电磁功率和原动机的输出功率相等,$E_q$ 对 $U$ 的相对速度 $v$ 达到最大值,但是由于转子的惯性作用,工作点将越过 $c$ 点继续移动,使角度 $\delta$ 继续增大。

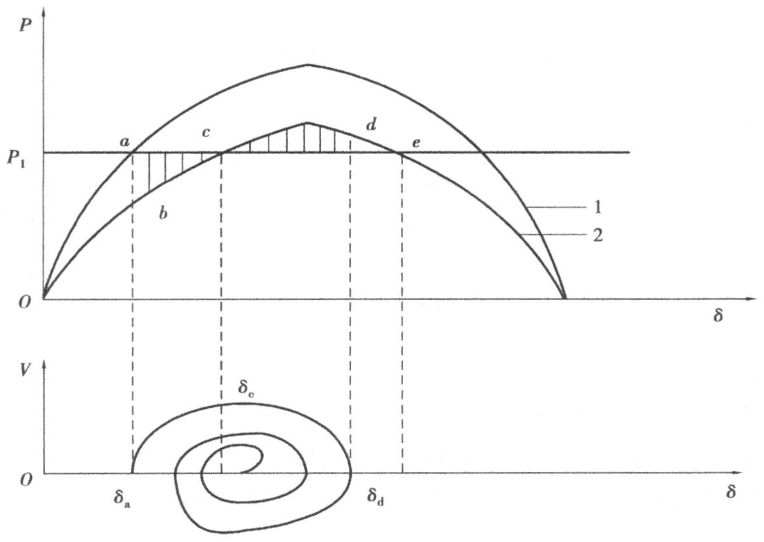


图1.69　切除一回线路后发电机功率角和相对速度的变化

越过 $c$ 点以后随着 $\delta$ 的继续增大，发电机的电磁功率将超过原动机的输出功率，使发电机转子受到减速性制动转矩的影响，相对速度 $v$ 逐渐减小。当达到 $d$ 点时，转子在 $c$ 点以前积聚的动能已经释放完毕，$E_q$ 对 $U$ 的相对速度 $v$ 变为零，角度 $\delta$ 达到最大值 $\delta_d$，并且不再增大。此后由于发电机的电磁功率仍然大于原动机的输出功率，发电机转速将降低，相对速度 $v$ 变为负值，角度 $\delta$ 开始减小，工作点又将返回 $c$ 点。由于惯性的作用工作点将越过 $c$ 点，向 $b$ 点移动，在靠近 $b$ 点的某处，$\delta$ 达到新的最小值后又开始增大，如此经过多次减幅振荡后，稳定在 $c$ 点运行。此时原动机输出的功率仍然为 $P_1$，但是功角由 $\delta_a$ 变为了 $\delta_c$。可见，此时发电机与系统并联运行在受到急剧扰动之后，能够过渡到新的稳定状态运行。

当然，过渡过程也可能有相反的情况出现。如果在发电机运行状态变化的过程中，功率角振荡的第一个周期内，相对速度 $v$ 未达零值之前，功率角 $\delta$ 的最大值已经超过了临界 $e$ 点对应的功率角 $\delta_e$，发电机的转矩又小于原动机的转矩，即出现了加速性的过渡转矩，那就不可能过渡到新的稳定运行状态。随着相对速度的不断加大，最后会导致发电机失去同步。

4）发电机的振荡与失步

发电机的震荡是指当负荷突然变化时，电力系统与发电机之间的功率平衡遭到破坏，由于转子惯性的作用，使功角 $\delta$ 不能迅速地稳定在一个新的数值上，而在稳定值附近左右摇摆的情况。发电机的失步是指当功角 $\delta$ 的摆动超过 90°以后，输出功率反而随着功角 $\delta$ 的增大而减小，致使发电机加速，与系统失去同步。

发电机的震荡和失步一般伴随着以下几种现象：

①定子电流数值来回变化，大小有可能超过正常值。这是因为并列运行的发电机电势之间的夹角发生了变化，出现了电势差。在电势差的作用下，发电机之间流过环流，加上转子转速的摆动，使电势夹角时大时小，电磁力矩和功率也时大时小，造成环流也时大时小，且方向发生变化，使电流变化。产生的环流加上原来的负荷电流其值就会超过原来的正常值。

②发电机电压和其他母线电压来回变化，其值经常是下降的。因为在两个震荡部分的发电机之间会有功率的交换，如一侧输出功率减少，另一侧就会增大输出；或者一侧吸收功率，另

一侧就发出功率,反之亦然。

③有功功率数值变化大。因为在发电机失步震荡的过程中,发出的功率时大时小,且有时发出功率,有时吸收功率。

④转子电流在正常值附近变化。发电机在震荡和失步的过程中,定子磁场与转子之间有相对的速度,转子绕组或其他金属部分会感应出相应的交变电流,这个电流取决于定子电流的大小和定子、转子之间的相对速度。此电流会叠加在原来的励磁电流上,使转子电流在正常值附近变化。

⑤当发电机机端电压低于一定数值时,强励装置动作。

(6)发电机并网后的调节

1)发电机有功功率的调节

发电机与系统并联运行时,其输出有功功率决定于发电机的轴功率。发电机的输出功率就等于原动机输出功率减去发电机的各项损耗。当发电机需要增大输出功率时,就得加大原动机的转矩,使转子加速,功角 $\delta$ 增大,当原动机与发电机电磁转矩相互平衡时,$\delta$ 才能稳定。因此,通过调节原动机的输出功率从而改变发电机的有功功率。

2)发电机无功功率的调节

在电力系统中,如果无功功率不足,就会导致整个电网的电压水平下降,因此发电机与系统并联运行后,不但要向系统输送有功功率还需要提供一定的无功功率。

当发电机与无限大容量的系统并联运行时,假定有功功率输出不变,只要调节励磁电流就能达到调整无功功率大小和方向的目的。当过励时,定子电流是滞后电流,发电机输出感性无功功率;当欠励时,定子电流是超前电流,发电机吸收感性无功功率。

发电机在向电网输出一定有功功率时,定子电流 $I$ 与励磁电流 $I_f$ 之间的关系 $I=f(I_f)$ 曲线被称为发电机的V形曲线。输出不同的有功功率时,电流的有功分量不同,V形曲线就不同,形成一组曲线。如图1.70所示,V形曲线在发电机设计和运行中起重要作用。

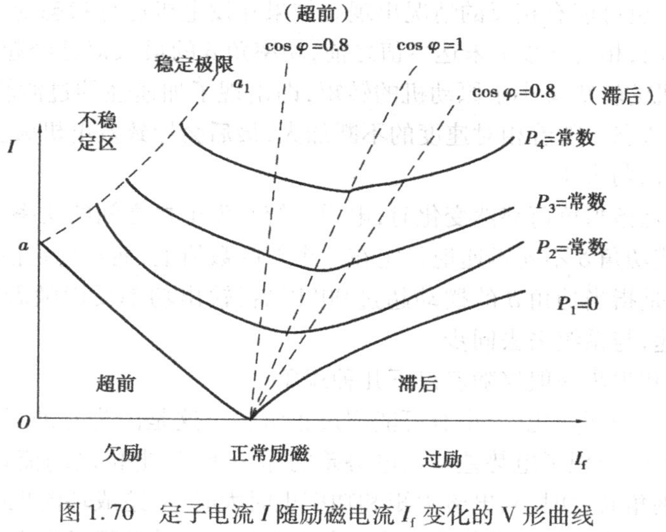


图1.70 定子电流 $I$ 随励磁电流 $I_f$ 变化的V形曲线

①各条V形曲线的最低点对应的 $\cos\varphi$ 值均为1,是在纯输出有功功率的工作状态。连接各条曲线上 $\cos\varphi=1$ 的点,便得出一条稍微向右倾斜的线,这说明当增大有功功率输出时,要

维持输出为纯有功功率，就必须相应地增大励磁电流。

②同步发电机存在一个不稳定运行区，其边缘就是在各个 $P$ 值时曲线中 $\delta=90°$ 点的连线。图1.70中可以看出，当 $P$ 值越大时，维持稳定运行时的励磁电流就越大，也就是说，如有功功率 $P$ 较大，而励磁电流 $I_f$ 较小时，极易进入不稳定运行区。所以在实际运行中，发电机在增大有功功率时，其励磁电流也应相应地增大，且必须大于所允许的最小励磁电流值。

③当发电机在 $\cos\varphi=1$ 的右侧区域运行时，是处于过励磁状态，此时发电机输出感性无功功率；而当发电机在 $\cos\varphi=1$ 的左侧区域运行时，发电机处于欠励状态，从系统吸收感性无功功率。

(7)发电机的P-Q曲线

在电力系统中运行的发电机，必须根据系统的需要调整有功功率和无功功率。发电机的P-Q曲线就是发电机在各种功率因数的条件下，允许的有功功率 $P$ 和无功功率 $Q$ 的关系曲线，又称为发电机容量曲线。

发电机正常运行时的P-Q曲线受定子长期允许发热(定子额定电流)、转子长期发热(额定励磁电流)、原动机功率、稳定极限(进相运行时转子惯量)等方面的限制。以QFR-400-2-20型燃气轮机发电机为例，如图1.71所示，正常运行时，发电机应在其容量曲线限制范围内运行。

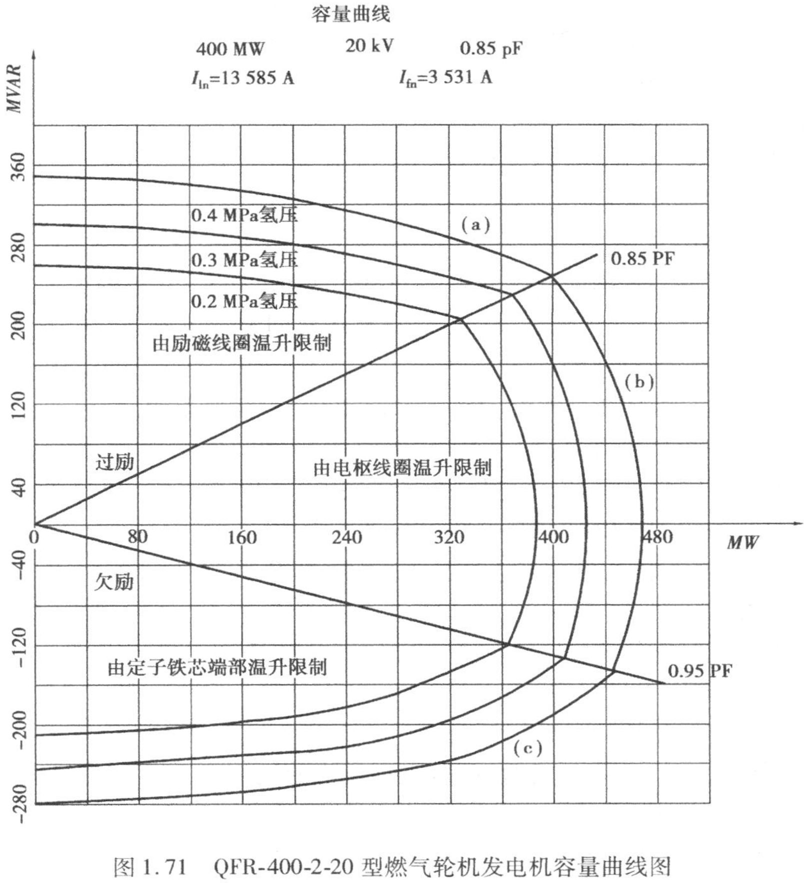


图1.71　QFR-400-2-20型燃气轮机发电机容量曲线图

①图 1.71(a)中的部分,发电机容量主要受励磁线圈(转子绕组)温升限制。即此时发电机的最大励磁电流,由转子发热决定。

②图中 1.71(b)中的部分,发电机容量主要受电枢线圈(定子绕组)温升限制,其中最大输出功率受原动机出力的限制。

③图中 1.71(c)中的部分,发电机容量主要受定子铁芯端部温升限制。

(8)发电机的正常操作与监测

1)发电机启动前检查

发电机启动前,转子处于静止状态,要求投入相关的辅助系统,如冷却系统、密封油系统等。为转子的盘车和低速运行作准备,主要监视如下:

①润滑油系统、密封油系统正常。

②定子绕组、转子绕组、励磁端轴瓦、轴承、密封座等绝缘合格。

③发电机变压器组保护装置完好。

④测量系统、励磁系统、SFC 装置、GCB 装置、通风系统、冷却系统等工作正常。

2)发电机启动

发电机启动过程中的主要监视:

①轴承振动情况,特别是发电机通过临界转速区间各轴承的振动情况。

②轴瓦温度及出油温度,冷却系统处在正常的工作状态。

③密封油系统油温和油压,保证密封油系统中空气侧和氢气侧的压差。

④发电机冷氢温度及热氢温升,THDF108/53 型燃气轮机发电机还要注意定子线棒层间温度及出水温度、上、下层线棒之间的温度差。

⑤各断路器和隔离刀闸的动作情况。

⑥SFC 装置的工作情况。

3)发电机并网及升负荷

发电机并网方式有自动准同期并网和手动并网两种。目前,F 级燃气轮机发电机均采用自动准同期并网方式,手动并网方式仅在试验或自动并网装置故障的情况下才使用。机组并网及升负荷过程中的注意事项如下:

①机组自动准同期装置工作正常,有关参数(电压差、频率差、相角差)已经设置完毕,保证并网时不会对发电机产生大的冲击。

②并网后机组带一定的负荷,发电机定、转子的温升率应保持稳定。严格保持发电机的输出处于各种氢压下发电机的 P-Q 曲线限制之内。

③监视发电机内定、转子绕组和定子线棒的温度变化,如有必要需降负荷处理。

④监视轴承振动。

⑤集电环装置的运行情况。

4)发电机正常运行

正常运行时,发电机需要监测如下参数:

①发电机的运行点。正常运行时,应监视发电机的运行点在 P-Q 图的正常范围内,机端电压,电流输出正常,频率正常。

②定子、转子绕组温度。监测发电机定子、转子绕组温度有无异常,从而判断发电机内部是否有故障发生。还可以辨别冷却系统是否工作正常。

③氢气温度、湿度、纯度和漏氢量。通过监视氢气平均温度和冷却水平均温度之差，可以反映出氢气冷却器的换热效果。正常运行时氢气系统中干燥器应该投入运行，确保机内氢气湿度控制在允许范围内。

④氢气冷却器。控制氢气冷却器的冷却水的压力，防止冷却器因超压受到损害。通过调节冷却水的流量维持冷氢温度的大致恒定。如果水压过高导致冷却器损坏，可能会使冷却水进入氢气系统中，危害巨大。

⑤定子绕组进水温度。如供给定子水冷却器的冷却水流量和温度保持不变，定子绕组的水流量也保持不变，则进水温度由热交换器本身性能决定。定子冷却水的最高、最低进水温度，在不同的负荷下都可以通过调整冷却水流量，保证其在规定的范围内。

⑥定子绕组内冷水压力。在水氢氢冷发电机带负荷的情况下，定子绕组内必须有冷却水流通。一旦通水，必须维持机内氢压大于内冷水压力，防止漏水情况出现。如果密封油系统出现故障，只能维持低氢压运行时，则要求冷却水压力不得低于0.15 MPa，即使此时水压高于氢压，但只能短时运行。

⑦轴电压。定期检测发电机的轴电压，监测发电机转子对地绝缘的情况，如有异常应当及时处理。

⑧在线监测装置。密切关注在线监测装置的工作情况，及时发现发电机的内部隐患及故障。

### 1.6.2　发电机的非正常运行与处理

发电机的非正常运行主要包括发电机短时过负荷运行、进相运行、不对称运行、失磁运行等。

(1)发电机的短时过负荷运行

在正常运行时，发电机是不允许过负荷的。在发电机过负荷时，对原动机来讲会使机组振动上升，使叶片过载；对发电机来讲发热量增大，危及定子绝缘，减少机组绝缘寿命。但在一些特殊情况下，如系统发生短路故障、发电机失步运行等，发电机有可能出现短时过负荷运行。

燃气轮机发电机的过负荷能力参照国家标准，并严格遵照厂家相关规定执行。如QFR-4002-20型发电机允许定子绕组在短时内过负荷运行，应满足以下公式

$$(I^2 - 1)t = 37.5$$

式中　$I$——定子电流百分比；

$t$——过电流时间。

注：在上述过电流工况下的定子温度将超过额定负荷时的数值，发电机结构设计以每年过电流次数不超过2次为依据。

(2)发电机的进相运行

随着电力系统的不断发展，输电线路电压等级越来越高，输电距离也越来越长，加上电力电缆的广泛使用，使系统电容电流和容性无功功率增加。在夜间和节假日期间，系统中感性负载减少，导致系统中的无功功率过剩，使得系统中的电压升高，严重时会超过允许范围。为吸收无功，除装设电抗器、同步调相机外，发电机进相运行也可以改善电网无功过剩状况。

1)进相运行的概念

图1.72(a)为发电机直接接于无限大容量系统的情况。设其端电压$\dot{U}_C$恒定，并设发电机

的电动势 $\dot{E}_q$,负荷电流为 $\dot{I}$ ,功率因数角为 $\varphi$。这时调节励磁电流 $\dot{I}_F$, $\dot{E}_q$会随之变化,功率因数角 $\varphi$ 也会随之变化。如增加励磁电流, $\dot{E}_q$会变大,功率因数角 $\phi$ 是滞后的,发电机向系统输送有功功率和无功功率,这种运行状态为迟相运行。而图 1.72(b)所示为减小励磁电流, $\dot{E}_q$会变小,当励磁电流减小到一定程度时功率因数角 $\varphi$ 由滞后变为超前,发电机向系统输送有功功率但吸收无功功率,这种运行状态称为进相运行。

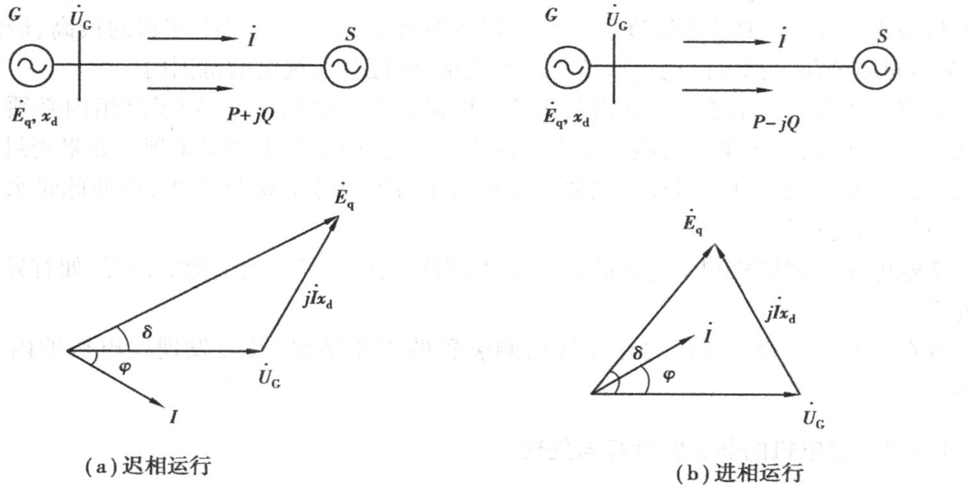


图 1.72　发电机迟相和进相运行概念图

2)进相运行的限制条件

发电机进相运行时的主要条件是发电机端部发热。端部发热是由端部漏磁通和转子绕组端部漏磁组成的合成磁通大小决定。它的大小除与发电机的结构、形式、材料、短路比等因素有关外,还与定子电流的大小、功率因数的高低等因素有关。发电机在进相运行时,其端部发热比迟相运行严重。因为在相同的视在功率下,发电机随着功率因数 cos $\varphi$ 由迟相向进相转移时,端部的漏磁通密度增大,引起定子端部的发热也逐步趋向严重。

当功率因数一定时,端部漏磁通与视在功率 $S$ 约成正比,如图 1.73 所示。如欲保持定子端部发热为一定值,即端部漏磁通为一定值,随着进相程度的增大,视在功率 $S$ 应相应降低。

此外,厂用电电压也是发电机进相运行的限制条件。厂用电通常引自发电机出口或发电机电压母线。进相运行时,随着发电机励磁电流的降低,发电机无功功率的倒流,发电机出口母线电压降低,厂用电系统电压随之降低,从而影响厂用电系统的正常运行。

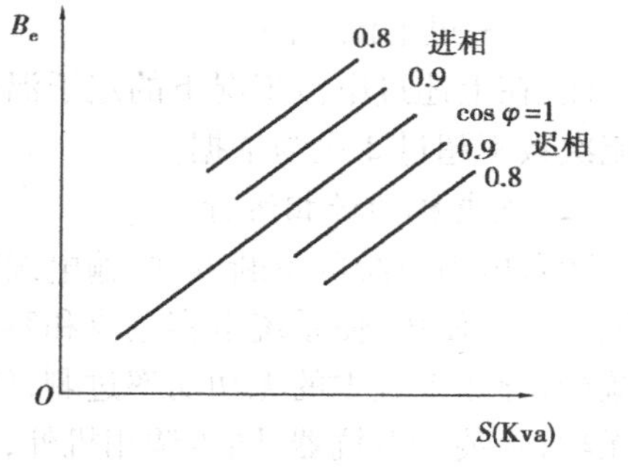


图 1.73　发电机端部漏磁通与视在功率的关系

3)进相运行的现象和处理

当发电机进相运行时会出现以下现象:

①发电机机端电压下降,励磁电流降低,无功功率变为负向且数值增大。

②定子端部铁芯温度升高。

③机组厂用电电压降低。

当发电机进相运行时，应适当降低发电机的有功功率，适当提高励磁电流，尽量减小发电机定子端部发热。同时密切注意发电机定子铁芯温度的变化，保持与电网调度的联系，尽快查明具体原因。

(3)发电机的不对称运行

发电机不对称运行也可称为不平衡负载运行，其原因可能是负荷不平衡，也可能是输电线路不对称或系统发生了不对称短路故障。

1)负序电流对发电机的危害

发电机不对称运行时，在发电机的定子绕组内除有正序电流外，还有负序电流。正序电流是由发电机电动势产生的，它所产生的正序磁场与转子保持同步速度、同方向旋转。对转子而言是相对静止的，在转子上不会引起感应电流。此时转子发热是由励磁电流决定的。负序电流除了和正序电流叠加使绕组相电流可能超过额定值，而使该绕组发热超过允许值外，还会引起转子的附加发热和机械振动。

当定子三相绕组中流过负序分量的电流时，所产生的负序磁场，以同步转速与转子反方向旋转，在励磁绕组、阻尼绕组和转子本体中，感应出两倍工频的电流，从而引起附加发热。由于感应电流频率较高，集肤效应较为明显，其发热主要集中在转子表面。发电机装设阻尼绕组，负序电流被阻尼绕组分流，改善了转子表面的发热，从而可以提高发电机承受负序电流的能力。

此外，负序电流产生的负序磁场还在转子上产生两倍工频的脉动转矩，使发电机轴系产生两倍工频的振动。

2)发电机不对称运行的允许范围

发电机承受不对称运行的能力也称为发电机负序能力。发电机不对称运行范围取决于以下3个条件。

①负荷最重一相电流不应超过发电机的额定电流。

②转子温度不应超过允许温度。

③机械振动不应超过允许范围。

第一个条件由定子绕组发热决定，后面两个条件主要由不对称运行时的负序电流危害决定。

发电机负序能力通常用两个参数表示：一是允许连续运行的稳态负序能力，用 $I_2/I_N$ 表示；另一个是故障运行的暂态负序能力，以 $(I_2/I_N)^2t$(s)表示。《隐极同步发电机技术要求》(GB/T 7064—2008)中有相应的要求，见表1.14。

**表1.14　发电机不平衡负载运行限值**

| 序号 | 电机型式 | 连续运行时的 $I_2/I_N$ 值 | 故障运行的 $(I_2/I_N)^2t$(s)值 |
|---|---|---|---|
| | 间接冷却的转子 | | |
| 1 | 空气冷却 | 0.1 | 15 |
| 2 | 氢气冷却 | 0.1 | 10 |

续表

| 序号 | 电机型式 | 连续运行时的 $I_2/I_N$ 值 | 故障运行的 $(I_2/I_N)^2t(s)$ 值 |
|---|---|---|---|
| | 直接冷却的转子 | | |
| 3 | ≤350 MVA | 0.08 | 8 |
| 4 | >350 MVA 且≤900 MVA | $0.08-(S_N-350)/3\times10^4$ | $8-0.005\ 45(S_N-350)$ |
| 5 | >900 MVA 且≤1 250 MVA | 同上 | 5 |
| 6 | 1 250 MVA 且≤1 605 MV | 0.05 | 5 |

注：$S_N$ 为额定容量(MVA)。

3)发电机不对称运行的处理措施

发电机出现不对称运行的情况后，出现负序过负荷报警，首先应降低发电机的出力，使其不平衡度降低，离开报警值，立即与调度联系了解系统负荷及线路状况。若不平衡负载由系统引起，则由电网处理。如果有保护动作，则按保护动作处理。

(4)发电机的失磁运行

发电机的失磁运行是指发电机失去励磁后，仍带有一定的有功功率，以低滑差与系统继续并联运行，即进入失磁后的异步运行。发电机失磁的内容参见本章第五节发电机保护。

### 1.6.3 发电机事故处理

由运行经验可知，发电机的事故一般由以下几种原因导致。

①制造或设计上的缺陷。

②安装或检修的质量不良，维护不到位。

③运行人员的误操作。

④绝缘老化。

⑤雷击过电压或操作过电压。

⑥外部短路故障所引起的冲击力等。

事故是电力系统的一大灾难，应坚持“预防为主”的方针。在发生事故时运行人员应该镇静、大胆、果断地根据事故现象正确的判断事故的性质，然后迅速的采取有效的处理方法，尽快地限制事故的发展，消除事故的根源，保证电气设备安全、可靠、经济的运行。据国内外的发电机故障统计情况来看，发电机的常见故障有定、转子接地故障，绕组匝间短路故障，冷却系统泄漏等。

(1)发电机转子接地故障

发电机转子接地故障有转子一点接地和两点接地两种，也可分为瞬时、断续、永久接地，还可分为内部和外部接地、金属性接地和电阻性接地。

1)事故原因

转子接地的原因主要有以下几种：

①工作人员在励磁回路上工作，不慎误碰或其他原因引起的转子接地。

②转子滑环绝缘损坏、转子槽绝缘或端部绝缘损坏、转子引线损坏等引起的接地。

③长期运行使绝缘老化或因杂物或振动使转子部分匝间绝缘垫片位移，将转子通风孔堵

塞,使转子局部过热,导致绝缘老化。

④励磁回路脏污等引起的短路。

⑤发电机箱体安装或检修时留下的碎屑等。

2)事故现象及危害

当发电机转子绕组发生两点接地故障以后会出现以下现象:

①励磁电流突然增大。

②功率因数增高甚至进相。

③定子电流增大,电压降低。

④转子绕组产生剧烈振动。

当发生转子两点接地以后,发电机内气隙磁场的对称性被破坏,剧烈的振动使发电机损坏,还可能引起轴系磁化,后果严重。此外两点接地造成非短路的绕组电流增大,热效应烧损转子同时还会使转子发生缓慢变形,造成偏心,加剧振动。

3)事故处理

目前,大容量发电机一般将转子一点接地保护投报警信号,而转子两点接地保护未投入。当转子回路一点接地时,如转子一点接地报警能够复归,则是瞬时接地;若不能复归,转子一点接地为稳定的金属性接地,此时应将转子两点接地保护投入跳闸,申请停机尽快处理。

(2)发电机定子单相接地故障

发电机定子接地指发电机定子绕组回路及定子回路直接相连的一次系统发生单相接地短路。定子接地可分为瞬时、断续、永久接地,也可分为金属性接地和电阻性接地。

1)事故原因

发生发电机定子接地的原因可能有:

①定子绕组绝缘损坏。一般有两个方面:一方面是定子绕组固有缺陷和绝缘老化;另一方面是外部原因引起的。外部原因主要有定子铁芯叠片松动、绕组槽中固定不牢靠、定子端部绑扎不牢靠等。

②定子绕组回路中瓷瓶受潮或脏污。

③水氢氢冷机组定子绕组内部漏水。

④小动物引起的定子接地。

2)事故处理

当发电机定子绕组和定子绕组直接相连的一次电路发生单相接地或发电机电压互感器高压保险熔断时,均会发出定子接地报警。

当出现定子接地报警时,需要判别的是真假接地。真接地时,定子电压表指示接地相对地电压降低或等于零,非接地相对地电压升高,其值大于原相电压或为线电压。假接地即电压测量回路断线,断线相的对地电压为零,非断线相的对地电压不会升高。

3)典型事故案例

某型F级全氢冷发电机投入运行一年后,发生定子接地故障。机组在满负荷运行的情况下突然跳机,GCB跳开,监控系统发出“主变低压侧接地”“发电机 $3U_0$ 定子接地保护动作跳闸”等报警信号。根据保护动作、故障录波记录,初步判断为发电机A相定子接地。

拆开发电机出线软连接和中性点铜排,测量发电机各相绝缘电阻,A相为0/0 MΩ,B相为550/420 MΩ,C相为830/710 MΩ,确认为发电机A相绕组接地。发电机氢气置换后,打开励侧和汽侧底部人孔门,进入发电机内部,发现底部有散落的通风槽钢和铁片。槽钢长度约5 cm,铁片最大约2 cm×4 cm,通风槽钢和铁片边角均被磨圆、弯曲;励侧绕组端部铁芯有黑色油泥,铁芯阶梯段多处松动。用直流冲击法查找故障点,当加压到10~15 kV时,在励侧第54槽上槽端部、靠近挡风圈处有放电火花。由此断定,发电机A相绕组第54槽存在接地故障。

经分析,直接原因是发电机定子主绝缘受到了机械力破坏导致损伤,而不是电损伤或化学腐蚀。此台发电机定子制造时采取了立式铁芯叠装和立式加热压紧装配,励端在下,汽端在上,造成在加热过程中上、下温度分布不均匀。当励端温度只有110 ℃时,汽端已经接近160 ℃,因此汽端固化较励端充分,励端挤胶固化不完全。粘接树脂在发电机运行期间出现收缩,引起励端铁芯松动,端部铁芯冲片齿部和通风槽钢因此产生振动而疲劳断裂,断裂的冲片磨伤了绕组表面绝缘,导致定子绕组接地。制造厂经工艺改造升级后,故障消除。

(3)发电机匝间短路

发电机的匝间短路故障包括转子绕组匝间短路和定子绕组匝间短路,故障不同现象和处理也有所不同。

1)匝间短路的原因

发电机匝间短路一般有以下几个方面的原因:

①制造工艺不良。如在加工过程中损坏匝间绝缘;铜线本身有毛刺或硬块。

②运行中,在电、热和机械力等综合应力的作用下,绕组产生变形、位移,造成匝间绝缘断裂、磨损、脱落。

③绕组脏污。

④运行时间过长,绝缘老化。

2)匝间短路的现象和处理

①转子绕组匝间短路现象和处理。当发电机转子绕组发生匝间短路时,轻微情况时机组可继续运行。严重时会使发电机转子电流显著增大,转子绕组振动加剧,转子绕组表面温度上升。此时应降低机组负荷,使机组振荡、转子绕组电流和温度回到正常值,并尽快停机处理。

②定子绕组匝间短路现象和处理。发电机定子绕组匝间短路时,定子绕组结构不对称,各个支路电流也不对称,使发电机内气隙磁场发生改变,造成发电机转矩不平衡,使发电机的振动增大。此外故障支路的电流较正常时电流的幅值有一定的波动。随着短路线圈数量的增加,故障支路的电流会越来越大。

国家标准规定大容量发电机必须装设定子绕组匝间短路保护,发生此类故障时按保护动作处理。

3)典型事故案例

某型F级全氢冷发电机投产时,发电机7号轴承过一阶临界转速(750 r/min)时振动66 μm,过二阶临界转速(2 050 r/min)时振动93 μm,额定转速和带负荷时振动45 μm左右,振动情况良好。

半年后,机组启动过程中7号轴承一阶临界转速振动超过125 μm报警值,二阶临界转速振动到130 μm左右。随后半个月,7号轴承过一阶临界转速时振动增大至150 μm,其后基本在130~170 μm波动,二阶临界转速振动维持在135 μm左右。停机惰走过程中机组振动无明显变化。

相关研究资料表明，当转子绕组发生匝间短路时，一旦加入励磁电流，会使轴振动发生变化，包括磁不平衡引起的振动和热不平衡引起的振动。结合上述现象可以看出，机组过临界振动异常是由于转子绕组匝间短路造成的。

由于燃气轮机发电机采用SFC启动，当发电机转子匝间短路时的临界振动故障特征如下：

①表明匝间短路故障随着发电机转轴临界振动随启停次数逐渐增加。

②SFC启动时的临界转速振动幅值远高于惰走时的临界转速振动幅值，表面SFC启动过程中振动受匝间短路影响严重。

③匝间短路对机组振动的影响主要表现在相应的临界转速上。运行情况表明，转子匝间短路对临界转速的影响显著，对其他转速影响小。

④转子匝间短路造成的临界转速振动分量中，以基频分量为主。最后将发电机转子进行返厂维修后，故障消除。

(4)发电机紧急停机的情况

发电机紧急停机的情况如下：

①发电机发生短路而保护未动作。

②发电机着火。

③发电机大量漏水、漏氢。

④水氢氢冷发电机发生断水事故而保护未动作。

⑤发电机发生剧烈振动。

⑥发电机密封油中断，且不能迅速恢复。

⑦发电机励磁系统滑环发生强烈火花。

以上几种情况下需要手动紧急停机，防止事故扩大，保证机组和人身安全。

## 复习思考题

1. 定子绕组和定子铁芯端部发热有哪些特征？
2. F级燃气轮机发电机各自的冷却方式是什么，各有什么特点？
3. 氢气系统的功能是什么？对氢气湿度和纯度有何要求？
4. 简述发电机中性点接地的几种方式并说出其优缺点。
5. 简述励磁系统常用接线形式的特点。
6. 常用灭磁方法有哪些？
7. 简述微机型励磁调节器的原理。
8. 简述自并励励磁系统构成及其优缺点。
9. 启动装置的作用和原理。
10. 简述三菱M701F启动装置启动过程各电气量是如何变化的。
11. 说明发电机准同期并列的理想条件。
12. 发电机非同期并列时对发电机和系统有何影响？
13. 发电机同期系统主要由哪些部分组成？

14. 简单说明微机自动准同期原理。

15. 什么是导前时间？其对发电机同期并网有何意义？

16. 简述微机保护的组成和原理。

17. 发电机有哪些保护，各有什么作用？

18. 发电机冷却条件变化对发电机出力有哪些影响（如氢气温度、压力、纯度和冷却水流量和温度、冷却器故障等）？

19. 发电机电压、频率变化对出力有哪些影响？

20. 影响发电机安全稳定极限的条件有哪些？说说对发电机 P-Q 曲线的理解？

21. 什么是发电机的进相运行，主要有哪些限制条件？

# 第2章 变压器

变压器作为一种能量转换设备，它是根据电磁感应原理，将一种等级的交变电压变为同频率的另一等级交变电压的静止电器。在发电厂中，将发电机发出的电能经过变压器升压后送入电网，称这种升压变压器为主变压器（简称主变）；为发电厂的辅助设备供电的变压器，称这种变压器为厂用变压器（简称厂用变）。厂用变压器又分为高压厂用变压器（高厂变）和低压厂用变压器（低厂变）。

在F级燃气轮机电厂中，主变、高压厂用变压器等电压等级高，容量大的变压器通常采用油浸式变压器，低压厂用变压器一般采用干式变压器。本章主要介绍油浸式变压器。

## 2.1 变压器的结构及主要部件

### 2.1.1 概述

油浸式变压器一般是由器身、变压器油、油箱、冷却装置、出线套管等部分构成。铁芯和绕组是变压器的主要部件，统称为器身，是变压器进行电磁能量转换的有效部分。对于油浸式变压器，器身浸放在盛满变压器油的油箱里，各绕组的端点通过绝缘套管而引至油箱的外面，以便与外电路连接，如图2.1所示为油浸式变压器的结构图。

### 2.1.2 铁芯

铁芯既是变压器的磁路，又是它的机械骨架。其主要作用是将两个绕组一、二次侧的磁路耦合达到最佳程度。为了降低铁芯在交变磁通作用下的磁滞和涡流损耗，铁芯一般采用厚度较薄的优质硅钢片剪成一定形状叠装而成，片间涂有绝缘漆，以避免片间短路。铁芯质量好坏对变压器的损耗有重要影响，目前，广泛采用导磁系数高的冷轧晶粒取向硅钢片，以缩小体积和重量，也可节约导线和降低导线电阻所引起的发热损耗，提高磁导率和减少铁芯损耗。

变压器运行中，铁芯及固定铁芯的金属零部件等均处在强电场中，在电场作用下，有较高的对地电压。如果铁芯不接地，铁芯与接地的夹件、油箱等之间就存在电位差，会产生断续的

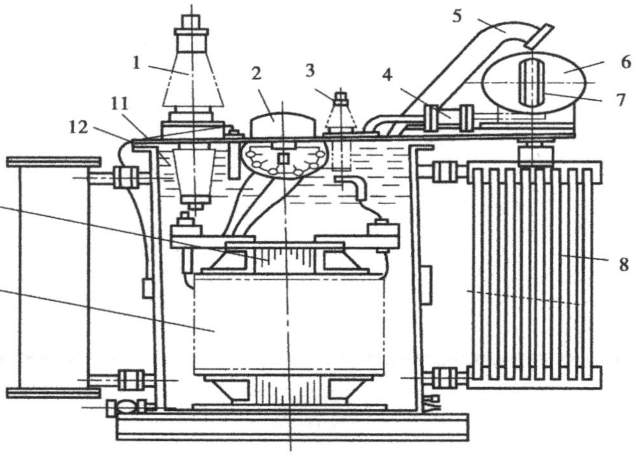


图 2.1 某 F 级燃机电厂油浸式变压器的结构图

1—高压出线套管;2—分接开关;3—低压套管;4—气体继电器;5—压力释放阀;6—储油器;7—油位计;8—冷却器;9—绕组;10—铁芯;11—变压器油;12—油箱

放电现象。绕组周围有较强的磁场,铁芯和金属零部件在非均匀的磁场中,感应出的电动势大小不等,也存在电位差,会击穿小的绝缘,引起微量放电。因此,铁芯及固定铁芯的金属零部件要可靠的接地。如果铁芯有两点及以上接地,则铁芯中磁通变化就会在接地回路中有感应环流。环流越多引起的空载损耗增大,铁芯温度升高。所以铁芯必须是一点接地。

在大容量变压器中,为了使铁芯损耗发出的热量能被绝缘油在循环时充分地带走,从而达到良好的冷却效果,通常在铁芯中还设有冷却油道。冷却油道的方向可以做成与硅钢片的平面平行,也可以做成与硅钢片的平面垂直。

### 2.1.3 绕组

(1)结构

绕组是变压器中的主要部件,它决定了变压器的容量、电压、电流和使用条件。因此,对其电气性能、耐热性能及机械强度都有严格要求。

变压器绕组由铜制导线绕制而成,呈圆筒形状。导线外面包裹绝缘材料,一般是纸和漆、天然丝、玻璃丝、棉纱等,绕组的内架一般是用酚醛纸板制作的圆筒。

变压器中高压电侧的绕组称为高压绕组,低压电侧的绕组称为低压绕组。油浸式变压器通常采用同心式绕组。同心式绕组中高压绕组和低压绕组同心地套在铁芯柱上。为了便于处理绕组和铁芯之间的绝缘,通常把低压绕组放在内层。高、低压绕组之间以及低压绕组和铁芯柱之间必须有一定的绝缘间隙。同心式绕组具有结构简单、制造方便的特点。

绕组是变压器主要发热部件,为了使变压器绕组有效的散热,在绕组纵向内、外侧设立油道。

(2)联结组别

三相绕组的联结方式有常见的星形联结和三角形联结两种接法。星形联结如图 2.2(a)所示,用英文字母 Y 表示,联结方式为将三相绕组的尾端直接联在一起,从三相绕组的首端引出。有中性点星形联结如图 2.2(b)所示,用 YN 表示。联结方式同星形联结,只是中性点需引出，带中性点引出的加英文字母N来表示。三角形联结如图2.2(c)所示，用英文字母D表示。三相绕组互相串联形成闭合回路，由串联处接至相应的线段。对于高压侧用A表示，而中压或低压侧用a表示。

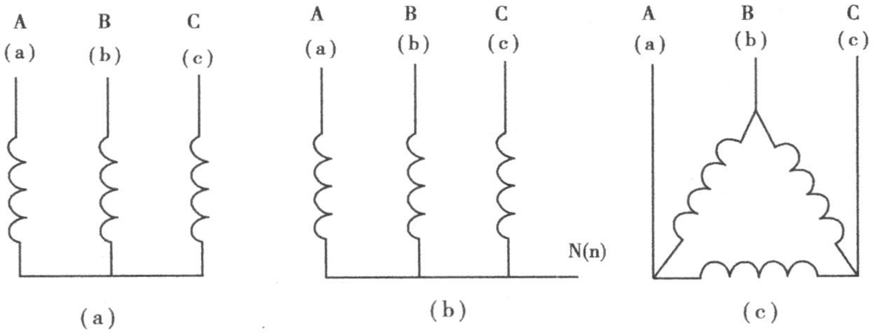


图2.2　星形接线和三角形接线

三相变压器一、二次绕组线电压之间的夹角，用时钟法表示变压器的接线组别与绕组的绕线方式、绕组线端的标志方式和三相绕组的接线方式都有关。标识接线组别一般采用时钟法——将一次侧线电压向量作为时钟的长针(分针)固定为时钟盘上的12点；二次侧对应的线电压作为时钟的短针(时针)，时针所指向的点数就是此变压器的接线组别。在采用时钟法标识变压器的接线组别时，对应于时钟的点位有12组不同的接线组别。对于三相双绕组变压器相位移为30°的倍数，所以由0,1,2,…,11共12种组别，我国电力工业界一般采用Yyn12，Yd11和YNd11这3种作为变压器的标准连接组。如某电厂主变压器的联结组别号为YNd11；高压厂用变压器的连接组别号为D,d0。

### 2.1.4　变压器油

变压器油是矿物油或合成油。变压器油的主要作用如下：

(1)绝缘作用

变压器油具有很高的绝缘强度。绝缘材料浸在油中，不仅可提高绝缘强度，而且还可免受潮气的侵蚀。

(2)散热作用

变压器油的比热大，适合用做冷却介质。变压器运行时产生的热量使靠近铁芯和绕组的油受热膨胀上升，通过油的上下对流，热量通过散热器散出，保证变压器正常运行。

变压器油要求介质强度高、黏度低、闪燃点高、酸碱度低、杂质与水分极少。定期化验使之符合标准，详见表2.1。变压器油长期在较高温度下运行，使变压器油产生悬浮物，堵塞油道，并使酸度增加损坏绝缘，故受潮或老化的变压器油要经过过滤等处理。

**表2.1　运行中变压器油的质量指标**

| 项　目 | 设备电压等级/kV | 运行值 |
| --- | --- | --- |
| 外状 | | 透明、无杂质或悬浮物 |
| 水溶性酸(pH值) | | ≥4.2 |

续表

| 项　目 | 设备电压等级/kV | 运行值 |
|---|---|---|
| 酸值(mgKOH/g) | | ≤0.1 |
| 闪点(闭口)/℃ | | ≥135 |
| 水分/(mg·L$^{-1}$) | 330～1 000<br>220<br>≤110 及以下 | ≤15<br>≤25<br>≤35 |
| 界面张力(25 ℃)/(mN·m$^{-1}$) | | ≥19 |
| 介质耗损因数(90 ℃) | 500～1 000<br>≤330 | ≤0.020<br>≤0.040 |
| 击穿电压/kV | 750～1 000<br>500<br>330<br>66～220<br>35 及以下 | ≥60<br>≥50<br>≥45<br>≥35<br>≥30 |
| 体积电阻率(90 ℃)/(Ω·m) | 500～1 000<br>≤330 | ≥1×10$^{10}$<br>≥5×10$^{9}$ |
| 油中含气量/%(体积分数) | 750～1 000<br>330 ～ 500<br>(电抗器) | ≤2<br>≤3<br>≤5 |
| 油泥与沉淀物/%(质量分数) | | <0.02 |
| 腐蚀性硫 | | 非腐蚀性 |

常用变压器油 10 号、25 号、45 号变压器油，如最低气温高于 -10 ℃的地区用 10 号变压器油。

### 2.1.5　油箱

用于盛装变压器器身和变压器油的容器，称为变压器油箱。变压器油箱的结构形式一般有吊心式油箱(筒式油箱)和钟罩式油箱两种。

(1)吊心式油箱(筒式油箱)

吊心式油箱由箱壳和箱盖组成，箱沿设在油箱的顶部，箱盖与箱沿用螺栓相连。变压器的器身就放在箱壳内，将箱盖打开就可吊出器身进行检修。中、小型变压器绝大多数都是吊心式油箱，方便在变压器安装或大修拆开检查。

(2)钟罩式油箱

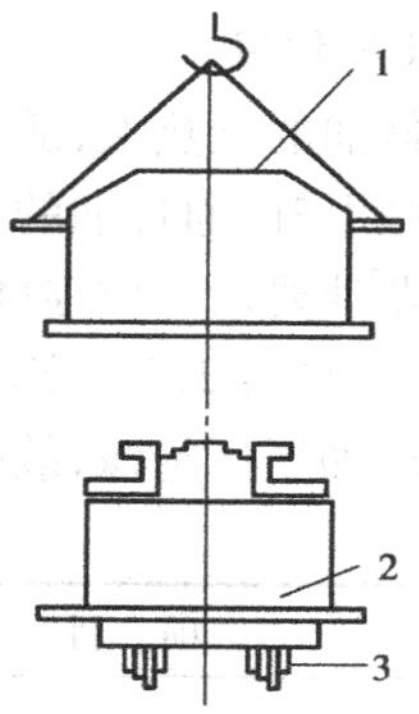

图 2.3　钟罩式油箱
1—钟罩式箱壳(上节油箱)；2—器身；3—下节油箱

大、中型变压器，由于器身庞大和笨重，起吊器身不便，都做成箱壳可吊起的结构。这种油箱的箱沿设在下部，一般采用钟罩式油箱。其结构如图 2.3 所示，一般距箱底250～400 mm,上节油箱做成钟罩形,用螺栓将上、下节油箱连接在一起。这种结构形式给现场检查时吊起上节油箱维修器身带来方便。

### 2.1.6 储油器及附件

(1)储油器

油箱内的变压器油,当温度变化时,其体积会膨胀或收缩,这就引起油面的升高与降低。为了保证油箱内始终充满变压器油,在变压器箱盖上部加装一只圆筒形的储油器(也称油枕)。储油器底部有管道与其下部的主油箱连通。主油箱内是充满变压器油,变压器油一直充到储油器内适当高度,储油器内的油面高度随油箱中油温变化而变动。油面变动的允许幅度,可满足变压器油温变化的需要。储油器的容积约为总容量的10%。它保证变压器在冬季停用和夏季最大允许负荷时所需用油。

储油器内部装设胶囊以隔绝空气,图2.4为胶囊式储油器结构示意图。当储油器内油面随温度变化时,胶囊袋也会随之膨胀与收缩,起到了变压器内外压力平衡的作用。

储油器底部有管道通过气体继电器与其下部的主油箱连通,如图2.4所示。

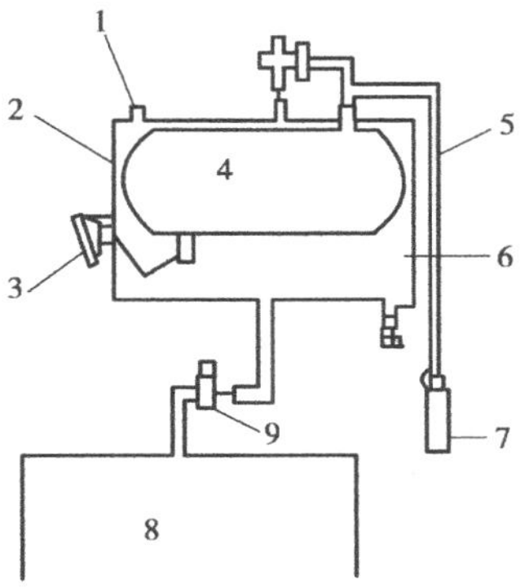


图2.4 胶囊式储油器

1—放气法兰;2—储油器;3—油位计;
4—胶囊;5—换气连接管;6—变压器油;
7—吸湿器;8—变压器;9—气体继电器

(2)油位计

在储油器的一侧装有油位表如图2.4所示,以便观察油位高低。在大容量变压器上安装较多的是磁力式油位计,浮子为其感受元件,其连杆与浮子连接,连杆的另一端与表面的传动机构相连,把油面上、下线移位变化转变成连杆绕固定轴的角度变化,再通过一对磁铁等传动机构使指针转动,间接显示出油位。

(3)吸湿器

变压器储油器中胶囊通过一根管道,再经过一个吸湿器与大气相通。吸湿器又称呼吸器,因气温或油温变化时,变压器油的体积变化使储油器胶囊内部空气通过吸湿器下部的油杯中的油道与外界吸气或吐气。吸湿器是一只盛满能吸收潮气物质的小罐。通常小罐内放入氯化钴浸渍过的硅胶作为吸湿剂,变色硅胶在干燥下呈蓝色,吸收湿气后蓝色渐渐变为粉红色,此时硅胶失去吸湿能力。

### 2.1.7 压力释放阀

油浸式变压器如果内部出现故障或短路,电弧放电就会在瞬间使油气化产生大量气体,导致油箱内压力快速升高。如果不能快速释放该压力,将导致油箱变形甚至破裂,因而必须采取措施防止这种情况发生。压力释放阀是油浸式变压器过压力保护的安全装置,用于释放变压器内部过高压力。

压力释放阀安装在油箱盖上部,一般还接有一段升高管使释放器的高度等于储油器的高度,以消除正常情况下的油压静压差。在变压器正常工作时,压力释放阀保护变压器油与外部空气隔离。当油箱内压力升高到压力释放阀的开启压力时,压力释放阀迅速开启,使油箱内的压力快速降低。当压力降到压力释放阀的关闭压力值时,压力释放阀关闭。

### 2.1.8 套管

变压器套管是将变压器内部高、低压引线引到油箱外部的绝缘套管。绝缘套管主要由中心导电杆和瓷套组成,导电杆在油箱内的一端与绕组连接,另一端与外线路连接。

绝缘套管的结构主要取决于电压等级。电压低时一般采用实心瓷套管。当电压较高时,在瓷套和导电杆间有一道加强绝缘能力的充油层,这种套管称为充油套管。电压为 35 kV 及以上时,普遍采用电容式套管。电容式套管的瓷套内腔中充油外,在中心导电杆上包有电容绝缘体,作为法兰与导电杆之间的主绝缘。电容绝缘体是用油纸加铝箔卷制而成。图 2.5 为高压电容式充油套管。

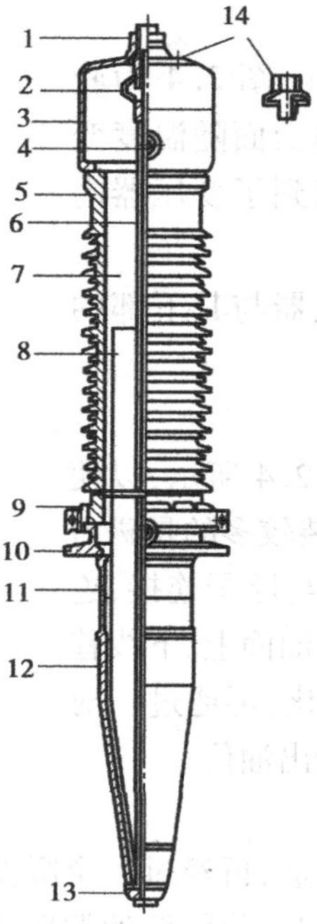


图 2.5 高压电容式充油套管

1—顶端螺帽;2—可伸缩连接段;3—顶部储油室;4—油位计;5—空气侧瓷套;6—导电管; 7—变压器油;8—电容式绝缘体;9—压紧装置;10—安装法兰;11—安装电流互感器位置;12—油侧瓷套;13—底端螺帽;14—密封塞

## 2.2 变压器技术参数

### 2.2.1 技术参数

变压器技术参数包括额定容量、额定电压、额定电流、额定温升、阻抗电压百分数、空载电流、空载损耗、负载损耗。具体如下:

(1) 额定容量 $S_N$

额定容量是变压器的额定视在功率，单位为 kVA 或 MVA。它是在额定工作状态下变压器输出能力的保证值。通常把双绕组变压器的原、副绕组额定容量设计为相等，对于三绕组变压器则以各绕组中容量最大的一个来表示其额定容量。

(2) 额定电压 $U_N$

额定电压又称标称电压，即额定原边电压 $U_{1N}$ 和额定副边电压 $U_{2N}$，是变压器在空载时额定分接头上的电压，在此电压下能保证长期安全可靠运行，单位为 V 或 kV。当变压器空载时，一次侧在额定分接头处加上额定电压 $U_{1N}$，二次侧的端电压即为二次侧额定电压 $U_{2N}$。对于三相变压器，如不作特殊说明，铭牌上额定电压是指线电压，且均以有效值表示。

变压器的额定电压应与所连接的系统电压相符合，变压器产品系列是以高压侧的电压等级而分的。

(3) 额定电流 $I_N$

变压器各侧的额定电流是由相应侧的额定容量除以相应绕组的额定电压及相应的相系数（单相为 1，三相为 $\sqrt{3}$）计算出来的流经绕组的线电流值，单位为 A 或 kA。

对于单相双绕组变压器：

一次侧额定电流　　$I_{1N} = S_N / U_{1N}$；

二次侧额定电流　　$I_{2N} = S_N / U_{2N}$。

对于三相变压器，如不作特殊说明，铭牌上标的额定电流是指线电流，即有：

一次侧额定电流　　$I_{1N} = S_N / \sqrt{3} U_{1N}$；

二次侧额定电流　　$I_{2N} = S_N / \sqrt{3} U_{2N}$。

(4) 额定温升 $\tau_N$

变压器内绕组或上层油的温度与变压器外围空气的温度（环境温度）之差，称为绕组或上层油的温升。在每台变压器的铭牌上都标明了该变压器的温升限值。我国标准规定，变压器环境的最高温度为 40 ℃时，绕组温升的限值为 65 ℃，上层油温升的限值为 55 ℃。

(5) 阻抗电压百分数 $U_d$

阻抗电压也称为短路电压。将变压器二次绕组短路，并于一次绕组两端缓慢增加电压，当二次绕组中电流等于额定电流时，一次绕组的端电压称为阻抗电压。

通常阻抗电压以额定电压百分数表示，即

$$U_d = (U_d / U_N) \times 100\%$$

阻抗电压百分数又称短路电压百分数，它是变压器的一个重要参数。它表明了变压器在满负荷（额定负荷）运行时变压器本身的阻抗压降大小。它对于变压器在二次侧发生突然短路时，将会产生多大的短路电流有决定性的意义；对变压器的并联运行也有重要意义。我国生产的电力变压器，短路电压百分数一般为 4% ~24%。

(6) 空载电流 $I_0$

当变压器二次绕组开路，一次绕组加额定电压时，一次绕组中所流过的电流称为空载电流。空载电流常以一次绕组额定电流的百分数来表示，即

$$I_0 = (I_0 / I_N) \times 100\%$$

空载电流也是变压器的一个重要的技术参数。空载电流与变压器容量和铁芯材料有关，

容量越大的变压器，空载电流的百分数越小。

(7)空载损耗 $P_0$

变压器在额定电压下，二次侧空载时，一次侧测的功率称为空载损耗。空载损耗实为铁损，包括铁芯产生的磁滞损耗和涡流损耗。其大小与变压器铁芯硅钢片的性能及制造工艺有关。而与负荷电流大小无关。空载损耗的数值虽小，但因变压器的数量大且常年接在电路中，所以减少空载损耗的意义十分重大。空载损耗的单位为 W 或 kW。

(8)负荷损耗 $P_C$

负荷损耗又称铜损耗，是变压器负荷电流流过一、二次绕组时，在绕组电阻上消耗的功率。它包括基本铜损耗(决定于绕组的直流电阻值)和附加损耗(由于漏磁沿线匝的截面和长度分布不均匀而在导线中产生的附加铜损耗)两个部分。

### 2.2.2 典型电厂变压器技术数据

某电厂变压器配置情况如下：

①主变压器:480 000 kVA 三相油浸式铜绕组户外电力变压器。

②厂用高压变压器:20 000 kVA 三相油浸铜绕组户外电力变压器。

③厂用备用变压器:20 000 kVA 三相油浸铜绕组户外电力变压器。

上述变压器技术规范见表 2.2。

表 2.2 主变、高压厂用变压器、厂用备用变压器规范

| 名　称 | 主　变 | 高压厂用变压器 | 厂用备用变压器 |
|---|---|---|---|
| 额定容量/kVA | 480 000 | 20 000 | 20 000 |
| 额定电压/kV | (242 ±2) ×2.5%/20 | (20 ±8) ×1.25%/6.3 | (230 ±2) ×2.5%/6.3 |
| 空载电流/% | 0.053 | 0.30 | 0.12 |
| 空载损耗/kW | 178.8 | 18 | 16.8 |
| 负载损耗/kW | 927.8 | 160.4 | 84.9 |
| 短路阻抗/% | 13.8 | 10.5 | 10.5 |
| 接线组别 | YN,d11 | D,d0 | YN,d11 |
| 相　数 | 3 | 3 | 3 |

## 2.3 变压器的冷却系统

### 2.3.1 变压器的冷却方式

变压器运行时其铁耗、铜耗和附加损耗都转变成热量，使铁芯、绕组等部件温度升高。这些部件产生的热量由铁芯、绕组内部传导至其表面，然后传到变压器油，通过油对流换热不断地将热量带到油箱、散热器油管壁，通过散热器表面，以辐射和对流方式将热量散发到周围的空气中。

变压器的冷却方式是由冷却介质和循环方式决定的，同时，油浸变压器还可分为油箱内部冷却和油箱外部冷却两种，因此，油浸变压器的冷却方式是采用4个字母组成代号表示的，具体字母含义见表2.3。

**表2.3　油浸变压器冷却方式的字母含义**

| 第一个字母：与绕组接触的冷却介质 | 表　示 |
|---|---|
| O | 矿物油或可燃性合成油 |
| L | 不燃性合成油 |
| 第二个字母：内部冷却介质的循环方式 | |
| N | 流经冷却设备和绕组内部的油流是自然的热对流循环 |
| F | 冷却设备中的油流是强迫循环，流经绕组内部的油流是热对流循环 |
| D | 冷却设备中的油流是强迫循环，至少在主要绕组内的油流是强迫导向循环 |
| 第三个字母：外部冷却介质 | |
| A | 空气 |
| W | 水 |
| 第四个字母：外部冷却介质的循环方式 | |
| N | 自然对流 |
| F | 强迫循环（风扇、泵等） |

按油浸变压器的冷却方式包括油浸自冷式（ONAN）、油浸风冷式（ONAF）、强迫油循环风冷式（OFAF）、强油导向循环风冷式（ODAF）等几种。

（1）油浸自冷式

油浸自冷式就是以油的自然对流作用将热量带到油箱壁和散热管，然后依靠空气的对流传导将热量散发。如图2.6所示是带有散热管的油浸自冷式变压器的油流路径。变压器运行时，油箱内的油因铁芯和绕组发热而受热，热油上升到变压器顶部后，从散热管的上端入口进入到散热管内，散热管的外表面与外界冷空气相接触，使油得到冷却。冷油在散热管内下降，由管的下端再流入变压器油箱下部，冷油使铁芯和绕组得到冷却的同时，自身的温度又重新升高，变成热油，热油便再次上升至变压器的顶部，重复上述循环，这样就使变压器得到不断的冷却。

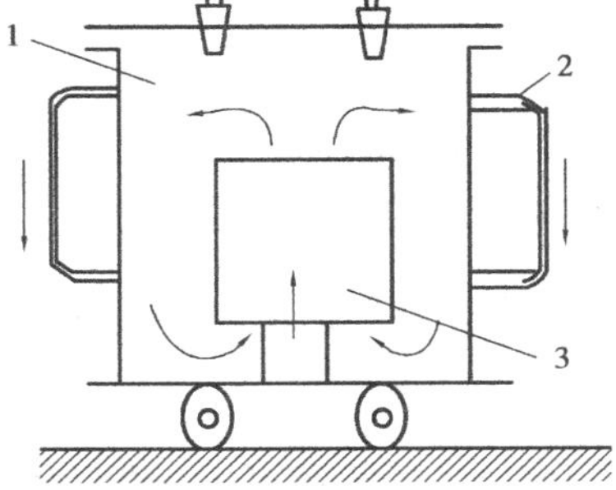

图2.6　油浸式变压器的散热过程
1—油箱；2—散热管；3—铁芯与绕组

较小容量的变压器采用这种冷却方式，结构简单、可靠性高。

(2)油浸风冷式

油浸风冷式也称油自然循环、强制风冷式。它是在变压器油箱的各个散热器旁装上风扇，当散热管内油循环时，依靠风扇的强烈吹风，使管内流动的热油迅速得到冷却，冷却效果比自冷式的效果好得多。它与自冷式系统相比，冷却效果可提高150% ~200%，相当于变压器输出能力提高了20% ~40%。为了提高运行效率，当负荷较小时，可停止风扇而使变压器以自冷方式运行；当负载或油温超过某一规定值，可使风扇自动投入运行。这种冷却方式广泛应用于10 000 kVA以上的中等容量的变压器。

(3)强迫油循环风冷式

强迫油循环风冷式用于大容量变压器。强迫油循环风冷却是在油浸风冷式的基础上，在油箱主壳体与带风扇的散热器(称冷却器)的连接管道上装有潜油泵，利用油泵加快变压器冷却器中的油流速度，提高冷却效果。油冷却器做成容易散热的特殊形状，利用风扇吹风把热量带走。冷却的效果与油的循环速度、冷却器的数量有关。大型变压器中使用的强迫油循环风冷式冷却系统，如图2.7所示。

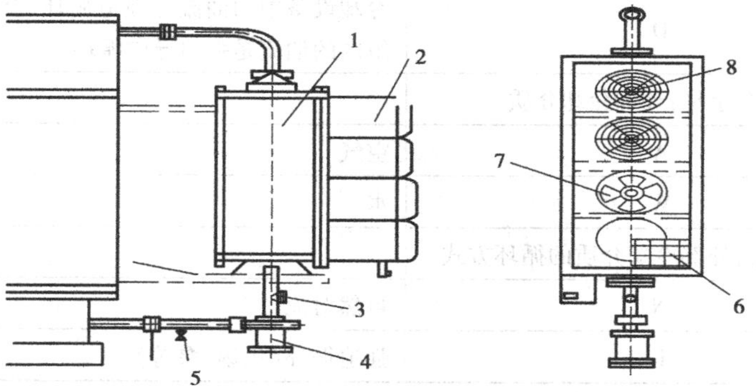

(a)侧面　(b)正面

图2.7　强油循环风冷却的变压器

1—冷却器；2—冷却风扇；3—流量指示器；4—潜油泵；5—排油阀；6—散热片；7—冷却风扇；8—风扇护板

(4)强油导向循环风冷式

强油导向循环风冷式是把油流直接导入绕组中，绕组中的油流主要依靠泵的压力。强油导向循环风冷系统的其他结构基本与强迫油循环风冷式相同。强油导向循环风冷系统对绕组的冷却较好，最热点温度与绕组平均温度之差小，变压器绕组电流密度较高时，采用强油导向循环风冷式的冷却效果更好。

### 2.3.2　变压器冷却器运行方式

下面以某电厂主变冷却器运行方式为例说明。

该厂主变额定容量480 000 kVA采用强油导向循环风冷系统(ODAF)，共设五组冷却器；三组工作，一组辅助，一组备用。在不同环境温度下，投入不同数量的冷却器时，变压器允许满负荷运行时间及持续运行的负载系数见表2.4。

表2.4　变压器允许满负载运行时间及持续运行的负载系数表

| 投入冷却器数 | 对应环境温度下满负荷运行时间/min | | | | 对应环境温度下持续运行的负载系数/% | | | |
|---|---|---|---|---|---|---|---|---|
| | 10 ℃ | 20 ℃ | 30 ℃ | 40 ℃ | 10 ℃ | 20 ℃ | 30 ℃ | 40 ℃ |
| 1 | 170 | 130 | 90 | 50 | 45 | 40 | 35 | 30 |
| 2 | 210 | 170 | 130 | 90 | 75 | 70 | 65 | 60 |
| 3 | 420 | 340 | 260 | 180 | 95 | 90 | 85 | 80 |
| 4 | 连续 | 连续 | 连续 | 连续 | 100 | 100 | 100 | 100 |

当主变冷却器全停时，在额定负荷下，允许运行10 min，如10 min后顶层油温尚未达到75 ℃时，则允许上升到75 ℃，但这种状态下运行的最长时间不得超过60 min。

为了提高冷却器电源的可靠性，主变冷却器控制箱采用两路独立电源供电，两路电源可任意选一路工作或备用。当一路电源故障时，另一路电源能自动投入。

正常运行期间，主变压器各组冷却器的电源自动空气开关应合上，冷却器运行方式切换开关有4个位置，其作用如下：

①工作——三组工作冷却器投入运行。

②辅助——一组辅助，冷却器随变压器负荷电流升至额定值的50%或顶层油温达到50 ℃时，自动投入工作，油温到40 ℃时自动停止工作；绕组温度升至70 ℃时自动投入工作，降至60 ℃时自动退出工作。

③备用——一组备用工作冷却器，工作冷却器运行中故障跳闸时，备用冷却器自动投入。

④停止——冷却器手动退出运行。

## 2.4　变压器的分接开关

当电网电压发生波动时，接于电网的变压器二次侧电压也会相应波动，从而影响用电设备的正常运行。接在变压器二次侧的负荷，由于用电设备负荷的大小或负荷功率因数的不同，也会影响变压器二次电压的变化，给用电设备的正常运行带来影响。因此，需要变压器有一定的调压能力，以适应电网运行及用电设备的需要。

变压器通常采用调压分接头开关，改变绕组匝数实现变压器一、二次侧电压变化。根据电压波动情况或负荷对电压的要求，调整绕组匝数使二次侧电压满足负荷的需要。分接头一般在高压侧绕组上。变压器调压方式可分为无载调压及有载调压两种。有载调压可以在变压器运行中带负荷切换分接头，提高供电可靠性。但是实现这种调压方式的开关结构复杂，运行维护也较为困难。

### 2.4.1　无载调压开关

无载调压的特点是变压器电压的调整在变压器无励磁的状态下进行的，即停电状态下改变分接头。调压开关在切换分接头时均不带负荷电流，调压方法较为简单。图2.8为无载调压开关接线图。

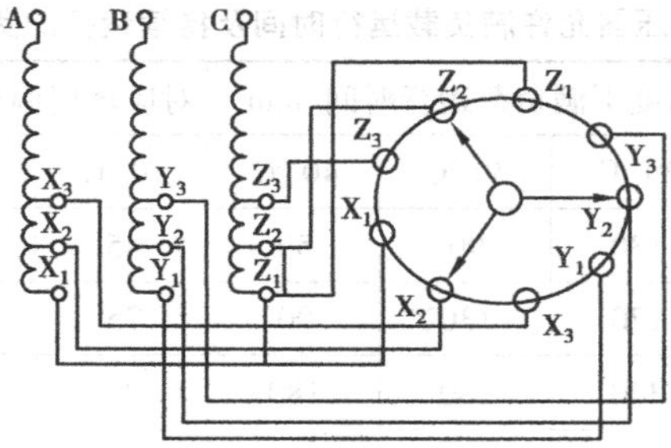


图 2.8　无载调压开关接线图

运行中变压器不要长期过载运行，以防油温过高和开关触头发热，使弹簧压力降低、零件变形或接线螺丝松动等，导致开关接触不良及电弧烧伤。切换无载调压开关必须在断电情况下进行，操作要认真仔细，碰到卡轴情况，不要强行扳扭，以防损坏轴杆及触片，同时要用电桥测量调挡前后的直流电阻，并作好记录，三相电阻应保持平衡，偏差应在答应范围内。还应将换挡后的阻值与换挡前历次记录进行对比分析，以确认开关位置是否正常及接触是否良好。

以某电厂 SFP-480000/220 主变为例，变压器高压绕组的额定电压为(242 ±2) ×2.5%，调压方式为采用无载分接开关调压，分接头位置和参数见表 2.5。

**表 2.5　主变分接位置及参数**

| 高压侧 | | | 低压侧 | |
|---|---|---|---|---|
| 分接头位置 | 电压/kV | 电流/A | 电压/V | 电流/A |
| 1 | 254 100 | 1 090.6 | 20 000 | 13 856.4 |
| 2 | 248 050 | 1 117.2 | | |
| 3 | 242 000 | 1 145.2 | | |
| 4 | 235 950 | 1 174.5 | | |
| 5 | 229 900 | 1 285.4 | | |

### 2.4.2　有载调压分接开关

有载调压开关又称为带负荷调压分接开关，在不切断负荷电流的情况下，由一个分接头切换到另一个分接头，以改变绕组的有效匝数，达到调压的目的。其调压范围可以达到额定电压的 ±15%，甚至更多。

有载调压开关与变压器的连接如图 2.9 所示。

油浸式有载调压开关、独立的气体继电器、储油柜、呼吸气等。调压时开关触头会产生电弧，电弧造成的绝缘油分解会污染变压器油，一般将调压开关油室与主油箱分开。

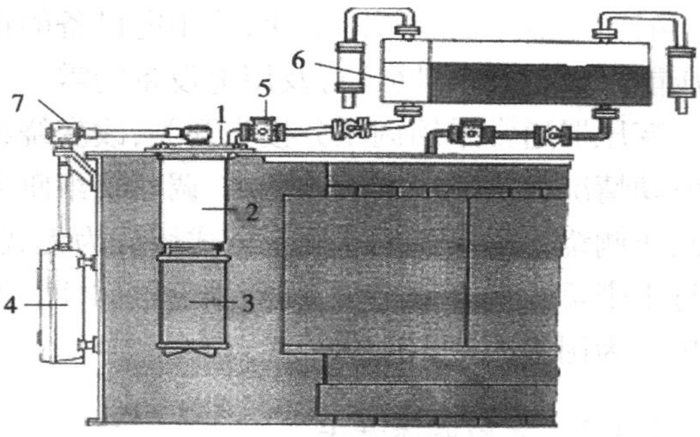


图 2.9　有载调压开关结构示意图

1—有载分接开关顶；2—有载分接开关油室与分接开关；3—分接选择；4—操作机构；5—气体继电器；6—有载分接开关储油器

(1)有载调压开关切换原理

调压电路是变压器绕组调压时形成的电路。过渡电路就是绕组分接段间串接阻抗的电路,所对应的机构是切换开关,其工作原理简图如图2.10所示。

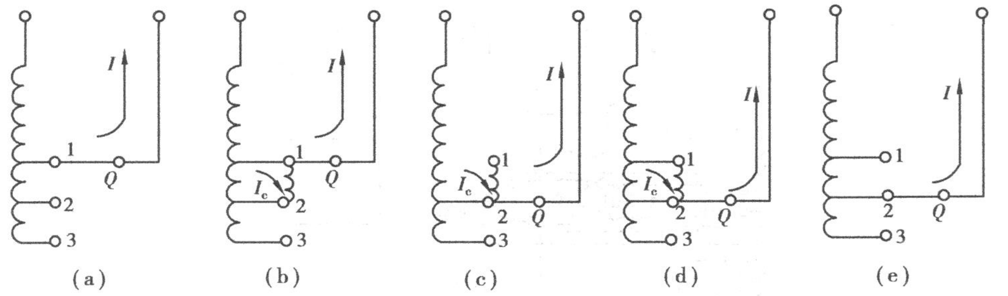


图2.10 有载调压开关的过渡过程

假定变压器有3个分接头1,2,3,负载电流$I$由分接头1输出,如图2.11(a)所示。当需要将分接抽头由1调至2时,对于有载调压,调节电压期间不能停电,则分接头1和2之间必须接入一个过渡电路,通常是应用一个阻抗跨接在分接头1和2之间。如图2.10(b)所示,接入的阻抗中将流过一个循环电流$I_c$,有了过渡阻抗,避免了在分接头1和2之间造成短路起到限流的作用。阻抗的接入,使负荷电流可以继续输出,不会造成停电;在分接头调整至位置2后,如图2.10(d)所示,桥接的过渡阻抗已无用,可以去除,如图2.10(e)所示,至此,切换结束。原来由分接头1输出负荷切至分接头2输出。

(2)直接切换式有载分接开关和组合式有载分接开关

①直接切换式有载分接开关,选择开关的电路结构如图2.11所示。

选择开关类似于无励磁分接开关,只是在开关的动触头上增加了带电阻的过渡触头,以限制分接桥接时的循环电流。这种结构的所有触头,切换时会因分离电弧而使触头接触表面烧坏。因此触头必须用铜钨触头镶嵌制造,这种调压开关不适用于大容量或高电压切换。

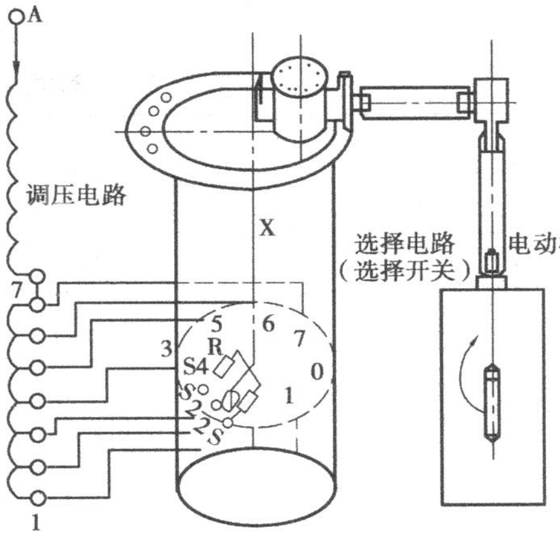


图2.11 直接切换式有载分接开关

②组合式有载分接开关。为解决这个问题通常把切换电流的任务交给另一组触头,即所谓的切换开关,它只由一个分接抽头切换到另一个分接抽头,另外再增加一个单独的部分,即所谓的选择开关,把变压器绕组的所有的抽头引出线分成两组,如图2.12所示,单数抽头为a1(1,3,5,…),双数抽头为a2(2,4,6,…),随着换接的进行,依次把相应的分接抽头连到切换开关的1或2的触头上,因此,选择开关的功能是作切换前的准备工作,将需要切换的分接头预先接通,然后切换开关才能切换到这个分接头上来。即双数组动触头a2工作时,单数组动触头可在不带负荷的情况下选择一个分接,反之在单数组动触头a1工作时,双数组动触头可以在不带负荷的情况下选择一个分接,因而电路中触头无烧蚀。这种切换开关称为组合式有载分接开关。

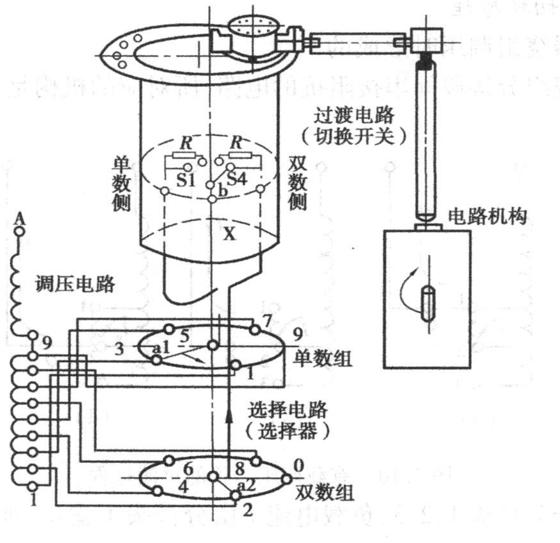


图 2.12　有载分接开关示意图

某电厂高压厂变采用油浸式有载调压开关，作为厂高变有载调压，其技术参数及分接位置电压见表 2.6 和表 2.7。

**表 2.6　有载调压开关技术数据表**

| 有载开关 | | 电动机机构 | |
|---|---|---|---|
| 挡位数 | 17 | 电机电源/V | 380 ~ 420 |
| 受电压/V | 250 | 多位置开关/V | 220 ~ 240 |
| 过渡电阻/Ω | 0.7 | 加热器/V | 208 ~ 240 |

**表 2.7　有载调压开关位置电压、电流对应表**

| 高　压 | | | 低　压 | |
|---|---|---|---|---|
| 开关位置 | 分接电压/V | 分接电流/A | 电压/V | 电流/A |
| 1 | 22 000 | 524.9 | | |
| 2 | 21 750 | 530.9 | | |
| 3 | 21 500 | 537.1 | | |
| 4 | 21 250 | 543.4 | | |
| 5 | 21 000 | 549.9 | | |
| 6 | 20 750 | 556.5 | | |
| 7 | 20 500 | 563.3 | | |
| 8 | 20 250 | 570.2 | | |

续表

| 高压 | | | 低压 | |
|---|---|---|---|---|
| 开关位置 | 分接电压/V | 分接电流/A | 电压/V | 电流/A |
| 9 | 20 000 | 577.4 | | |
| 10 | 19 750 | 584.7 | | |
| 11 | 19 500 | 592.2 | | |
| 12 | 19 250 | 599.8 | | |
| 13 | 19 000 | 607.7 | | |
| 14 | 18 750 | 615.8 | | |
| 15 | 18 500 | 624.2 | | |
| 16 | 18 250 | 632.7 | | |
| 17 | 18 000 | 641.5 | | |

(3)油浸式真空有载调压开关

油浸式有载分接开关油室内的油,既是分接开关的绝缘介质又是切换过程中主开断触头及过渡触头电弧熄灭的介质,这种开关在运行中油的碳化是不可避免的,随着操作次数的增加,油中的碳化物不断增多,为保证油的绝缘强度,减少油中的碳粒,往往需要添加辅助在线滤油装置。

为避免上述情况,有载调压开关可采用油浸式真空有载调压开关,其调压原理与常规油浸式一样,所不同的是这种开关的绝缘油仅仅是开关的绝缘介质,有载调压开关代替电弧触头放入真空泡,调压过程电弧发生在真空泡中。与油浸式有载调压开关相比具有以下特点:

①电流在真空泡内分断产生的电弧在真空泡内熄灭,绝缘油不会碳化。

②在真空中,触头的腐蚀可以降到最低限度,不会发生常见的触头腐蚀。

③不需要在线滤油装置,延长了绝缘油的使用年限。

④维护检修周期长。

## 2.5 变压器保护

### 2.5.1 概述

(1)变压器的故障分类

以故障点的位置,变压器的故障可分为油箱内的故障和油箱外的故障两大类。

1)油箱内的故障

变压器油箱内的故障主要有各侧的相间短路,单相接地短路及部分绕组之间的匝间短路。

2)油箱外的故障

变压器油箱外的故障,是指变压器绕组引出端绝缘套管及引出短线上的故障。主要有绝缘套管及引出线上的多相短路、单相接地短路等。

变压器短路时,将产生较大的短路电流,使变压器严重过热,甚至烧坏变压器绕组或铁芯。特别是变压器油箱内的短路,伴随电弧的短路电流可能引起变压器着火。另外,短路电流产生电动力,可能造成变压器本体变形而损坏。

(2)变压器的不正常运行状态

变压器的不正常运行状态主要有:系统故障或其他原因引起的过负荷或过电流;系统电压的升高或频率的降低引起的过电压及过激磁;不接地运行变压器中性点电位升高;变压器油箱油位异常;变压器温度过高及冷却器全停等情况。

当变压器处于不正常运行状态时,会加速绝缘老化,缩短变压器寿命,严重影响变压器安全经济的运行。

(3)变压器保护配置

1)短路故障的主保护

变压器短路故障的主保护主要有纵差保护、重瓦斯保护、压力释放保护和电流速断保护。另外,根据变压器的容量、电压等级及结构特点,可配置零差保护及分侧差动保护。

2)短路故障的后备保护

目前,变压器上采用较多的短路故障后备保护主要有复合电压闭锁过流保护(简称复压闭锁过流保护)、零序过电流或零序方向过电流保护、负序过电流或负序方向过电流保护、复合电压闭锁功率方向保护、低阻抗保护等。

3)不正常运行保护

变压器不正常运行保护主要有过负荷保护、过激磁保护、变压器中性点间隙保护、轻瓦斯保护、温度保护、油位保护及冷却器全停保护等。

### 2.5.2 典型F级燃气轮机电厂主变、高厂变保护配置

该电厂变压器技术参数见本章2.2节。在保护配置方面,主变、高厂变保护(型号:RCS-978HD)采用数字式微机保护,除了非电量保护外其他保护均按双重化原则分盘配置,分为保护A柜、保护B柜和保护C柜。保护A柜:第一套主变和高厂变保护;保护B柜:第二套主变和高厂变保护;保护C柜:非电量保护(型号:RCS-974AG)和220 kV断路器操作箱。

(1)主变保护配置

主变保护(不含非电量保护)详细配置见表2.8。

**表2.8 主变保护配置**

| 保护类型 | 保护名称 | 出口方式 | 备　注 |
|---|---|---|---|
| 主保护 | 纵联差动保护 | 跳母联,全停 | 带浮动门槛二次、三次谐波制动 |
| | 差动速断保护 | 跳母联,全停 | |
| | 工频变化量差动保护 | 跳母联,全停 | |

续表

| 保护类型 | 保护名称 | 出口方式 | 备　注 |
|---|---|---|---|
| 高压侧后备保护 | 过激磁保护 | Ⅰ段跳母联，Ⅱ段全停 | 采用反时限 |
| | 复压闭锁过流保护 | Ⅰ段1时限跳母联，Ⅰ段2时限和Ⅱ段跳母联，全停 | |
| | 不经复压闭锁的过流保护 | 全停、启动快切 | |
| | 阻抗保护 | 高压侧Ⅰ段1时限跳母联，Ⅰ段2时限跳母联，全停 | 低压侧退出 |
| | 零序过流保护 | Ⅰ段1时限跳母联，Ⅰ段2时限全停；Ⅱ段2时限全停 | |
| | 间隙零序过压保护 | 跳母联，全停 | |
| | 零序电压保护 | 报警 | |
| | 非全相保护 | 1时限全停，2时限经主变保护闭锁，解失灵复压闭锁及启动母差失灵 | |
| | 过负荷保护 | 报警 | |
| 低压发电机侧后备保护 | 复压闭锁过流保护 | 跳母联，全停 | |
| | 不经复压闭锁的过流保护 | 全停、启动快切 | |
| | 过负荷保护 | 报警 | |
| | 零序电压保护 | 报警 | |
| 低压高厂变侧后备保护 | 复压闭锁过流保护 | 跳母联，全停 | |
| | 过负荷保护 | 报警 | |
| | 零序电压保护 | 报警 | |

(2)高厂变保护配置

高厂变保护(不含非电量保护)详细配置见表2.9。

表2.9 高厂变保护配置

| 保护类型 | 保护名称 | 出口方式 | 备 注 |
| --- | --- | --- | --- |
| 主保护 | 纵联差动保护 | 跳母联,全停 | 带浮动门槛二次、三次谐波制动 |
| | 差动速断保护 | 跳母联,全停 | |
| | 工频变化量差动保护 | 跳母联,全停 | |
| 高压侧后备保护 | 复压闭锁过流保护 | Ⅰ段跳母联,Ⅱ段跳母联、全停 | |
| | 不经复压闭锁的过流保护 | 全停、启动快切 | |
| | 过负荷保护 | 报警 | |
| 低压侧后备保护 | 复压闭锁过流保护 | Ⅰ段跳母联,Ⅱ段跳母联、全停 | |
| | 过负荷保护 | 报警 | |
| | 不经复压闭锁的过流保护 | 全停、启动快切 | |
| | 零序电压保护 | 报警 | |

(3)非电量保护配置

主变和高厂变非电量保护详细配置见表2.10。

表2.10 主变与高厂变非电量保护

| 保护类型 | 保护名称 | 出口方式 | 备 注 |
| --- | --- | --- | --- |
| 非电量保护 | 主变温度保护 | 报警 | |
| | 主变重瓦斯保护 | 全停 | |
| | 主变轻瓦斯保护 | 报警 | |
| | 高厂变重瓦斯保护 | 全停 | |
| | 高厂变轻瓦斯保护 | 报警 | |
| | 高厂变压力释放保护 | 报警 | |
| 其他电量保护 | 失灵保护 | | 开出至母联保护 |

### 2.5.3 几种变压器保护举例

(1)变压器纵差保护

1)变压器纵差保护的特点

变压器纵差保护与发电机纵差保护的原理相同,同样基于基尔霍夫第一定律,即:$\sum I = 0$,

变压器各侧电流的相量和为零。但是,实现发电机纵差保护比较容易。这是因为发电机在正常工况下或外部故障时其流进电流等于流出电流,能满足 $\sum I=0$ 的条件。而变压器不同,变压器在正常运行、外部故障、变压器空投及外部故障切除后的暂态过程中,其流入电流与流出电流相差较大。因此,要实现变压器的纵差保护,需要解决以下几个技术难点。

①变压器各侧电流的大小及相位不同。由于变压器变比及接线组别不同,导致高低压侧电压电流的大小和相位都有不同。在保护装置定值中设置变压器接线组别,从而能够自动计算出各侧电压电流的大小和相位。微机式变压器保护装置,是利用软件的方法对变比与相移进行补偿。

②稳态不平衡电流大。由于变压器存在激磁电流,在运行时会产生不平衡电流,一般达到额定电流的3% ~8%;变压器带负荷调压,例如,高厂变的有载调压开关,在运行中改变变压器分接头,将使两侧电流的差值发生变化,从而增大不平衡电流,一般达到额定电流的5%;变压器高低压侧由于采用的 TA 变比误差,同样会在差动保护中产生不平衡电流,一般可达到额定电流的5% ~10%。在保护装置中一般采用增加平衡系数的方法进行处理。

③暂态不平衡电流大。暂态不平衡电流大主要原因有:空投变压器会产生励磁涌流;两侧差动 TA 型号、变比及二次负载不同;运行中,由于电压的升高或频率的降低,使得变压器过激磁。

针对空投变压器产生励磁涌流可能导致差动误动,RCS-978HD 设置了二次谐波闭锁功能(因为励磁涌流含有大量二次谐波),另外,还新增了谐波闭锁浮动门槛功能。因为励磁涌流大小与变压器空投时的合闸角、电源电压以及剩磁有极大关系,如果统一按照国家规范15%的门槛,则对于大容量变压器,差动保护仍然可能误动,因此,在升级版的程序中,新增了浮动门槛功能。

对于中性点接地的大型变压器高压侧发生接地故障时,变压器流过零序电流,由于低压侧为小电流系统,零序电流不流出变压器,零序电流为一很大的不平衡电流。对于 YN,d 接线的变压器,可将差动 TA 接成 D,y 接线,这样进入差动元件的电流为相电流差,不会出现零序电流;对于 YN,y 接线的变压器,可采用“转角”法,即在计算各差动元件的差流时分别采用高压侧及低压侧两相电流之差来计算。

2)稳态比率差动保护

RCS-978 采用了如图2.13 所示的稳态比率差动动作特性。稳态比率差动保护按相判别,满足条件时动作(阴影区为动作区)。其中,$I_{cdqd}$ 为保护启动值,只有差流大于保护启动值,保护才可能动作。图中单重阴影区为低值区,此区域为“有 TA 饱和判别区”,即 TA 饱和判别元件开放,当检测到 TA 饱和时,将闭锁差动保护,它可以保证灵敏度,同时由于 TA 饱和判据的引入,区外故障引起的 TA 饱和不会造成误动。图2.13 中双重阴影区为高值区,此区域为“无 TA 饱和判别区”,即 TA 饱和判别元件不开放。高值比率差动保护只经过 TA 断线判别(可选择),励磁涌流判别即可出口。利用其比率制动特性抗区外故障时 TA 的暂态和稳态饱和,而在区内故障 TA 饱和时能可靠正确动作。

①励磁涌流判别原理。RCS-978 系列变压器成套保护装置采用三相差动电流中二次谐波、三次谐波的含量来识别励磁涌流,当某相差动电流中的二次谐波和三次谐波大于基波的整定比例时,该相被判别为励磁涌流,只闭锁该相比率差动元件。故障时,差流基本上是工频正

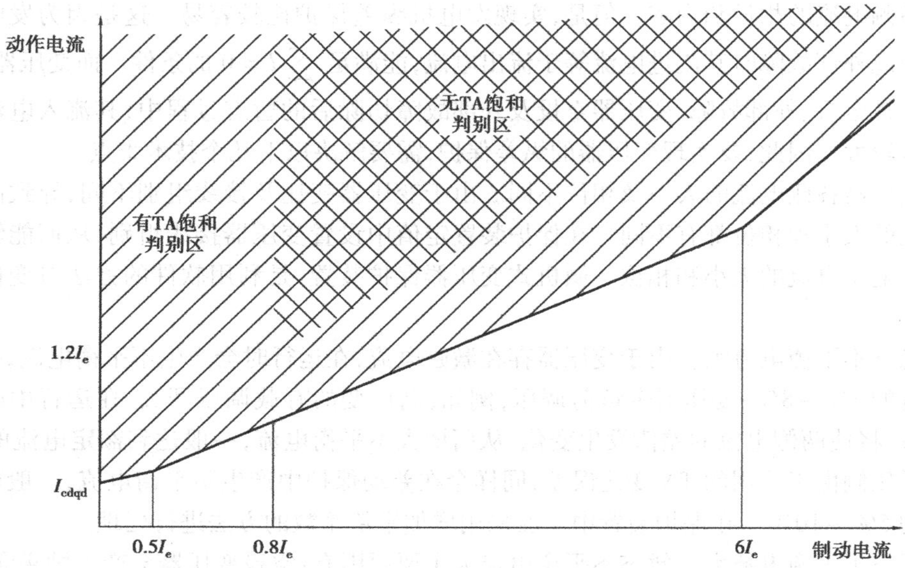


图 2.13　稳态比率差动动作特性

弦波。而励磁涌流时，有大量的谐波分量存在，波形发生畸变、间断、不对称。利用算法识别出这种畸变，即可识别出励磁涌流。装置设有“涌流闭锁方式控制字”供用户选择差动保护涌流闭锁原理。当“涌流闭锁方式控制字”为“0”时，装置利用谐波原理识别涌流；当“涌流闭锁方式控制字”为“1”时，装置利用波形判别原理识别涌流。

②TA 饱和识别方法。为了防止在变压器区外故障等状态下 TA 的暂态与稳态饱和所引起的稳态比率差动保护误动作，装置利用二次电流中的二次和三次谐波含量来判别 TA 是否饱和，此判据在变压器处于运行状态下才投入。

③过激磁的判别。由于在变压器过激磁时，变压器励磁电流将激增，可能引起差动保护误动作。因此应该判断出这种情况，闭锁差动保护。装置中采用差电流中五次谐波的含量作为过激磁的判断。当过激磁倍数大于 1.4 倍时，不再闭锁差动保护。过激磁闭锁差动功能可整定选择。

3）差动速断保护

当变压器内部发生严重故障时，差动电流可能大于最大励磁涌流，这时为了缩短保护的动作时间，便不需再进行是否是励磁涌流的判别，而改由差流元件直接动作于出口。差动电流速断作为辅助保护，以加快保护在内部严重故障时的动作速度。差动速断保护是反映差动电流的瞬时速动的过电流保护。差动速断的整定值按躲过最大不平衡电流和励磁涌流来整定。由于微机保护的动作速度快，励磁涌流开始衰减得很快，因此微机保护的差动速断整定值就应较电磁式保护取值大，整定值可取正常运行时负荷电流的 5 ~ 6 倍。当任一相差动电流大于差动速断整定值时瞬时动作跳开变压器各侧断路器。

4）差动速断保护及稳态比率差动保护的动作逻辑

差动速断保护及稳态比率差动保护的动作逻辑如图 2.14 所示。

5）工频变化量比率差动保护

对于工频变化量比率差动保护的原理，这里只作简单介绍。根据叠加原理，当电力系统发

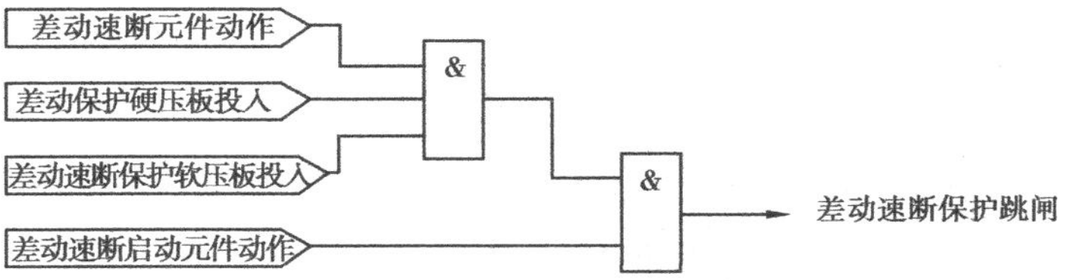


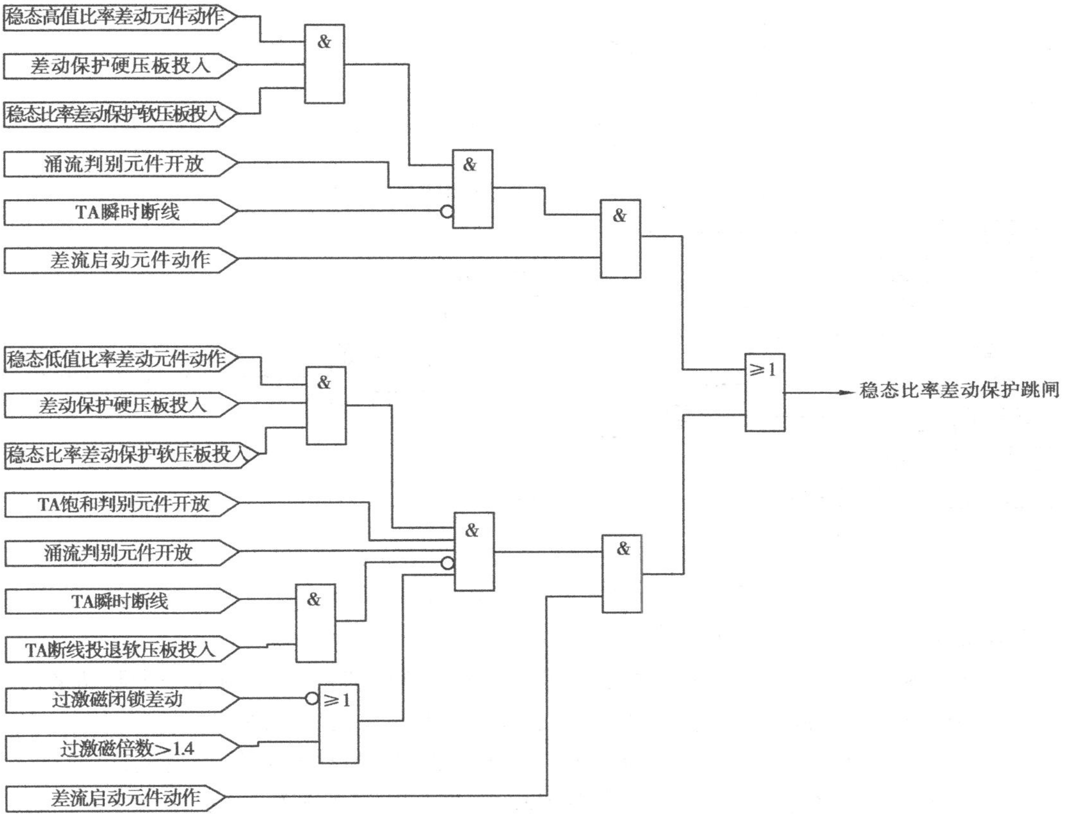


图 2.14　稳态比率差动保护的动作逻辑图

生短路故障时,电流电压可以分解为两部分:第一部分为故障前负荷状态的电流电压值;第二部分为电源等值电势为零,而在故障点施加一个与故障前带电压数值相等而方向相反的电势,计算故障状态下的电流电压值。工频变化量指的是第二部分的电气分量,反映工频变化量的阻抗元件允许过渡电阻能力大,并能有效防止经过过渡电阻短路时对侧电源助增而引起的超越,区内、区外、正向、反向区域明确,动作快,不反映系统振荡。

工频变化量比率差动保护的制动电流取最大相制动,其动作特性如图 2.15 所示。装置中依次按相判别,当满足条件时,工频变化量比率差动动作。工频变化量比率差动保护经过涌流判别元件、过激磁闭锁元件闭锁后出口。由于工频变化量比率差动的制动系数可取较高的数值,其本身的特性抗区外故障时 TA 的暂态和稳态饱和能力较强。工频变化量比率差动元件提高了装置在变压器正常运行时内部发生轻微匝间故障的灵敏度。工频变化量比率差动保护定值不需设定,为系统自带,其逻辑框如图 2.16 所示。

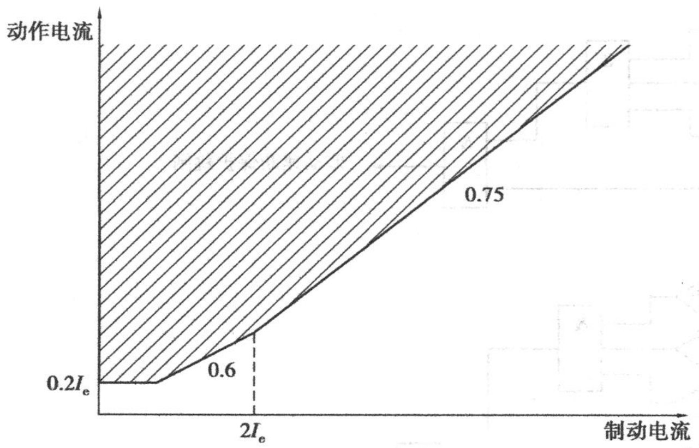


图 2.15 工频变化量比率差动保护的动作特性

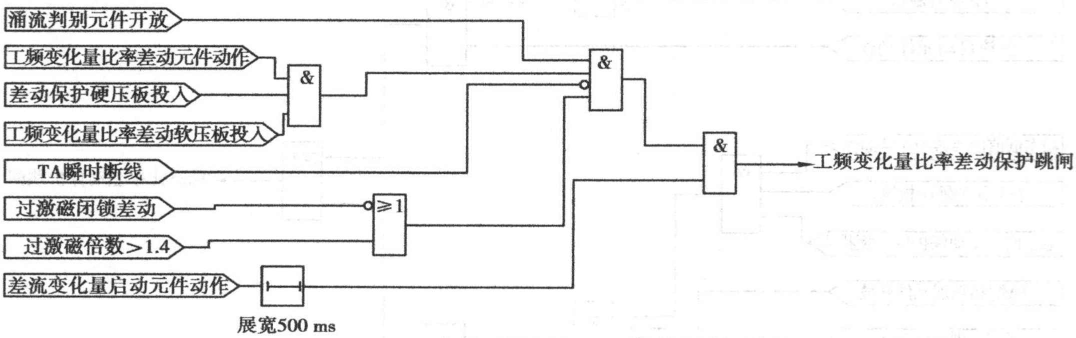


图 2.16 工频变化量比率差动保护的动作逻辑

工频变化量比率差动保护的特点：

①负荷电流对它没有影响。对于稳态量的比率差动继电器，负荷电流是一个制动量，会影响内部短路的灵敏度。随着内部故障严重程度的增大，其灵敏度会下降。

②受过渡电阻影响小。由于上述原因工频变化量比率差动继电器比较灵敏，可以提高小匝数匝间短路时的灵敏度。由于制动系数取得较高，在发生区外各种故障、功率倒方向、区外故障中出现 TA 饱和与 TA 暂态特性不一致等状态下也不会误动作。使得保护的安全性与灵敏度同时得到了兼顾。

(2)变压器后备保护

1)复压闭锁过流保护

电力系统出现故障时常伴随的现象是电流的增大和电压的降低，过流保护就是通过系统故障时电流的急剧增大来实现的。但是由于大型设备、机械的启动也会造成电流的瞬间增大，有可能造成开关的误动。为了防止其误动，在保护中增加了低电压元件，将 TV 二次电压引入保护装置中，构成低电压闭锁，只有在“电流的增大和电压的降低”这两个条件同时满足时才出口跳闸。在将低电压过流保护用于变压器的后备保护时，再增加一个负序电压元件，作为闭锁条件，这样就构成了复压闭锁过流保护。

复压闭锁过流保护的动作原理是当正序电压低于低电压定值或负序电压高于负序电压定值且电流大于过流定值时，复压闭锁过流保护动作出口。通过整定控制字可选择各段过流是否经过复压闭锁,是否经过方向闭锁,是否投入,跳哪几侧断路器。以 RCS-978HD 为例,图 2.17 为复压闭锁方向过流保护逻辑框图。

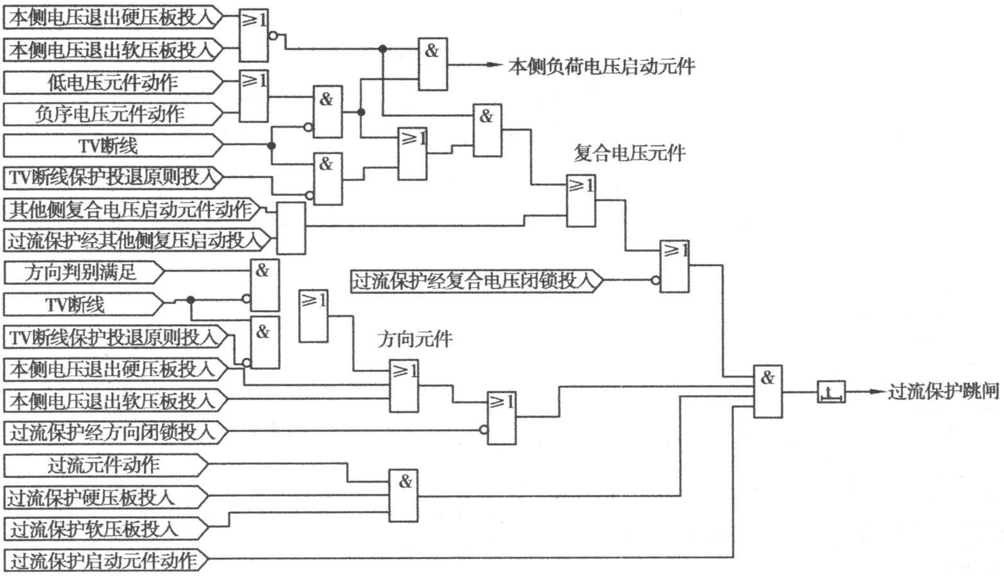


图 2.17 复合电压闭锁方向过流保护逻辑框图

①方向元件。方向元件采用正序电压,并带有记忆,近处三相短路时方向元件无死区。接线方式为零度接线方式。接入装置的 TA 正极性端应在母线侧。装置后备保护分别设有控制字“过流方向指向”来控制过流保护各段的方向指向。当“过流方向指向”控制字为“1”时,表示方向指向变压器,灵敏角为 45°;当“过流方向指向”控制字为“0”时,方向指向系统,灵敏角为 225°。装置“过流经方向闭锁”控制字为“1”时,表示本段过流保护经过方向闭锁。

②复合电压元件。复合电压是指相间电压低或负序电压高。对于变压器某侧复合电压元件可通过整定控制字选择是否引入其他侧的电压作为闭锁电压,例如,对于Ⅰ侧后备保护,装置分别设有控制字,如“过流保护经Ⅱ侧复压闭锁”等来控制过流保护是否经其Ⅱ侧复合电压闭锁;各段过流保护均有“过流经复压闭锁”控制字,当“过流经复压闭锁”控制字为“1”时,表示本段过流保护经复合电压闭锁。

③TV 异常对复合电压元件、方向元件的影响。装置设有整定控制字“TV 断线保护投退原则”来控制 TV 断线时方向元件和复合电压元件的动作行为。若“TV 断线保护投退原则”控制字为“1”,当判断出本侧 TV 异常时,方向元件和本侧复合电压元件不满足条件,但本侧过流保护可经其他侧复合电压闭锁;若“TV 断线保护投退原则”控制字为“0”,当判断出本侧 TV 异常时,方向元件和复合电压元件都满足条件,这样复合电压闭锁方向过流保护就变为纯过流保护;无论“TV 断线保护投退原则”控制字为“0”或“1”,都不会使本侧复合电压元件启动其他侧复压过流。

④本侧电压退出对复合电压元件、方向元件的影响。当本侧 TV 检修或旁路未切换 TV 时,为保证本侧复合电压闭锁方向过流的正确动作,需投入“本侧电压退出”压板或整定控制字。

2)零序过流保护

大电流接地系统中,中性点接地运行的变压器需装设零序过流保护,作为变压器后备保护及相邻元件接地短路的后备保护。

零序过流Ⅰ段和Ⅱ段可采用自产零序电流或外接零序电流两种方式。通过"零序过流用自产零序电流"控制字来实现。通过"零序过流经零序电压闭锁"控制字可设置是否经过零序电压闭锁,其中所用零序电压固定为自产零序电压。可设置是否通过 TV 断线保护闭锁,也同样可设置是否本侧电压退出,原理和方法与复压闭锁过流一样。零序过流还可设置是否经谐波制动闭锁,其中零序谐波闭锁所用电流固定为外接零序电流。图 2.18 为零序过流保护逻辑框图。

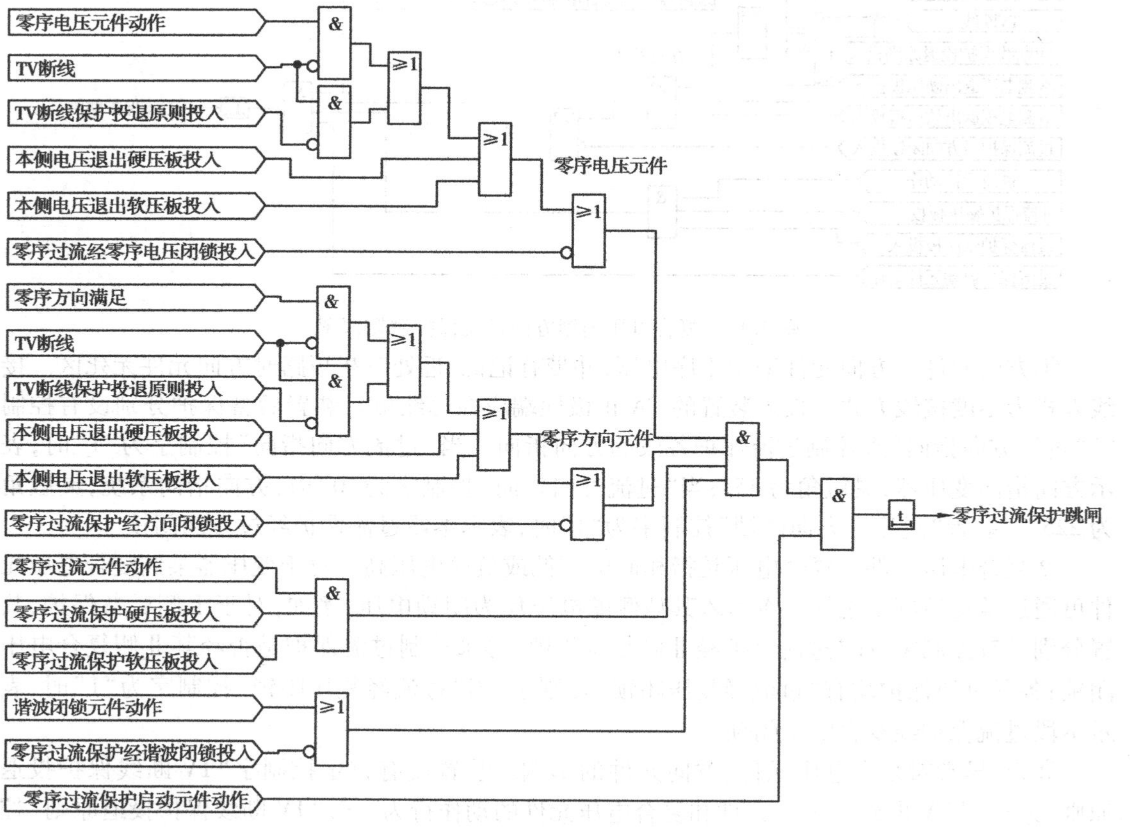


图 2.18　零序过流保护逻辑框图

3)间隙零序过流过压保护

间隙保护的作用是保护中性点不接地变压器的中性点绝缘安全。当变压器不接地运行时,在变压器中性点对地之间安装一个放电间隙。可能由于故障或不正常运行使变压器中性点对地电位升高,导致间隙击穿,从而产生间隙电流。另外,当系统发生接地故障造成全系统的变压器失去接地点而接地故障仍然存在时,高压母线 TV 的开口三角绕组两端将产生很大的 $3U_0$ 电压。变压器间隙保护是用流过变压器中性点的间隙电流及高压 TV 开口三角电压作为判据来实现的。

RCS-978HD 设有一段两时限间隙零序过流保护和一段两时限零序过压保护来作为变压

器中性点经间隙接地运行时的接地故障后备保护。间隙零序过流保护、零序过压保护动作并展宽一定时间后计时。

4)TV,TA异常

RCS-978HD TV异常判据如下:

①正序电压小于30 V,且任一相电流大于$0.04I_n$或断路器在合位状态。

②负序电压大于8 V。

满足上述任一条件,同时保护启动元件未启动,延时10 s报该侧母线TV异常,并发出报警信号,在电压恢复正常后延时10 s恢复。在异常期间,根据“整定控制字”选择是退出方向或电压闭锁的各段过流保护还是暂时取消方向和电压闭锁。当某侧电压退出时,该侧TV异常判别功能自动解除。

RCS-978HD TA异常判据为:当负序电流(零序电流)大于$0.06I_n$后延时10 s报该侧TA异常,同时发出报警信号,在电流恢复正常后延时10 s恢复。

(3)变压器非电量保护

1)瓦斯保护

瓦斯保护是变压器油箱内绕组短路故障及异常的主要保护。其工作原理是:变压器内部故障时,在故障点短路电流产生电弧,造成油箱内局部过热并使变压器油分解、产生气体(瓦斯),冲动气体继电器,瓦斯保护动作。根据故障严重程度瓦斯保护可分为轻瓦斯和重瓦斯保护。

①轻瓦斯保护。当变压器内部发生轻微故障或异常时,故障点局部过热,引起部分油膨胀,油内的气体被逐出形成气泡,进入气体继电器内,使油面下降,开口杯转动,使干簧触点闭合,轻瓦斯保护动作于报警信号,不跳闸出口。

②重瓦斯保护。当变压器油箱内发生严重故障时,较大的故障电流及电弧使变压器油大量分解,产生大量气体,使变压器喷油,油流冲击挡板,带动磁铁并使干簧触点闭合,重瓦斯保护作用于切除变压器。

分析及运行实践表明:当变压器发生匝间短路故障时,如果短路匝数小于全绕组的3%时,变压器纵差保护可能不会动作,要依靠重瓦斯保护切除故障。

2)压力保护

压力保护也是变压器油箱内部故障的主保护。其作用与重瓦斯保护基本相同,但它反映的是变压器油的压力。当变压器内部故障时,温度升高,油膨胀,压力增高,压力继电器动作,切除变压器。

3)温度及油位保护

当变压器温度升高时,温度保护动作发出告警信号。某F级燃气轮机电厂变压器温度保护定值见表2.11。

**表2.11 某F级燃气轮机电厂变压器温度保护定值**

| 设备 | 油顶层温度报警/℃ | 油顶层温度跳闸/℃ | 油温启风扇/℃ | 油温停风扇/℃ | 绕组温度报警/℃ | 绕组温度跳闸/℃ | 绕组温度起风扇/℃ | 绕组温度停风扇/℃ |
|---|---|---|---|---|---|---|---|---|
| 主变 | 75 | 85 | 50 | 40 | 100 | 110 | 70 | 60 |
| 高厂变 | 80 | 90 | 无 | 无 | 85 | 95 | 无 | 无 |

油位保护是反映油箱内油位异常的保护。运行时,因变压器漏油或其他原因使油位降低时动作,发出告警信号。

4)冷却器全停保护

为提高传输能力,对于大型变压器均配置有各种冷却系统。在运行中,若冷却系统全停,变压器的温度将急剧升高。若不及时处理,可能导致变压器绕组绝缘损坏。冷却器全停保护是在变压器运行中冷却器全停时动作。其动作后应立即发出告警信号,并经过长延时切除变压器。

## 2.6 变压器的运行与维护

### 2.6.1 变压器的过负荷能力

变压器的过负荷能力是指为满足特殊运行需要而在一定时间内允许变压器的负荷超过其额定容量的能力。

电厂主变一般与发电机组成发变组单元接线,在设计时,变压器容量一般按发电机额定容量扣除厂用电后留10%的裕度。同样,高厂变及厂备变在设计时,按最大负载进行选型,同时主变负荷受限于燃机出力,而电网故障(低频、过电流)等情况下,发电机继电保护会动作,故主变及厂变出现过负荷情况较少。过负荷作为变压器的一项性能指标,在这里作简要介绍。变压器过负荷能力见表2.12和表2.13。

**表2.12 自然冷却或强迫风冷却的油浸式变压器过负荷能力**

| 过负荷倍数 | 过负荷前上层油的温升为下列数值时允许过负荷持续时间 | | | | | |
|---|---|---|---|---|---|---|
| | 18 ℃ | 24 ℃ | 30 ℃ | 36 ℃ | 42 ℃ | 48 ℃ |
| 1.00 | 连续运行(h:min) | | | | | |
| 1.05 | 5:50 | 5:25 | 4:50 | 4:00 | 3:00 | 1:30 |
| 1.10 | 3:50 | 3:50 | 2:50 | 2:00 | 1:25 | 0:10 |
| 1.15 | 2:50 | 2:50 | 1:50 | 1:20 | 0:35 | |
| 1.20 | 2:05 | 1:40 | 1:15 | 0:45 | | |
| 1.25 | 1:35 | 1:15 | 0:50 | 0:25 | | |
| 1.30 | 1:10 | 0:50 | 0:30 | | | |
| 1.35 | 0:55 | 0:35 | 0:15 | | | |
| 1.40 | 0:40 | 0:25 | | | | |
| 1.45 | 0:25 | 0:10 | | | | |
| 1.50 | 0:15 | | | | | |

表2.13 油浸强迫油循环冷却变压器过负荷允许运行时间(h:min)

| 过负荷倍数 | 环境温度/℃ | | | | |
|---|---|---|---|---|---|
| | 0 | 10 | 20 | 30 | 40 |
| 1.1 | 24:00 | 24:00 | 24:00 | 14:30 | 5:10 |
| 1.2 | 24:00 | 21:10 | 8:00 | 3:30 | 1:35 |
| 1.3 | 11:00 | 5:10 | 2:45 | 1:30 | 0:45 |
| 1.4 | 3:40 | 2:10 | 1:20 | 0:40 | 0:15 |
| 1.5 | 1:50 | 1:10 | 0:40 | 0:16 | 0:07 |
| 1.6 | 1:00 | 0:35 | 0:16 | 0:08 | 0:05 |
| 1.7 | 0:30 | 0:15 | 0:09 | 0:05 | — |

### 2.6.2 变压器允许温升

变压器允许的温升决定于绝缘材料和变压器油。油浸电力变压器的绕组属A级绝缘,A级绝缘材料的耐热温度为105 ℃。由于绕组的平均温度比油温高10 ℃,上层油温的允许值应遵循厂家规定,但是最高不超过95 ℃。同时为了防止油质劣化,变压器上层油温不宜经常超过85 ℃。若变压器的温度长期超过允许值,变压器的绝缘容易受到破坏,当绝缘老化到一定程度时,在运行振动和电动力的作用下,绝缘容易破坏,且容易发生电气击穿而造成故障。因此变压器必须在允许的温度范围内运行,以保证其使用寿命。

表2.14给出了各种类型变压器各部分允许温升限值。

表2.14 变压器各部分的允许温升(环境温度为40 ℃)

| 冷却方式<br>温 升 | 自然油循环 | 强迫油循环风冷 | 导向强迫油循环风冷 |
|---|---|---|---|
| 绕组对空气的平均温升 | 65 | 65 | 70 |
| 绕组对油的平均温升 | 21 | 30 | 30 |
| 顶层油对空气的温升 | 55 | 40 | 45 |
| 油对空气的平均温升 | 44 | 35 | 40 |

### 2.6.3 变压器电压波动的允许范围

变压器在正常运行中,由于系统运行方式的改变,一次绕组的电压也随之变化,若变压器电压低于额定值,会使电能质量降低,影响用户的正常供电。若变压器电压高于额定值,其铁芯磁化过饱和,造成变压器的损耗增大,引起变压器的温度升高。铁芯温度过高会使铁芯绝缘老化,也会使变压器油加速劣化。

根据上述情况,国家有关标准规定变压器一次侧绕组所加电压一般不超过所接分接头额定值的±5%,并要求二次侧电流不大于额定电流。

### 2.6.4 变压器的励磁涌流

变压器空载投入和外部故障切除后,电压恢复时,变压器的铁芯严重饱和会出现数值很大的励磁电流,即励磁涌流。

由于变压器内部的绕组和铁芯是储存磁场能量的元件,因此,变压器在空载合闸的瞬间,电流从零开始到建立起正常空载电流,即变压器磁能从零开始到具有正常的磁能,使能量发生了变化。由于电路的能量不能突变,因此就需要经历一个过渡过程,然后才能到稳定空载运行状态。空载合闸过程主要表现为变压器磁通变化的过渡过程,在过渡中的电流就称为励磁涌流。

变压器空载合闸时的励磁涌流与合闸时的电压相角及变压器内部铁芯的剩磁有关。在稳态工作情况下,变压器铁芯中的磁通滞后于外加电压90°。如果空载合闸时,正好在电压瞬时值 $U=0$ 时接通电路,则铁芯中应具有磁通 $-\Phi_m$,但是由于铁芯中磁通不能突变,因此,将出现一个非周期分量的磁通,其幅值为 $+\Phi_m$。在经过半个周波以后,铁芯中的磁通就达到 $2\Phi_m+\Phi_s$。此时变压器的铁芯严重饱和,励磁涌流将急剧增大,可达正常空载电流的50~80倍,达额定电流的5~8倍。在三相变压器中,由于三相电压相位彼此互差120°,因此合闸时总有一相电压的初相角接近于零,所以总有一相的合闸电流较大。

由于绕组电阻的存在,励磁涌流将逐渐衰减,一般是小容量的变压器衰减快。对于一般的中小型变压器,励磁涌流经过0.5~1 s后其值不超过额定电流的0.25~0.5倍;大型电力变压器励磁涌流的衰减速度较慢,衰减到上述值时需2~3 s。也就是说,变压器容量越大衰减越慢,完全衰减须经过几十秒的时间。

变压器励磁涌流可能引发电网电压骤降、谐波污染、操作过电压、保护误动等,影响电力系统的安全运行。

近年来出现了抑制励磁涌流的方法,通过精确控制施加电源时的合闸相位角,可以有效地抑制甚至消除励磁涌流。

1)励磁涌流抑制原理

励磁涌流的成因是在空投变压器时因磁链守恒定律引发的偏磁使磁路饱和所致。在空投变压器时作用在变压器磁路中的磁通有3个:

①变压器前次断电时留下的剩磁。

②变压器绕组为保持空投变压器时磁链不变所产生的偏磁。

③交变电源电压产生的稳态交变磁通。

理论证明变压器磁路极性和数值与断开电源时的分闸相位角有关,偏磁的极性和数值则与施加电源时的合闸相位角有关。因此,通过获取分闸角的数值来决定下次合闸时合闸角的方法,就完全可以做到电压骤增时励磁涌流的极性和数值可控,既可以让它很大,也可以让它消失。如果根据前次的分闸角选择合适的合闸角,使偏磁与剩磁极性相反,铁芯不饱和就无励磁涌流;如果铁芯轻度饱和,则励磁涌流很小;如果选择合闸角不当,使偏磁与剩磁叠加导致铁芯饱和,则将产生较大的励磁涌流。

2)涌流抑制器的原理及应用

某公司生产的SID-3YL型励磁涌流抑制器的主要功能是控制断路器合闸操作来抑制电力变压器空投时的涌流,其原理框图如图2.19所示。

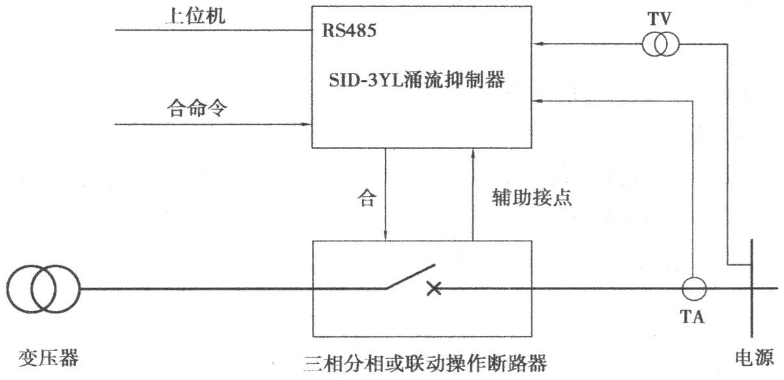


图2.19　涌流抑制器控制原理框图

输入信号有:电源侧TV、TA、断路器辅助接点,此外还有合闸控制命令输入,该命令可来自上位机的开关量或RS-485总线的通信。抑制器的输出送到断路器的合闸控制回路,断路器的分闸命令无须由抑制器控制,但抑制器在长期带电运行时不断在监视并记录变压器电源的切除角。

涌流抑制器接收到合闸令后,根据前次记录的分闸角及预先设置的三相断路器合闸时间,通过电压互感器获得的电压采样值,第一时间发出合断路器命令。断路器辅助接点的作用是向涌流抑制器提供测量断路器分、合闸时间的信号。

### 2.6.5　变压器运行中的检查和维护

为保证变压器安全可靠运行,当变压器有异常情况时能及时发现、及时处理,运行人员对运行中的变压器作定期巡回检查,严格监视运行参数并作好记录。

(1)现场检查

1)油浸变压器运行中的检查项目

①检查油温和温度指示器正常,指示温度同控制室远方温度指示一样,且变压器运行在正常温度范围内。检查储油器油温应与温度相对应。

②变压器、冷却器、储油器等各部位无漏油、渗油现象。充油套管的油色和油位正常,无破损裂纹、无严重油污、无放电痕迹和其他异常现象。

③变压器声音正常,无异音发出,本体及附件不应振动。冷却装置按规定运行方式投入。冷却器油泵、风扇运行平滑正常,转向正确。冷却器无异音、无异常振动。各冷却器温度应相近。

④压力释放阀应完好无损。

⑤吸湿器完好,硅胶干燥、颜色正常。

⑥气体继电器内应无气体。

⑦主变就地控制箱内无异常报警,各控制箱和二次端子箱应关闭严密,无受潮。分接开关的分接位置及电源指示应正常。

⑧变压器外壳接地良好,引线接头、电缆、母线应无发热迹象,变压器的各个接地接头处温度正常。

⑨变压器消防设备正常。

2)特殊情况下的巡视检查

以下情况应增加巡视次数:

①新设备或经过检修、改造的变压器在投运72 h内。

②变压器带缺陷运行期间。

③气象突变(如大风、大雾、大雪等)时,应特别注意有无外部放电、套管有无破裂及烧伤痕迹。雷雨季节尤其是雷雨天气后,特别注意引线应无剧烈摆动和松脱现象,顶部、套管及周围无杂物,各部位无放电痕迹,引线连接处无水气现象,并抄下避雷器的雷击次数。

④高温季节、高峰负载期间。

⑤系统事故大电流冲击后。

⑥过负荷运行期间。

(2)瓦斯保护的运行

变压器运行时轻瓦斯保护应投信号,重瓦斯保护应投跳闸,有载分接开关的瓦斯保护投跳闸。

变压器在运行中进行以下工作前,应将瓦斯保护由跳闸改投信号,工作结束经24 h后,检查气体继电器无气体时方可投跳闸;若有气体应放气直至连续24 h无气体后再投跳闸。主要体现在以下3个方面:

①变压器带电滤油。

②冷却器的强油循环油泵经检修后投入。

③油阀门或油回路上进行检修工作。

运行中的变压器进行少量放油或带电加油、清理吸湿器、储油器集气盒放气、处理变压器假油位、开启或关闭储油器和油箱之间的连通阀门等,工作前应先将瓦斯保护由跳闸改投信号,待工作结束并恢复正常后,气体继电器内无空气且已充满油时,将瓦斯保护投入跳闸。

(3)变压器有载分接开关的运行和维护

有载调压开关一般设置在高厂变,在高厂变供机组厂用电期间,高厂变低压侧电压应控制在额定电压的±5%之间,如电压不在此范围,应调整高厂变有载抽头。

有载调压开关可实现"远方"电动、"就地"电动和手动操作,允许运行中调整厂用母线电压。正常操作时,应采用远方控制,远方电动失灵时,可在就地操作,但须得到相关人员许可。

有载调压开关时,运行维护应注意:当调压抽头油箱绝缘油的色谱分析数据出现异常(主要为乙炔和氢的含量超标)或油位异常升高或降低,不允许操作。

## 2.7 变压器的异常及事故处理

变压器在运行中可能发生的异常现象主要有:温度显著上升、油位升高或降低、变压器着火、保护动作、变压器油特征气体超标、变压器绕组变形等。作为运行人员应根据设备故障现象,准确作出判断及处理。

### 2.7.1 变压器的异常

(1)变压器温度异常的处理

①检查实际油温是否正确,并与实测温度核对。

②检查变压器负载,并与正常值核对。

③如果运行中的冷却器故障,而备用冷却器油温高于其启动值又未能自动投入,应手动投入备用的冷却器,如手动无法投入冷却器。应降低负载直至达到允许温度限制以下。

④变压器在超额定电流方式下运行,若顶层油温超过105 ℃时,应立即降低负荷。

⑤在正常负载下,经检查如冷却系统、测温装置均正常,应当确认变压器油温为不正常升高,立即停止该变压器运行。

(2)变压器油位异常

①当储油器油位过低或过高时,应根据环境温度及变压器冷却条件,分析油位变动原因,加强油位监视,必要时应及时进行补油或放油。

②如果变压器有漏油现象,漏油量不大时,可临时采取堵漏的方法,并及时补油。

③变压器大量漏油无法维持正常油位时,应立即停运处理。

### 2.7.2 变压器的事故处理

(1)变压器着火处理

①断开变压器两侧电源,停运冷却器,隔离其他辅助电源。

②检查变压器的喷淋消防装置是否启动,否则应手动启动变压器喷淋灭火装置,通知消防人员,按照消防规程灭火。在电源未全部断开时,严禁灭火。

③若变压器顶盖着火,应开启事故放油阀放油,使油位低于着火处。若变压器内部故障引起着火时,不能放油,以防止变压器爆炸。

④采取措施隔离火灾区域,防止火灾蔓延,必要时将附近设备停运,防止事故扩大。

(2)轻瓦斯保护动作处理

①检查变压器运行情况,有明显故障时立即停运。

②联系检修人员检查气体继电器内是否有气体,保护是否误动。

③检查二次回路是否有故障。

④对气体继电器内的气体进行分析,根据分析结果确定变压器是否可以继续运行。

(3)重瓦斯保护动作处理

①变压器内部是否有放电声和异常声音,电压、电流是否异常波动。

②检查变压器防爆管、吸湿器、套管等有无破裂。

③检查变压器油位、油温、油色是否正常。

④对气体继电器内的气体进行分析。

⑤变压器未经检查并试验合格以前不许投入运行。

(4)变压器差动保护动作处理

①检查变压器保护范围内所有电气设备有无闪络及损坏痕迹。

②检查变压器是否喷油,油位、油温、油色是否正常。

③检查变压器差动保护二次回路是否正常。

④按要求对变压器进行预防性实验。

⑤取气样和油样进行分析。

⑥变压器未经检查并试验合格以前不许投入运行。

(5)变压器过流保护动作处理

①检查故障不在变压器及两侧开关以内,而是由外部短路、过负荷、开关越级跳闸或二次回路有故障引起,变压器可以恢复运行。

②若未查明原因,应按变压器内部故障进行详细检查。确定变压器无故障后,方可对变压器送电。

(6)变压器油特征气体超标

①特征气体产生的原因:

a. 绝缘油的分解。绝缘油是由许多不同分子量的碳氢化合物分子组成的混合物。由于电或热的结果伴随生成少量活泼的氢原子和不稳定的碳氢化合物,它们通过复杂的化学反应迅速重新化合,形成氢气和低分子烃类气体,如甲烷、乙烷、乙烯、乙炔等。

b. 低能量故障。如局部放电,通过离子反应,大部分氢离子将重新化合成氢气而积累。乙烯是在大约 500 ℃下生成的。乙炔的生成一般为 800 ~ 1 200 ℃。

c. 固体绝缘材料的分解。纸、层压纸板或木块等固体绝缘材料分子内含有大量的无水右旋糖环和弱的 C-O 键及葡萄糖甙键,它们的热稳定性比油中的碳氢键要弱,并能在较低的温度下重新化合。聚合物裂解的有效温度高于 105 ℃,完全裂解和碳化高于 300 ℃,在生成水的同时生成大量的 CO 和 $CO_2$,以及少量烃类气体和呋喃化合物。

d. 气体的其他来源。有些气体不是设备故障造成的,例如油中含有水,可以与铁作用生成氢气。特别是在温度较高,油中溶解有氧时,设备中某些油漆(醇酸树脂),在某些不锈钢的催化下,甚至可能生成大量的氢。

另外,某些操作也可生成故障气体,例如,有载调压变压器中切换开关油室的油向变压器主油箱渗漏;设备曾经有过故障,而故障排除后绝缘油未经彻底脱气,部分残余气体仍留在油中,或留在经油浸渍的固体绝缘中;原注入的油就含有某些气体等。

②故障判断。分解出的气体形成气泡在油里经对流、扩散,不断地溶解在油中。这些故障气体的组成和含量与故障的类型及其严重程度有密切关系。因此,分析溶解于油中的气体,就能尽早发现设备内部存在的潜伏性故障并可随时监视故障的发展情况。不同的故障类型产生的主要特征气体和次要特征气体参见表 2.15,烃值超标限值见表 2.16。

**表 2.15 主要特征气体和次要特征气体**

| 故障类型 | 主要气体组分 | 次要气体组分 |
|---|---|---|
| 油过热 | 甲烷、乙炔 | 氢、乙烷 |
| 油和纸过热 | 甲烷、乙炔、一氧化碳、二氧化碳 | 氢、乙烷 |
| 油纸绝缘中局部放电 | 氢、甲烷、一氧化碳 | 乙炔、乙烷、二氧化碳 |
| 油中火花放电 | 氢、乙炔 | — |
| 油中电弧 | 氢、乙炔 | 甲烷、乙炔 |
| 油和纸中电弧 | 氢、乙炔、一氧化碳、二氧化碳 | 甲烷、乙炔 |

表2.16 变压器及套管油中溶解气体含量的注意值 μL/L

| 设　备 | 气体组分 | 220 kV 及以下 |
|---|---|---|
| 变压器 | 总烃 | 150 |
| | 乙炔 | 5 |
| | 氢 | 150 |
| 套　管 | 甲烷 | 100 |
| | 乙炔 | 2 |
| | 氢 | 500 |

分析结果的绝对值是很难对故障的严重性作出正确判断的。因为故障常常以低能量的潜伏性故障开始，若不及时采取相应的措施，可能会发展成较严重的高能量的故障。因此，必须考虑故障的发展趋势，也就是故障点的产气速率。

产气速率在很大程度上依赖于设备类型、负荷情况、故障类型和所用绝缘材料的体积及其老化程度。应结合这些情况进行综合分析。判断设备状况时还应考虑呼吸系统对气体的逸散作用。

(7)处理

发生总烃、甲烷、乙炔、氢含超标时，按以下要求进行处理：

①加强变压器油的色谱分析送检。将试验结果的几项主要指标(总烃、乙炔、氢)与表2.16列出的油中溶解气体含量注意值作比较，同时注意产气速率，与表2.17列出的产气速率注意值作比较。短期内各种气体含量迅速增加，但尚未超过表2.16中的数值，也可判断为内部有异常状况。有的设备因某种原因使气体含量基值较高，超过表2.16的注意值，但增长速率低于表2.17产气速率的注意值，仍可认为设备正常。

表2.17 变压器绝对产气速率的注意值 mL/d

| 气体组分 | 隔膜式 |
|---|---|
| 总烃 | 12 |
| 乙炔 | 0.2 |
| 氢 | 10 |

②加强监视。如发现异常必须予以重视，并采取有效的措施。建立健全运行的油温、主变压器的投入和退出时间的记录，主变压器保护动作情况和主变压器相关开关的动作次数以及经受短路电流情况。

③缩短试验周期(如测量绕组直流电阻、空载特性试验、绝缘试验、局部放电试验、测量微量水分、红外热谱成像试验等)。

④立即停止运行。发生变压器油温不正常升高，强烈的不均匀的异常噪声，且内部有放电、爆裂声等内部故障时，立即停止该变压器运行。

(8)变压器绕组变形

1)变压器绕组变形的原因

①短路故障电流冲击。变压器在运行过程中,会遭受各种短路电流的冲击。特别是在变压器出口或近区发生短路故障,巨大的短路冲击电流将使变压器绕组受到很大的电动力,是正常运行时的数十倍甚至数百倍,使绕组急剧发热。在较高的温度下,绕组的机械强度变小,并在电动力的作用下,使绕组产生变形。

②绕组承受短路能力下降。当变压器绕组出现短路时,会因其承受不了短路电流冲击力而发生变形。因绕组承受短路能力不够已成为电力变压器事故的首要内部原因,严重影响电力变压器的安全、可靠运行。

③在运输、安装或吊罩过程中,可能会受到意外的冲撞、颠簸和振动等,导致绕组变形。绕组变形后,绝缘试验和油的试验都难于发现,所以表现为潜伏性故障。

2)变压器绕组变形的判断

变压器绕组变形的测试方法一般有低压脉冲分析法和频率响应分析法两种。根据试验结果将变压器绕组变形的轻重程度分为轻微变形、明显变形和严重变形 3 种情况。

3)变压器绕组变形的处理措施

①轻微变形。当变压器绕组判断为只是轻微的变形(或不明显变形)时,变压器仍可继续运行。

②明显变形。当变压器绕组判断为明显变形时,严禁让变压器过负荷运行,且需要加强监视,增加巡视检查次数,巡视检查项目如下:

a. 密切监视变压器的油温油位是否上升,如果油温油位均上升,变压器外壳温度是否升高。

b. 应取油样对变压器油进行色谱分析,油化验结果出现总烃超标,将按照总烃超标的轻重程度进行处理。

c. 密切监视变压器运行时的振动和声音是否异常,如有明显增大,则应停电检修。

d. 监视变压器三相电流电压是否平衡,如果出现明显升高,则应及时停电检修。

e. 轻瓦斯动作,应及时安排停电检修。

③严重变形。当变压器绕组判断为严重变形时,应立即停用变压器。

## 复习思考题

1. 变压器的主要结构部件有哪些?
2. 铁芯及固定铁芯的金属零部件为什么要可靠地接地?
3. 简述主变压器连接组别号 YN,d11 的含义。
4. 变压器油的作用有哪些?
5. 磁力式油位计如何实现油位的测量?
6. 变压器套管有何作用?
7. 变压器铭牌参数有哪些?变压器型号 SFP-480000/220 的含义?
8. 变压器的冷却方式有哪些?
9. 简述有载调压分接开关调压原理。
10. 简述有载调压开关的作用。

11. 主变压器的非电量保护有哪些？
12. 简述主变主保护及高压侧后备保护的配置。
13. 试述控制变压器温升的意义。
14. 变压器发生哪些情况需要立即切断电源？
15. F 级燃气轮机电厂主变压器运行中会过负荷吗？为什么？
16. 变压器绕组变形的原因是什么，如何处理？
17. 变压器油总烃超标的原因是什么，如何处理？

# 第 3 章 电气主接线

## 3.1 概　述

电气主接线是指发电厂和变电站中的一次设备(发电机、变压器、母线、断路器、隔离开关、线路等),按一定要求和顺序连接而成的电路。它表明各种一次设备的数量和作用、设备之间的连接方式以及与电力系统的连接情况。电气主接线中有时还包括发电厂中的自用电部分,常称作厂用电接线。有关厂用电接线介绍见第 5 章。

对发电厂而言,电气主接线在电厂设计时根据电厂规模、机组容量及电厂在电力系统中的地位等,从运行的可靠性、灵活性、经济性以及扩建的可能性等方面,经综合比较后确定。

### 3.1.1 电气主接线的基本要求

电气主接线应满足下列基本要求。

(1)保证运行可靠性

对于电气主接线而言,运行可靠性可以从以下几个方面考虑:

①设备、线路检修时尽可能不影响电厂电能送出。

②设备、线路故障范围小,并尽可能快地切除故障,保证电能持续送出。

③是否存在发电厂全部停电的可能性等。

(2)具有一定的运行灵活性

电气主接线在正常运行情况下,能根据调度的要求,灵活地改变运行方式,实现安全、可靠、经济的供电。

(3)操作应尽可能简单

在保证可靠、灵活的前提下,主接线应力求简单清晰、操作、巡视及检修方便。

(4)经济上合理

电气主接线在安全可靠、操作方便的基础上,还应尽量降低投资成本和运行维护的费用,减少占地面积。

(5)考虑发展和扩建的可能

由于我国经济的高速发展,电力负荷增长较快,主接线应考虑发展和扩建的可能性。

### 3.1.2 电气主接线的运行方式

电气主接线的运行方式分为正常运行方式和允许运行方式两种。

正常运行方式是指正常情况下,电气主接线经常采用的运行方式,包括母线、进出线和变压器中性点的运行方式。对于发电厂来说,主接线的正常运行方式只有一种,是综合考虑各种因素和实际情况制订的,一般不得随意更改。电气主接线的允许运行方式是指在事故处理、设备故障或检修时,电气主接线所采用的运行方式。由于事故处理、设备故障和设备检修的随机性,发电厂变电站的允许运行方式有多种,可根据实际情况进行具体安排。

在安排电气主接线运行方式时,要合理安排电源与负荷,在两组及以上母线接线中,电源接入每组母线的数量要相当,电源容量基本平分。为保证厂用电安全可靠,厂用变压器和备用变压器应引接在不同的电源母线上。

## 3.2 主接线的基本接线形式

常用电气主接线可分为有母线和无母线两种形式。当同一电压等级配电装置中进、出线数目较多时,需设置母线,以便实现电能的汇集和分配。其中有母线接线方式有单母线接线、单母线分段、双母线、双母线带旁路、3/2 断路器接线等;无母线主要有单元接线、桥形接线、角形接线等。

### 3.2.1 有母线的接线形式

(1)单母线不分段接线

单母线不分段接线中各电源和出线都接在同一条公共母线 M 上,母线既可以保证电源并列工作,又能使任一条出线都可以从任一电源获得电能,如图 3.1 所示,图中每条回路中都装有断路器和隔离开关,断路器 QF1 是用来开断及关合该回路及切除短路故障。紧靠母线侧的隔离开关(如 QS11)称作母线侧隔离开关,靠近线路侧的隔离开关(如 QS13)称为线路侧隔离开关,在切断电路时隔离开关用来建立明显的断开点,使停运的设备可靠隔离,保证检修安全。

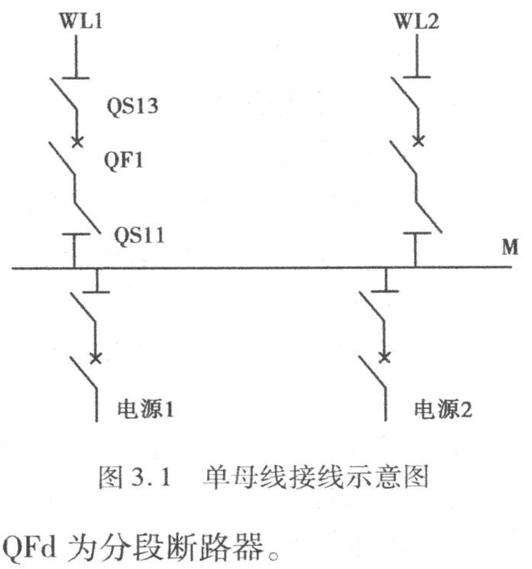


图 3.1 单母线接线示意图

单母线不分段接线的特点是接线简单,采用设备少,操作方便,易于扩建,造价低廉,但供电可靠性低,灵活性差。

(2)单母线分段接线

为了提高单母线不分段接线的可靠性,有时将母线利用分段断路器进行适当分段。如图 3.2 所示,图中 QFd 为分段断路器。

母线分段后,可提高供电的可靠性和灵活性。在正常运行时,分段断路器可以接通也可以断开运行。当分段断路器 QFd 接通运行时,若某段母线故障,则分段断路器 QFd 和接在故障段上的电源回路断路器便自动断开,这时非故障段母线可以继续运行,缩小了母线故障的停电范围。当分段断路器断开运行时,每侧电源单独给本段母线供电,当任一电源故障时,电源断路器跳闸后,分段断路器自动接通,给另一段继续供电。

单母线分段接线与单母线不分段接线相比,其可靠性和灵活性都得到了相应的提高。其缺点是:当一条母线故障或者检修时,在该母线上的所有进、出线回路均必须停电。

(3)单母线带旁路母线接线

为了在线路断路器检修时能使该回路继续工作,可设置旁路母线。图 3.3 是单母线带旁路母线的接线图。图中的 MBP 即是在单母线接线的基础上增设的旁路母线,在各回路的线路侧隔离开关处都装有旁路隔离开关(QS5,QS8),旁路母线与各出线回路相连。QF5 为旁路断路器,正常工作时,旁路断路器与两侧的隔离开关,以及旁路隔离开关都是断开的。若线路断路器 QF3 需要检修时,首先通过旁路断路器 QF5 投入旁路母线,合上旁路隔离开关 QS5,然后断开线路断路器 QF3,断开线路断路器 QF3 两侧隔离开关。这样就可以用旁路断路器 QF5 代替线路断路器 QF3 工作。

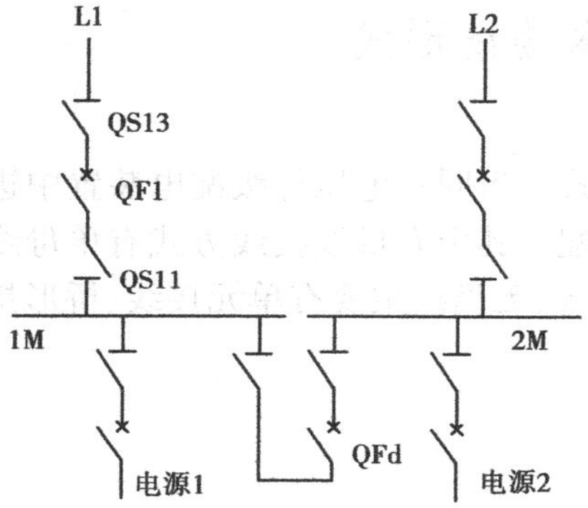


图 3.2 单母线分段接线图

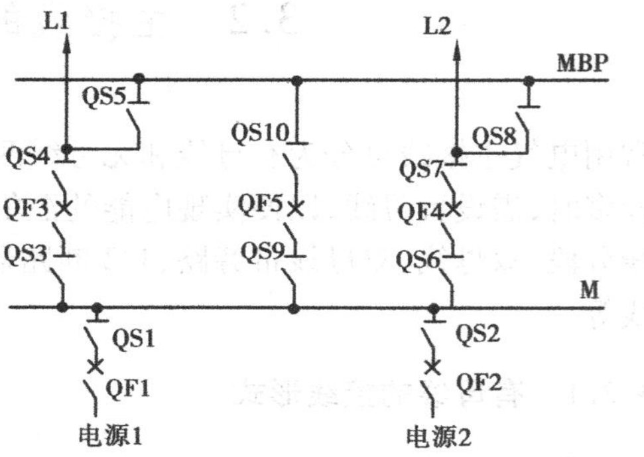


图 3.3 单母线带旁路母线接线图

设置单母线带旁路母接线提高了运行可靠性,一般用于出线数较多的 110 kV 及以上的高压配电装置中。

(4)双母线接线

为了解决母线检修时所接回路需要停电的问题,进一步提高供电可靠性,可采用双母线接线。双母线接线如图 3.4 所示。

双母线接线具有两组母线(1M,2M),每一回路经一台断路器和两组隔离开关分别与两组母线连接,母线之间通过母线联络断路器 QF00(简称母联)连接。

双母线接线的运行方式有:

①两组母线分列运行。两组母线同时运行,母联断路器 QF00 断开。

②两组母线并列运行。两组母线同时运行,母联断路器 QF00 闭合。

③一组母线工作一组母线备用。假定 1M 母线工作,2M 备用。接在工作母线 1M 上的母线隔离开关接通,接在备用母线 2M 上的母线隔离开关断开,母联断路器 QF00 断开,备用母线不带电。此运行方式为单母线接线运行,如有需要两组母线可相互切换。

采用双母线接线的发电厂中,正常运行时,一般采用双母线并列运行方式,当一组母线故

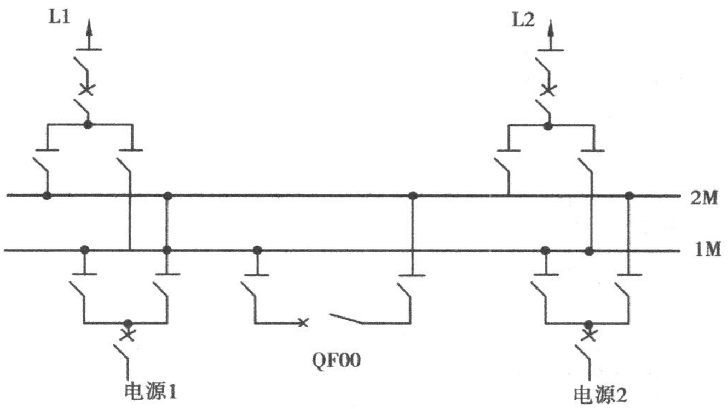


图3.4　双母线接线图

障或检修时,可转换为单母线接线。

双母线接线具有以下优缺点:

优点:

①可轮换检修母线或母线隔离开关而不致电力送出中断。

②单侧母线故障后,能迅速恢复供电。

③各电源和回路的负荷可任意分配到某一组母线上,可灵活调度以适应系统各种运行方式。

缺点:

①相对单母线而言,增加了一组母线及隔离开关,增加了配电装置的占地面积,造价高。

②操作复杂。

(5)双母线带旁路母线接线

双母线接线中,为解决出线断路器故障或检修时该回路需要停电的问题,可增加一组旁路母线构成双母线带旁路母线接线,如图3.5所示。在每一回路的线路侧装一组隔离开关(旁路隔离开关QS14,QS24),接至旁路母线MBP上,而旁路母线经旁路断路器QF01及隔离开关接至两组母线上。正常运行时,工作母线1M,2M并列运行,旁路断路器QF01及隔离开关均在断开位置,旁路母线处于冷备用。如要检修线路断路器QF1时,操作步骤是:先合旁路断路器两侧的隔离开关,再合旁路断路器QF01,对旁路母线进行充电,待修断路器回路上的旁路隔离开关两侧已为等电位,合上该旁路隔离开关QS14。此后可断开待修断路器QF1及其两侧隔离开关,对断路器QF1进行检修。

(6)3/2断路器接线

3/2断路器接线就是每两个回路用3台断路器接在两组母线上,即每一回路经一台断路器接至一组母线,两条回路之间设一台联络断路器形成一串,又称为一台半断路器接线,如图3.6所示。

正常运行时两组母线1M,2M和所有断路器及所有隔离开关全部投入工作。其主要优点如下:

①运行调度灵活,正常时两条母线和全部断路器运行,成多路环状供电。

②操作方便,当一组母线停支时,回路不需要切换;任一台断路器检修,各回路仍按原接线方式运行,不需切换。

③可靠性高,每一回路由两台断路器供电,母线发生故障时,任何回路都不停电。

3/2断路器接线的缺点:

使用设备较多,特别是断路器和电流互感器,投资费用大,保护接线复杂。

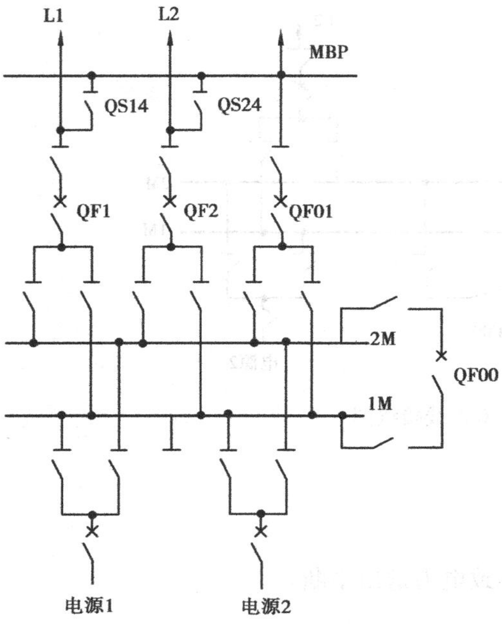


图 3.5　双母线带旁路母线接线图

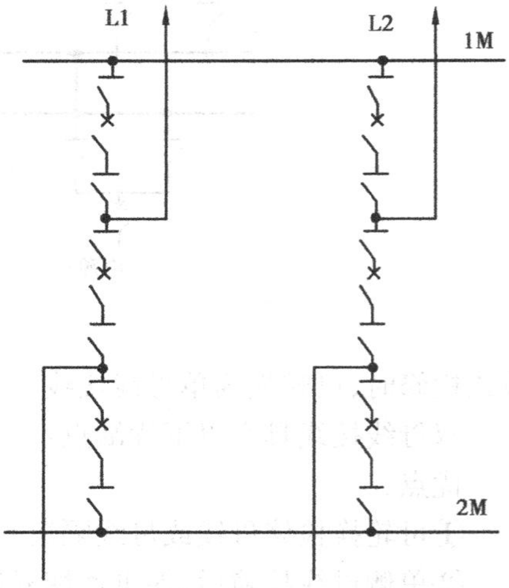


图 3.6　3/2 断路器接线图

### 3.2.2　无母线的典型接线形式

(1)桥形接线

当只有两台变压器和两条线路时,可以采用桥形接线。桥形接线分为内桥和外桥两种形式,如图 3.7 所示。

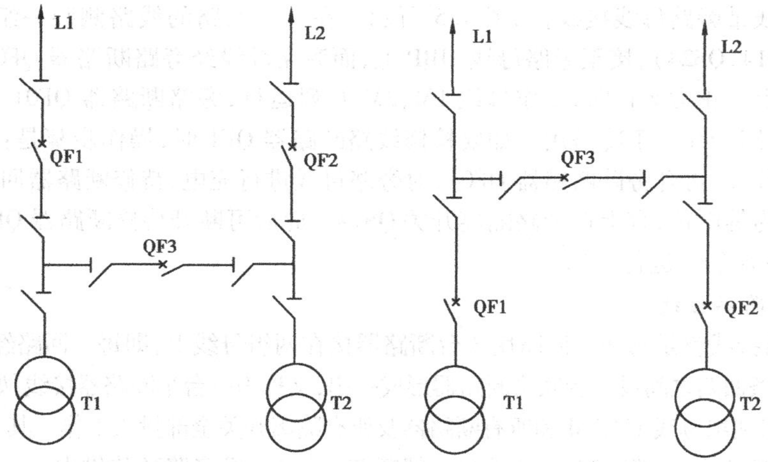


图 3.7　桥型接线图

内桥接线和外桥接线的正常运行方式为:两台变压器、两条线路、连接桥(联络断路器 QF3 所在回路)均运行,所有断路器及隔离开关均合上。

图 3.7(a)为内桥接线,联络断路器 QF3 接在线路断路器 QF1,QF2 的内侧(即靠近变压器

侧),其特点如下:

①当一条线路发生故障时,只有该线路侧的断路器跳开,其余3条回路能正常工作。

②变压器发生故障时,对应出线断路器和桥断路器都会自动跳开,导致该出线回路停电。要先将故障变压器对应的隔离开关断开,再接通故障变压器对应的断路器和桥断路器,才能恢复对该回路的供电。

③切除或投入一条线路时,只要将该线路侧的断路器断开或接通,其余3条回路能正常工作。

外桥接线如图3.7(b)所示。联络断路器QF3接在主变断路器QF1,QF2的外侧(靠近线路侧)。外桥接线在运行中的特点与内桥接线相反。在线路故障或切除、投入时,要使相应变压器短时间停电,其操作复杂。而在变压器故障或切除、投入时不影响其余回路故障,其操作简单。因此,这种接线适用于变压器需要经常切换的情况。

(2)单元接线

在单元接线中,几个主要电气元件(发电机、变压器、线路、母线)直接串联,其间没有或很少有横向联系,从而减少了电器数目,大大降低了造价和发生故障的可能性。主要类型如图3.8所示。

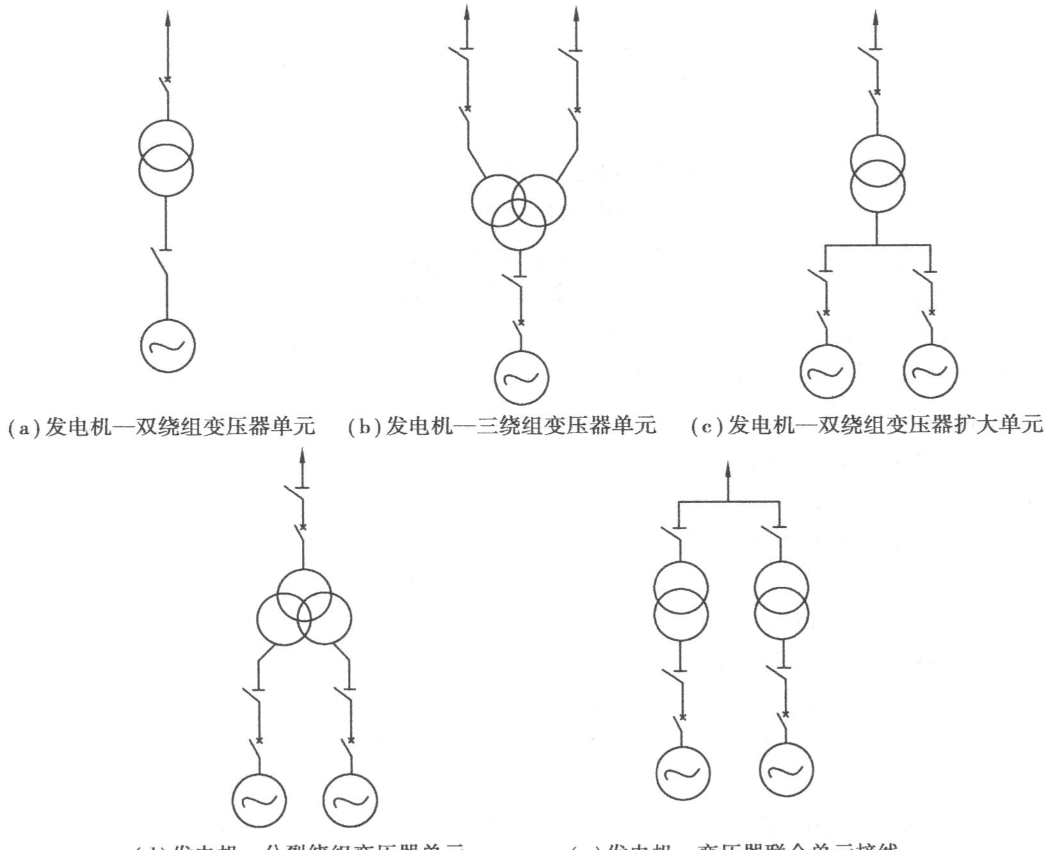

(a)发电机—双绕组变压器单元　(b)发电机—三绕组变压器单元　(c)发电机—双绕组变压器扩大单元

(d)发电机—分裂绕组变压器单元　(e)发电机—变压器联合单元接线

图3.8　单元接线图

图3.8(a)为发电机与双绕组变压器共同组成一个工作单元,称为发电机—双绕组变压器单元接线。只有发电机、变压器同时可用时方能保证该单元的工作。因此可不必在二者间设置断路器。发电机出口有时可装设一组隔离开关,以方便单独对发电机进行试验。

在F级燃气轮机电厂中，有汇流母线的主接线中，进线一般由发电机与变压器组成发电机—变压器组单元接线接入母线，考虑SFC的启动等因素，在发电机与变压器间可装设GCB。

图3.8(b)为发电机—三绕组变压器接线，发电机出口应装设断路器及隔离开关，以便在变压器高、中压绕组联合运行的情况下进行发电机的投切操作。

图3.8(c)、(d)为扩大单元接线，这种接线可以减少变压器及其高压侧断路器的数目，减少相应的配电装置间隔，节约投资与占地。

有时由于变压器制造容量的限制，大型机组无法采用扩大单元接线时，也可以把两个发电机—变压器在高压侧组合为如图3.7(e)所示的发电机—变压器联合单元接线，以减少变压器高压侧断路器及配电装置间隔。

单元接线的特点是接线简单清晰，节省设备和占地，操作简便，经济性好。一些接入500 kV电网的F级燃气轮机电厂主接线采用了单元接线形式。对于有汇流母线的主接线中，考虑SFC启动等因素，进线一般由发电机与变压器组成发电机—变压器组单元接线接入母线，而在发电机与变压器间需装设GCB。

## 3.3 典型一次主接线及运行方式介绍

国内F级燃气轮机发电厂一般设两台以上机组接入220 kV电网，出线回数也多在两回以上。综合考虑其容量及其在电力系统的作用及对工作可靠性、灵活性的要求，这类电厂主接线采用双母线接线形式的居多。以下以某F级燃气轮机电厂的双母线接线为例进行介绍。

该电厂一期3×390 MW机组为F级单轴机组。主接线采用双母线接线接入220 kV电网。该电厂220 kV配电装置采用GIS(Gas Insulated Switchgear)成套设备。正常运行方式下出线四回。一次主接线形式如图3.9所示。

该主接线的正常运行方式为：1号主变、3号主变、出线L2、L4挂接1母运行；2号主变、厂用备用变、线路L1、L3挂接2母运行；2号主变中性点直接接地，合母联运行。

站内设10个间隔，分别是3个主变间隔；1个厂用备用变间隔；1个母联间隔(2012)；4个出线间隔；1个母线电压互感器间隔。以下以间隔形式对主接线进行介绍。

(1)出线间隔

该电厂送出线四回(L1,L2,L3,L4)接入220 kV电网，每个出线间隔配置均一样。以出线L1为例进行，线路上配置线路断路器2865为$SF_6$断路器，操作机构采用液压形式。线路有故障时，根据故障类型，断路器2865按继电保护整定逻辑跳开，以防止事故扩大。断路器2865母线侧装有两组隔离开关(母线侧隔离开关28651及28652)用于检修隔离及倒闸操作。正常运行时，母线侧隔离开关28651或28652其中有一组合闸，在母联2012合闸情况下，可运用等电位方法切换出线至任一母线运行；断路器2865检修时，断路器两侧的可靠接地由接地刀闸2865B0和2865C0完成。

线路侧隔离开关28654，用于断路器2865或L1线路检修隔离并具有明显断开点。线路侧接地刀闸286540用于线路检修放电并可靠接地，只有当线路检修时用于线路可靠接地及放电(线路检修时，在拉开断路器2865及线路侧隔离开关28654之后，还需确认线路对侧已停电，方可合上线路接地开关286540)。

线路侧配置了瓷套式氧化锌避雷器及电容式电压互感器(有关互感器介绍参见本书第4章)。

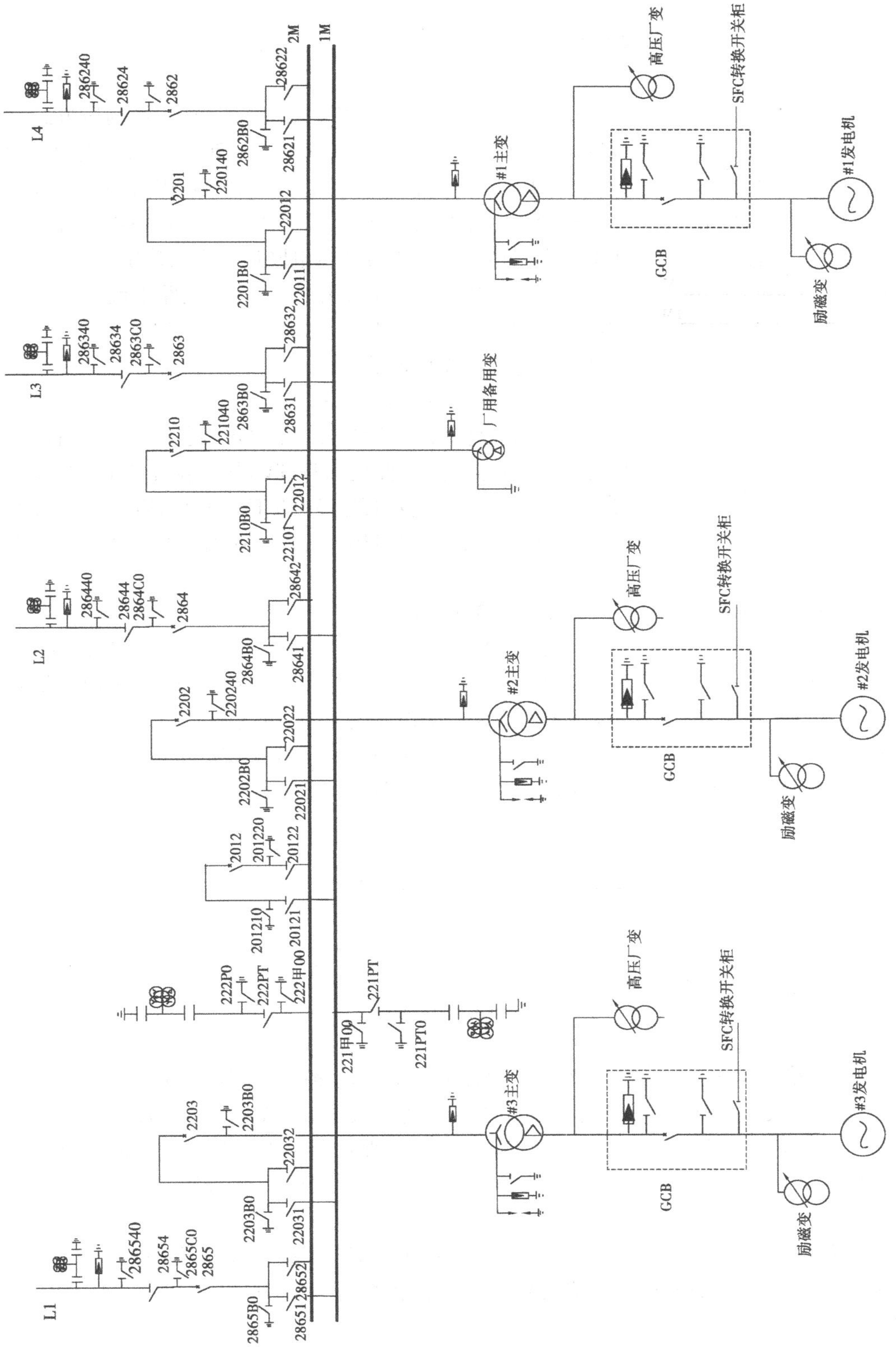


图3.9 某电厂双母线接线图

(2)主变间隔

该厂共有3个主变间隔,采用发电机—变压器组单元接线形式,其一次接线如图3.10所示。

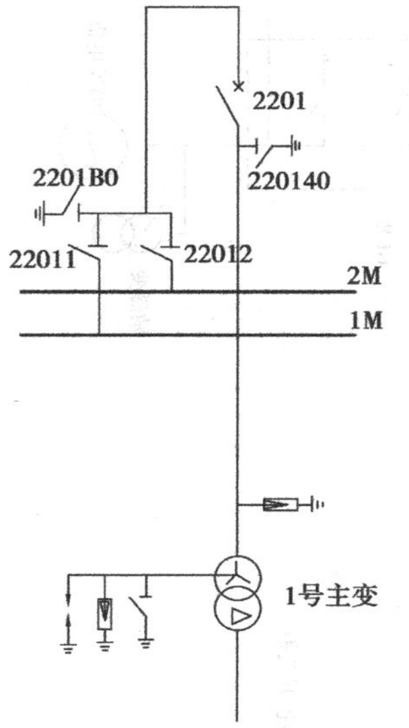


图3.10 某电厂主变间隔接线图

1号主变是三相油浸式铜绕组户外变压器,调压方式为无载调压,额定电压为(242±2)×2.5%/20 kV,低压侧为三角形接线,高压侧为星形接线。在变压器中性点引出线上装设一个氧化锌形避雷器及放电间隙,以实现对变压器过电压保护。主变中性点接地刀闸是否接地由电网运行方式确定。

1号主变出口至母线采用地下电缆,线路上配有氧化锌避雷器。在主变高压侧配置一组接地刀闸220140,用于主变检修时高压侧电缆可靠接地及放电。

(3)母线电压互感器间隔

按电压互感器的配置原则,在双母线接线中,每组母线上均要装设电压互感器(此处简称TV)用于测量及保护,该电厂母线TV为电磁式。以母线1M的TV为例,该间隔除实现TV投退而设置隔离开关221PT外,还应在隔离开关两侧设置两把接地刀闸。

(4)厂用备用变间隔

厂用备用变间隔设置一台厂用备用变10B,容量为20 000 kVA,额定电压为(230±2)×2.25%/6.3 kV。作为厂用中压6.3 kV的备用电源,正常运行期间为空载运行状态,而一旦厂用6 kV某一工作段失压,则通过快切装置,迅速由厂用备用变间隔提供该工作段电源(有关厂用电参见本书第5章)。另外,在主变间隔停电检修期间,单元机组厂用电也可切至厂用备用变,提供检修电源。

## 3.4 线路及母线保护

### 3.4.1 线路保护配置原则

(1)概述

220 kV线路目前在我国大部分地区作为骨干网架。线路故障切除时间对于电力系统运行稳定性影响很大,一般情况下,要求保护具有全线速动能力,配置双套纵联保护实现保护双重化、近后备方式,同时配有距离、零序电流保护。两套保护测量电流分别由不同的电流互感器二次线圈引入,跳闸出口回路相对独立,分别引至断路器的两个跳闸线圈。

(2)某F级燃气轮机电厂线路保护配置情况

某F级燃气轮机电厂主接线电压等级为220 kV,采用双母线接线形式,有四回出线。220 kV线路配置的保护装置有:RCS-931B光纤纵联差动保护装置;RCS-902C光纤纵联距离保护装置;RCS-923A线路辅助保护装置。

RCS-931B和RCS-902C作为线路主保护装置,实现不同原理的保护双重化。

1）RCS-931B 光纤纵联差动保护

①以分相电流差动和零序电流差动为主体的快速主保护。

②由工频变化量距离元件构成的快速Ⅰ段保护。

③由三段式相间和接地距离及4个延时段零序方向过流构成后备保护。

2）RCS-902C 光纤纵联距离保护

①以纵联距离和零序方向元件为主体的快速主保护。

②由工频变化量距离元件构成快速Ⅰ段保护，设有分相命令，纵联保护的方向按相比较。

③由三段式相间和接地距离及两个延时段零序方向过流构成后备保护。

3）RCS-923A 线路辅助保护配置有失灵启动、三相不一致保护、两段相过流保护和两段零序过流保护。

下面简要介绍线路保护的工作原理。

### 3.4.2　线路保护的工作原理

电流保护、距离保护作为线路保护，只能根据线路一侧的电气量变化动作，这类保护不能快速区分本线路末端和相邻线路的始端故障，因此只能采取阶段式的配合关系实现对故障部分的切除。这类保护无法满足220 kV及以上电压等级的电力系统对稳定性和快速性的要求，只能作为后备保护。因此线路需要快速的主保护。

将线路一侧电气量信息传到另一侧去，安装于线路两侧的保护对两侧的电气量同时比较，以这种方式构成的保护称为纵联保护。纵联保护由于能够反映被保护线路上任何一点的故障并瞬时跳闸，因而被定义为高压线路的主保护。

传输信息通道类型有导引线通道、电力线载波通道、微波通道及光纤通道4种。由于光纤信号不受电磁干扰，在价格上也日渐经济，近年来，光纤通道已成为纵联保护的主要通道形式。

根据保护动作原理，纵联保护可分为两大类：

①方向比较式纵联保护。如纵联方向、纵联距离保护。这类保护是将本侧的功率方向、阻抗是否在规定方向、区段内的判定结果等信号传到对侧，每侧保护根据两侧的判定结果，区分是区内还是区外故障。这类保护在通道中传输的是逻辑信号，传输的信息量较少，对信息可靠性要求较高。

②纵联电流差动保护。这类保护是将本侧电流波形或相位传输到对侧，每侧保护根据对两侧波形和相位比较的结果区分是区内还是区外故障。这类保护在通道中传输的是电气量信号，传输的信息量大，并要求两侧信息同步采集，对通道要求较高。

（1）线路电流保护

阶段式电流保护用于反应输电线路的相间故障，是继电保护中最简单、最可靠的保护。

1）瞬时（无时限）电流速断保护

瞬时电流速断保护是反应电流增大而瞬时动作的保护，又称第Ⅰ段保护。其保护范围不超过本线路的全长，如图3.11所示，以保护2为例，当本线路末端k1点短路时，希望速断保护2能够瞬时动作切除故障，而当相邻线路BC的始端（习惯上又称为出口处）k2点短路时，按照选择性的要求，速断保护2不应该动作，因为该处的故障应由速断保护1动作切除。但是实际上，k1点和k2点短路时，从保护2安装处所流过短路电流的数值几乎是一样的，保护2无法区分k1点和k2点的短路。因此，希望k1点短路时速断保护2能动作，而k2点短路时又不动作的要求不可能同时得到满足。同样保护 1 也无法区别 k3 和 k4 点的短路。

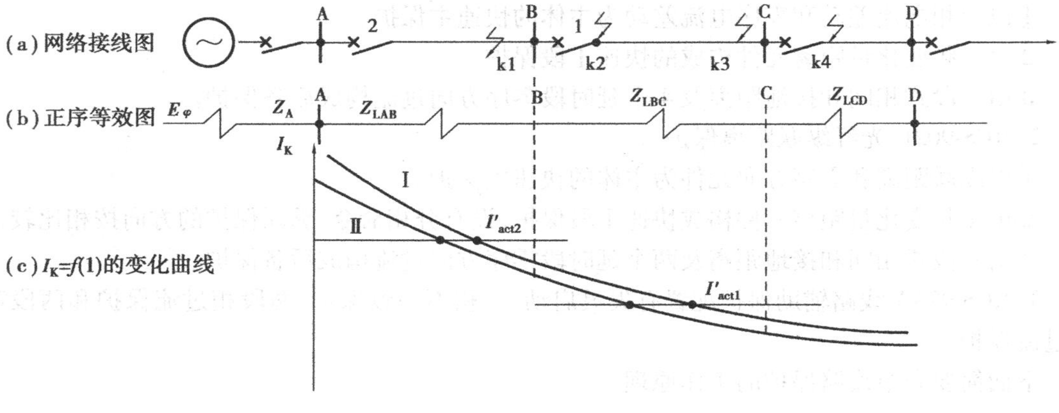


图 3.11　电流速断保护特性

解决这个问题要从保护装置动作定值的整定上保证下一条线路出口处短路时不动作。在继电保护技术中,称为按躲开下一条线路出口处短路时最大短路电流的条件整定。短路电流随距离变化如图 3.11 所示的曲线Ⅰ和曲线Ⅱ,Ⅰ表示最大的短路电流,一般情况是最大运行方式下三相短路电流;Ⅱ表示最小的短路电流,一般情况是最小运行方式下两相短路电流。为了保证电流速断保护 1 动作的选择性,其动作电流必须整定得大于 k4 点短路时可能出现的最大短路电流;对保护 2,根据同样的原则,其动作电流必须大于 k2 点的最大短路电流。图中两条水平线即代表两个速断保护的整定值,其与最小短路电流交点就是其保护最小范围,与最大短路电流交点就是其最大保护范围。可见电流速断保护范围小于被保护线路全长,用百分数表示该值恒小于 1;动作时间通常为 10 ~ 40 ms。在高压电力网中常用作辅助保护,用以快速切除线路近端的短路故障。

2)带时限过电流保护

瞬时电流速断只能保护线路近端故障,无法保护线路全长,因此不能独立使用,需配和时限电流速断保护使用。带时限过电流保护又称第Ⅱ段保护,可以保护线路的全长。由于能保护全线路,那么在相邻下一线路始端短路时,保护也能启动,即保护延伸到了下一线路的一部分。为满足选择性要求,其动作时限要比下一线路瞬时速断保护大一个时限 $\Delta t$,其动作电流也要与下一线路瞬时速断的动作电流相配合。现以图 3.12 的保护 2 为例,说明限时电流速断保护的整定方法。设保护 1 装有瞬时电流速断保护,其动作电流为 $I'_{act1}$,它与短路电流变化曲线的交点 M 即为保护 1 瞬时电流速断的保护范围。当在此点发生短路时,短路电流即为 $I'_{act1}$ 瞬时速断保护刚好能动作的电流。根据以上分析,保护 2 的限时电流速断不应超过保护 1 瞬时电流速断的保护范围,因此在单侧电源供电的情况下,它的动作电流就应该整定为 $I''_{act2}$。早期机电式继电器由于其误差较大,一般将 $\Delta t$ 整定为 0.5 s 左右,现在的微机保护可以整定为 0.2 ~ 0.35 s。

3)定时限过电流保护

定时限过电流保护又称第Ⅲ段电流保护,其动作电流按躲过最大负荷电流来整定。它在线路发生短路时启动,并以时间来保证动作的选择性,其动作时限与通过的电流水平(大于过电流元件的启动值)无关。它不仅能保护本线路的全长,还能保证相邻线路的全长,起后备保

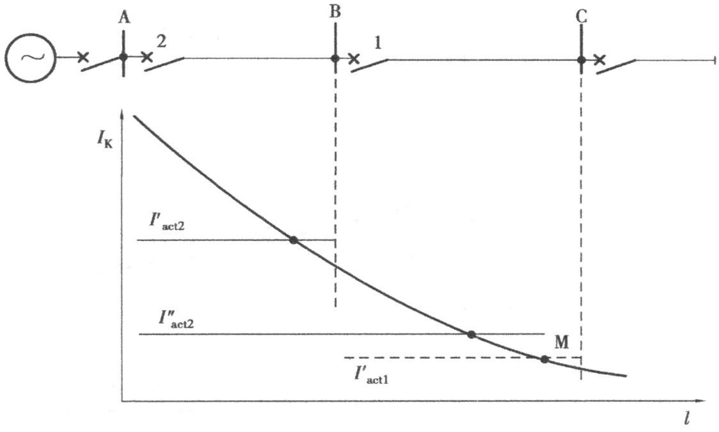


图3.12 限时电流速断动作特性分析

护的作用。实际应用中常由几个定时限(包括无时限)过电流保护组成多段式线路过电流保护。各段的启动电流、动作时限及灵敏度均不相同。对于双侧电源的情况,有的保护段需经功率方向判别元件控制。特殊情况下,为了满足电力系统运行方式变化较大的需要,有的保护段需依靠电流元件与电压元件协同工作,称为电流电压保护。

如图3.13所示,保护1位于电网末端,$t_1$ 是保护装置固有时间,对于保护2,为了保证k1点短路动作的选择性,则其动作时间 $t_2>t_1$,增加了一个时间差 $\Delta t$,以此类推,保护的动作时限越靠近电源端,延时越长。但是当故障越靠近电源端时短路电流越大,而此时过电流保护动作时间反而越长,这是其中一个很大的缺点。所以一般用过电流保护作为本线路和相邻元件的后备保护。

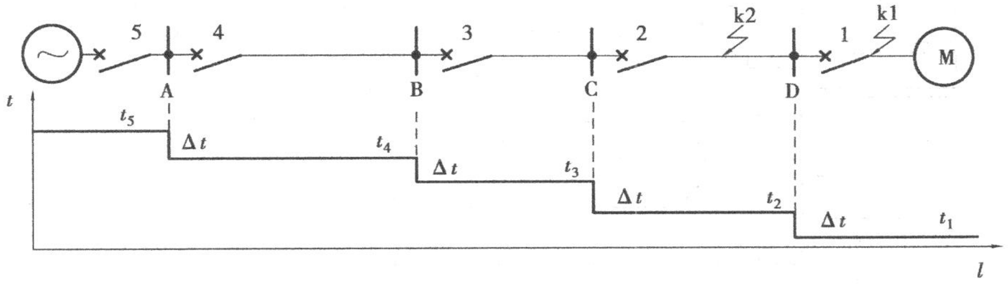


图3.13 单侧电源放射性网络中过电流保护

4)阶段式电流保护的配合

瞬时电流速断、限时电流速断和定时限过电流保护三者的特点各不相同,利用三者的优点将这3种保护组合在一起,构成阶段式电流保护,具体应用中可以任两种组合,也可以3种同时采用。如图3.14所示,保护1采用瞬时电流速断,保护2可采用0.5 s的过电流保护,若要保护CD段全长也可以加瞬时电流速断保护,构成二段式保护。保护3可以是两段式,也可以是三段式。越靠近电源,过电流保护动作时限越长,因此,一般都需装设三段式的保护。对主保护的灵敏度有要求时也可设两级限时速断,构成四段式保护。在三段或四段式保护中,瞬时速断是辅助保护,其作用是弥补主保护性能缺陷,快速切除靠近保护安装处的短路故障;限时速断是主保护;过电流保护是本线路的后备保护,也作为下一线路保护的远后备。

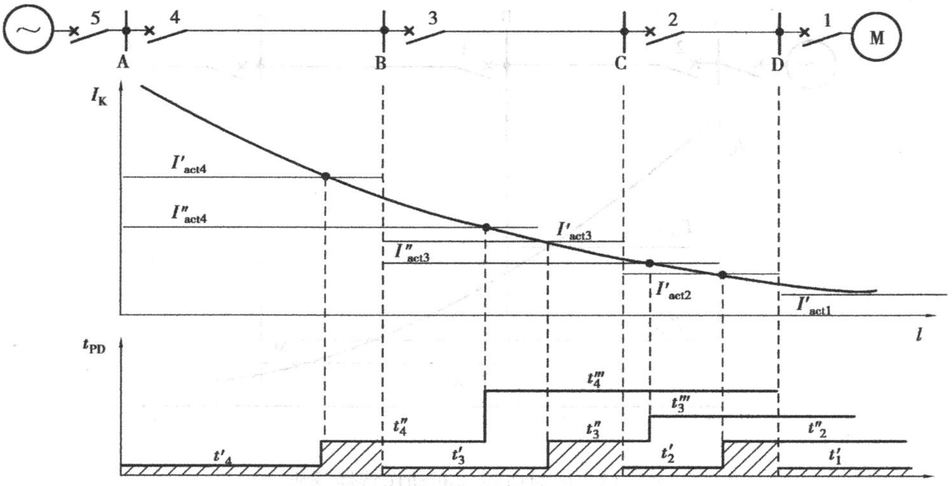


图 3.14　阶段式电流保护的配合示意图

使用阶段式电流保护最主要的优点就是简单、可靠，并且一般情况下也能够满足快速切除故障的要求。阶段式保护逻辑框图如图 3.15 所示。

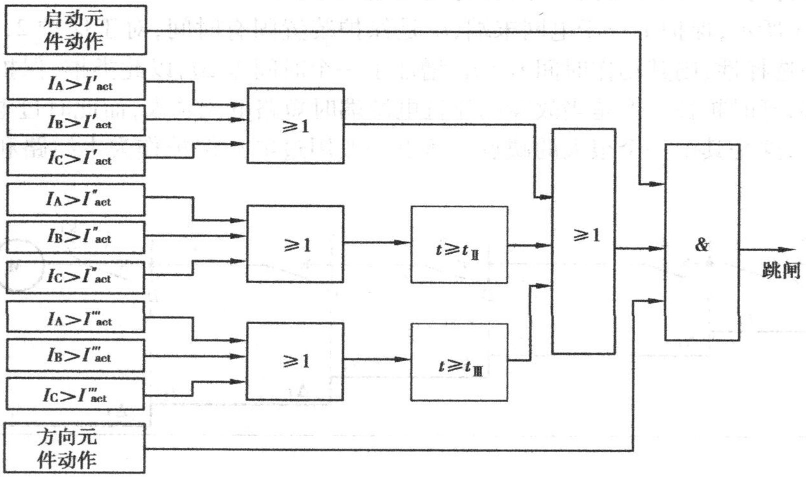


图 3.15　三段式保护逻辑框图

5）线路的零序电流保护

零序电流保护反映直接接地系统中线路的接地短路故障。与相间电流保护一样，也可构成阶段式保护。通常采用三段式保护，第Ⅰ段为零序电流速断，只能保护线路一部分；第Ⅱ段为零序限时电流速断，可以保护线路全长，并与相邻线路相配合；第Ⅲ段为零序过流保护，作为本线路及相邻线路的后备保护。零序电流保护具有如下特点：

①只能用以保护直接接地系统中发生的单相及两相接地短路故障。

②由于线路的零序阻抗是正序阻抗的 3 倍以上，而电源侧的零序阻抗一般均比正序阻抗小。因而在线路首、末端发生接地短路故障时通过线路的零序电流幅值变化较大，远远大于相间短路时相应相电流的变化。因此，零序电流保护具有动作时间快、保护范围相对稳定、易于

实现相邻保护间的选择配合等优点。

③因为正常运行时线路中不通过零序电流,因而零序电流保护有较高的灵敏度,从而可反映线路高电阻接地故障。

④保护定值不受负荷电流的影响,也基本不受其他中性点不接地电网短路故障的影响,所以保护延时段灵敏度允许整定较高。

RCS-931B 的零序保护方框图如图 3.16 所示。

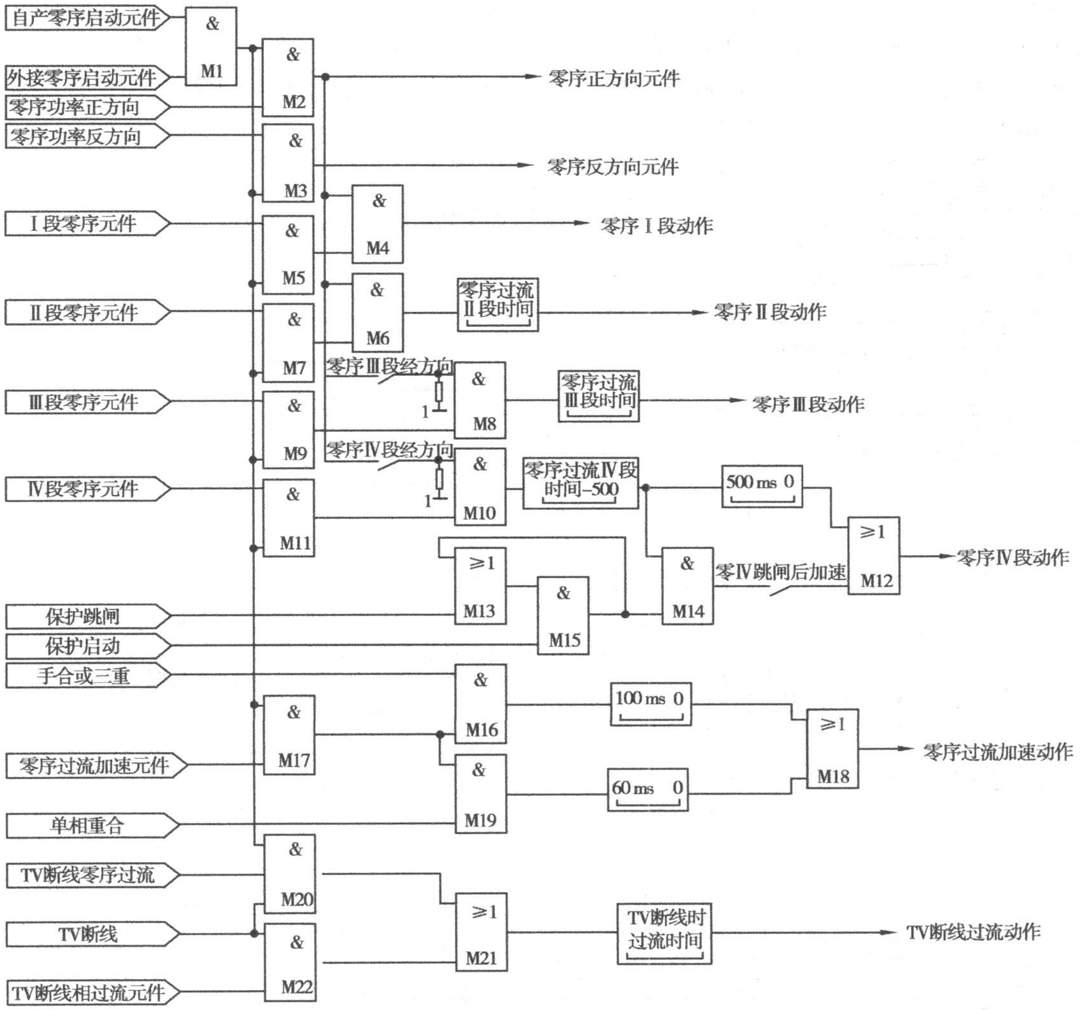


图 3.16　零序保护方框图

某 F 级燃气轮机电厂线路保护 RCS-931B 系列设置了速跳的Ⅰ段零序方向过流和 3 个带延时段的零序方向过流保护,Ⅰ、Ⅱ段零序受零序正方向元件控制,Ⅲ、Ⅳ段零序则由用户选择不经方向元件控制。

(2)距离保护

距离保护是反应故障点至保护安装地点之间的距离(或阻抗),并根据距离的远近而确定动作时间的一种保护装置。故障点距离保护安装点越近,其测量阻抗越小,动作时间越短;相反，故障点距离保护安装点越远，其测量阻抗越大，动作时间越长。

距离保护主要用于输电线路保护，一般是二段式或四段式。一、二段带方向性，作本线路的主保护，其中一段保护的保护范围为 80% ~90%，二段保护的保护范围为本线路全长并作相邻线路的后备保护。三段可带方向或不带方向（有的还设有不带方向的四段），做本线及相邻线路的后备保护。

根据距离保护的原理和特性，在电力系统发生振荡时，距离保护的阻抗元件将会误动。如按最长的振荡周期考虑，Ⅰ、Ⅱ段阻抗元件因动作时间短，无法躲过系统振荡的时间，而Ⅲ段阻抗因其动作时间较长，则可躲过系统振荡。此外，当发生 TV 断线时阻抗元件也会误动。因此在距离保护中，都设有振荡闭锁和 T′V 断线闭锁，防止发生上述两种情况时距离保护误动。

RCS-902 距离保护方框图如图 3.17 所示。

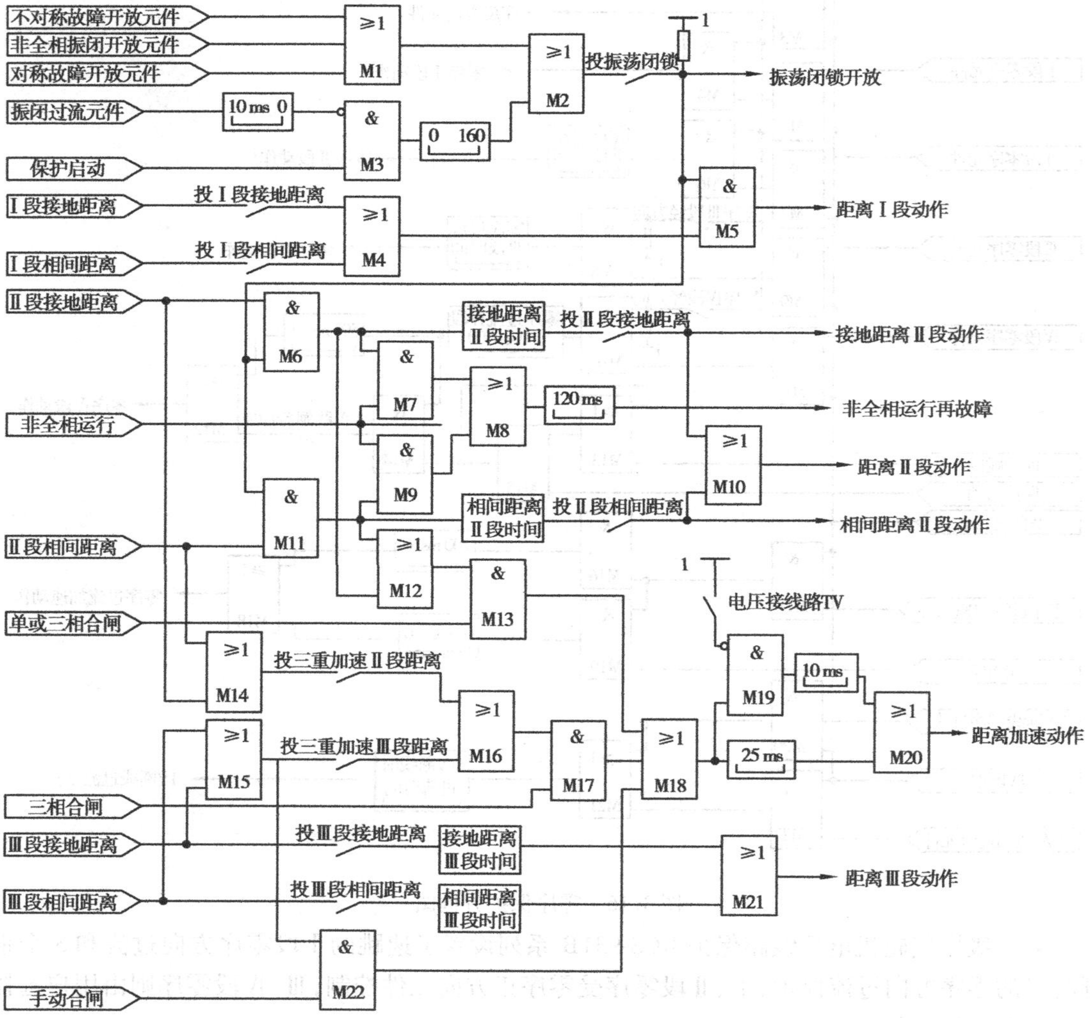


图 3.17　距离保护方框图

（3）输电线路纵联保护

1）输电线路短路时两侧电气量的故障特征

以双电源线路为例来说明线路内部和外部故障时的变化特征，现从以下3个方面加以说明。规定电流参考方向以母线流向线路为正方向，电压参考方向以母线高于大地为正方向。

①电流全量特征。根据基尔霍夫电流定律（KCL）可知：在集中参数电路中，任何时刻，对任意一节点，所有支路电流相量和等于零表示为 $\sum \dot{I}=0$。对于图3.20输电线路MN可以认为是一个节点。线路内部k1点故障时，两端电流都是从母线流向线路，其相量和 $\sum \dot{I}=\dot{I}_M+\dot{I}_N=\dot{I}_{k1}$。线路外部k2点故障时，流过线路的是穿越性电流，其相量和 $\sum \dot{I}=\dot{I}_M+\dot{I}_N=0$。

②功率方向特征。按照规定的正方向，线路MN内部故障、外部故障时的功率流向见表3.1。“+”表示电流、电压的实际方向与参考方向一致，“-”表示电流、电压的实际方向与参考方向相反。

**表3.1　线路故障时的功率流向**

| | $\dot{U}_M$ | $\dot{I}_M$ | $\dot{S}_M=\dot{U}_M\times\dot{I}_M$ | $\dot{U}_N$ | $\dot{I}_N$ | $\dot{S}_M=\dot{U}_N\times\dot{I}_N$ |
|---|---|---|---|---|---|---|
| 外部故障 | + | + | + | + | - | - |
| 内部故障 | + | + | + | + | + | + |

③两端距离方向特征。纵联距离元件中常以距离Ⅱ段作为测量元件，距离Ⅱ段继电器采用方向元件，距离元件参考方向如图3.18箭头所示。当线路内部k1点和线路外部k2点故障时，两端距离方向元件的特征见表3.2。

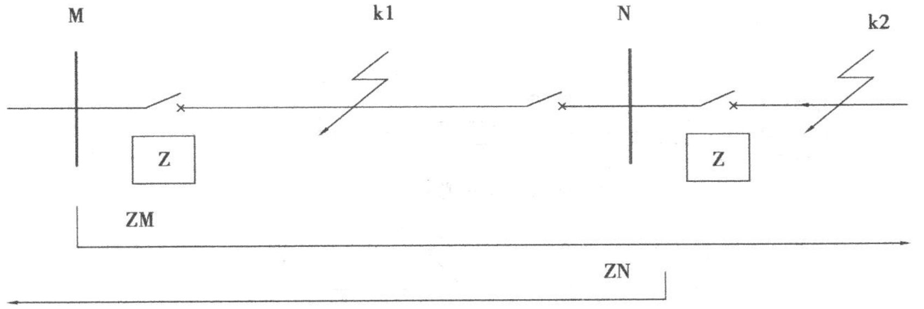


图3.18　线路内、外部故障

**表3.2　线路两端距离方向元件特征**

| | 区内k1故障 | 区外k2故障 |
|---|---|---|
| M端距离元件方向 | 正向距离Ⅱ段内部 | 正向距离Ⅱ段内部 |
| N端距离元件方向 | 正向距离Ⅱ段内部 | 反向距离Ⅱ段内部 |

2）电流纵差保护

随着通信技术的日益成熟，在高压输电线路上通常选用电流纵差保护作为主保护。电流纵差保护按相进行两侧电流幅值及相位的比较，线路两侧同时按相切除故障相。具有原理简单、不需要TV输入、不受系统振荡及负荷的影响、对全相和非全相运行中的故障均能正确选相并跳闸等优点。

按规定的电流参考方向，以图3.19为例，动作电流（差动电流）为$I_{act}=|\dot{I}_M+\dot{I}_N|$，制动电流为$I_{brk}=|\dot{I}_M-\dot{I}_N|$，动作电流与制动电流对应的工作点位于比率制动特性曲线上方，继电器动作。

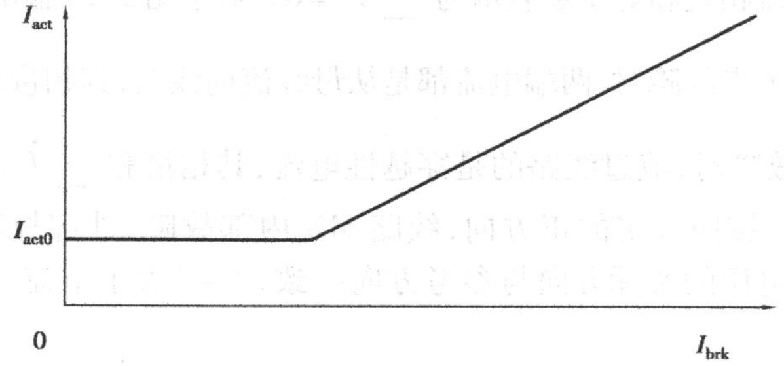


图3.19　电流差动保护动作特性

当输电线发生内部故障时，如图3.20(b)所示。动作电流$I_{act}=\sum\dot{I}=|\dot{I}_M+\dot{I}_N|=\dot{I}_K$，制动电流$I_{brk}=|\dot{I}_M-\dot{I}_N|$，因为$I_{act}\geqslant I_{brk}$，继电器动作。凡是在线路内部短路时有流出的电流，都称为动作电流。

当输电线发生外部故障时，如图3.20(c)所示。动作电流$I_{act}=\sum\dot{I}=|\dot{I}_M+\dot{I}_N|=0$，$I_{brk}=|\dot{I}_M-\dot{I}_N|=|\dot{I}_K+\dot{I}_K|=2|\dot{I}_K|$；因为$I_{act}\leqslant I_{brk}$，继电器不动作。可见凡是穿越的电流不产生动作电流，只产生制动电流。

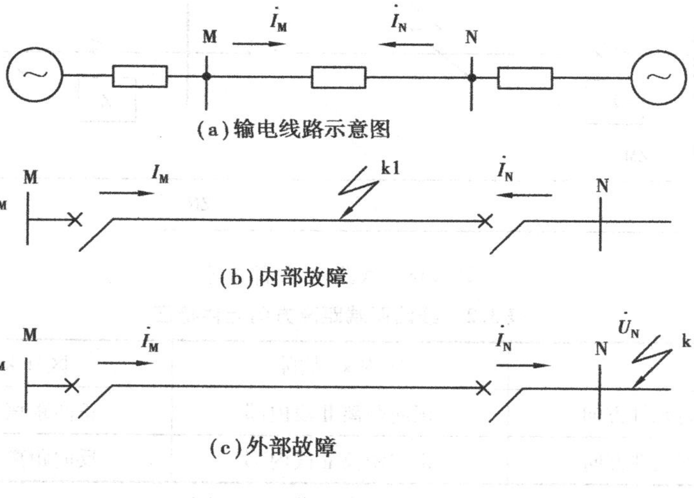


图3.20　分析线路短路特征

### 3.4.3　RCS-931B纵联差动保护

1)工作原理

RCS-931B高压线路保护的光纤电流纵差保护配置有分相电流差动保护和零序电流差动保护两种。其中，分相电流差动保护包括工频变化量差动和相电流差动。

工频变化量差动保护的差动电流 $\Delta I_{act\varphi}=|\Delta\dot{I}_{M}+\Delta\dot{I}_{N}|$，即为线路两侧电流变化量矢量和的幅值。制动电流为线路两侧电流变化量的标量和，即 $\Delta I_{brk\varphi}=\Delta I_{M\varphi}+\Delta I_{N\varphi}$。动作方程为 $\Delta I_{act\varphi}>\Delta I_{brk\varphi}$。由此可见，工频变化量差动保护有以下特点：

①不受负荷电流的影响，因此负荷电流不会产生制动电流。

②受过渡电阻的影响也较小。

③在单侧电源线路上发生短路，只要短路前有负荷电流，短路后无电源侧的工频变化量电流也会形成动作电流。

相电流差动保护的差动电流为线路两侧电流矢量和的幅值，制动电流为线路两侧电流矢量差的幅值，原理及表达式同电流纵差保护的基本原理。动作方程为 $I_{act\varphi}>0.75I_{brk\varphi}$。

零序电流差动保护比较的是线路两端的零序电流。零序差动电流为线路两侧零序电流矢量和的幅值，即 $I_{act0}=|\dot{I}_{M0}+\dot{I}_{N0}|$；制动电流为线路两侧零序电流矢量差的幅值，即 $I_{brk0}=|\dot{I}_{M0}-\dot{I}_{N0}|$。其动作方程为 $I_{act0}>0.75I_{brk0}$。零差保护也不反应负荷电流，而且受过渡电阻的影响较小，对于经高过渡电阻接地故障时，有较高的灵敏度。

由此可见，各种电流差动保护的原理基本相同，只是所比较的电气量有所不同，并且各有其特点。

线路的光纤电流纵差保护中还设置了后备保护。后备保护通常是三段式距离和零序电流保护，当光纤通道异常、电流差动保护退出运行时，起后备保护的作用。

光纤纵差保护还具有"直跳"和"远传"的功能，当本侧失灵、过电压等保护动作时，可通过远传或直跳功能使对侧断路器跳闸。

2）逻辑方框图（见图3.21）

①差动保护投入指屏上"主保护压板"、压板定值"投主保护压板"和定值控制字"投纵联差动保护"同时投入。

②"A相差动元件""B相差动元件""C相差动元件"包括变化量差动、稳态量差动Ⅰ段或Ⅱ段、零序差动，只是各自的定值有差异。

③三相开关在跳开位置或经保护启动控制的差动继电器动作，则向对侧发差动动作允许信号。

④TA断线瞬间，断线侧的启动元件和差动继电器可能动作，但对侧的启动元件不动作，不会向本侧发差动保护动作信号，从而保证纵联差动不会误动。TA断线时发生故障或系统扰动导致启动元件动作，若"TA断线闭锁差动"整定为"1"，则闭锁电流差动保护；若"TA断线闭锁差动"整定为"0"，且该相差流大于"TA断线差流定值"，仍开放电流差动保护。

### 3.4.4 RCS-902C纵联距离保护

（1）工作原理

RCS-902C设置有分相命令，其方向比较是按相比较的，适用于重要的同杆并架双回线，以保证跨线故障仅切除故障相。当RCS-902C中整定控制字"分相式命令"整定为"1"时纵联保护按分相比较逻辑进行，采用光纤或复用载波通道，总是工作在允许式，即输出有发给对侧的"A相允许信号""B相允许信号"和"C相允许信号"3个命令，输入有收到对侧发来的"A相允许信号""B相允许信号"和"C相允许信号"3个命令。通过分相比较逻辑保证跨线故障仅切除故障相。

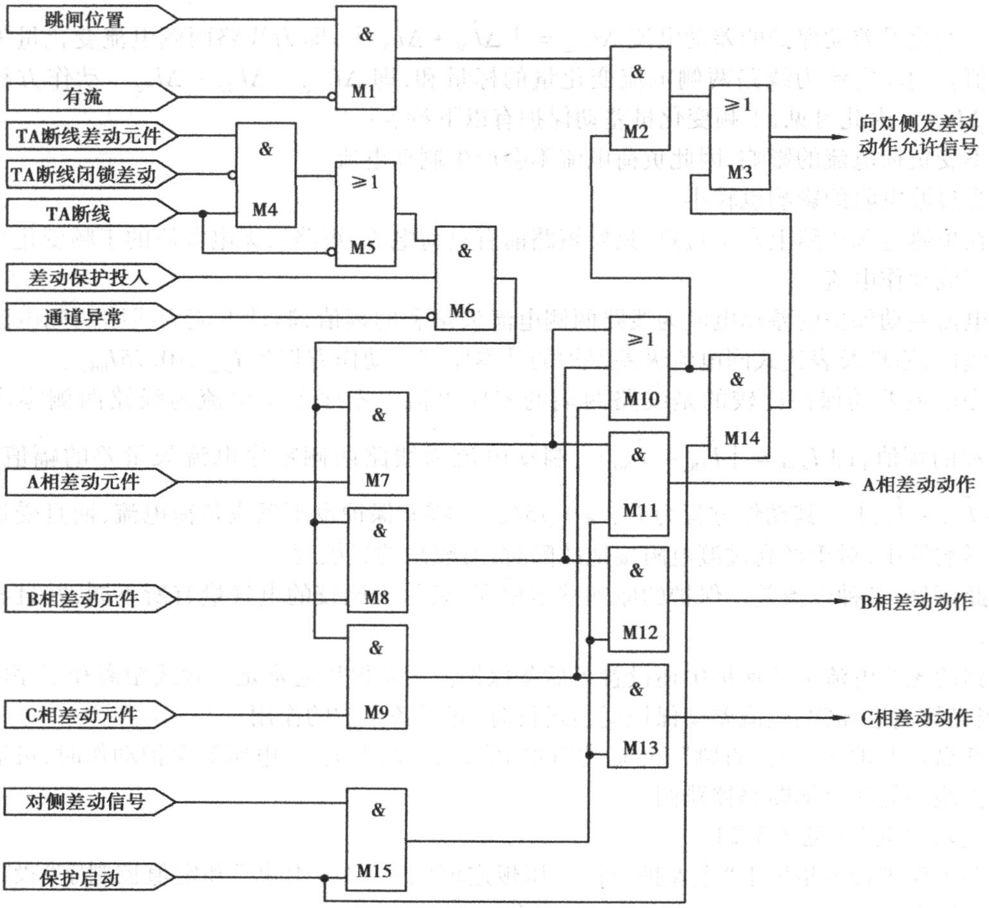


图 3.21　电流差动保护方框图

(2)方框图(见图 3.22)

①正方向元件动作且选相元件动作即发对应相的允许信号,选多相时三相均发允许信号,同时收到对侧对应相的允许信号 5 ms 后纵联保护动作跳该相。正方向元件动作而选相元件不动作经 100 ms 延时后置选三相并给对侧发三相允许信号。

②如在启动 40 ms 内不满足纵联保护动作的条件,则其后纵联保护动作需经 25 ms 延时,防止故障功率倒向时保护误动。

③当投入解除闭锁方式时,如采用相地通道,本侧选单相或三相,收到的 Unblocking 信号均有效;而采用相相通道时,则需本侧选三相,收到的 Unblocking 信号才有效。此时收到的 Unblocking 信号相当于收到对侧的三相允许信号。只有在收到 Unblocking 信号的前 100 ms 内该逻辑才有效,便于采用。

④当本装置其他保护(如工频变化量阻抗、零序延时段、距离保护)保护动作选相跳闸时,立即发该相允许信号,三相跳闸或外部保护(如母线差动保护)动作跳闸时,三相均发允许信号,在跳闸信号返回后,发信展宽 150 ms。

⑤TWJ 动作或跳闸固定动作且该相无流时发该相允许信号 150 ms;TWJ 动作或跳闸固定动作且该相无流时,如收到对侧该相允许信号,则给对侧发该相允许信号,最多发 100 ms。

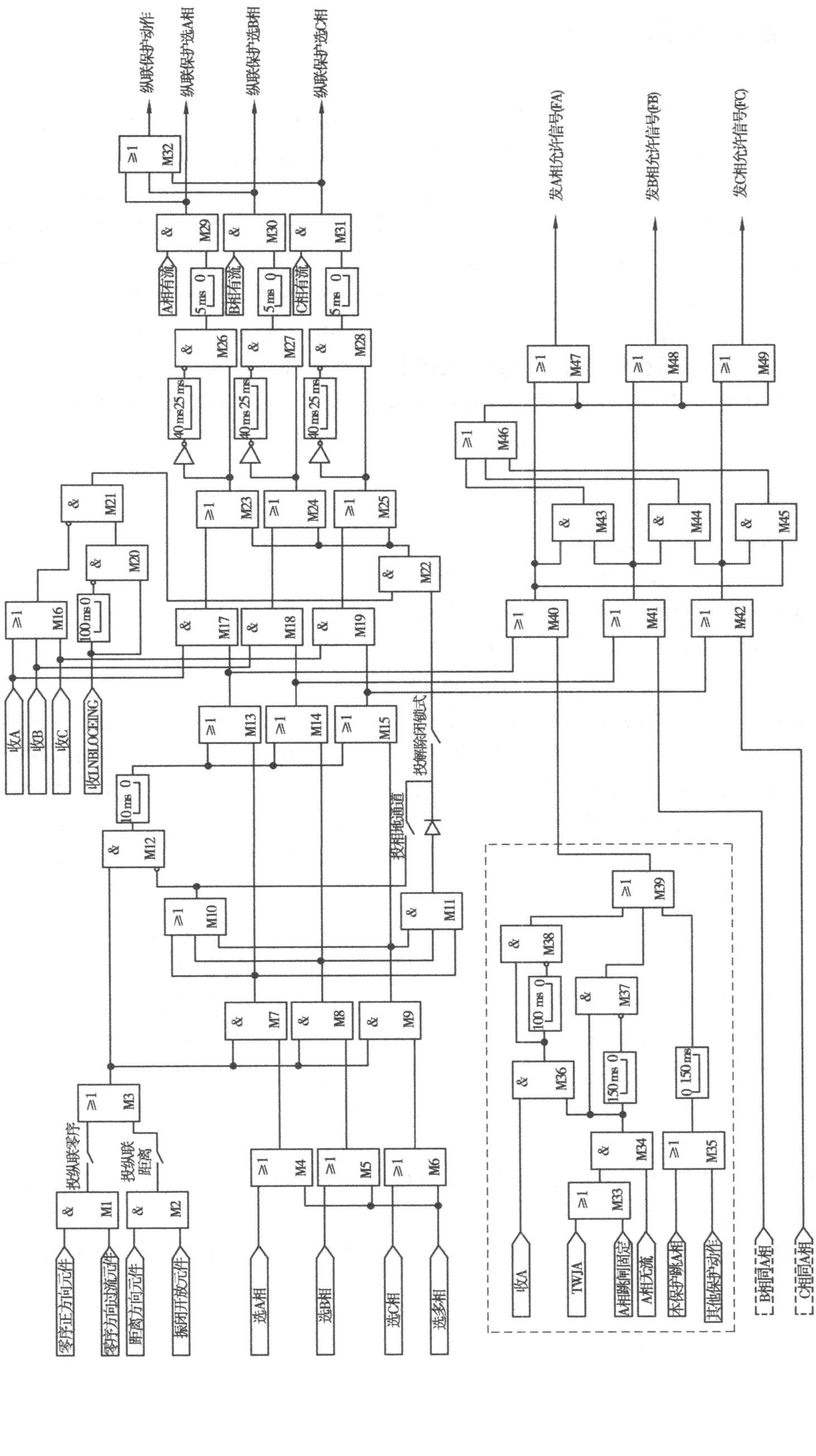


图3.22　分相式命令故障测量程序中允许式纵联保护逻辑方框图

### 3.4.5 线路自动重合闸

(1)概述

在电力系统的线路故障中,架空线路故障大部分都是瞬时性故障。例如,由雷电引起的绝缘子表面闪络、大风引起的碰线、通过鸟类以及树枝等物掉落在导线上引起的短路等,当线路被断路器迅速断开以后,电弧即行熄灭。故障点的绝缘强度重新恢复,外界物体(如树枝、鸟类等)也被电弧烧掉而消失。此时如果把断开的线路断路器再合上,就能恢复正常供电,因此,称这类故障是瞬时性故障。除此之外也有永久性故障。例如,由于线路倒杆、断线、绝缘子击穿损坏等引起的故障,在线路被断开之后,它们仍然是存在的。这时即使再合上电源,由于故障仍然存在,线路还要被继电保护再次断开,因而就不能恢复正常的供电。

由于输电线路上的故障具有以上的性质,因此,在线路被断开以后再进行一次合闸就能在多数情况下重合成功,从而提高了供电的可靠性和连续性。因此在电力系统中采用了自动重合闸装置。

(2)基本功能和原理

1)启动方式

自动重合闸装置是高压线路的自动装置。其启动方式有两种,即保护启动和不对应启动。当线路故障,保护动作跳闸的同时,启动重合闸装置,重合闸启动后,待开关跳闸经一个延时,发出合闸脉冲,这种启动方式为保护启动。在线路正常运行时,如发生开关偷跳,装置可根据合闸按钮与开关的位置不对应状态,启动重合闸,发出合闸脉冲,这种方式为不对应启动。

2)重合次数

根据我国电力系统的运行习惯和要求,重合闸装置一般只重合一次。为此在装置中设置一个充电电容,这个电容在开关合闸、正常运行时充电,充电时间为 15 ~20 s,只能提供一次合闸的能量。当开关在分闸位置时,用开关的常闭辅助触点,将电容放电,使电容不能充电。线路发生永久性故障重合后再次跳闸,充电电容要等 15 ~20 s 后才能再次发合闸脉冲,况且开关一旦跳闸,其常闭触点已将电容放电回路接通,不会再充电,因此能够保证只重合一次。

3)重合方式

根据有关规程和要求,重合闸装置必须具备以下几种重合方式可供选择。

①单重方式。当线路发生单相故障时,继电保护动作跳闸,跳闸的同时启动重合闸。开关跳闸后,经单重时间,装置发出合闸脉冲。当线路发生相间故障,保护动作跳三相,虽然保护动作的同时发出了启动重合闸的命令信号,但由于选定方式为“单重”,开关三相跳闸时,重合闸装置闭锁重合闸,不发合闸脉冲,保证单相跳闸能重合,三相跳闸不重合。

②三重方式。选择三重方式时,无论线路发生单相或相间故障,重合闸均使开关三相跳闸,然后再重合三相。

③综重方式。选择综重方式时,线路发生单相故障,跳单相,重合单相。发生相间故障时,开关三相跳闸,重合三相。

④停用方式。当选择重合闸为停用时,装置即闭锁重合闸。无论线路发生单相或相间故障,均使开关跳三相不重合。

4)重合时间

重合闸装置在开关跳闸之后,需要经一个延时,再发出合闸脉冲。这是考虑躲开开关跳闸时间和故障点的熄弧时间。再加一个可靠系数，以保证重合时，故障已确实消失，如果是瞬时故障，不等故障点熄弧就重合，相当于重合到故障点上，导致保护再次动作跳闸，重合失败。重合闸装置中的重合时间分为三重时间和单重时间两种，应能够分别整定，一般单重时间较长，三重时间较短。

当线路发生单相故障跳单相后，由于另外两健全相与故障相之间存在着互感，又由于高压线路对地有电容电流，互感电流和电容电流都经故障线路、故障点和电源点形成回路，这个回路中的电流称为"潜供电流"。"潜供电流"延长了故障点的熄弧时间，因此，高压线路的综合重合闸装置的单重时间应考虑潜供电流的影响。所以单重时间应长一些。潜供电流的大小与线路长短、电压等级及线路是否有并联电抗器有关，单重时间的整定应视具体情况而定。

线路发生相间故障跳三相后，由于三相都已断开，感应电流、电容电流均不存在。因此，故障点的熄弧时间就很短，重合时间不需要很长，只要保证开关三相跳开，稍加一点裕度即可。

(3)对自动重合闸装置的基本要求

①手动或由自动控制装置(如NCS)合闸、分闸时，不启动、并闭锁重合闸。而且手动合闸于故障线路时，应加速跳闸。

②有加速功能，无论手合或自动重合后均能与保护配合，实现加速跳闸。

③重合方式功能完善，可供选择。

④单重和三重时间可分别整定。

⑤功能完善，能与各种类型的保护配合。如有些高压线路出于对系统稳定的考虑，对线路故障后保护的切除及重合时间有一定的要求，超过这个时间，即使是单相、瞬时故障也不允许重合。这个时间整定范围一般在250 ms以内，称为"有效时间"。

⑥应能够反映断路器传动机构气压及 $SF_6$ 压力，当这些压力降低、不允许重合闸时，应立即将重合闸闭锁。此时，无论线路发生何种故障均跳三相，不重合。

⑦当线路发生单相故障保护动作跳开单相后，在非全相运行过程中，如又发生另一相或两相的故障，即所谓"相继故障"，保护应能有选择性地予以切除。上述故障如发生在单相重合闸的脉冲发出以前，则在故障切除后能进行三相重合；如发生在重合闸脉冲发出以后，则切除三相不再进行重合。

⑧在发电厂一次系统为单元式接线(发电机变压器组直接带线路)时，为保证机组的安全，应考虑重合闸只选择单重方式，不能使用三重方式。

目前，我国大部分地区的高压输电线路，只采用单相重合的方式，一般不采用三重和综重方式。

(4)重合闸逻辑方框图

RCS-931重合闸逻辑方框图如图3.23所示。

①TWJA，TWJB，TWJC分别为A，B，C三相的跳闸位置继电器的接点输入。

②保护单跳固定、保护三跳固定为本保护动作跳闸形成的跳闸固定，单相故障，故障相无电流时该相跳闸固定动作，三相跳闸，三相电流全部消失时三相跳闸固定动作。

③外部单跳固定、外部三跳固定分别为其他保护来的单跳启动重合、三跳启动重合输入由本保护经无流判别形成的跳闸固定。

④重合闸退出指重合闸方式把手置于停用位置，或定值中重合闸投入控制字置"0"，则重合闸退出。本装置重合闸退出并不代表线路跳闸退出，保护仍是选相跳闸的。要实现线路重

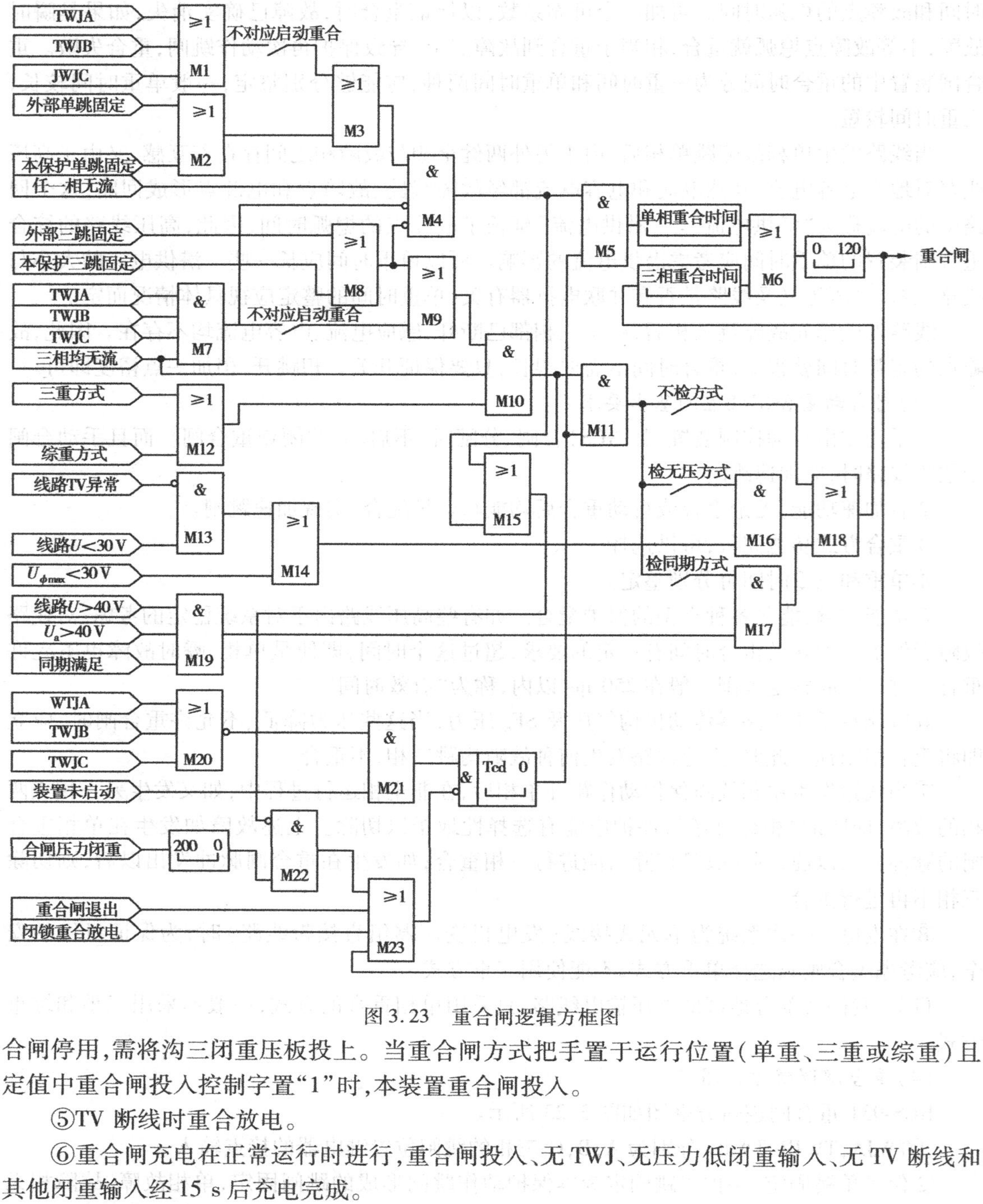


图 3.23　重合闸逻辑方框图

合闸停用，需将沟三闭重压板投上。当重合闸方式把手置于运行位置（单重、三重或综重）且定值中重合闸投入控制字置“1”时，本装置重合闸投入。

⑤TV 断线时重合放电。

⑥重合闸充电在正常运行时进行，重合闸投入、无 TWJ、无压力低闭重输入、无 TV 断线和其他闭重输入经 15 s 后充电完成。

⑦本装置重合闸为一次重合闸方式，用于单开关的线路，一般不用于 3/2 开关方式，可实现单相重合闸、三相重合闸和综合重合闸。

⑧重合闸的启动方式有本保护跳闸启动、其他保护跳闸启动和经用户选择的不对应启动。

⑨若开关三跳如 TGabc 动作、其他保护三跳启动重合闸或三相 TWJ 动作，则不启动单重。

⑩三相重合时，可选用检线路无压重合闸、检同期重合闸，也可选用不检而直接重合闸方

式。检无压时，检查线路电压或母线电压小于30 V时，检无压条件满足，而不管线路电压用的是相电压还是相间电压；检同期时，检查线路电压和母线电压大于40 V且线路电压和母线电压间的相位在整定范围内时，检同期条件满足。正常运行时，保护检测线路电压与母线A相电压的相角差，设为$\Phi$，检同期时，检测线路电压与母线A相电压的相角差是否在($\Phi$ - 定值)至($\phi$ + 定值)范围内，因此，不论线路电压用的是哪一相电压还是哪一相间电压，保护能够自动适应。

### 3.4.6 母差保护及断路器失灵保护

(1)母差保护

母差保护是发电厂高压母线的主保护，目前，普遍采用微机型母差保护装置。某F级燃气轮机电厂220 kV双母线保护采用BP-2B微机母线保护装置，保护配置有母线差动保护、母联失灵(或死区)保护、断路器失灵保护出口等功能。

1)基本原理

母线完全差动保护是将母线上所有连接元件的电流互感器按同名相、同极性连接到差动回路。电流互感器的特性与变比均应相同，若变比不相同时，可采用补偿变流器进行补偿，满足 $\sum \dot{I} = 0$。正常运行时，流进母线的电流等于流出母线的电流，母差保护中没有差流。当母线发生短路故障时，母线上各连接元件的电流相加，使母差保护动作跳开母线上连接的线路、变压器和发电机。

为了防止外部短路时，各元件之间的不平衡电流增大，导致母差保护误动，母差保护采用比率制动的特性。防止在这种情况下母差保护误动。

BP-2B母差保护是以带制动特性的差动保护原理为基础，结合微机数字处理的特点，发展出以分相瞬时值复式比率差动元件为主的一整套电流差动保护方案。母线差动保护的启动元件是由“和电流突变量$I_r$”和“差电流越限$I_d$”两个判据组成，“和电流”是指母线上所有连接元件电流的绝对值之和，“差电流”是指所有连接元件电流和的绝对值。当任一相的和电流突变量大于突变量门槛时，该相和电流启动元件动作；当任一相的差电流大于差电流门槛定值时，该相差电流启动元件启动；启动元件一旦动作后自动延时40 ms，再根据启动元件返回判据决定该元件何时返回。

母线差动保护的差动元件由分相复式比率差动判据和分相突变量复式比率差动判据构成。复式比率差动判据动作表达式为$I_d > I_{dset}$；$I_d > K_r(I_r - I_d)$。

其中，$I_{dset}$为差电流门槛值；$K_r$为复式比率系数(制动系数)。故障分量复式比率差动由“故障分量差电流$\Delta I_d$”“故障分量和电流$\Delta I_r$”组成。动作判据表达式为

$\Delta I_d > \Delta I_{dset}$；$\Delta I_d > K_r \times (\Delta I_r - \Delta I_d)$；$I_d > I_{dset}$；$I_d > 0.5 \times (I_r - I_d)$。

由于电流故障分量的暂态特性，故障分量复式比率差动判据仅在和电流突变启动后的第一个周波投入，并受使用低制动系数(0.5)的复式比率差动判据闭锁。

2)逻辑方框图

母差保护逻辑框图如图3.24所示。

(2)断路器失灵保护

某F级燃气轮机电厂220 kV母联配置PRS-723断路器失灵及辅助保护装置和WBC-11

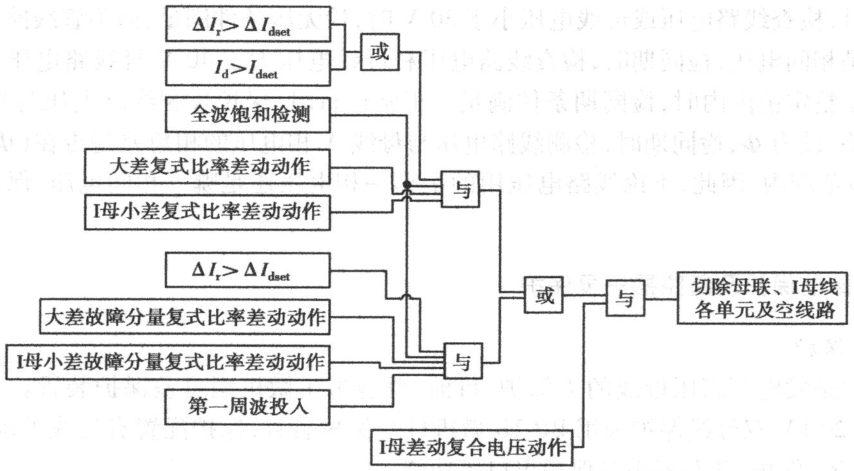


图 3.24　母差保护逻辑框图

操作箱组成。保护配置有失灵启动、过流保护、充电保护、非全相保护。

1）失灵保护的功能和基本原理

当被保护线路或元件发生故障继电保护动作跳闸，脉冲已经发出，而断路器却因本身原因未跳开，失灵保护则以较短的延时，跳开故障断路器的相邻断路器，或故障断路器所在母线上所有其他断路器。以尽快将故障线路或元件从电力系统切除。根据失灵保护的上述功能要求继电保护在动作跳闸的同时启动失灵保护。

失灵保护的设置形式与一次系统的接线形式有关。在双母线接线形式的厂、站只设置一套失灵保护，母线上连接的任何一个元件（线路或变压器）的保护装置动作跳闸的同时，均启动失灵保护。失灵保护根据故障断路器所在的位置，动作后切除相应母线上的其他断路器。

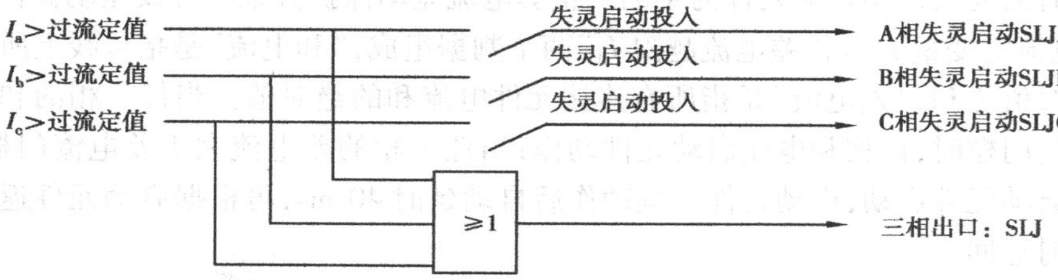


图 3.25　失灵保护启动逻辑图

装置的电流量启动元件分两个部分，即突变量启动和零序过流启动。任一元件启动，打开启动继电器，展宽 7 s 输出信号，开放出口继电器正电源。失灵启动为一个过流判别元件，当相电流大于失灵启动过流定值时，瞬时接通该相失灵启动接点，该接点与外部保护该相跳闸接点串联后启动失灵。失灵启动接点分为分相失灵启动接点与三相失灵启动接点（任一相失灵启动动作即动作）。失灵启动电流元件返回系数为 0.95。

2）过流保护

过流保护包括两段相电流过流保护与两段零序电流过流保护，如图 3.26 所示，当最大相电流大于相电流过流Ⅰ、Ⅱ段定值或零序电流大于零序过流 Ⅰ、Ⅱ段定值，分别经各自的延时整定值，保护发跳闸命令。过流保护电流元件返回系数为 0.95。

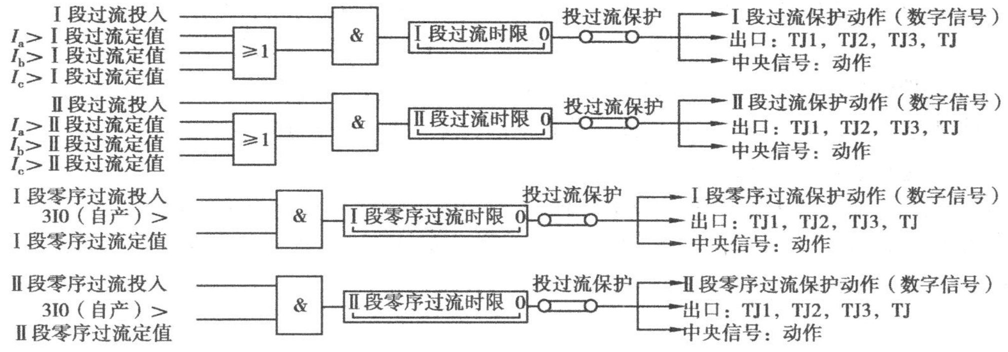


图 3.26　过流保护逻辑图

3）充电保护

充电保护是专为用母联断路器向备用母线充电所设置的保护，检测的是相电流或零序电流。如果母联合于有故障的母线，充电保护会立即跳开母联。当充电保护投入时，充电保护就会闭锁母差保护，以防母联合于故障母线时，母差动作跳开所有出线，扩大事故范围。因充电保护定值较小，时限短，过于灵敏，容易误动备用母线，故在备用母线充电并检查无异常后，该保护应退出运行。

充电保护采用相电流过流，经 20 ms 延时跳闸的方式。充电保护电流元件返回系数为 0.95。

在保护投入的情况下，充电保护可分别由两个条件启动：

①TWJ 启动。TWJ 为 1 且三相无流持续 20 s 后，若 TWJ 返回（由 1→0），或任一相电流由无变有时，充电保护启动。

②手合启动。从手合开入由 0→1 起（变化时刻 TWJ 为 1 且三相无流），5 s 内若 TWJ 返回（由 1→0），或任一相电流由无变有时，充电保护启动。充电保护启动 400 ms 后，退出充电保护。

4）三相不一致保护

三相不一致保护又称为非全相保护。当 220 kV 及以上分相操作断路器三相不同时合闸或分闸时，三相系统产生不平衡，此时不一致保护动作跳闸。一般由断路器三相辅助接点的开闭状态和负序（零序）电流作判据。三相不一致保护逻辑图如图 3.27 所示。

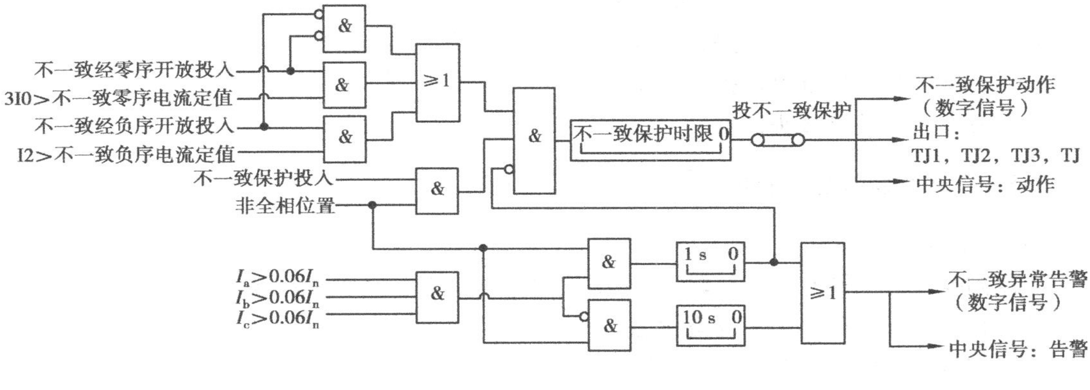


图 3.27　三相不一致保护逻辑图

三相不一致保护由软件控制字及硬压板相“与”作用投退。三相不一致保护可采用零序电流或负序电流作为动作的辅助判据，可分别由“不一致经零序开放”（控制字）或“不一致经负序开放”（控制字）选择投退。当相应的“不一致零序过流元件”或“不一致负序过流元件”判据条件满足后，经可整定的“不一致动作时间”，不一致保护动作。三相不一致保护辅助判据电流元件返回系数为0.95。

当三相均有电流且有不一致开入时，延时1 s报不一致异常，并闭锁不一致保护；如果三相不均有电流且有不一致开入时，则经10 s延时报不一致异常。A，B，C三相电流大于$0.06I_n$时判为该相有流，返回系数为0.9。

## 3.5 倒闸操作

### 3.5.1 设备状态与倒闸操作的内容

倒闸操作是指电气设备由一种状态转换到另一种状态，或改变系统运行方式所进行的一系列操作。电气设备有4种不同的状态，分别为：运行状态、热备用状态、冷备用状态、检修状态。

①运行状态。是指设备或电气系统带有电压，且控制电源、继电保护及自动装置按运行状态投入。

②热备用状态。是指该设备已具备运行条件，且控制电源、继电保护及自动装置按运行状态投入，经一次合闸操作即可转为运行状态的状态。

③冷备用状态。是指连接该设备的各侧均无安全措施，且连接该设备的各侧均有明显断开点或可判断的断开点。

④检修状态。是指连接该设备的各侧均有明显断开点或可判断的断开点，需要检修的设备各侧已接地的状态。

倒闸操作包括一次设备和二次设备的操作，其操作具体内容如下：

①开断或闭合某些断路器。

②拉开或断开某些隔离开关。

③拉开或合上接地刀闸（拆除或装设接地线）。

④装上或取下某些控制回路、合闸回路、电压互感器回路的熔断器。

⑤投入或停用某些继电保护和自动装置。

⑥改变变压器的分接头位置。

### 3.5.2 倒闸操作的一般规定

（1）进行倒闸操作前应遵守以下规定：

①倒闸操作前需同有关岗位联系，并得到调度或值长的命令才能执行。

②进行倒闸操作前需了解设备状态。

③一切倒闸操作不得在交接班时进行。

④紧急情况下，如火灾发生人身设备事故，值班员可不经批准先行操作，事后向上级汇报

经过情况。

⑤执行操作票,应先在模拟图上进行模拟操作,以核对操作票的正确无误。

⑥设备送电前,必须终结全部工作票,拆除临时接地线及一切与检修工作有关的安全措施,恢复固定遮拦及常设警告牌,对设备各连接回路进行全面检查。

⑦设备投入运行前,其保护必须先投入。

(2)倒闸操作过程应遵守以下原则

①停送电操作原则:

a.停电时,先开断断路器,然后拉开负荷侧隔离开关,最后拉开电源侧隔离开关;送电时顺序相反。

b.在操作过程中发现误合隔离开关时,不准把误合的隔离开关再拉开。发现误拉隔离开关时,不准把已拉开的隔离开关重新合上。

c.严禁带负荷拉、合隔离开关,所装电气和机械防误闭锁装置不能随意退出。

上述规定是由于隔离开关无灭弧装置,不能用于接通或断开正常负荷电路。否则,操作隔离开关时,将会在触头间产生电弧,造成事故。

②母线倒闸操作原则:

a.母线送电前,应先将该母线的电压互感器投入;母线停电前,应先将该母线上的所有负荷都转移完成后停运母线,再将该母线电压互感器停止运行。

b.母线充电时,必须用断路器进行,且充电保护必须投入,充电正常后停用充电保护。

c.倒母线操作时,母联断路器应关合。确认母联断路器关合后,断开其控制电源,然后进行母线隔离开关的切换操作。母联断路器开断前,必须确认负荷已全部转移,母联断路器电流表指示为零,再开断母联断路器。

倒母线操作前断开母联断路器控制电源的原因是:若倒母线操作过程中,由于某种原因使母联断路器开断,则母线隔离开关的拉、合操作,实际上就是带负荷拉、合母线隔离开关。

d.拉合母线隔离开关应检查重动继电器动作情况。

③变压器操作原则:

a.凡有中性点接地的变压器,变压器的投入或退出操作时,其中性点接地刀闸应合上,以防止操作过电压,保护变压器不因过电压而损坏。

b.两台变压器并列运行,在倒换中性点接地刀闸时,先合上中性点未接地的变压器的中性点接地刀闸,再拉开另一台变压器的中性点接地刀闸。

c.无载调压变压器分接开关的切换应在变压器停电后进行,分接开关切换后,必须测量分接开关接触电阻合格,方可送电。有载分接开关可以在线带负荷改变分接头位置,但应防止连续调整。

d.停送电操作顺序:送电时先送电源侧,后送负荷侧;停电时先停负荷侧,再停电源侧。

对于发电厂厂用变压器而言,变压器主保护和后备保护大部分装在电源侧,送电时先送电源侧,在变压器故障情况下,变压器的保护动作,使断路器跳闸切除故障。若送电时先送负荷侧,在变压器有故障的情况下,保护将不起作用,造成越级跳闸,扩大停电范围;停电时,先停负荷侧,在负荷侧为多电源的情况下,可避免变压器反充电,并增加其他变压器负担。

### 3.5.3 倒闸操作票的填写

倒闸操作的正确性直接影响操作人员及被操作设备的安全,关系到系统的正常运行。为保证正确、迅速的完成操作任务,必须填写倒闸操作票。

(1)操作票的填写方法

填写操作票时,应在了解系统或设备当前运行方式的基础上,根据操作任务,对照电气接线图,填写操作票。具体要求如下:

①每份操作票只能填写一个操作任务。

②操作票票面应清楚、整洁,不得任意涂改。

③填写时,在操作票上应先填写编号并按编号顺序使用。

④操作票应填写设备的双重编号。

⑤一个操作任务所填写的操作票超过一页时,续页操作序号应连续,每页有关人员均应签名。

⑥操作票填写完毕,经审核正确无误后,在操作顺序最后一项后的空白处打终止号,表示以下无任何操作。

(2)操作票的填写项目

填写倒闸操作票要求文字准确、简练,标准统一,即必须使用规范术语。其规范术语见表3.3。

表3.3 倒闸操作票的规范术语

| 设 备 | 术 语 | 设 备 | 术 语 |
|---|---|---|---|
| 发电机 | 解列、并列 | 继电保护 | 投入、退出、动作 |
| 变压器 | 运行、备用、充电 | 自动装置 | 投入、退出、动作 |
| 环网 | 合环、解环 | 熔断器 | 装上、取下 |
| 联络线 | 并列、解列、充电 | 接地线 | 装设、拆除 |
| 断路器 | 拉开、合上、跳闸、重合 | 有功、无功 | 增加、减少 |
| 隔离开关 | 拉开、合上 | 二次开关 | 切至 |

下列操作应作为操作票内一个操作步骤单独填入操作票内。

①操作前的检查项目。检查设备的运行状态,作为单独项目填入操作票。其目的是防止误操作。

②拉开、合上断路器。如拉开××断路器,合上××断路器。

③检查断路器开、合情况,如检查××断路器已合好。

④拉开、合上隔离开关。如拉开××隔离开关。

⑤检查隔离开关拉开、合上情况。如检查××隔离开关已拉开。

⑥检查送电范围内是否遗留有接地线。防止带接地线合闸。

⑦验电和装设、拆除接地线。

⑧检查负荷转移情况(检查表计指示情况)。

⑨装上或取下熔断器。

⑩停用或投入继电保护连接片。

进行以下倒闸操作任务时可不填操作票:

①进行紧急事故处理。

②开断、关合单一的断路器或拉开、合上单一的隔离开关。

③拆除全厂仅有的一组接地线。

④拉开全厂仅有的一组接地刀闸。

⑤投入或停用单一的保护压板。

(3)填写操作票的一般步骤

要写出一份合格的操作票,需要认真分析接线特点和运行方式。首先接到操作命令后,明确操作任务,然后结合主接线形式,明确当前的运行方式及设备所处状态,之后分解操作,最后按操作顺序进行组合,充分考虑注意事项,即可完成一份合格的操作票。

### 3.5.4　典型操作票举例

以某电厂双母线接线为例,如图3.10所示,线路L4停电待送,线路断路器2862由检修转为运行(运行于I母)的操作票如下:

①接调度指令。

②检查线路L4的检修工作票已收回(包括拆除临时安全措施、恢复常设安全措施)。

③检查220 kV线路L4断路器2862确已拉开。

④投入线路L4的保护(按调度要求投入相关保护)。

⑤合上L4线路断路器2862的控制及信号回路小开关(或熔断器)。

⑥合上线路上TV二次小开关。

⑦检查L4线路上各断路器、隔离开关、接地刀闸指示、信号反馈正确。

⑧在五防站上模拟操作通过。

⑨拉开线路断路器2862线路侧接地刀闸2862C0。

⑩就地检查线路侧接地刀闸2862C0确已拉开。

⑪拉开线路断路器2862母线侧接地刀闸2862B0。

⑫就地检查线路断路器2862母线侧接地刀闸2862B0确已拉开。

⑬拉开线路断路器2862线路侧接地刀闸286240。

⑭就地检查线路侧接地刀闸286240确已拉开。

⑮合上线路断路器2862 I母侧隔离开关28621。

⑯就地检查线路断路器2862 I母侧隔离开关28621确已合上。

⑰合上断路器2862线路侧隔离开关28624。

⑱就地检查线路断路器2862线路侧隔离开关28624已合上。

⑲合上线路断路器2862。

⑳就地检查线路断路器2862三相已合闸良好。

㉑检查线路L4各断路器、隔离开关、接地刀闸指示、信号反馈正确,电流、电压指示正常。

㉒汇报调度操作完毕。

## 复习思考题

1. 简述主接线的基本要求?

2. 有母线的主接线有哪些形式,无母线的主接线有哪些形式?

3. 双母线带母联的主接线的运行方式有哪几种？
4. 电气设备的状态有哪几种？
5. 电流保护的基本原理是什么？
6. 纵联保护与阶段式保护的根本差别是什么？
7. 输电线路纵联保护中通道的作用是什么？通道的种类及其优缺点？
8. 高压电网中，目前使用的重合闸有何优、缺点？
9. 简述双母线上母线保护的配置。
10. 简述断路器失灵保护。
11. 什么是倒闸操作，倒闸操作的内容有哪些？
12. 简述母线倒闸操作遵循的原则。
13. 写出图 3.10 线路 L4 由运行转检修的操作票（线路 L4 运行于 2 母）。

# 第4章 高压设备及发电机出口断路器

## 4.1 高压配电装置

### 4.1.1 概述

(1)高压配电装置的作用和分类

配电装置是发电厂和变电站的重要组成部分,它是根据电气主接线的接线方式,由开关设备、母线装置、保护和测量设备、必要的辅助设备构成的一种电工装置。正常工作时用来接受和分配电能,故障时迅速切断故障部分,以保证未故障部分的安全运行。

根据配电装置的不同特点,有以下几种分类方法:

①按装设地点的不同,可分为屋内配电装置和屋外配电装置。

②按组装方式的不同,可分为装配式和成套式。

③按电压等级的不同,可分为低压配电装置、中压配电装置、高压配电装置和超高压配电装置。

一般情况下,发电厂和变电站的35 kV及以下电压等级多采用屋内配电装置,110 kV及以上大多采用屋外配电装置。但当110~220 kV配电装置有特殊要求(如沿海边或化工厂),也可采用屋内配电装置。本节主要介绍高压配电装置。中、低压配电装置详见第5章。

(2)屋内、屋外配电装置的最小安全净距

为满足配电装置运行和检修维护的需要,确保人身和设备安全所必需的最小电气距离,称为安全净距。在各种间距中,最基本的是带电部分对接地部分(以 $A_1$ 表示)和不同相带电部分(以 $A_2$ 表示)之间的空间最小安全净距。在这一距离下,无论是处于最高工作电压下,还是处于内、外过电压下,空气间隙均不致被击穿。影响 $A$ 值的因素有:

①220 kV以下电压等级的配电装置,大气过电压起主要作用。

②330 kV及以上电压等级的配电装置,内部过电压起主要作用。其他安全净距是在上述值的基础上考虑运行维护、设备移动、检修工具活动范围、施工误差等具体情况而确定的。

《高压配电装置设计技术规程》(DL/T 5352—2006)中，有关屋内、屋外配电装置的最小安全净距校验图如图 4.1 所示，最小安全净距见表 4.1。

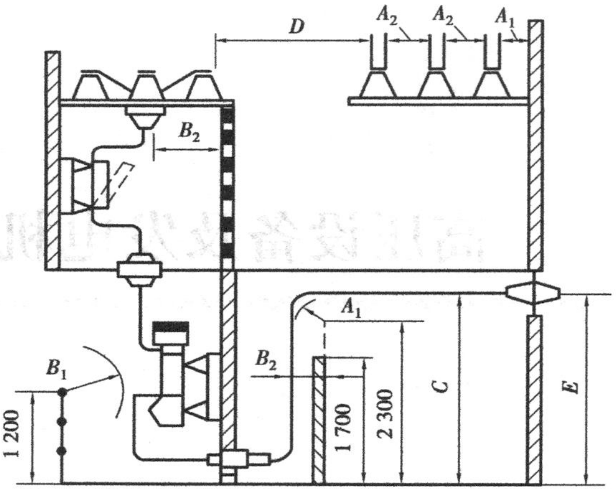


图 4.1　屋内安全净距校验图

**表 4.1　屋内配电装置的最小安全净距/mm**

| 符号 | 额定电压/kV | | | | | | | | | |
|---|---|---|---|---|---|---|---|---|---|---|
| | 3 | 6 | 10 | 15 | 20 | 35 | 60 | 110J* | 110 | 220J |
| $A_1$ | 75 | 100 | 125 | 150 | 180 | 300 | 550 | 850 | 950 | 1 800 |
| $A_2$ | 75 | 100 | 125 | 150 | 180 | 300 | 550 | 900 | 1 000 | 2 000 |
| $B_1$ | 825 | 850 | 875 | 900 | 930 | 1 050 | 1 300 | 1 600 | 1 700 | 2 550 |
| $B_2$ | 75 | 200 | 225 | 250 | 280 | 400 | 650 | 950 | 1 050 | 1 900 |
| $C$ | 375 | 2 400 | 2 425 | 2 450 | 2 480 | 2 600 | 2 850 | 3 150 | 3 250 | 4 100 |
| $D$ | 875 | 1 900 | 1 925 | 1 950 | 1 980 | 2 100 | 2 350 | 2 650 | 2 750 | 3 600 |
| $E$ | 4 000 | 4 000 | 4 000 | 4 000 | 4 000 | 4 000 | 4 500 | 4 500 | 5 000 | 5 500 |

注：①各值适用范围如下：

$A_1$：带电部分至接地部分之间；网状和板状遮拦向上延伸线距地 2.3 m，于遮拦上方带电部分之间。

$A_2$：不同相的带电部分之间；交叉的不同时停电检修的无遮拦带电部分之间。

$B_1$：栅状遮拦至带电部分之间；交叉的不同时停电检修的无遮拦带电部分之间。

$B_2$：网状遮拦至带电部分之间。

$C$：无遮拦裸导线至地面之间。

$D$：平行的不同时停电检修的无遮拦裸导线之间。

$E$：通向屋外的出线套管至屋外通道的路面。

②J* 表示中性点直接接地系统。

屋外最小安全净距值见表 4.2，安全净距校验图如图 4.2 所示。

**表4.2　屋外配电装置的安全净距/mm**

| 符号 | 额定电压/kV | | | | | | | | |
|---|---|---|---|---|---|---|---|---|---|
| | 3～10 | 15～20 | 35 | 60 | 110J* | 110 | 220J | 330J | 500J |
| $A_1$ | 200 | 300 | 400 | 650 | 900 | 1 000 | 1 800 | 2 500 | 3 800 |
| $A_2$ | 200 | 300 | 400 | 650 | 1 000 | 1 100 | 2 000 | 2 800 | 4 300 |
| $B_1$ | 950 | 1 050 | 1 150 | 1 400 | 1 650 | 1 750 | 2 550 | 3 250 | 4 550 |
| $B_2$ | 300 | 400 | 500 | 750 | 1 000 | 1 100 | 1 900 | 2 600 | 3 900 |
| $C$ | 2 700 | 2 800 | 2 900 | 3 100 | 3 400 | 3 500 | 4 300 | 5 000 | 7 500 |
| $D$ | 2 200 | 2 300 | 2 400 | 2 600 | 2 900 | 3 000 | 3 800 | 4 500 | 5 800 |

注：①各值适用范围如下：

$A_1$：带电部分至接地部分之间；网状和板状遮拦向上延伸线距地2.5 m，于遮拦上方带电部分之间。

$A_2$：不同相的带电部分之间；断路器和隔离开关的断口两侧带电部分之间。

$B_1$：栅状遮拦至带电部分之间；交叉的不同时停电检修的无遮拦带电部分之间；设备运输时，其外廓至无遮拦带电部分之间；带电作业时的带电部分至接地部分之间。

$B_2$：网状遮拦至带电部分之间。

$C$：无遮拦裸导线至地面之间；无遮拦裸导线至建筑物、构筑物顶部之间。

$D$：平行的不同时停电检修的无遮拦裸导线之间；带电部分与建筑物、构筑物的边沿部分之间。

②J表示中性点直接接地系统。

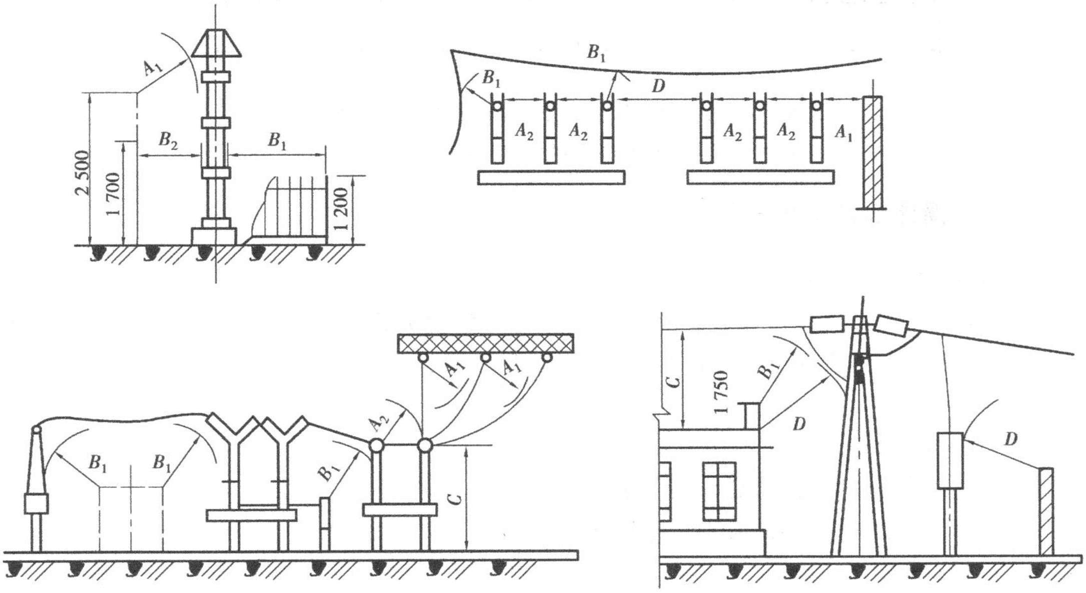


图4.2　屋外安全净距校验图

## 4.1.2　屋内敞开式配电装置

(1)屋内配电装置的特点

屋内敞开式配电装置是指组成配电装置的断路器、隔离开关等电气设备安装在室内。具有以下特点：

①允许安全净距小,可以分层布置。

②维修巡视和操作在室内进行,不受气候影响。

③外界污染空气对电气设备影响小,可减小维护工作量。

(2)屋内配电装置实例

某电厂 220 kV 配电装置采用了屋内布置方式,为双层双母线带旁路隔离开关双列式布置,其布置图如图 4.3 所示。主变压器与配电装置分别布置在两个屋内,配电装置屋内,双母线采用软导线作三列 E 形布置,对称布置在左右两侧,两组母线间布置旁路隔离开关及旁路母线,使每一间隔可以双侧出线。断路器作低式布置在同一标高上,母线及隔离开关高式布置在同一标高上,这种布置方式节省了占地面积。

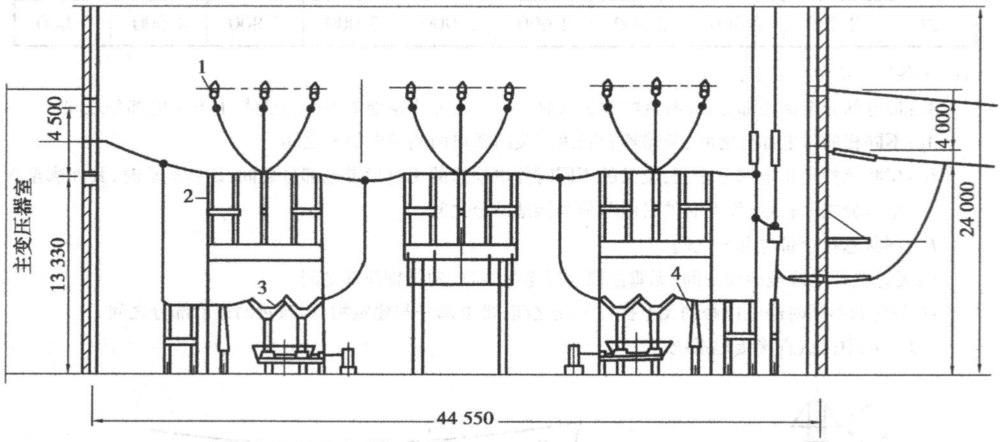


图 4.3 屋内敞开式双母线带旁路隔离开关双列布置图

1—母线;2—隔离开关;3—断路器;4—电流互感器

### 4.1.3 屋外敞开式配电装置

(1)屋外配电装置特点

屋外配电装置是将断路器、隔离开关等电气设备安装在露天场地的基础支架或构架上。其结构形式除与主接线、电压等级和电气设备类型有密切关系外,还与地形地势有关。具有以下特点:

①扩建比较方便。

②土建工程量和费用小,建设周期短。

③相邻设备之间距离大,便于带电作业。

④占地面积大。

⑤受外界空气影响,设备运行条件差。

⑥外界气象变化对设备维修和操作有影响。

(2)屋外敞开式配电装置的类型

按电气设备与母线布置的高度,屋外配电装置分为中型、半高型、高型 3 大类。

中型配电装置中,母线所在的水平面稍高于电气设备所在的水平面。其他电气设备安装在具有一定高度的基础上,使带电部分对地保持必要的高度,以便工作人员能在地面安全活动。这种布置比较清晰，不易误操作，施工维护方便。

高型和半高型配电装置的母线和电气设备分别装在几个不同高度的水平面上。凡是将一组母线与另一组母线重叠布置的，称为高型布置。如果仅将母线与断路器、电流互感器等重叠布置，则称为半高型布置。其特点比较见表4.3。

**表4.3　屋外敞开式配电装置比较表**

| 项目 | 中　型 | 半高型 | 高　型 |
| --- | --- | --- | --- |
| 布置 | 所有电气设备均布置在同一水平面内，并装在一定高度的基础上 | 母线与电气设备重叠，但母线之间不重叠 | 母线与母线重叠布置 |
| 优点 | 施工和维护方便，造价较省，运行经验丰富 | 占地面积比普通中型减少约30% | 占地面积比普通中型节省50%左右 |
| 缺点 | 占地面积过大 | 造价有所增加 | 耗用钢材较多，造价较高，操作和维护不便 |

(3)屋外敞开式配电装置举例

图4.4为高型布置的220 kV双母线进出线带旁路布置的进出线间隔断面图。该方案的特点是将两组母线和两组母线隔离开关上下重叠布置，旁路母线布置在主母线的两侧，旁路母线及其隔离开关与双列布置的断路器、电流互感器上、下重叠布置。该布置方式特别紧凑，能充分利用空间位置，占地面积仅为普通中型的50%，此外，母线、绝缘子串和控制电缆的用量也比中型少。但和中型相比钢材消耗量多，操作和检修设备条件差，特别是上层设备的检修不方便。

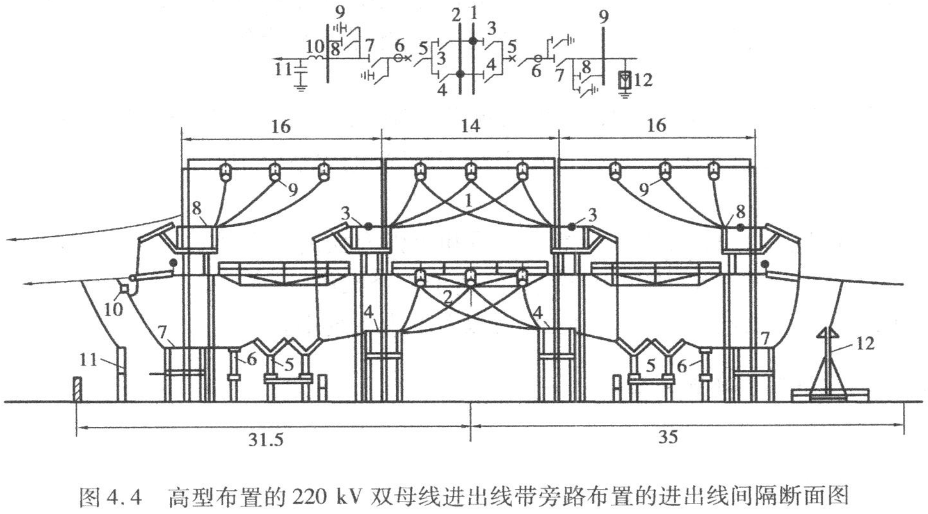


图4.4　高型布置的220 kV双母线进出线带旁路布置的进出线间隔断面图

1,2—主母线；3,4—隔离开关；5—断路器；6—电流互感器；7,8—带接地刀闸的隔离开关；9—旁路母线；10—阻波器；11—耦合电容；12—避雷器

# 4.2 断路器基本知识

## 4.2.1 概述

断路器是指能够关合、承载和开断正常回路条件下的电流,能在规定的时间内关合、承载和开断异常回路条件(包括短路条件)下的电流的开关装置。

## 4.2.2 断路器的基本要求

断路器应能满足以下要求:

①合闸状态为良好的导体,不但能通过正常的负荷电流,即使通过短路电流时,也不应因发热和电动力的作用而损坏。

②分闸状态时应有良好的绝缘性。在规定的环境条件下,能承受相对地电压以及同相断口间的电压。

③关合规定的短路电流时,应有足够的开断能力和尽可能短的开断时间。

④在规定的短路电流时,在规定时间内断路器的触头不能产生熔焊等情况。

⑤断路器要能长期可靠地工作,有一定的机械寿命和电气寿命。

## 4.2.3 断路器的分类

根据灭弧介质的不同,断路器可分为油断路器、压缩空气断路器、真空断路器和 $SF_6$ 断路器,由于在我国 F 级燃机电厂的 6 kV 及以上高压系统中主要采用真空断路器和 $SF_6$ 断路器,而油断路器和压缩空气断路器已逐渐被系统淘汰,故本节不作介绍。

1)真空断路器

在真空中实现灭弧,具有灭弧速度快、开断能力强、结构简单、耗材少、体积小、维护方便、检修周期长、使用寿命长等优点,广泛应用于 6~35 kV 电力系统中。

2)$SF_6$ 断路器

采用高绝缘性能的 $SF_6$ 气体作为绝缘介质和灭弧介质的断路器。具有工作电流大、开断能力强、绝缘水平高、噪声低、体积小、质量轻、适于频繁操作、无火灾爆炸危险和检修周期长等优点。目前,$SF_6$ 断路器已广泛用于 35 kV 及以上电力系统中。

## 4.2.4 断路器的基本技术参数

(1)断路器的基本技术参数

1)额定电压(kV)

额定电压是表征断路器绝缘强度的参数。它是断路器长期工作的最高电压。为了适应电力系统工作的要求,断路器规定了与电力系统各级电压相应的最高工作电压。对 3~220 kV 各级,其断路器额定电压较系统电压约高 15%,对 330 kV 及以上的断路器额定电压较系统电压高 10%。断路器在最高工作电压下,应能长期可靠地工作。

2)额定电流(A)

额定电流是表征断路器通过长期电流能力的参数,即断路器允许连续长期通过的最大电流。通过这一电流时,断路器各部分(如接触部分、端子及导体连接部分、与绝缘体接触的金属部分)的允许温度不超过国家标准规定的数值。断路器额定电流的大小决定了断路器的触头结构和导电部分的截面。

3)额定开断电流(kA)

额定开断电流是表征断路器开断性能的参数。在额定电压下,断路器能保证可靠开断的最大短路电流,称为额定开断电流。其数值用断路器触头分离瞬间短路电流周期分量的有效值表示。

断路器的开断电流大小与工作电压有关,在不同的工作电压下,同一台断路器所能正常开断的最大电流值也是不相同的。

4)动稳定电流(kA)

动稳定电流是表征断路器通过短路电流能力的参数。反映断路器承受短路电流电动力效应的能力。短路电流值的最大峰值,称为动稳定电流,又称为极限通过电流。

5)额定关合电流(kA)

额定关合电流是表征断路器关合电流能力的参数。断路器在接通电路时可能会出现短路故障,此时需要关合很大的短路电流,可能会使触头熔焊,使断路器造成损伤。断路器能够可靠关合的电流最大峰值称为额定关合电流,与动稳定电流在数值上相等,二者都为冲击电流,即为额定开断电流的2.55倍。

6)额定短时耐受电流(kA)及持续时间(s)

额定短时耐受电流是表征断路器通过短路电流能力的参数,也称热稳定电流,反映断路器承受短路电流热效应的能力。额定短时耐受电流是指断路器处于合闸状态下,在一定的持续时间内,所允许通过电流的最大周期分量的有效值,此时断路器不应因短时发热而损坏。国家标准规定:断路器的额定短时耐受电流等于额定开断电流,额定短时耐受电流的持续时间为2 s。需要时可大于2 s,推荐4 s。

7)开断时间(ms)

开断时间是指从断路器分闸线圈通电起至三相电弧完全熄灭为止的时间。开断时间由分闸时间和电弧燃烧时间组成。开断时间是标志断路器开断过程快慢的参数。

8)关合时间(ms)

关合时间是指断路器接到合闸命令瞬间起到任意一相首先通过电流瞬间的时间间隔,是合闸时间与预击穿时间之差。合闸时间是指断路器接到合闸命令瞬间起到所有相触头都接触瞬间的时间间隔。预击穿时间是指关合时,从任意一相中首先出现电流到所有相触头都接触瞬间的时间间隔。

(2)某型 $SF_6$ 断路器的配置参数

某型 $SF_6$ 断路器配置参数,见表4.4。

**表4.4　某厂所选用 $SF_6$ 断路器额定技术参数**

| | | | |
|---|---|---|---|
| 额定电压/kV | 252 | 动稳定电流/kA | 125 |
| 额定电流/A | 3 150 | 额定短时耐受电流(持续时间)/kA | 50(s) |
| 额定开断电流/kA | 50 | 开断时间/ms | ≤60 |
| 额定关合电流/kA | 125 | 关合时间/ms | 40～60 |

### 4.2.5 断路器的基本结构

断路器的种类很多，具体构造也各不相同，但其基本结构可分为通断元件、绝缘支撑元件、传动元件、基座和操动机构5个部分。

①通断元件。通断元件的作用是开断、关合电路和安全隔离电源，包括导电回路、动静触头和灭弧装置。

②绝缘支撑元件。绝缘支撑元件的作用是支撑断路器的器身，承受开断元件的操动力和各种外力，保证开断元件的对地绝缘，包括瓷柱、瓷套管和绝缘管。

③传动元件。传动元件的作用是将操作命令和操作动能传递给动触头。包括连杆、拐臂、齿轮、液压或气压管道。

④操动机构。操动机构的作用是用来提供能量，操动断路器分、合闸。

⑤基座。基座的作用是用来支撑和固定断路器。

### 4.2.6 断路器操动机构

(1)断路器操动机构的构成

操动机构是断路器的重要组成部分，是对断路器进行操作的机械操动装置。其主要任务是将其他形式的能量转换成机械能，使断路器进行分、合闸操作。操动机构主要由操作动力系统、开断与关合控制系统、传动系统及辅助装置4个部分构成。

(2)操动机构的基本要求

1)具有足够的操作功率

有足够的合闸力，不仅在正常情况下能可靠关合断路器，而且在关合有短路故障的线路时，操动机构也能克服短路电动力的阻碍，使断路器可靠合闸。

2)具有维持合闸的装置

能可靠地将断路器保持在合闸位置，不会由于电动力及机械振动等原因引起触头分离。

3)具有尽可能快的分闸速度

不仅能根据需要接受自动或遥控指令使断路器快速分闸，而且在紧急情况下可在操动机构上进行手动分闸，要求分闸速度快，分闸时间短。

4)具有自由脱扣装置

所谓自由脱扣，是指在断路器合闸过程中如操动机构又接到分闸命令，则操动机构不应继续执行合闸命令而应立即分闸。

5)具有“防跳跃”功能

该功能是防止断路器在合闸过程中，由于线路存在短路、控制回路故障等因素而导致多次合闸、跳闸的现象。

6)具有自动复位功能

分闸后能自动恢复到准备合闸的位置。

(3)断路器操动机构的分类

目前，断路器的操动机构主要采用弹簧操动机构、气动操动机构、液压操动机构及液压弹簧操动机构。

1)弹簧操动机构

弹簧操动机构是指事先用人力或电动机使弹簧储能,实现开断与关合操动机构,优点是要求电源的容量小,交、直电源都可用,暂时失去电源时仍能操作一次。缺点是结构较复杂,零部件的加工精度要求高。

2)气动操动机构

气动操动机构是指用压缩空气推动活塞实现开断与关合的操动机构,优点是不需要直流电源,暂时失去电源时仍能操作多次。缺点是需要空压设备,对大功率的操动机构,结构比较笨重。

3)液压操动机构

液压操动机构是指用高压油推动活塞实现合闸与分闸的操动机构,优点是不需要直流电源,暂时失去电源时仍能操作多次,功率大、动作快、操作平稳。缺点是加工精度要求高。

4)液压弹簧操动机构

液压弹簧操动机构用碟簧作为储能介质、液压油作为传动介质。其综合了弹簧操动机构和液压操动机构的特点,结构更紧凑合理,容易获得高压力,动作灵敏,工作稳定可靠。

(4)断路器操动机构的具体介绍

目前,弹簧操动机构和液压操动机构在断路器中应用较为广泛,在本节中将对这两种操动机构进行详细阐述,由于液压弹簧操动机构在发电机出口断路器上应用较多,其主要工作原理将在第7节"发电机出口断路器"中进行详细介绍。

1)弹簧操动机构

弹簧操动机构是一种以弹簧作为储能元件的机械式操动机构。弹簧的储能借助电动机通过减速装置来完成,并经过锁扣系统保持在储能状态。开断时,锁扣借助磁力脱扣,弹簧释放能量,经过机械传递单元使触头运动,如图4.5所示。

①弹簧操动机构的特点:

a. 成套性强,性能稳定,运行可靠;

b. 不需大功率的储能源,可手动储能;

c. 动作时间快,缩短合闸时间;

d. 结构复杂,要求机械加工工艺高。

②弹簧操动机构的动作原理:

a. 分闸动作过程。图4.5(a)所示状态为断路器处于合闸位置,合闸弹簧已储能(同时分闸弹簧也已储能完毕)。此时储能的分闸弹簧使主拐臂受到偏向分闸位置的力,但在分闸触发器和分闸保持掣子的作用下将其锁住,开关保持在合闸位置。

分闸信号使分闸线圈带电,并使分闸撞杆撞击分闸触发器,分闸触发器以顺时针方向旋转并释放分闸保持掣子,分闸保持掣子也以顺时针方向旋转释放主拐臂上的轴销A,分闸弹簧力使主拐臂逆时针旋转,断路器分闸。

b. 合闸操作过程。图4.5(b)所示状态为断路器处于分闸位置,此时合闸弹簧为储能(分闸弹簧已释放)状态,凸轮通过凸轮轴与棘轮相连,棘轮受到已储能的合闸弹簧力的作用存在顺时针方向的力矩,但合闸触发器和合闸弹簧储能保持掣子的作用下使其锁住,断路器保持在分闸位置。

合闸信号使合闸线圈带电,使合闸撞杆撞击合闸触发器。合闸触发器以顺时针方向旋转,释放合闸弹簧储能保持掣子,合闸弹簧储能保持掣子逆时针方向旋转,释放棘轮上的轴销B。合闸弹簧力使棘轮带动凸轮轴以逆时针方向旋转,使主拐臂以顺时针旋转,断路器完成合闸。

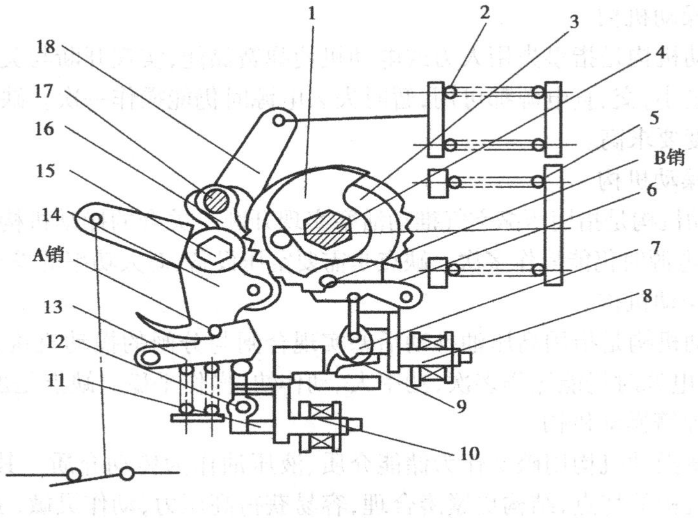


(a)合闸位置（合闸弹簧储能状态）

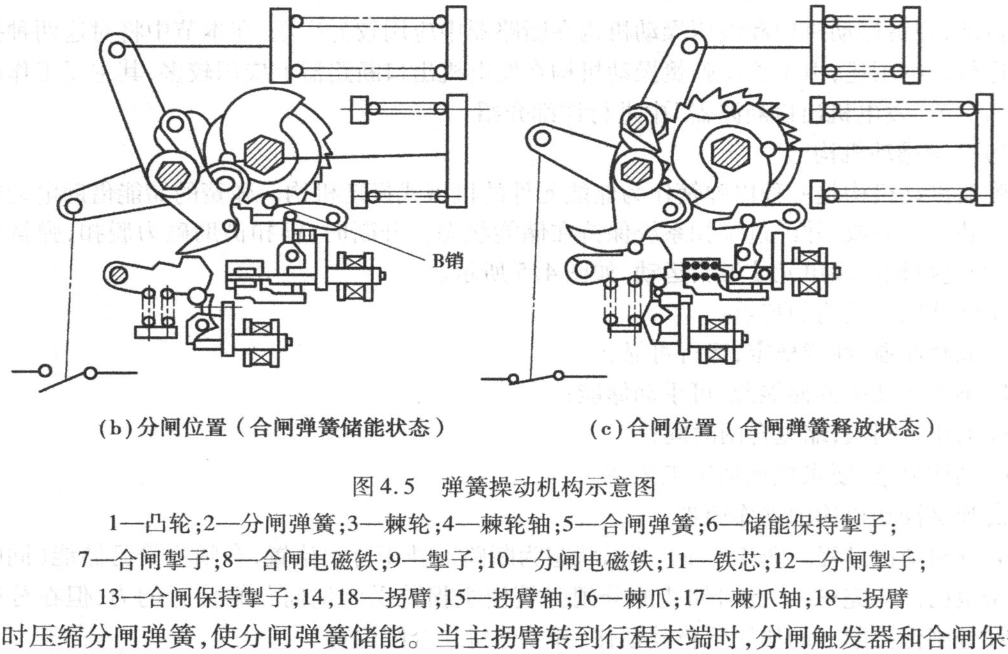


(b)分闸位置（合闸弹簧储能状态） (c)合闸位置（合闸弹簧释放状态）

图4.5 弹簧操动机构示意图

1—凸轮；2—分闸弹簧；3—棘轮；4—棘轮轴；5—合闸弹簧；6—储能保持掣子；7—合闸掣子；8—合闸电磁铁；9—掣子；10—分闸电磁铁；11—铁芯；12—分闸掣子；13—合闸保持掣子；14，18—拐臂；15—拐臂轴；16—棘爪；17—棘爪轴；18—拐臂

并同时压缩分闸弹簧，使分闸弹簧储能。当主拐臂转到行程末端时，分闸触发器和合闸保持掣子将轴销A锁住，断路器保持在合闸位置。

c.合闸弹簧储能过程。图4.5(c)所示状态为断路器处于合闸位置，合闸弹簧释放（分闸弹簧已储能）。断路器合闸操作后，与棘轮相连的凸轮板使限位开关闭合，磁力开关带电，接通电动机回路，使储能电机启动，通过一对锥齿轮传动至与一对棘爪相连的偏心轮上，偏心轮的转动使这一对棘爪交替蹬踏棘轮，使棘轮逆时针转动，带动合闸弹簧储能，合闸弹簧储能到位后，由合闸弹簧储能保持掣子将其锁定。同时凸轮板使限位开关切断电动机回路，合闸弹簧储能过程结束。

2）液压操动机构

液压操动机构是利用高压压缩气体（氮气）作为能源，液压油作为传递能量的介质，注入带有活塞的工作缸，推动活塞做功，使断路器进行合闸和分闸的机构。其主要结构由储能元件、控制元件、操动（执行）元件、辅助元件、电气元件等组成。

①液压操动机构的特点：

液压操动机构采用差动原理，利用同一工作压力的高压油作用在活塞两侧的不同截面上产生作用力差，从而使活塞运动来驱动断路器进行分合闸操作。

优点：输出功率大，时延小、动作快，负载特性配合好，噪声小，速度易调整，可靠性高，维修方便等。

缺点：加工工艺要求高，如果制造或装配不良，容易渗漏油，速度特性易受环境温度的影响。

②液压操动机构的工作原理，如图 4.6 和图 4.7 所示。

a. 分闸操作。当液压操作缸处于合闸状态，分闸指令给出后，分闸线圈受电，控制阀向右移动。转换结束，操作缸中活塞上面的高压油被排出并流到油箱。然后液压操作活塞借助于操作缸中传动杆侧的高压油向上移动（分闸方向），传动杆侧的高压油由贮压器供给，如图 4.6(b) 所示。此外，操作活塞的传动杆侧承受着常高压，此时活塞的上部与油箱相连，于是活塞稳定的保持在分闸位置，如图 4.7(a) 所示。

b. 合闸操作。当液压操作缸处于分闸状态，合闸指令给出后，合闸线圈受电，控制阀向左移动。转换结束，高压油从贮压器流到操作缸中活塞的上部，此时操作缸中活塞的两侧都充有高压油。操作机构的工作原理为活塞压力差（差动式）原理，即活塞上侧的表面积大于传动杆侧的截面积，于是活塞向下移动（合闸方向）。借助于压力差，活塞稳定的保持在合闸位置，如图 4.6(a) 所示。

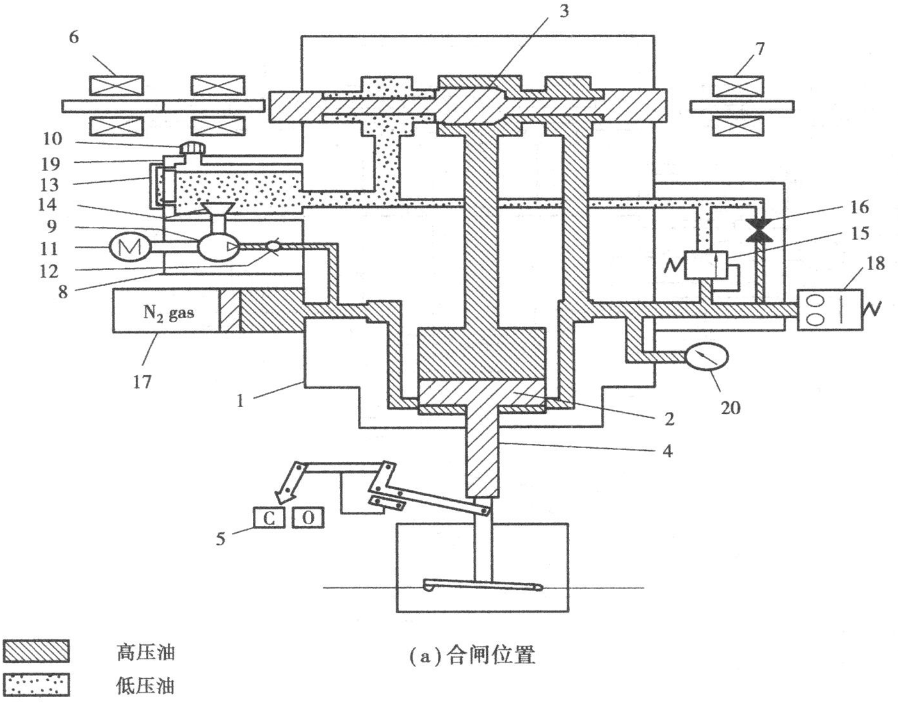


(a) 合闸位置

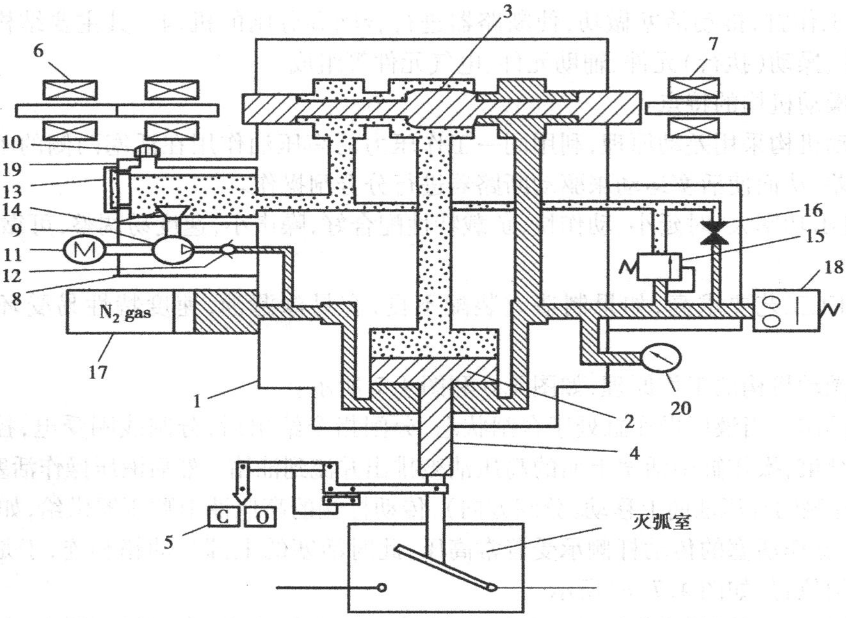


(b)分闸

图4.6　液压操动机构的工作原理图(一)

1—操作缸;2—液压操作活塞;3—控制阀;4—传动杆;5—分合闸指示器;6—分闸线圈;7—合闸线圈;8—油泵单元;9—液压油泵;10—通气孔盖;11—油泵电机;12—逆止阀;13—油标;14—油过滤器;15—泄压阀;16—排油阀;17—贮压器;18—油压开关;19—油箱;20—油压表

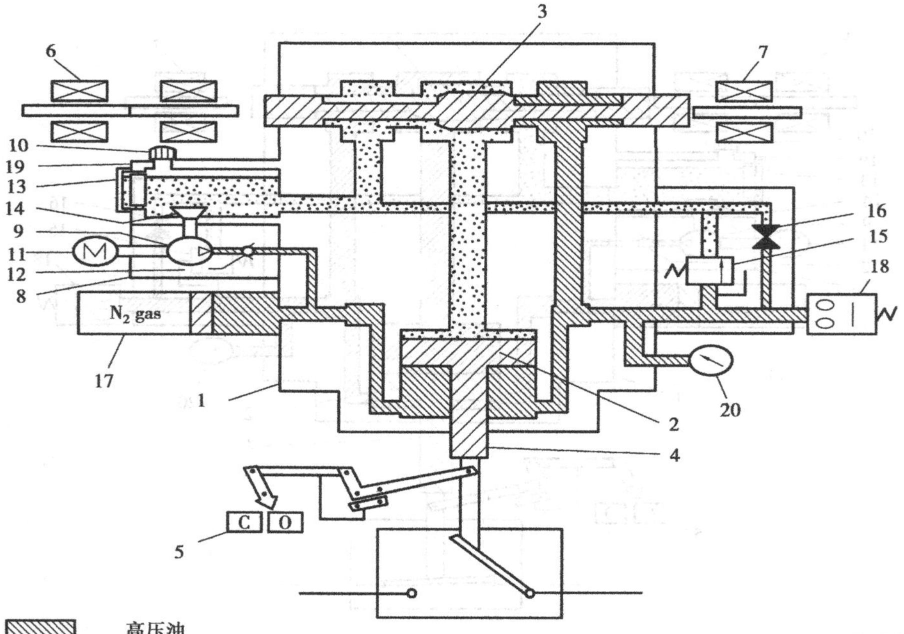


(a)分闸位置

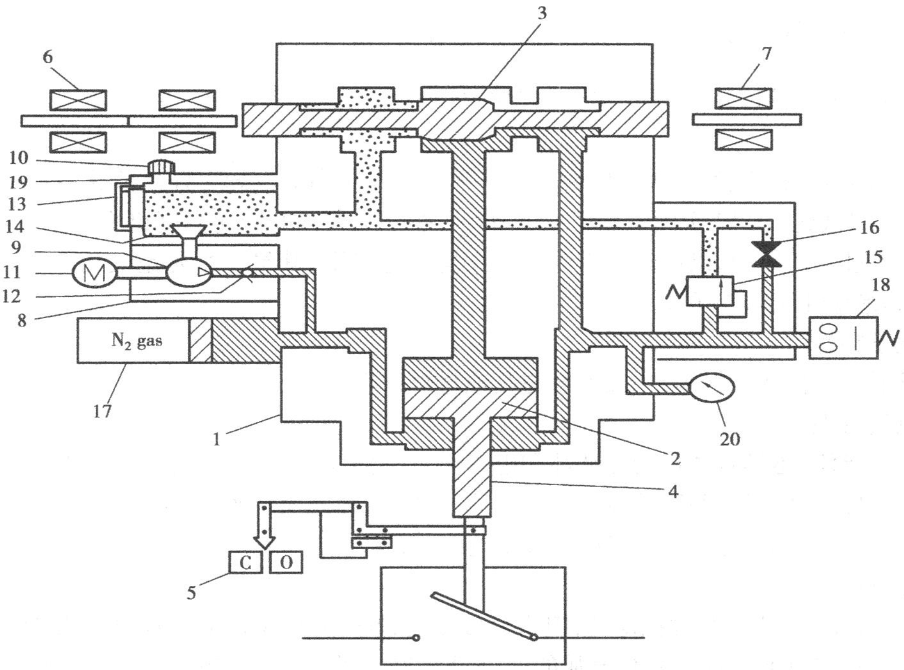


(b)合闸

图 4.7　液压操动机构的工作原理图(二)

1—操作缸;2—液压操作活塞;3—控制阀;4—传动杆;5—分合闸指示器;6—分闸线圈;7—合闸线圈;8—油泵单元;9—液压油泵;10—通气孔盖;11—油泵电机;12—逆止阀;13—油标;14—油过滤器;15—泄压阀;16—排油阀;17—贮压器;18—油压开关;19—油箱;20—油压表

## 4.3　六氟化硫断路器

### 4.3.1　概述

六氟化硫断路器是利用六氟化硫气体作为灭弧介质和绝缘介质的一种断路器,简称 $SF_6$ 断路器。

$SF_6$ 断路器由导电部分、绝缘部分、灭弧部分、操动机构 4 个部分组成。

导电部分包括动、静弧触头、主触头或中间触头以及各种形式的过渡连接等,其作用是通过工作电流和短路电流。

绝缘部分主要包括 $SF_6$ 气体、瓷套、绝缘拉杆等,其作用是保证导电部分对地之间、不同相之间、同相断口之间具有良好的绝缘状态。

灭弧部分主要包括动、静弧触头、喷嘴以及压汽缸等部件,其作用是提高熄灭电弧的能力,缩短燃弧时间。

操动机构部分采用弹簧操动机构、液压操动机构或液压弹簧操动机构。

### 4.3.2　$SF_6$ 气体特性

$SF_6$ 气体是一种优异的灭弧和绝缘介质，具有以下特性：

1）物理特性

$SF_6$ 气体是一种无色、无味、无毒和不可燃且透明的气体。$SF_6$ 容易液化，在标准大气压下，-62 ℃时液化，在 12 个大气压下，0 ℃时液化，压力升高时液化温度也增高，所以 $SF_6$ 气体一般不采用过高的压力，以使其保持气态。在均匀电场下，其绝缘性是空气的 3 倍，在 4 个大气压下，其绝缘性相当变压器油。

2）化学特性

常温下是一种惰性气体，一般不会与其他材料发生反应。

3）电气特性

绝缘性能佳，还具有独特的热特性和电特性，在熄灭电弧和瞬时放电的温度范围内有着优异的热交换特性，用于断路器的极佳灭弧介质。$SF_6$ 气体是负电性气体，其分子和原子具有很强的吸附自由电子的能力，具有极好的介电绝缘性能。

4）分解特性

常温下，$SF_6$ 气体是非常稳定的，但水分较多时，200 ℃以上就有可能产生分解，分解的生成物中有氢氟酸（HF），是一种有很强的腐蚀性和剧毒的酸类。在电弧作用下，$SF_6$ 气体会分解出 $SF_4$，$S_2F_2$，$SF_2$，$SOF_2$，$SO_2F_2$，$SOF_4$ 和 HF 等，它们都具有强烈的腐蚀性和毒性。

### 4.3.3　$SF_6$ 断路器结构分类

110 kV 及以上电压等级的高压 $SF_6$ 气体断路器，根据其结构可分为两大类：即瓷柱式 $SF_6$ 断路器（简称 P. GCB）和落地罐式 $SF_6$ 断路器（简称 T . GCB）。

（1）瓷柱式 $SF_6$ 断路器

支持瓷套承担带电部分与接地部分的绝缘，灭弧装置在支持瓷套的顶部，装在灭弧瓷套内，由绝缘拉杆带动触头完成断路器的分、合闸操作。一般每个灭弧瓷套内装一个断口。随着额定电压的提高，支持瓷套的高度及串联灭弧室的个数也相继增加。如图 4.8 所示为瓷柱式 $SF_6$ 断路器结构示意图。这种结构的优点是系列性好，用不同个数的标准灭弧单元和支柱瓷套，即可组成不同电压等级的产品；其缺点是稳定性差，不能加装电流互感器。

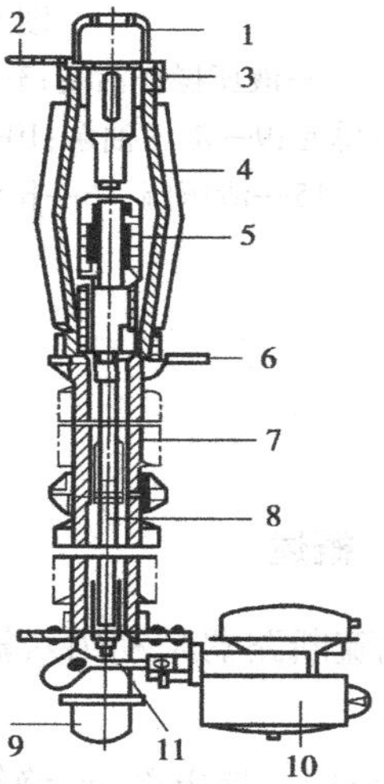


图 4.8　瓷柱式 $SF_6$ 断路器结构示意图

1—帽；2—上接线板；3—密封圈；4—灭弧室；5—动触头；6—下接线板；7—支柱绝缘套；8—操作拉杆；9—吸附剂；10—液压操作机构；11—操作机构传动杆

（2）落地罐式 $SF_6$ 断路器

落地罐式 $SF_6$ 断路器又称为落地箱式 $SF_6$ 断路器，它的灭弧装置用绝缘件支撑在接地金属罐的中心，带电部分与箱体之间的绝缘由 $SF_6$ 气体来承担，借助于套管引线，基本上不改装就可以用于全封闭组合电器之中，如图 4.9 所示。这种结构便于加装电流互感器，抗震性好，但系列性差，且造价昂贵。

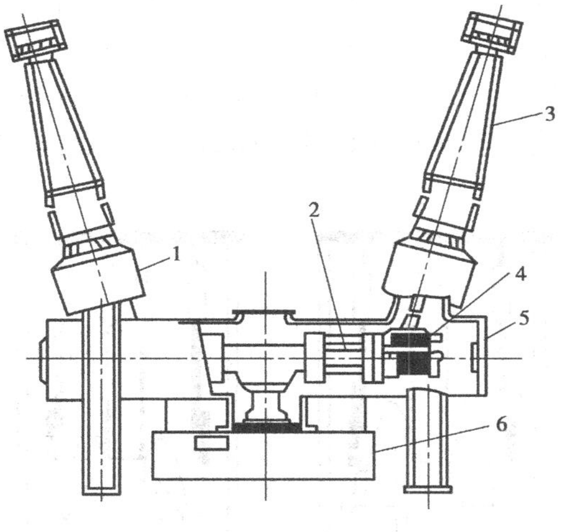


图4.9　罐式 $SF_6$ 断路器结构示意图

1—套管式电流互感器；2—灭弧室；3—套管；4—合闸电阻；5—吸附剂；6—操作机构箱

### 4.3.4　$SF_6$ 断路器技术特点

$SF_6$ 断路器具有以下的特点：

(1) 断口耐压高

单元断口耐压可以做得很高，同样电压下串联断口减少，电气的绝缘距离可以大幅减小，使得高电压等级的断路器的结构变得简单。

(2) 开断性能好

$SF_6$ 断路器的开断电流大、灭弧时间短、无严重的截流过电压。无论开断大电流或者小电流。

(3) 灭弧能力强

绝缘灭弧介质是采用 $SF_6$ 气体，灭弧能力强，耐电强度高，开断时触头烧损轻微。

(4) 电气寿命长、检修周期长

电气寿命长、检修周期长，并能适应短时间内的频繁操作，具有良好的安全性和耐用性。

### 4.3.5　$SF_6$ 断路器灭弧装置的基本结构及工作原理

$SF_6$断路器灭弧室结构按灭弧介质压气方式的不同，可分为双压式灭弧室和单压式灭弧室。由于双压式结构复杂、辅助设备多，现已逐步淘汰。

按吹弧方式的不同，可分为双吹式、单吹式、外吹式和内吹式灭弧室。

按触头运动方式的不同，可分为变熄弧距、定熄弧距和自能式灭弧室。

以下主要对变熄弧距、定熄弧距和自能式3种灭弧室的基本结构、工作原理及其特点进行介绍。

(1) 变熄弧距灭弧室

变熄弧距灭弧室的触头系统由主回路工作触头和弧触头组成，工作触头包括动主触头和静主触头,弧触头包括动弧触头和静弧触头。工作触头在外侧有利于散热,提高断路器的热稳定性能。灭弧室的可动部分由动触头、喷嘴和压汽缸组成。为了使分闸过程中压汽缸内的高压气体能集中从喷嘴向电弧吹气,而在合闸过程中不致在压汽缸内形成负压力影响合闸速度,故在固定的压气活塞上设置了止回阀。合闸时,止回阀打开,使压汽缸与活塞内腔相通,$SF_6$ 气体从止回阀充入压汽缸内;分闸时,止回阀封闭,让 $SF_6$ 气体集中向电弧吹气,如图 4.10 所示。

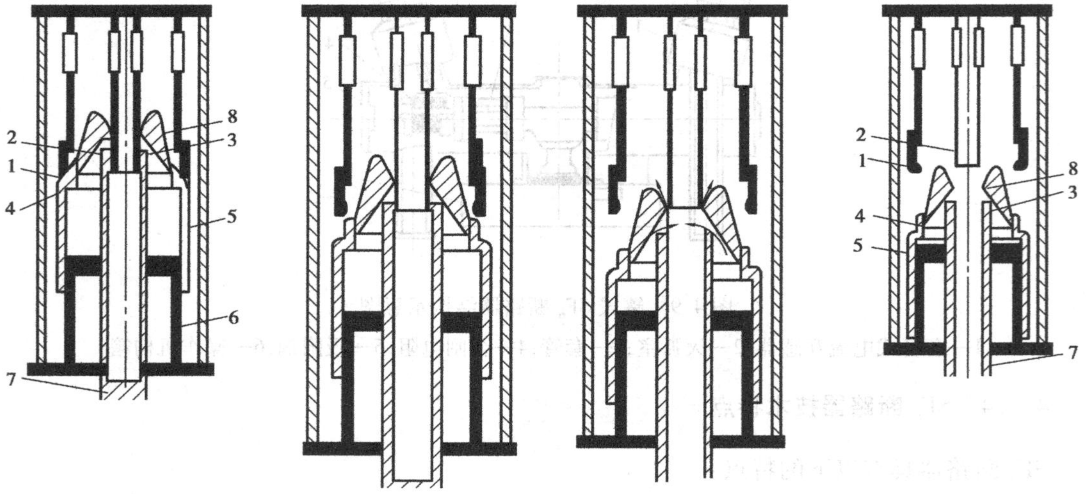


(a)合闸位置　(b)产生压力　(c)电弧熄灭　(d)分闸位置

图 4.10　变熄弧距灭弧室基本结构

1—静主触头; 2—静弧触头; 3—动弧触头;4—动主触头; 5—压汽缸;
6—压气活塞; 7—绝缘拉杆; 8—灭弧喷嘴

触头开距在分闸过程中不断增大,最终的开距比较大,故断口电压可以做得比较高。喷嘴与触头分开,喷嘴的形状不受限制,可以设计得比较合理,有利于改善吹弧的效果,提高开断能力。由于电弧是在触头运动过程中熄灭,触头的开距在整个分闸过程中是变化的,故有变熄弧距之称。

在开断电流时,由操动机构通过绝缘拉杆使带有动触头和绝缘喷嘴的压汽缸运动,使内部的 $SF_6$ 气体受到压缩,建立高气压,使高压气体形成高速气流经灭弧喷嘴吹向电弧,使电弧得到冷却而熄灭。

(2)定熄弧距灭弧室

定熄弧距灭弧室的触头由两个带喷嘴的空心静触头和动触头组成。灭弧室的弧隙由两个静触头保持固定的开距,故称为定熄弧距灭弧室,如图 4.11 所示。

在合闸位置时,动触头跨接于两个静触头之间,构成电流的通路,如图 4.11(a)所示。

由绝缘材料制成的固定活塞和与动触头连成整体的压汽缸围成压气室。当分闸操作时,操动机构通过绝缘拉杆使压汽缸随同动触头运动,使压气室内的 $SF_6$ 气体受到压缩,建立高气压,如图 4.11(b)所示。

动触头刚刚离开静触头的瞬间,在静触头和动触头之间便形成电弧。同时,将原来动触头所密封的压气室打开而产生气流,吹向两个带喷嘴的空心静触头的内孔,对电弧进行纵吹,使

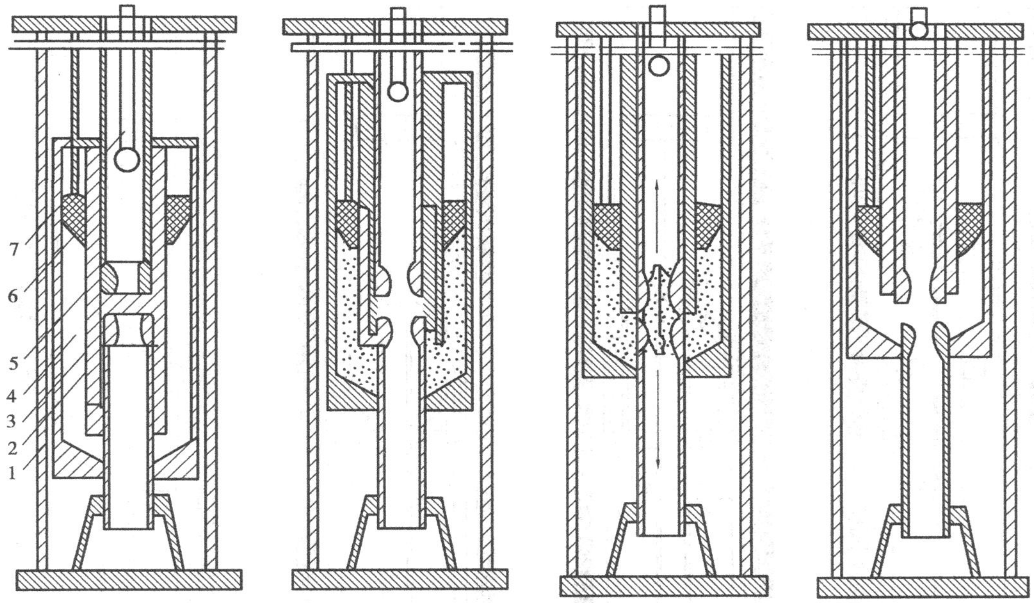


(a)合闸状态　(b)压气过程　(c)吹弧过程　(d)分闸状态

图4.11　定熄弧距灭弧室的基本结构

1—压汽缸；2—动触头；3 —静触头；4—压气室；5—静触头；6—固定活塞；7—绝缘拉杆

电弧强烈冷却而熄灭，如图4.11(c)所示。

电弧熄灭后，操动机构通过绝缘拉杆，带动动触头和压汽缸组成的可动部分继续运动到分闸位置，断路器熄灭电弧后的分闸状态，如图4.11(d)所示。

(3)自能式灭弧室

自能式灭弧室的工作原理如图4.12所示。当开断短路电流时，依靠短路电流电弧自身的能量来建立熄灭电弧所需要的部分吹气压力，另一部分吹气压力靠机械压气建立；开断小电流时，靠机械压气建立起来的气压熄灭电弧。因此，配置的操动机构基本上仅提供分断短路电流时动触头运动所需要的能量。

合闸状态时静弧触头和静主触头并联到灭弧室的上部接线端子上，电流主要通过主触头流通，如图4.12(a)所示。

开始分闸时，主触头比弧触头先分开，弧触头刚分开的瞬间，电弧在静、动弧触头之间形成。电弧使压气室里的气体加热，气体压力迅速升高到足以熄灭电弧时，止回阀同时关闭。当喷嘴打开时，压气室中储存的高压气体通过喷嘴吹向电弧，当电流过零时使之熄灭。而动触头系统在操动机构带动下，继续向下运动，辅助压气室中的气体压力继续升高到超过止回阀的反作用力时，辅助压气室底部的止回阀打开，使辅助压气室中过高的气体压力释放，而且止回阀一旦打开，要维持分闸的操动力不会很大，故不需要分闸弹簧有太大的能量，如图4.12(b)所示。

当开断负荷电流、小电感电流、小电容电流时，由于电弧能量不能产生足以熄灭电弧的压力，必须依靠辅助压气室内储存的高压气体经过止回阀、压气室辅助吹气来熄灭电弧。压气室向固定的圆筒方向运动，使辅助压气室中的 $SF_6$ 气体受到压缩，压力升高，止回阀打开，使高压

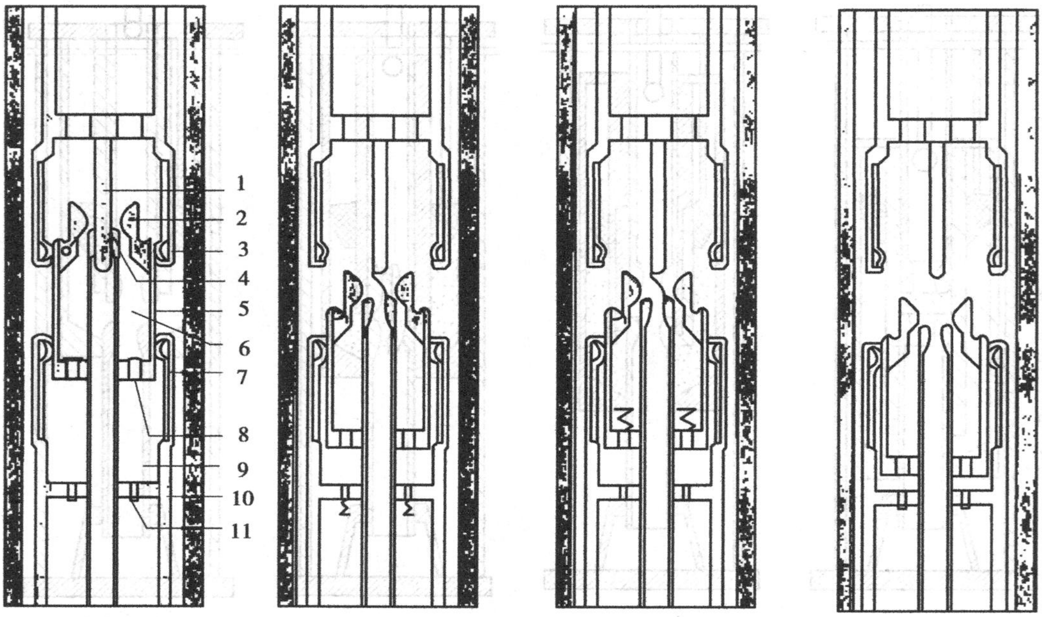


(a)合闸状态　(b)开断短路电流过程　(c)开断小电流过程　(d)分闸状态

图 4.12　自能式灭弧室的基本结构

1—静弧触头;2—喷嘴;3—静主触头;4—动弧触头; 5—动主触头;6—压气室;
7—主电流触头;8—止回阀;9—辅助压气室; 10—圆筒; 11—止回阀

气体进入压气室，从而通过喷嘴产生不太大的气流吹向电弧，使电弧冷却而熄灭，而不会产生截流过电压。由于喷嘴较大和压气室的存在，使电弧熄灭后，在动、静触头之间保持着较高的介质绝缘强度，不会发生热击穿和电击穿而导致开断失败，如图 4.12(c)所示。

当电弧熄灭之后，动触头继续运动到分闸位置，如图 4.12(d)所示。

### 4.3.6　$SF_6$ 断路器常见故障及处理

$SF_6$ 断路器常见故障有:

(1)断路器 $SF_6$ 压力低

当断路器出现 $SF_6$ 压力降低时，检查 $SF_6$ 系统是否有漏气现象，检查 $SF_6$ 密度继电器是否失灵，检查表计指示是否有误，并定时记录 $SF_6$ 压力值，将表计的数值与当时环境温度折算到标准温度下的数值，判断压力值是否在规定的范围内。

当 $SF_6$ 断路器本体出现严重漏气时，应按以下程序处理:

①立即断开该断路器的操作电源，在手动操作手柄上挂禁止操作的标示牌。

②采取措施将故障断路器隔离。

③在接近设备时要谨慎，尽量选择从上风位置接近设备，必要时要戴防毒面具、穿防护服。

④室内 $SF_6$ 气体断路器泄漏时，除应采取紧急措施处理，还应开启风机通风 15 min 后方可进入室内。

(2)$SF_6$ 断路器中 $SF_6$ 气体水分值超标

一般可以采取以下 3 种方法加以处理:

①抽真空，充入纯氮气，干燥 $SF_6$ 气体。

②外挂吸附罐。

③解体大修。

(3) $SF_6$ 断路器频繁补气

运行一段时间后，$SF_6$ 断路器发生频繁补气情况。如果某一相的 $SF_6$ 断路器发出频繁告警或闭锁信号时(一般 10 d 左右一次)，说明该 $SF_6$ 断路器年漏气率远超 1%，需进行检修处理。

(4)液压操动机构异常

1)超时打压

如果从储压筒预压力升到额定压力的打压时间超过 3 ~ 5 min，说明操动机构超时打压，此时要检查高压放油阀是否关紧，安全阀是否动作，机构是否有内漏和外漏现象，油面是否过低，吸油管有无变形，油泵低压侧有无气体等，并有针对性地进行处理。

2)频繁打压

油泵频繁启动时，检查机构有无外漏，检查阀门内部有无明显泄漏。处理时可将油压升到额定压力后，切断油泵电源，将油箱中的油放尽，打开油箱盖，仔细查找何处泄漏。在查明原因后，将油压释放到零，并解体检查。另外，对液压油需进行过滤处理，以减少杂质影响。

3)外部泄漏

当高压接头外泄时，特别是卡套式接头有泄漏时，应将油压降至零后，用扳手小心检查、拧紧，看是否因操作振动而松动；若不是，则拆下卡套仔细检查，必要时予以更换。

4)储能器中氮气压力低或进油

当储能器中氮气压力低或进油时，将储能筒内部气体放尽后，卸下活塞内部密封圈，仔细检查密封圈的唇口和筒体内壁，对损坏的密封圈予以更换，如果筒壁有稍许拉毛，可用砂条进行少许圆周向修磨，直到看不出沿轴向有拉毛痕迹为止；如有严重拉毛的情况，则进行更换。

### 4.3.7　典型 $SF_6$ 断路器介绍

某型 $SF_6$ 断路器使用 $SF_6$ 气体作为灭弧介质，采用单压变熄弧距灭弧室结构，用以切断额定电流和故障电流；断路器为瓷柱式结构，由 3 个独立的单极组成，其三极结构及布置如图 4.13(a)所示，单极结构剖面如图 4.13(b)所示，每极均有一套独立的液压系统，可分相操作，实现单相自动重合闸；通过电气联动也可实现三相联动操作，实现三相自动重合闸。

(1)断路器结构及工作原理

$SF_6$ 型断路器单极主要由液压操动机构、灭弧室、支柱及密度继电器等零部件组成。

1)液压操动机构

该型断路器的液压操动方式为分相操作，三相分别配有相同的液压机构，机构的组成及液压原理如图 4.14 所示。其机构由以下元件组成：低压油箱、油泵电机、油过滤器、压力开关、压力表、合闸电磁铁、分闸电磁铁、二级阀、分闸一级阀、合闸一级阀、辅助开关、工作缸、贮压器及控制面板。该型断路器液压操动机构的工作原理参见本章 4.2 节。

2)灭弧室

灭弧室的结构示意图如图 4.15 所示，灭弧室由动触头装配、静触头装配和鼓形瓷套装配 3 部分组成。

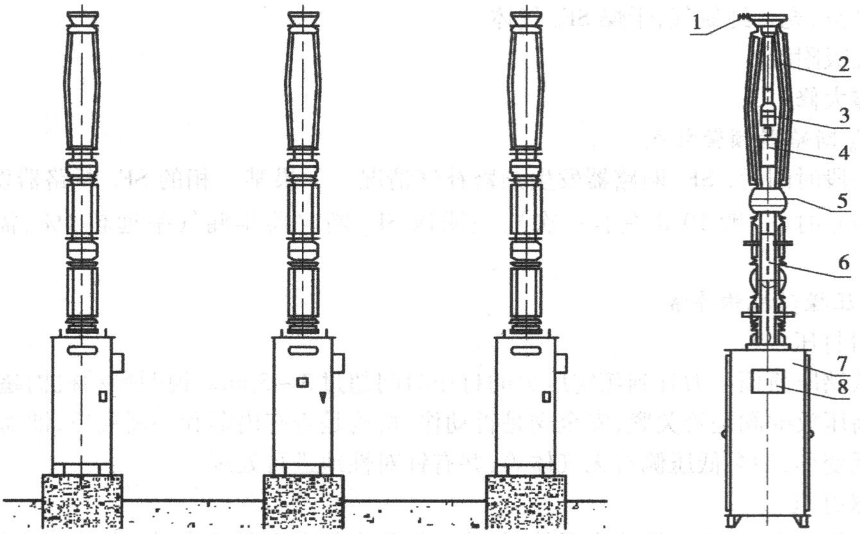


(a)三极结构及布置　　(b)单极结构剖面

图 4.13　某型 $SF_6$ 断路器结构图

1—上接线板;2—灭弧室瓷套;3—静触头;4—动触头;
5—下接线板;6—绝缘拉杆;7—操作机构箱;8—气体密度控制器

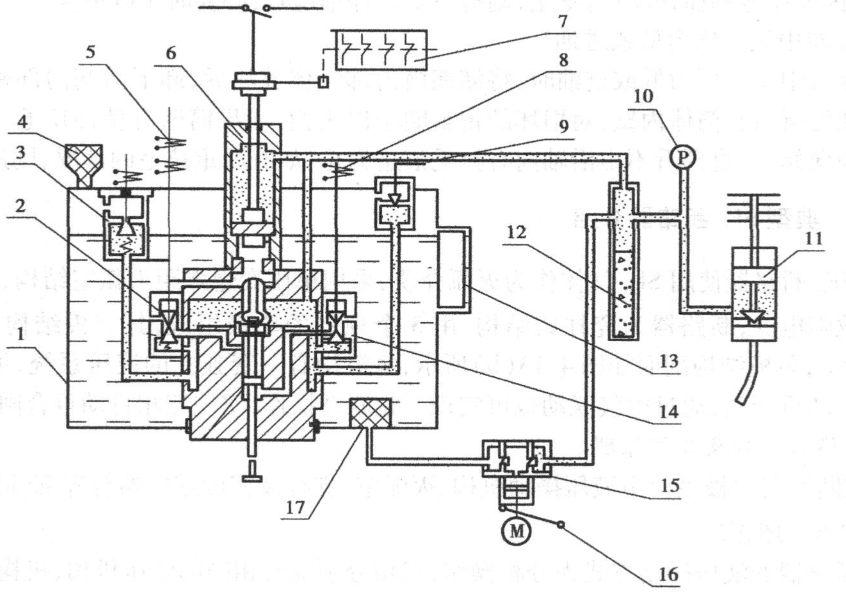


图 4.14　某型断路器液压操动机构图

1—油箱;2—分闸一级阀;3—安全阀;4—油气分离器;5—分闸电磁铁;6—工作缸;
7—辅助开关;8—合闸电磁铁;9—高压放油阀;10—压力表;11—油压开关;12—储压器;
13—油标;14—合闸一级阀;15—油泵电机;16—手动打压杆;17—过滤器

①动触头装配。动触头装配由喷管、压环、动触头、动弧触头、护套、滑动触指、触指弹簧、缸体、触座、逆止阀、压汽缸、接头和拉杆组成。

②静触头装配。静触头装配由静触头接线座、触头支座、弧触头座、静弧触头、触指、触指弹簧、触座、均压罩组成。

③鼓形瓷套装配。鼓形瓷套装配由鼓形瓷套及铝合金法兰组成。

灭弧室的工作原理参见本章4.3节变熄弧距灭弧室工作原理。

3）支柱

如图4.16所示，支柱主要由支柱瓷套、绝缘拉杆、隔环、导向盘、导向套、支柱下法兰、密封座、拉杆及充气接头组成。支柱装配不仅是断路器对地绝缘的支撑件，同时也起支撑灭弧室的作用。该型断路器液压操动机构的工作原理参见本章第4.2节。

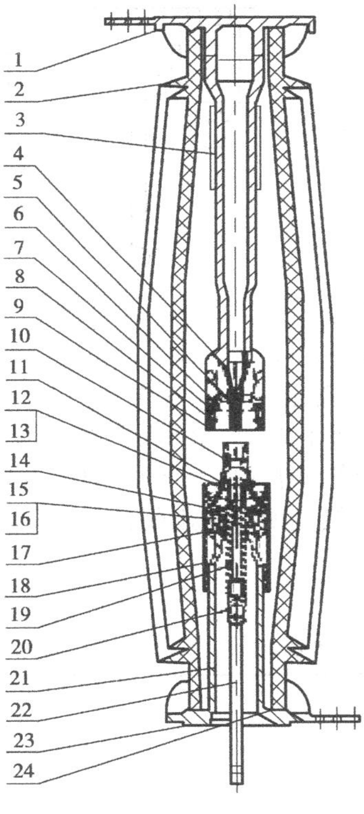


图4.15　某型 $SF_6$ 短路器灭弧室结构

1—静触头接线座；2—触头支座；3—分子筛；4—弧触头座；5—静弧触头；6，17—触座；7—触指；8，16—触指弹簧；9—均压罩；10—喷管；11—压环；12—动弧触头；13—护套；14—逆止阀；15—滑动触指；18—压汽缸；19—动触头；20—接头；21—缸体；22—拉杆；23—导向板；24—瓷套装配

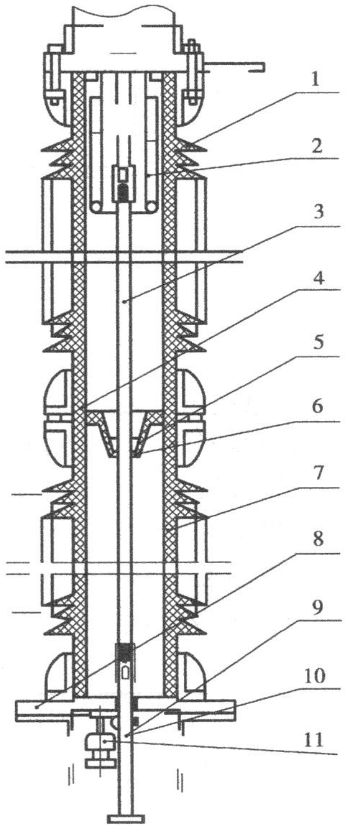


图4.16　某型 $SF_6$ 断路器支柱结构

1—上节支柱瓷套；2—分子筛筐；3—绝缘拉杆；4—隔环；5—导向盘；6—导向套；7—下节支柱瓷套；8—支柱下法兰；9—密封座；10—拉杆；11—充气接头

4）指针式密度控制器

①结构。如图4.17所示。指针式密度继电器由密闭的指示仪表电接点、温度补偿装置、定值器、接线盒、三通接头和球阀等组成。

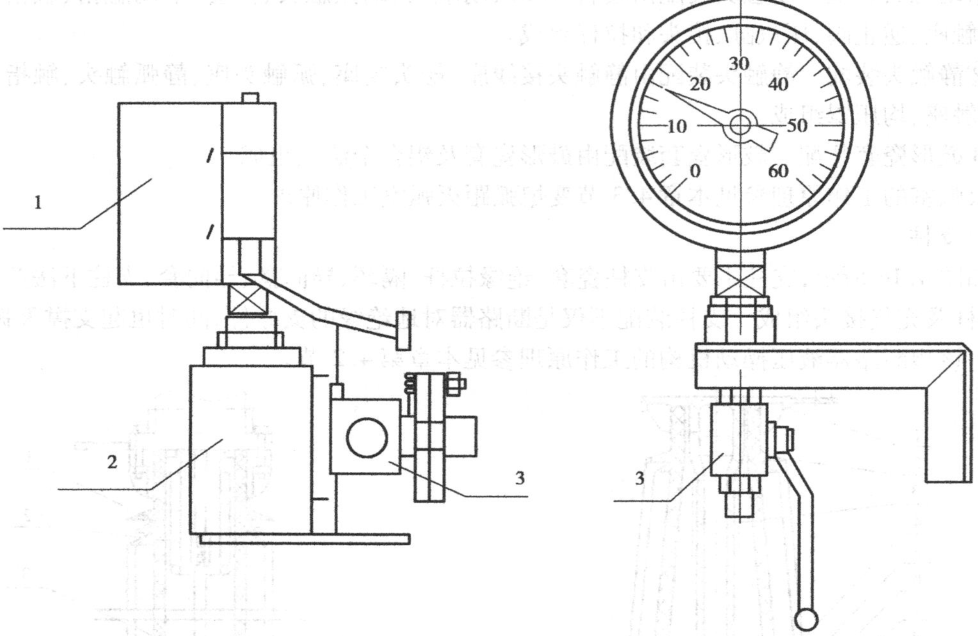


图 4.17　密度控制器

1—密度继电器;2—三通接头;3—球阀

②工作原理。仪表在额定的工作压力下,当环境温度变化时,$SF_6$ 气体压力产生一定的变化,仪表内的温度补偿元件对其变化量进行补偿,使仪表指示不变,当 $SF_6$ 气体由于泄漏而造成压力下降时,仪表的指示也将随之发生变化,当降至报警值时,电接点的一对接点接通,输出报警信号;当压力继续下降,达到闭锁值时,电接点的另一接点闭合输出闭锁信号。

(2)断路器主要技术参数

某型 $SF_6$ 断路器的主要技术参数见表 4.5。

**表 4.5　某型 $SF_6$ 断路器的主要技术参数**

| | | |
|---|---|---|
| 额定电压 | kV | 252 |
| 额定电流 | A | 3 150 |
| 额定频率 | Hz | 50 |
| 额定短路开断电流 | kA | 40 |
| 额定短时耐受电流 | kA | 40 |
| 额定短路持续时间 | s | 3 |
| 额定峰值耐受电流 | kA | 100 |
| 额定短路关合电流 | kA | 100 |
| 额定 $SF_6$ 气压 20 ℃ | MPa | 0.4 |
| $SF_6$ 气体年漏气率 | % | ≤ 1 |
| 断路器机械寿命 | 次 | 3 000 |

# 4.4　发电机出口断路器

## 4.4.1　概述

燃气-蒸汽联合循环机组具有启动快的特点，在电网中参与调峰，需频繁启停，在发电机出口上装设发电机出口断路器(Generator Circuit Breaker，GCB)，能适应频繁启停的需要，在启停时不用启动备用变压器，而直接通过主变倒送厂用电，从而避免启动电源与工作电源间频繁的切换操作，简化发电厂的运行操作。同时，装设 GCB 后也满足容量大的发电机开断能力要求，提高安全运行的可靠性，简化继电保护接线，缩短故障恢复时间，提高机组可用率。

## 4.4.2　GCB 的特点

(1)GCB 的特殊要求

发电机出口断路器相对于通用型断路器在某些技术性能上要求更加苛刻，其特殊要求如下：

①额定电流很大，达 20 ~ 50 kA。

②额定短路开断电流很大，达 135 ~ 225 kA(不带直流分量)或 180 ~ 300 kA(带直流分量)。

③开断电流中的直流分量很大，且衰减速度缓慢，甚至在最初的 50 ~ 80 ms 内电流无过零点。

④在失步状态下的开断电流可能达到额定短路开断电流的 50%。

⑤动稳定试验电流约高于通用型断路器的 10%。

⑥具有高恢复电压上升率，在 100% 额定短路开断电流下的恢复电压上升率达 5 ~ 7 kV/μs，远远超过通用型断路器的承受能力。

⑦机械寿命试验次数多，一般要求达 5 000 次以上。为适应调峰要求，目前 F 级燃气轮机电厂发电机出口断路器的机械寿命一般达到 20 000 次左右。

⑧对散热系统的要求高，除风冷、强制风冷外，还有水冷方式。

(2)GCB 断路器的灭弧方式

由于 GCB 断路器所处的工作环境特殊，对其开断电流及灭弧能力比通用型断路器要求更高，因此 GCB 断路器综合利用自能式灭弧原理和气吹原理进行灭弧。此种方式能极大地增强灭弧能力、缩短开断时间并显著减少操作功。自能式灭弧能可靠地开断较大的短路电流，而气吹原理又同时保证在开断小电流时不产生截流过电压。

电弧产生所释放的能量导致压力室迅速的升温和升压。从电弧来的对流和辐射热量在弧接点系统和压气活塞之间的压气室中产生一个突然的升压，如图 4.18 所示。

同时，电弧内部的磁场收缩效应也会促使压力升高，表现为作用在电弧路径中心方向的一股力量。电流产生的磁力会导致电弧产生一个强大的轴向气流，其中一部分会分流到压气室中去。热气体从此处喷射而出，在交流电通过零位后，将电弧熄灭。$SF_6$ 气体灭弧压力只与开断的电流大小有关，而与触头移动的距离无关。开断电流越大，与之相应产生的电弧火花也越大，由此，所产生的 $SF_6$ 气体压力也越大，越容易灭弧。

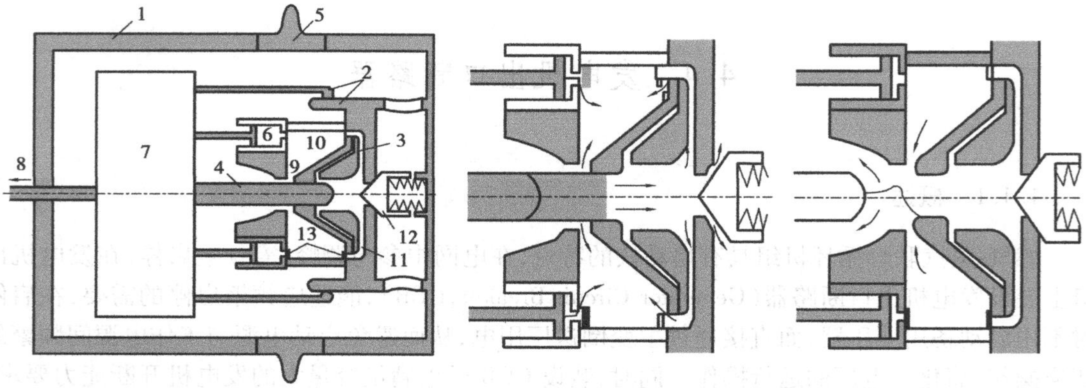


(a)触点闭合状态　(b)升压过程的热气流路径　(c)电流穿过零位通道

图 4.18　HECS 型断路器灭弧室结构示意图(触点闭合状态)

1—外壳;2—主触点系统;3—弧触点系统(分段部分);4—弧触点系统(中心杆);
5—绝缘子;6—活塞;7—齿轮传动装置;8—传动装置;9—加热间隙;
10—加热腔室;11—气体返回通道;12—过压安全阀;13—单向阀

在切断过程中,大电流在流动时,压力升高很大,通过专用的过压安全阀来释放其压力,避免机械损伤。

如果电流小,则电弧能量比较低而不能产生足够的压力,起不了自喷气作用。因此,安装一个同心压气活塞,通过增大压气室中的压力,确保电弧喷气和电弧熄灭的成功。

(3)GCB 断路器的操动机构

目前,国内 GCB 断路器广泛采用液压弹簧操动机构,如图 4.19 所示。

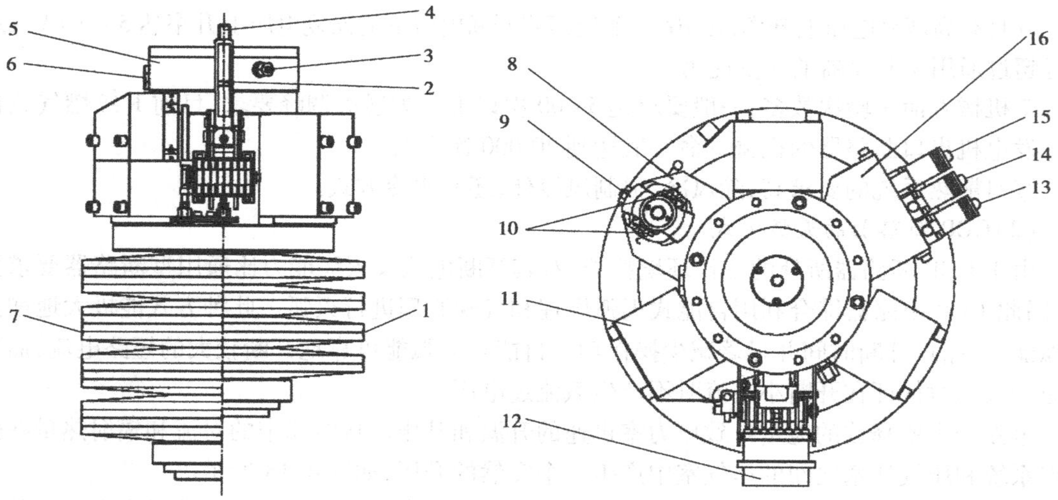


图 4.19　液压弹簧操动机构总体结构

1—碟形弹簧;2—手动泄压阀;3—充油接头;4—活塞杆;5—低压油缸;6—油标;
7—碟形弹簧;8—充压模块;9—油泵电机;10—碳刷;11—储能模块;12—监测模块;
13—前级换向阀-分闸 2;14—前级换向阀-分闸 1;15—前级换向阀-合闸;16—控制模块

液压弹簧操动机构是集碟片弹簧的机械式储能与液压式的驱动和控制于一体。

碟片弹簧力直接作用于储能活塞，通过储能活塞把由弹簧力和弹簧行程储备的机械能转换成表现为压力和体积的液压能。通过高油压储能活塞和工作油缸之间的能量传输，使操动机构能进行快速的合、分闸操作。

高压断路器操动机构采用模块式结构，所有的液压控制和操作功能都被集成在模块中，没有任何管道连接。液压弹簧操动机构由动力、工作、储能、监测和控制模块组成。

1）液压弹簧操动机构系统结构

①动力部分。动力部分由电动机、齿轮传动装置、偏心转轴及油泵等组成，装在工作缸外部。

②工作部分。工作部分包括工作缸、工作缸活塞杆缓冲系统。工作缸是操动机构的关键零件。所有其他部分都是装在工作缸的周围，与工作缸之间用密封联接件作为液压油的通道，不需要采用管道。

③储能部分。储能部分由安装在碟片弹簧装置上部的3个蓄能活塞储蓄能量。碟片弹簧装置采用多个双片弹簧，正反叠装，以取得较大作用力。储能活塞直接作用在碟片弹簧装置上，确保一定的油压，建立一定的碟簧变形量。机械储能的优点是长期稳定、可靠和不受温度影响。

④监测部分。监测部分由带凸轮装置的限位开关、位于碟片弹簧装置圆盘上的齿条齿轮啮合装置、标志碟片弹簧压缩量的信号灯和压力释放阀等组成。限位开关监测碟片弹簧的储能状态。

⑤控制部分。控制部分装有调速螺栓，可调节断路器的分合闸速度。一级阀位于控制模块座上，与工作缸、低压油箱、储能部分相连通。一级阀中的活塞动作由电磁铁控制。

2）弹簧储能液压操动机构的工作原理

①弹簧储能。低压油箱中的油经液压泵加压成高压油，流向装配碟形弹簧的3个储能活塞。当液压泵停止打压时，逆止阀自动关闭，防止高压油返回低压油箱。3个储能活塞均布在工作缸周围，其作用力不变，在规定压缩变形范围内，碟片弹簧具有稳定的弹力特性，保证断路器的固有机械特性。

限位开关监视碟片弹簧装置在各工况条件下的变形压缩量。根据需要限位开关可控制液压泵电动机的运转：当油压过低时，液压油泵自动启动并建立额定压力。

操动机构每动作一次都将造成碟片弹簧装置的压力降低和改变碟片弹簧的压缩变形量。碟片弹簧压缩量的改变，将通过齿轮传动系统带动限位开关，使液压油泵自动启动加压，使高压油室中油压升高。当达到额定油压后，液压泵自动停运。

基于差动原理，操动机构的工作缸活塞可提供断路器所需要的操作功及在分、合闸位置的支撑力。降低工作缸活塞的运动速度并增大液压系统的效率，可促使工作缸活塞增加传递的动力，以满足开断大电流时增大操作力的要求。附装在工作缸活塞的缓冲系统，将建立足够的阻尼作用力，使断路器运动能平衡停止，并可以最大限度地减轻对断路器及基座的冲击载荷。

②分闸操作。分闸时分闸电磁铁和一级阀动作，二级阀在高压油的作用下，转换到分闸位置。工作缸活塞下部的高压油注入低压油箱，工作缸活塞向下运动带动断路器转向分闸位置。缓冲系统在分闸过程即将结束时，产生阻尼作用以降低分闸冲击力，液压支撑力确保工作缸活塞保持在分闸位置，如图4.20所示。

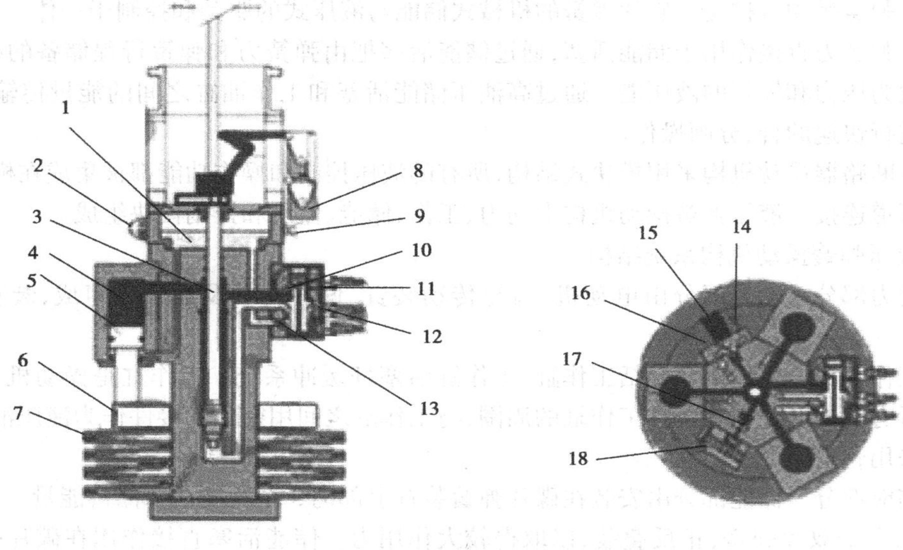


图 4.20　液压弹簧操作机构已储能,分闸状态

1—低压油箱;2—油位指示器;3—工作活塞杆;4—高压油腔;5—储能活塞;6—支撑环;7—碟片弹簧;8—辅助开关;9—注油孔;10—合闸节流阀;11—合闸电磁阀;12—分闸节流阀;13—分闸电磁阀;14—排油阀; 15—储能电机;16—柱塞油泵; 17—泄压阀;18—行程开关

③合闸操作。合闸时合闸电磁铁和一级阀动作,二级阀在高压油作用下,转换到合闸位置,将高压油注入工作缸活塞下方。工作缸活塞上下方均为高压油。由于活塞下方面积大于上方面积,工作缸的向上作用力使断路器转向合闸位置。工作缸活塞的缓冲系统在合闸过程即将终止时产生阻尼作用,以降低合闸冲击力。液压支撑力确保工作缸活塞保持在合闸位置,如图 4.21 所示。

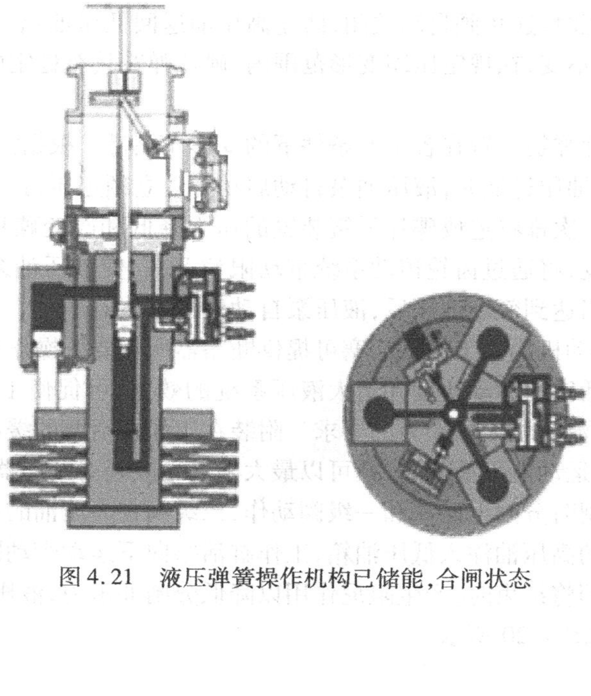

图 4.21　液压弹簧操作机构已储能,合闸状态

### 4.4.3　GCB 的系统结构

(1)GCB 的系统组件

某 F 级燃气轮机电厂 GCB 装于发电机出口,室内安装,正常运行时发电机出口电压为 21 kV。其外形如图 4.22 所示。

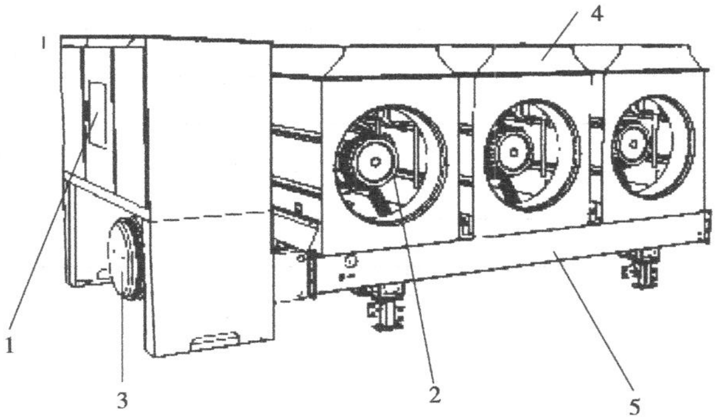


图 4.22　HECS-100XL 型 GCB 结构示意图

1—控制仪表盘;2—断路器组件;3—弹簧液压操动机构;4—上盖附件(可加装冷却装置);5—基座

GCB 系统包括以下组件:断路器、接地刀闸(2 组)、隔离开关、SFC 隔离开关、避雷器、冲击保护电容器、电流互感器、电压互感器和一个控制柜。GCB 各设备接线如图 4.23 所示。

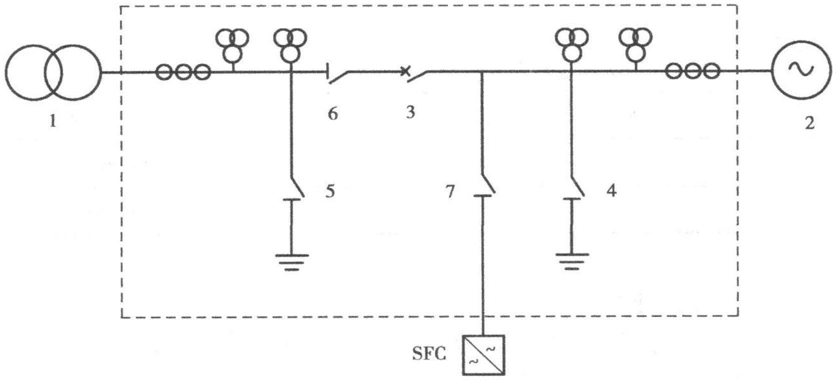


图 4.23　GCB 组成简图

1—变压器; 2—发电机; 3—断路器;4,5—接地刀闸; 6—隔离开关; 7—SFC 隔离开关

GCB 的每相都安装在各自独立的分相防护罩内,防护罩是自支持、密封的焊接铝框架形式。

1)断路器

断路器为户内型、金属封闭、强迫风冷、水平布置、$SF_6$ 气体绝缘。断路器操动机构为液压弹簧三相机械联动操作。正常情况下,可以切断或接通高压电路中的空载电流和负荷电流。故障情况下,能通过保护装置的作用,切断过负荷电流和短路电流。在 F 级燃气轮机电厂中,启动期间需要将发电机作为电动机启动,发电机出口设置断路器可有效地将发电机与主变隔离,同时也可作为同期断路器使用,其参数见表 4.6。

**表 4.6　GCB 断路器技术参数**

<table>
<tr><th colspan="3">名　称</th><th>参　数</th></tr>
<tr><td colspan="3">最大运行电压/kV</td><td>24</td></tr>
<tr><td colspan="3">40 ℃时最大运行电流/A</td><td>18 000</td></tr>
<tr><td colspan="3">额定对称短路电流/kA</td><td>100</td></tr>
<tr><td colspan="3">额定运行 $SF_6$ 密度/(kg · $m^{-3}$)</td><td>40.7</td></tr>
<tr><td colspan="3">额定工况分闸时间/ms</td><td>34 ±5</td></tr>
<tr><td colspan="3">额定工况合闸时间/ms</td><td>37 ±5</td></tr>
<tr><td colspan="3">额定工作电压/kV</td><td>20</td></tr>
<tr><td colspan="3">最高工作电压/kV</td><td>25.3</td></tr>
<tr><td colspan="3">额定电流/A</td><td>18 000</td></tr>
<tr><td rowspan="6">额定短路开断电流/kA</td><td rowspan="3">电网端</td><td>对称短路</td><td>100</td></tr>
<tr><td>非对称短路</td><td>146</td></tr>
<tr><td>直流分量/%</td><td>≥75</td></tr>
<tr><td rowspan="3">发电机端</td><td>对称短路</td><td>80</td></tr>
<tr><td>非对称短路</td><td>167</td></tr>
<tr><td>直流分量/%</td><td>≥130</td></tr>
<tr><td rowspan="4">电气持续寿命/次</td><td colspan="2">50% 额定电流时</td><td>1 300</td></tr>
<tr><td colspan="2">100% 额定电流时</td><td>400</td></tr>
<tr><td colspan="2">50% 额定短路切断电流时</td><td>5(建议检查)</td></tr>
<tr><td colspan="2">100% 额定短路切断电流时</td><td>5(建议检查)</td></tr>
<tr><td rowspan="2">机械持续寿命/次</td><td colspan="2">不经常操作</td><td>20 000</td></tr>
<tr><td colspan="2">经常操作</td><td>20 000</td></tr>
</table>

2)隔离开关、SFC 隔离开关

隔离开关为户内、金属封闭和水平布置形式,装在与断路器同一防护罩内。没有专门的灭弧装置,不能用来切断负荷电流和短路电流,操作时应与断路器配合,只有在断路器断开后才能进行操作。

SFC 隔离开关主要用于机组启动时,用于投切 SFC 或对 SFC 进行检修时用于隔离。GCB 隔离开关及 SFC 隔离开关技术参数见表 4.7。

**表 4.7　GCB 隔离开关及 SFC 隔离开关技术参数**

<table>
<tr><td rowspan="5">隔离开关</td><td>额定工作电压/kV</td><td>20</td></tr>
<tr><td>最高工作电压/kV</td><td>25.3</td></tr>
<tr><td>额定电流/A</td><td>18 000</td></tr>
<tr><td>额定合/分闸时间/s</td><td>2</td></tr>
<tr><td>机械耐受寿命/次</td><td>20 000</td></tr>
</table>

续表

| | | |
|---|---|---|
| SFC隔离开关 | 额定工作电压/kV | 25.3/7.2 |
| | 最高工作电压/kV | 25.3/7.2 |
| | 额定电流/A | 4 000 |
| | 额定合/分闸时间/s | 2 |
| | 机械耐受寿命/次 | 10 000 |

3)接地刀闸

接地刀闸均是户内、三相连接形式,布置在GCB罩壳内两侧。接地刀闸允许电动机操作和手动操作。主要用于当电气设备检修时,进行接地。有机械闭锁功能,或和隔离开关“联动”,在送电前拉开,在检修时投入。其技术参数见表4.8。

**表4.8　GCB接地刀闸技术参数**

| | | |
|---|---|---|
| 接地刀闸 | 额定工作电压/kV | 20 |
| | 最高工作电压/kV | 25.3 |
| | 机械耐受寿命/次 | 5 000 |

(2)GCB的控制组件

GCB控制部分主要由控制柜、密度指示器、加热器、位置指示器等组成。

1)控制柜

GCB系统的正常控制操作都是在集控室进行的(远程控制),在就地安装了一个独立的电气控制柜,对控制元件的操作也可选择在电气控制柜进行。就地控制柜能够对以下的器件进行操作:断路器QF的弹簧储能装置、隔离开关Q9、接地刀闸Q81、接地刀闸Q82、SFC隔离开关Q91。

2)密度指示器

密度指示器是一个能够指示断路器中$SF_6$气体的密度的装置。密度指示器是一个改进的压力计,它采用双金属来补偿由于温度引起的压力波动,通过温度补偿从而获得$SF_6$气体密度。正常指示是40.7 $kg/m^3$。密度指示器具有报警和闭锁两个功能。

3)加热器

以防环境温度太低(−25 ~ −40 ℃),在断路器每一相的底部都装了一个加热器用来加热$SF_6$气体。

4)位置指示器

断路器每相均装设机械位置指示器。

### 4.4.4　GCB的运行和维护

(1)GCB的操作注意事项

正常运行时,GCB控制柜控制方式投至“远方”,GCB所有断路器、隔离开关、接地刀闸均只允许在远方操作。各设备的闭锁逻辑见表4.9。

表 4.9　GCG 开关刀闸分合闸闭锁逻辑

| 设备名称 | 项目 | 地点 | 操作闭锁条件 |
| --- | --- | --- | --- |
| 发电机出口断路器 QF | 合闸 | 远方 | 主变高压侧断路器断开、Q81 拉开、Q91 拉开，Q9 合上 |
| | | 就地 | Q9 刀闸拉开 |
| | 分闸 | | 无 |
| 发电机出口隔离开关 Q9 | 合闸 | | QF 断开、Q82 拉开、Q81 拉开 |
| | 分闸 | | 同上 |
| 发电机侧接地刀闸 Q81 | 合闸 | | QF 断开、Q9 拉开，Q91 拉开、发电机出口无电压 |
| | 分闸 | | 同上 |
| 主变低压侧接地刀闸 Q82 | 合闸 | | 主变高压侧断路器断开、6 kV 进线断路器断开、Q9 拉开 |
| | 分闸 | | 同上 |
| SFC 隔离开关 Q91 | 合闸 | | QF 断开、Q81 拉开 |
| | 分闸 | | 无 |

(2)GCB 冷却装置的运行

GCB 共配备 12 台冷却风扇，每相两组共 4 台，正常运行时每相只投入一组冷却风扇运行，另外一组冷却风扇处于备用状态，每 12 h 自动切换一次。当运行的冷却风扇出现故障，备用冷却风扇自动开始投入运行。冷却器及其冷却方式如图 4.24 所示。

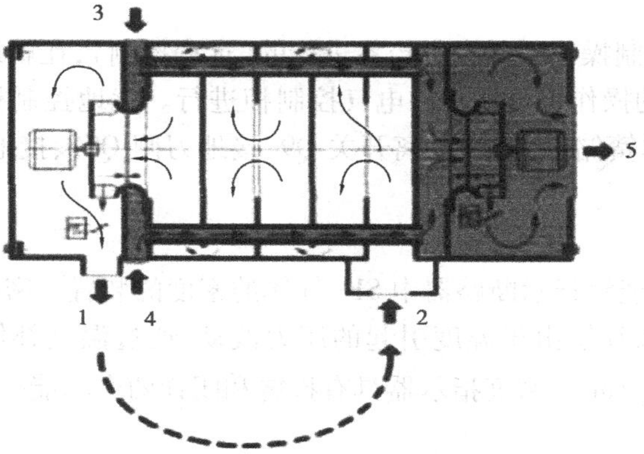


图 4.24　GCB 冷却器空气回路图

1—断路器气体出口；2—断路器气体进口；3—冷却气体进口；4—冷却气体进口；5—冷却气体出口

图 4.24 中 3、4 用于新鲜冷却空气进入，1、2 为循环断路器系统内空气流通通道。

当断路器关合时，一组冷却风扇立即投入运行；断开后，冷却风扇继续运行 10 min 后自动停止。

当冷却器的出口空气温度达到 50 ℃且持续达到 1 min，将发出冷却风温度高报警。

当空气冷却器发生全停故障，GCB 能够在额定电流 18 000 A 的情况下继续运行 30 min。此时必须手动减负荷，确保发电机电流能以 1 kA/min 的速率减小到 13 000 A。

(3)GCB的维护

1)机组检修后,启动前,GCB的检查项目

①检查GCB所有外壳均已复装,风扇等附属设备完整可用。

②确认GCB相关的电气试验均已完成,试验合格。

③确认GCB开关、刀闸、接地刀闸均在分闸位置,机械指示正确,无位置锁定闭锁。

④送上GCB控制柜内控制、加热、动力电源。

⑤确认各开关、刀闸、接地刀闸的信号指示正常,柜上无异常报警。

⑥确认$SF_6$气体压力在正常范围内。

⑦检查确认弹簧储能在正常范围内。

2)机组正常运行时,GCB的检查项目

①检查确认各信号指示灯与机械指示一致。

②检查风扇运行正常,无异响,无异味,运行平稳。

③巡检时,注意记录开关、液压油泵电机的动作次数。

④检查$SF_6$气体压力在正常范围。

## 4.5 隔离开关

### 4.5.1 概述

隔离开关是高压电气装置中保证工作安全的开关装置,在分闸状态有明显的间隙,并具有可靠的绝缘,在合闸状态能可靠通过正常工作电流和短路电流。

隔离开关没有专门的灭弧装置,不能用来开断负荷电流和短路电流,但隔离开关必须具有一定的动稳定性和热稳定性。隔离开关的主要作用如下:

1)隔离电源,保证安全

电气设备检修时,用隔离开关将需要检修的电气设备与带电的电源隔离,形成明显可见的断开点,以保证检修人员和设备的安全。

2)倒换线路或母线

即用隔离开关将电气设备或线路从一组母线切换到另一组母线上。

3)分、合线路中的小电流

①拉、合电压互感器或避雷器回路。

②拉、合空载母线。

③拉、合一定容量的变压器空载电流。

### 4.5.2 隔离开关的基本要求

根据隔离开关担负的任务及使用条件,对其基本要求如下:

①断开后应具有明显的断开点,易于鉴别设备是否与电网隔离开。

②断开点应有可靠的绝缘,以保证在恶劣的气候及环境条件下能可靠的起隔离作用,不致引起击穿而危及设备和人员的安全。

③在短路时,具有足够的热稳定、动稳定性。不能因电动力的作用而自动分开,引起严重事故。

④操作性能好。有最佳的分、合闸速度,尽可能降低操作时的过电压、燃弧次数和无线电干扰。

⑤带接地刀闸的隔离开关必须装设闭锁机构。

⑥隔离开关与相应断路器之间应有电气闭锁,防止带负荷误拉合隔离开关。

### 4.5.3 隔离开关的基本技术参数

隔离开关的基本技术参数如下:

(1)额定电压(kV)

隔离开关的额定电压是指最高工作电压,一般与配套的断路器所采用的额定电压相同。

(2)额定电流(A)

隔离开关的额定电流是指可以长期通过的工作电流。隔离开关长期通过额定电流时,其各部分的发热温度不能超过允许值。

(3)额定短时耐受电流(kA)及持续时间(s)

隔离开关的额定短时耐受电流是指触头在流过短路电流,在短路电流持续流过的3~4 s内所能抵御短路电流造成的热熔焊而不损坏的能力。

(4)额定峰值耐受电流(kA)

隔离开关的额定峰值耐受电流是指在承受短路时,抵御短路电流所造成的电动力而不发生损坏的能力,也称动稳定电流。

### 4.5.4 某F级燃气轮机电厂隔离开关介绍

(1)某电厂采用的隔离开关介绍

某电厂220 kV系统开关站设备采用户外布置,选用了两种型号的隔离开关,一种是水平分合操作的GW7-220 W型隔离开关,一种是垂直分合操作的GW10-220 W型隔离开关。

1)GW7-220 W型隔离开关

GW7-220 W型隔离开关系统由操动机构、绝缘支柱、动静触头和传动装置等组成,如图4.25所示。其中静触头位于两端绝缘支柱上,中间绝缘支柱支撑并带动导电杆水平方向转动,实现隔离开关的分合操作。每组隔离开关共用一套操作机构,经过三相联动机构实现三相隔离开关的同时操作。

2)GW10-220W型隔离开关

GW10-220W型隔离开关由操动机构、绝缘支柱、动静触头和传动装置等组成,如图4.26所示。其中静触头位于隔离开关上方的母线上,动触头位于导电杆的上部。导电杆分成两节折叠后布置于绝缘支柱上。操作机构将动力通过传动机构传递给导电杆后,导电杆向上竖起,垂直伸直后与静触头闭合,实现隔离开关的合闸操作。分闸操作过程与合闸操作顺序相反。每组隔离开关共用一套操作机构,经过三相联动机构实现三相隔离开关的同时操作。

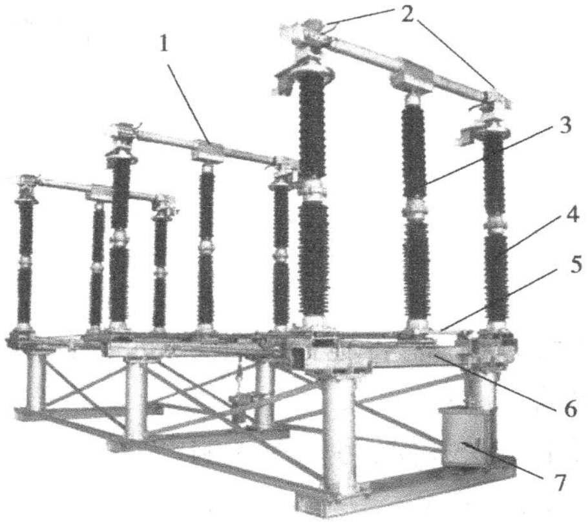


图4.25　GW7-220 W 型隔离开关
1—动触头;2—静触头;3—旋转瓷瓶;4—绝缘支柱;
5—传动装置;6—底座;7—操动机构

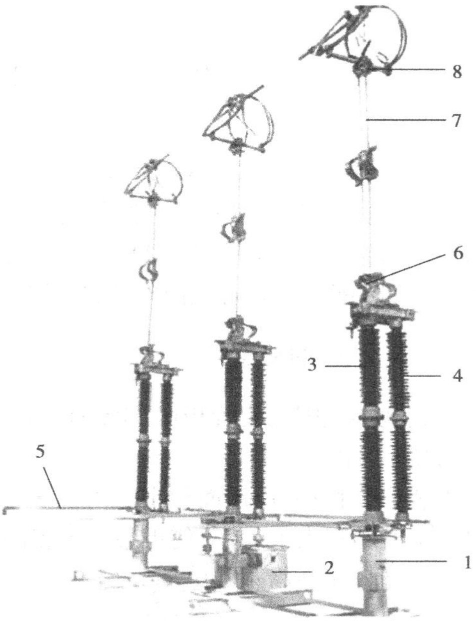


图4.26　GW10-220 W 型隔离开关
1—基座;2—操动机构;3—绝缘瓷柱;4—操动瓷柱;
5—接地刀闸;6—传动装置;7—导电折架;8—触头

(2)隔离开关的操作及注意事项

隔离开关的操作需要具有一定操作技能的操作人员,按规定的程序进行,不得随意更改,操作过程必须符合安全工作规程的要求。

①线路停、送电时,按顺序拉合隔离开关。停电操作时,必须先断开断路器,后拉线路侧的隔离开关,再拉母线侧的隔离开关。送电操作时,顺序相反。

②隔离开关一般应在主控室进行远控操作,当远控电气操作失灵时,可在就地进行电动或手动操作,但必须征得专责人员许可,并有现场监督的情况下才能进行。

③隔离开关操作时,应有值班人员在现场逐相检查分、合位置,触头接触深度等项目,确保隔离开关动作正常,位置正确。

④当出现错误操作隔离开关,造成带负荷拉、合隔离开关后,按以下规定处理:

a. 当错拉隔离开关,在切口发现电弧时应急速合上;若已拉开,不允许再合上。

b. 当错合隔离开关时,无论是否造成事故,都不允许再拉开,因带负荷拉开隔离开关,将会引起三相弧光短路。

⑤当隔离开关与断路器、接地刀闸配合使用时,或隔离开关本身具有接地功能时,应有机械闭锁或电气闭锁来保证正确的操作程序。如果闭锁装置失灵或隔离开关和接地刀闸不正常时,必须严格按闭锁条件检查相应的断路器、隔离开关位置状态,只有核对无误后,方可解除闭锁进行操作。

⑥恶劣天气下,禁止手动操作隔离开关。

## 4.6 气体全封闭组合电器配电装置

气体全封闭组合电器(Gas Insulated Switchgear,GIS)。根据主接线的要求,GIS由断路器、隔离开关、电流互感器、电压互感器、避雷器及母线组成一个整体,内部充满一定气压的气体,作为GIS的绝缘和灭弧介质。目前,俗称的GIS是指内部充满六氟化硫($SF_6$)气体的全封闭组合电器。GIS配电装置可屋内安装,也可屋外安装。

### 4.6.1 GIS的特点

与其他类型配电装置相比,GIS具有以下优缺点:

1)GIS的优点

①装置体积小、占地面积小。由于$SF_6$具有良好的绝缘性能,组合电器导体之间、导体对地之间电气距离大大缩小,使得整个装置的安装面积大幅缩小。

②运行可靠性高。带电部分封闭在金属外壳内,运行中不受气候、污秽等影响。

③安装周期短。大量工作可以在工厂完成,现场安装工作量小。

④检修周期长,维护工作量小。

⑤抗干扰性能好。金属外壳具有屏蔽作用,能消除无线电的干扰,无静电感应及噪声。

⑥抗震性好。设备安装高度低,使用的脆性绝缘子少,装置抗震性强。

2)GIS的缺点

①对材料性能、加工精度及装配工艺要求很高。

②需要专门的$SF_6$气体监视装置,对$SF_6$的纯度和水分要求严格。

③造价高。

④检修要求严密,检修过程需防止残留$SF_6$气体对检修人员造成的伤害。

⑤故障损失严重,损坏时维修时间长。

### 4.6.2 GIS的布置

GIS主要的标准元件有断路器、隔离开关、快速接地刀闸、电流互感器、电压互感器、避雷器、母线、电缆终端等,上述元件可制成不同形式的标准独立结构并辅以一些过渡元件(弯头、三通、波纹管等),以适应主接线的要求,组成成套配电装置。

(1)整体结构

一般情况下,断路器和母线筒的结构形式对装置的整体布置影响最大。对于屋内式GIS,当选用水平断口(双断口)断路器时,一般将断路器布置在最上面,母线布置在下面;当选用垂直断口断路器时,则断路器一般落地垂直布置在侧面。对于屋外式GIS,断路器一般布置在下部,母线布置在上部,用支架托起。目前多用屋内式GIS。

图4.27为220 kV双母线接线某一间隔GIS布置图。主母线Ⅰ、Ⅱ采用三相共筒式(三相母线封闭在公共外壳内),布置在最下面,三相母线通过绝缘件固定在筒内呈三角形布置。GIS配电装置母线较长时,将三相母线一体化,可以简化总体布置、节省投资。隔离开关2、7分相安装,采用直线形(进出线导体在同一轴线上),其动作为插入式。当接地开关与隔离开

关制成一体时，两者的同相部件封闭在同一气隔内。为减少温度变化、安装误差、振动等，在两组母线汇合处装有伸缩节 10，包括母线软导体和外壳两部分。断路器 4 为分相、单压、双断口断路器，布置在最上面，操动机构位于断路器中下部，一般为液压或弹簧机构。检修时，断路器可沿水平方向抽出。另外，为监视、检查装置的工作状态和保证装置的安全，装置的外壳上还设有检查孔、窥视孔和防爆盘等设备。

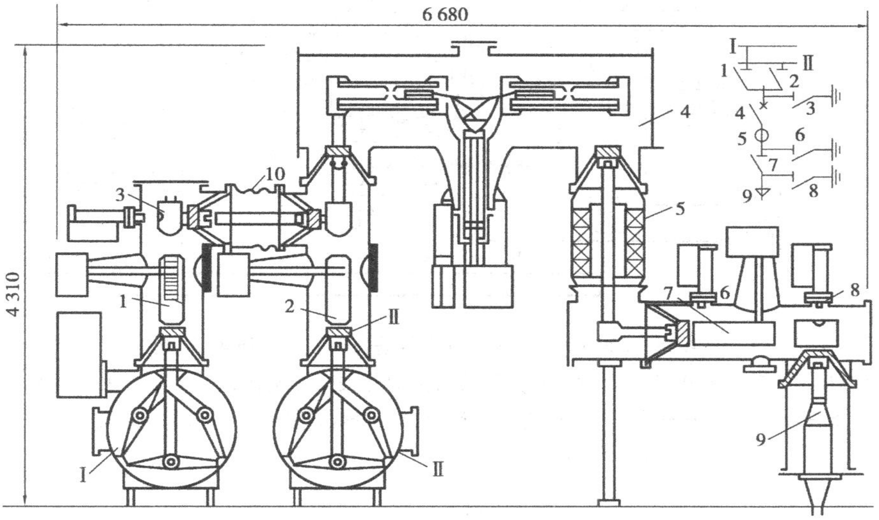


图 4.27　220 kV 双母线接线某间隔 GIS 断面图

1—母线；2，7—隔离开关；3，6，8—接地隔离开关；4—断路器；

5—电流互感器；9—电缆终端；10—波纹管

图 4.28 为 220 kV 单母线接线、断路器垂直布置的 GIS 布置图。断路器 1 垂直布置在一侧，操动机构 2 作为断路器的支座，断路器出线孔在断口的上、下侧，检修时灭弧室需垂直向上吊出，配电装置室的高度尺寸较大。

(2) 间隔及组合

设计 GIS 时，根据主接线要求将 GIS 分为若干个间隔。所谓间隔，就是一个具有完整供电或送电和其他功能单元。如进线间隔、母联间隔、电压互感器间隔等。每个间隔又由若干隔室组成，如断路器隔室、母线隔室等。隔室可再划分为若干气室或气隔，各气室间用绝缘隔板隔开。不同额定压力的元件，其气室必须分开。如断路器气室考虑灭弧效果，$SF_6$ 气体压力较高，而母线等元件作为绝缘介质的 $SF_6$ 气体压力低于断路器内 $SF_6$ 气体压力。

某 F 级电厂某一进线间隔气室分隔如图 4.29 所示。母线分别与母侧刀闸组成为一个单独的隔室，采用隔气型绝缘子隔离并装设一块密度继电器压力表监视及指示 $SF_6$ 压力。断路器单独为一个隔室。

(3) GIS 的密封系统

GIS 装置的运行可靠性，在很大程度上决定于 $SF_6$ 气体是否漏气，密封系统是决定 GIS 设备是否漏气的关键部件。GIS 装置静止部分的密封由密封环来实现，只要在静止元件间的密封环质量可靠，安装工艺符合规定，运行维护恰当，漏气的可能性不大。但在移动部件如断路器，隔离开关的操作杆操作过程中是移动的，速度高，有磨损可能，所以 GIS 的密封重点是移动

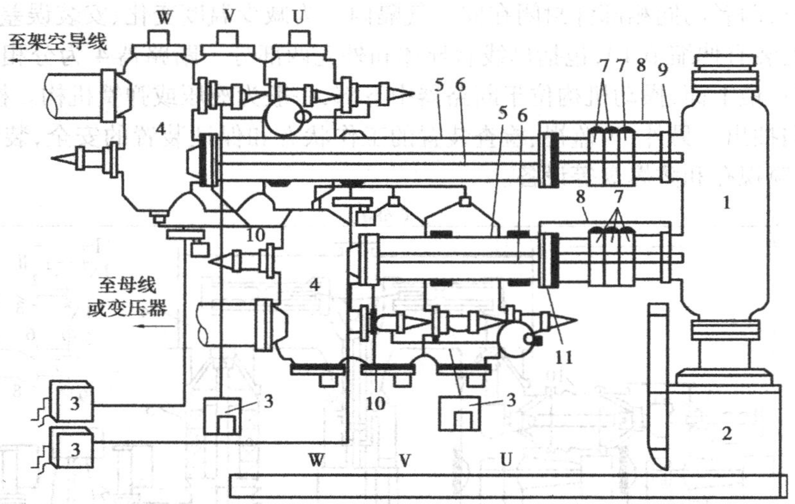


图 4.28　220 kV 单断口、断路器垂直布置的 GIS 断面图

1—断路器;2—断路器操动机构;3—隔离开关与接地开关操作机构;4—隔离开关与接地开关;
5—金属外壳;6—导电杆;7—电流互感器;8—外壳短路线;9—外壳连接法兰;
10—气隔分隔处,盆式绝缘子;11—绝缘垫

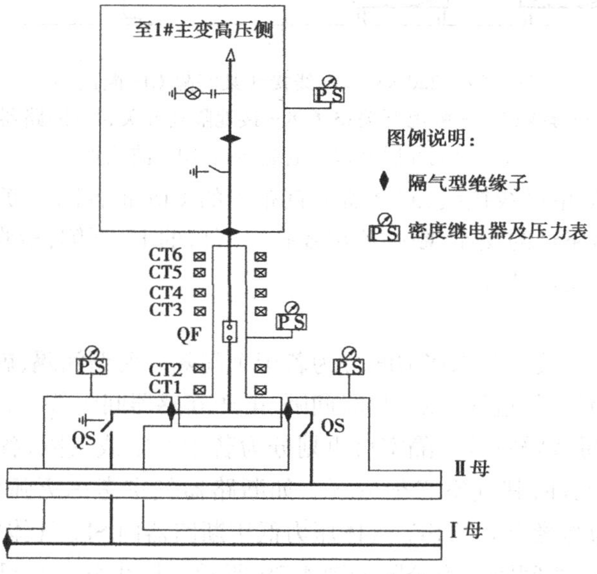


图 4.29　某电厂 GIS 设备主变间隔气室分隔示意图

元件的密封。目前大多采用双密封系统,如图 4.30 所示。当开关合闸时,轴向上移动,活动密封盖 4 也沿轴向上移动,合闸终了时,密封盖 6 与内密封垫压实而密封。整个密封系统是通过内外密封垫进行密封的,故又称为双密封系统。

### 4.6.3　应用实例

某 F 级燃气轮机电厂选用升压站采用 GIS 成套组合电器组合成双母线带母联断路器接

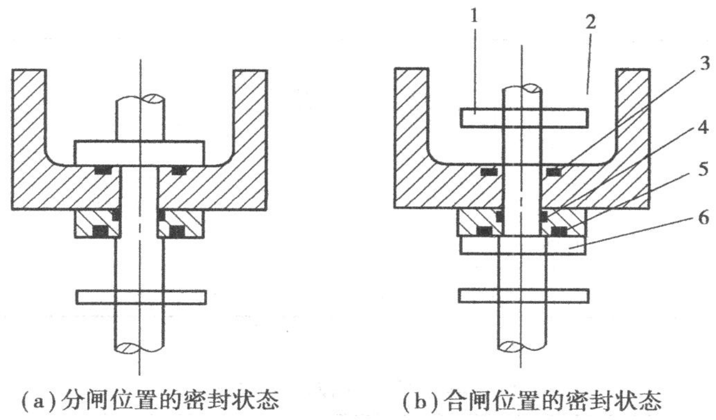


图4.30　双密封系统示意图

1,6—密封垫;2—$SF_6$ 气体;3—内密封垫;4—活动密封;5—外密封垫

线。主变高压侧至GIS采用电缆与GIS连接。出线间隔(L1,L2,L3,L4)与架空线路采用$SF_6$/空气瓷套管与送出线连接。母线、断路器、隔离开关、接地刀闸、电流互感器、电压互感器、避雷器等均成套安装在$SF_6$气体绝缘的壳体内。整套GIS布置如图4.31所示。

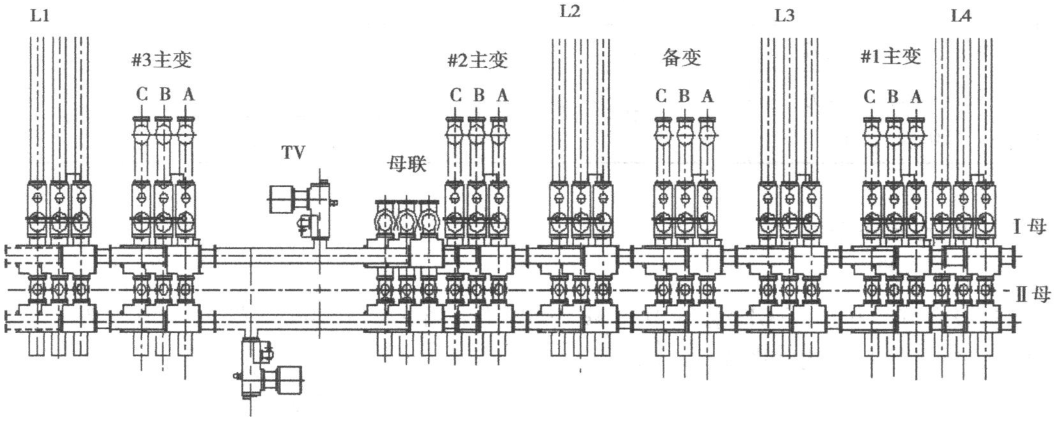


图4.31　某电厂GIS平面布置图

(1)GIS配置及技术参数

整套GIS装设10个间隔,其组成见表4.10,整套装置技术参数见表4.11。

**表4.10　某电厂GIS配电装置组成**

| 名　称 | 间隔设备 |
| --- | --- |
| 进线间隔 | 3个进线间隔。各间隔均采用电缆终端连接至GIS装置。每个间隔均包含一组主变出口隔离开关、$SF_6$断路器、母线侧隔离开关及接地刀闸等设备 |
| 出线间隔 | 4个出线间隔,采用$SF_6$/空气瓷套管与送出线连接。该间隔内装设的线路断路器、隔离开关、接地刀闸等设备封装在GIS中 |

续表

| 名　称 | 间隔设备 |
|---|---|
| 厂用备变间隔 | 1个厂用备用变压器间隔。连接方式及间隔内设备与进线间隔相同。该间隔内装有断路器、隔离开关、接地刀闸等设备封装在GIS中 |
| 母联间隔 | 1个母联间隔，间隔内的母联断路器，母联隔离开关，接地刀闸等设备封装在GIS中 |
| 电压互感器间隔 | 1个电压互感器间隔，互感器封装在GIS中 |

**表4.11　某电厂GIS技术参数表**

| 项　目 | 单　位 | 参　数 |
|---|---|---|
| 额定电压 | kV | 252 |
| 额定电流 | A | 4 000/3 150 |
| 额定频率 | Hz | 50 |
| 额定短路开断电流 | kA | 50 |
| 额定短路关合电流 | kA | 125 |
| 额定短时耐受电流 | kA | 50(3 s) |
| $SF_6$气体额定压力（20 ℃、表压） | MPa | 断路器气室:0.6 |
| | | 其他气室:0.4 |

(2)GIS元器件介绍

1)$SF_6$断路器

某F级燃气轮机电厂GIS装置中的$SF_6$断路器采用落地罐型断路器，由三相灭弧室、壳体和操作机构组成，其结构如图4.32所示。

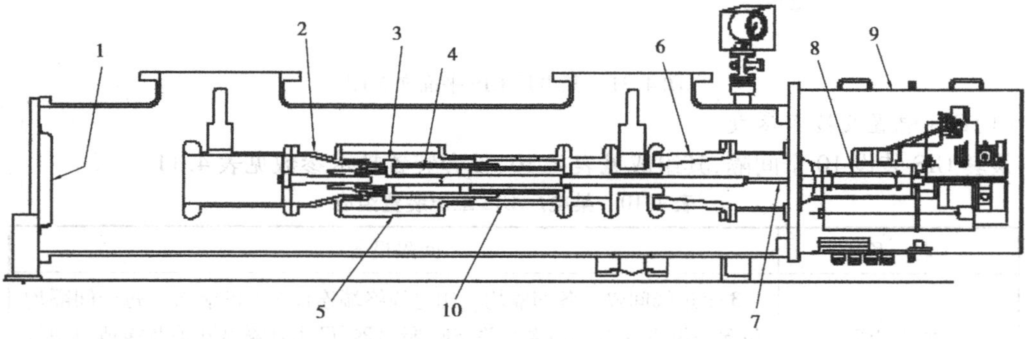


图4.32　GSP-245EH型$SF_6$断路器结构图

1—吸附剂筐；2—静触头装配；3—动触头装配；4—压气室；5—圆柱形绝缘子；6—绝缘子；7—绝缘拉杆；8—驱动杆；9—操动机构

灭弧室是单压式单断口变熄弧距灭弧室，安装在充满$SF_6$气体且接地的壳体中，其灭弧原理参见本章相关内容。

断路器壳体水平地安装在断路器的底座上。每相壳体的末端作为该相灭弧室的检修孔，并盖上一个封盖，在封盖上有一个安装好的吸附剂筐，内放吸附剂用来吸收潮气和 $SF_6$ 气体在电弧作用下所产生的有害成分。

另外，断路器每相都有三相一体的 $SF_6$ 气体系统，以保证三相灭弧室气体压力均等。$SF_6$ 气体系统提供压力指示器(由密度继电器实现)，并带有辅助触点，用于断路器的报警、联锁和控制。

操动机构为液压操动机构，其工作原理见本章相关内容。

该厂 $SF_6$ 断路器配置参数见表 4.12。

**表 4.12　GSP-245EH 型 $SF_6$ 断路器额定技术参数**

| | | | |
|---|---|---|---|
| 额定电压/kV | 252 | 操作机构形式 | 液压机构 |
| 额定电流/A | 3 150 | 额定控制电压/V | DC220 |
| 额定短路开断电流/kA | 50 | 油泵电机电压/V | AC380 |
| 额定短时耐受电流/kA | 50(3 s) | 质量/kg | 1 500 |
| 工频耐受电压/kV | 460 | $SF_6$ 气体质量/kg | 90 |
| 雷电冲击耐受电压(峰值)/kV | 1 050 | 额定 $SF_6$ 气体压力/MPa | (20 ℃)0.6 |

2)隔离开关与接地刀闸

该电厂 GIS 组合电器中隔离开关采用两种类型的开关，母线侧隔离开关采用具有母线转换电流能力的隔离开关(KTM3-245RC)，其他隔离开关为 DLM3-245RC 型，两种隔离开关均采用电动操作机构[58]。

接地刀闸采用两种形式：一种是快速接地型刀闸(EAP3-245C)，操作机构采用弹簧型，快速接地开关配置在出线回路的出线隔离开关靠线路一侧；另一种型号为 EBM3-245，操作机构为电动型，布置在断路器两侧，作为断路器或线路检修时接地用，EBM 型接地开关与隔离开关(DLM)共用一个操作机构。隔离开关及接地刀闸传动杆连接如图 4.33 所示。

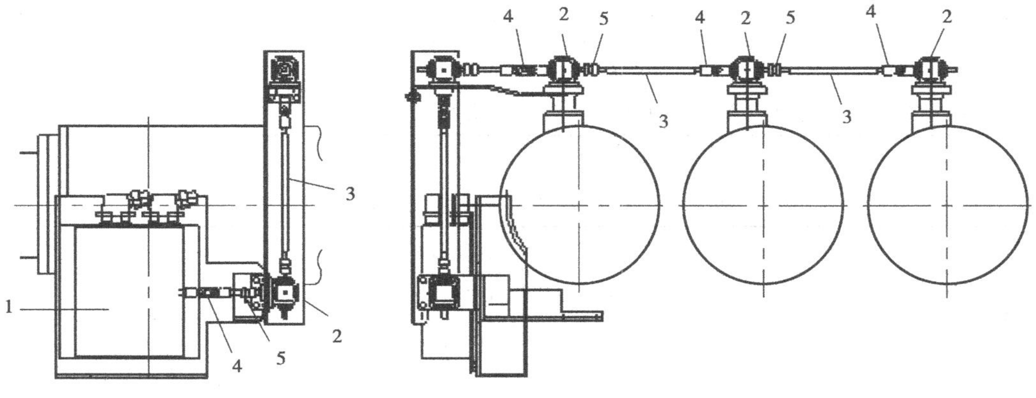


图 4.33　EBM 接地刀闸与 DLM 隔离开关传动杆结构图

1—电动操作机构；2—齿轮箱；3—旋转轴；4—万向接头；5—联轴器

一个隔离开关和一个或两个接地刀闸组合在一起，封装在充有 $SF_6$ 气体的壳体内。隔离开关和接地刀闸都采用分箱式结构，共用一台操作机构（包括连杆、杠杆），三相机械联动操作。DLM3型隔离开关与EBM3型隔离刀闸组合体外形图参见图4.34。

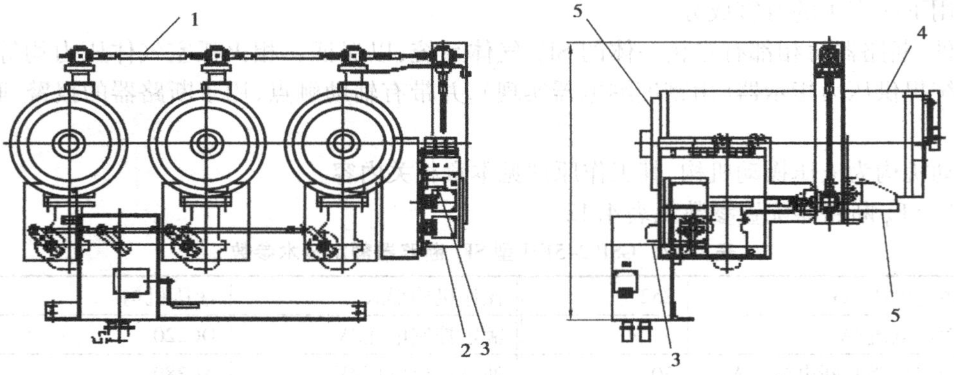


图4.34　DLM3隔离开关与EBM3隔离刀闸组合体外形图

1—DLM3/EBM3连杆机构；2—DLM3/EBM3操作机构；3—位置指示器；4—壳体；5—绝缘子

各隔离开关的主要技术参数见表4.13至表4.16。

表4.13　KTM3-245RC型隔离开关技术参数

| | | | |
|---|---|---|---|
| 额定电压/kV | 252 | 操作机构形式 | 电动机构 |
| 额定电流/A | 4 000 | 额定控制电压/A | DC220 |
| 额定短时耐受电流/kA | 50(3 s) | 电机电压/V | DC220 |
| 工频耐受电压/kV | 460 | 标准 | IEC-60129 |
| 雷电冲击耐受电压(峰值)/kV | 1 050 | 额定 $SF_6$ 气体压力(10 ℃)/MPa | 0.4 |

表4.14　DLM3-245RC型隔离开关技术参数

| | | | |
|---|---|---|---|
| 额定电压/kV | 252 | 操作机构形式 | 电动机构 |
| 额定电流/A | 3 150 | 额定控制电压/V | DC220 |
| 额定短时耐受电流/kA | 50(3 s) | 电机电压/V | DC220 |
| 工频耐受电压/kV | 460 | 标准 | IEC-60129 |
| 雷电冲击耐受电压(峰值)/kV | 1 050 | 额定 $SF_6$ 气体压力(20 ℃)/MPa | 0.4 |

表4.15　EBM3-245C型接地刀闸技术参数

| | | | |
|---|---|---|---|
| 额定电压/kV | 252 | 操作机构形式 | 电动机构 |
| 额定短时耐受电流/kA | 50(3 s) | 额定控制电压/V | DC220 |
| 工频耐受电压/kV | 460 | 电机电压/V | DC220 |
| 雷电冲击耐受电压(峰值)/kV | 1 050 | 额定 $SF_6$ 气体压力(20 ℃)/MPa | 0.4 |

表4.16　EAP3-245C 型接地刀闸技术参数

| | | | |
|---|---|---|---|
| 额定电压/kV | 252 | 操作机构形式 | 弹簧机构 |
| 额定短时耐受电流/kA | 50(3 s) | 额定控制电压/V | DC220 |
| 额定关合电流/kA | 125 | 电机电压/V | DC220 |
| 工频耐受电压/kV | 460 | 标准 | IEC-60129 |
| 雷电冲击耐受电压(峰值)/kV | 1 050 | 额定 $SF_6$ 气体压力(20 ℃ )/MPa | 0.4 |

3)电流互感器与电压互感器

该电厂GIS中电流互感器采用套管式电流互感器,它的一次绕组就是导体本身,二次绕组分布在一个环形铁芯上,为操作仪器、仪表和保护继电器提供一种便捷的二次电流供应电源。

电流互感器的铁芯使用低损耗、高磁导率和经定向粒化处理的冷轧硅钢片制成。铁芯表面覆盖有绝缘保护层,然后绕上作为铁芯绝缘的聚酯带,带有聚酯表层的磁线按正确的匝数紧绕在铁芯上,其结构图如图4.35所示。

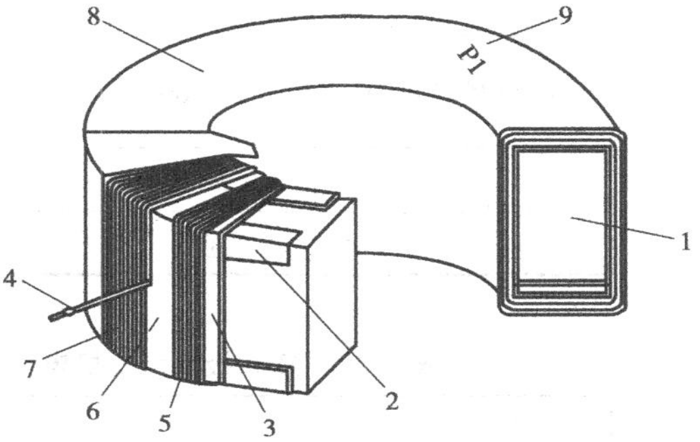


图4.35　某电厂220 kV电流互感器结构图

1—铁芯;2—绝缘保护层;3—铁芯绝缘层;
4—二次绕组引线;5—二次绕组(内层);6—层间绝缘;
7—二次绕组(外层);8—外层绝缘; 9—极性标志P

某F级燃气轮机电厂220 kV系统电流互感器技术参数见表4.17。

表4.17　某F级燃气轮机电厂220 kV系统电流互感器技术参数

| 相　数 | | 1 | 标　准 | GB 1208 | |
|---|---|---|---|---|---|
| 额定短时耐受电流/kA | | 50(3 s) | 连续热电流系数 | 1.2 | |
| 序号 | 额定电流比/A | 额定输出/VA | 准确级 | 准确限制系数 | 接线方式 |
| 1 | 1 250/1 | 10 | 5P | 30 | S1-S2 |
| | 2 500/1 | 10 | 5P | 30 | S1-S3 |
| 2 | 1 250/1 | 10 | 5P | 30 | S1-S2 |
| | 2 500/1 | 10 | 5P | 30 | S1-S3 |
| 3 | 1 250/1 | 10 | 5P | 30 | S1-S2 |
| | 2 500/1 | 10 | 5P | 30 | S1-S3 |

GIS中的电压互感器的结构和原理与一般电压互感器相同。在母线上采用的是电磁式电压互感器,其参数见表4.18。线路出线上采用电容式电压互感器,其参数见表4.19。

**表 4.18　某 F 级燃气轮机电厂 220 kV 系统母线电压互感器技术参数**

| 形　式 | 电磁式 | | 额定 1 min 工频耐受电压(有效值)/kV | 460 |
|---|---|---|---|---|
| 接线方式 | Y/Y/Y/Y/△ | | 额定雷电冲击耐压(峰值)/kV | 1 050 |
| 额定电压比/kV | $\frac{220}{\sqrt{3}}/\frac{0.1}{\sqrt{3}}/\frac{0.1}{\sqrt{3}}/\frac{0.1}{\sqrt{3}}/0.1$ | | 额定短时工频耐受电压/kV | 3(方均根值) |
| 精确度 | 0.2/3P /3P /6P | | 二次绕组绝缘的额定短时工频耐受电压/kV | 3 |
| 二次负载容量/VA | 100/100/100/100 | | 绕组匝间绝缘的额定耐受电压/kV | 4.5 |
| 过电压系数 | 30 s | 1.5P.U | 局部放电 | ≤10PC |
| | 连续 | 1.2P.U | | |

**表 4.19　某 F 级燃气轮机电厂 220 kV 系统出线电压互感器技术参数**

| 形　式 | 电容式 | 型　号 | WVL3220-5H |
|---|---|---|---|
| 一次额定电压 | $220/\sqrt{3}$ | 额定频率/Hz | 50 |
| 一次绕组(1) | 额定电压 $100/\sqrt{3}$ V | 额定容量 100 VA | 准确级次 0.2 级 |
| 二次绕组(2) | 额定电压 $100/\sqrt{3}$ V | 额定容量 100 VA | 准确级次 3P 级 |
| 三次绕组(3) | 额定电压 $100/\sqrt{3}$ V | 额定容量 100 VA | 准确级次 3P 级 |
| 剩余电压绕组 | 额定电压 100 V | 额定容量 100 VA | 准确级次 6P 级 |
| 标准电容 | 载波耦合电容器 0.005 μF | C11 0.01 μF | C12 0.013 9 μF |
| | | C1 0.005 825 μF | C2 0.035 294 μF |

4)母线

GIS 中母线采用三相共筒式,三相母线封闭于一个圆筒内,导电杆用盆式绝缘子支撑固定。其特点是外壳涡流损耗小,相应载流量大,占地面积小。缺点是电动力大,可能出现三相短路。

5)连接件

连接件是用来延伸和改变载流路径分支单元的元件。该厂主变高压侧出口为电缆出线,出线通过电缆终端与 GIS 连接;送出线为架空线路,出线与 GIS 采用套管内充有 $SF_6$ 的充气套管连接。

### 4.6.4　GIS 装置运行维护与事故处理

(1)GIS 装置的运行维护

GIS 室内空间较封闭,一旦发生 $SF_6$ 气体泄漏,流通极其缓慢,毒性分解物在室内沉积,不易排出,有可能使进入 GIS 室的维护人员中毒。而且 $SF_6$ 气体的比重较氧气大,当发生 $SF_6$ 气

体泄漏时 $SF_6$ 气体将在低层空间积聚，造成局部缺氧，使人窒息。另一方面，$SF_6$ 气体本身无色无味，发生泄漏后不易察觉，这就增加了对进入泄漏现场工作人员的潜在危险性。因此在 GIS 室内要装抽风机，定时将室内的气体排出，同时需要加强对 GIS 装置中 $SF_6$ 气体的监视。

1）$SF_6$ 气体监视

$SF_6$ 气体的监视，主要是指其压力的监视，可通过以下元件实现：

①$SF_6$ 压力表。GIS 装置上装设压力表，可直观地监视气体压力的变化。由于 $SF_6$ 气体压力随环境温度而变化，须对照 $SF_6$ 气体的压力—温度曲线才能正确判断气室中的压力，从而判断气室是否泄漏。

某电厂 GIS 装置中 $SF_6$ 气体压力与温度的关系曲线如图 4.36 所示。

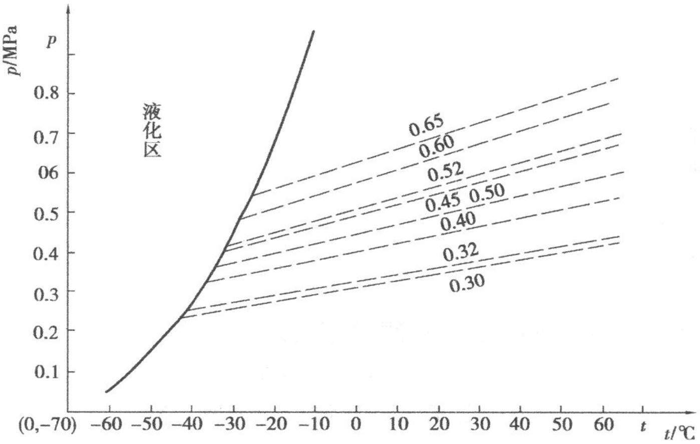


图 4.36　$SF_6$ 压力与温度关系曲线

②$SF_6$ 气体密度计。由于压力表受环境温度变化的影响，要准确反映 GIS 装置中 $SF_6$ 气体压力，需要装设带温度补偿的气体密度计。设置温度补偿后，当 $SF_6$ 气体发生泄漏时，密度必然变化。密度计带信号触点，可以发出信号。如某 F 级燃机电厂对 $SF_6$ 密度继电器设置值是：当断路器气室气体压力低于 0.575 MPa 时报警，当气体压力进一步下降至 0.55 MPa 时，则对断路器进行分闸闭锁，并发出闭锁信号。

2）GIS 的巡视检查

日常巡视中对 GIS 作如下检查：

①外观检查：

a. 通风、照明和消防报警设备良好。

b. 室内无异音异味，无影响运行的杂物。

c. GIS 外壳接地良好，无局部过热。

d. 外壳、构架无锈蚀、损伤，瓷套无破损、开裂或污秽。

e. 电缆沟渠无积水、杂物。

②GIS 断路器、隔离开关、接地刀闸检查：

a. GIS 断路器、隔离开关、接地刀闸操作机构的位置指示器指示正确。

b. 动作计数器指示正常，记录动作次数。

c. 操作连杆和拐臂无松脱变形，标示牌完好，无脱落。

d. 油压表指示正常，各阀门启闭位置正确，油泵电机工作正常，无漏油现象。

e. 各气室 $SF_6$ 气体压力表指示正常，各气体管路无变形损坏，无漏气现象。

3）就地控制柜检查

a. 就地控制柜模拟图上断路器、隔离开关等位置指示与实际运行工况相符。指示灯完好，指示正确。

b. 控制方式开关和闭锁开关按要求方式投入位置。

c. 控制柜上无报警信号。

（2）故障处理

GIS 装置除具有常规的断路器、隔离开关、操动机构等常见故障外，其装置还有如气体泄漏、水分超标、内部放电等故障。

1）$SF_6$ 气体泄漏

泄漏原因：

①金属密封面表面有磕碰、划伤。

②铸件有针孔、损伤。

③铝合金面时间长老化、腐蚀。

④密封垫片老化。

处理方法：

①先用 $SF_6$ 检漏仪对漏气间隔进行检测，找出漏气点。

②若为焊缝漏气，则先将 $SF_6$ 气体回收后进行补焊。

③若为密封接触面漏气，通常在回收 $SF_6$ 气体后更换密封圈。

2）水分超标

超标原因：

①吸附剂安装不对。

②抽真空不足。

③气室或隔室存在空腔。

④$SF_6$ 保管不够，受环境影响。

⑤部件受潮。

处理方法：

①严格设备安装工艺。

②充入 $SF_6$ 气体前抽真空尽量越低越好（国标 133 Pa）。

③阴雨天湿度大不允许安装。

④库房内部件作防潮处理。

3）设备内部绝缘放电

放电原因：

①绝缘件表面被破坏，绝缘件浇注时有杂质。

②绝缘件质量不合格。

③安装绝缘件工艺流程不对。

④吸附剂安装不对，粉尘粘在绝缘件上。

⑤绝缘件受潮。

⑥气室内湿度过大,绝缘件表面腐蚀。

处理方法:

①原材料进厂时严格控制质量。

②加工过程时控制工艺。

③装配时严格按工艺流程安装。

④库房绝缘件采用真空包装。

⑤控制好气室内水分不超标。

## 4.7　互感器

### 4.7.1　概述

电力系统在传输电能过程中往往采用很高的电压,通过的电流也很大,因此,无法用仪表直接测量。互感器的作用是将高电压和大电流按比例降到可以用仪表直接测量的设备。

互感器是一种特殊的变压器,其原理接线如图 4.26 所示。按其测量内容的不同可分为电流互感器(TA)和电压互感器(TV)两种。

### 4.7.2　互感器的作用

互感器的作用包括以下几个方面:

①使二次设备、工作人员与高电压隔离,且互感器二次侧均接地,从而保证了人身和设备的安全。

②所有二次设备可采用低电压、小电流的控制电缆,使布线简单,安装方便。

③一次侧电路发生短路时,能够保护测量仪表和继电器的电流线圈免受大电流的损害。

④使测量仪表、继电器实现标准化和小型化。

### 4.7.3　电流互感器

(1)电流互感器的工作原理

电流互感器是专门用作变换电流的特殊变压器,其工作原理与普通变压器相似,均是根据电磁感应原理工作的,如图 4.37 所示。

电流互感器的一次侧绕组串联于被测的一次电路中,二次侧绕组与测量仪表或继电器的电流线圈串联。二次侧的额定电流为 5 A 或 1 A。

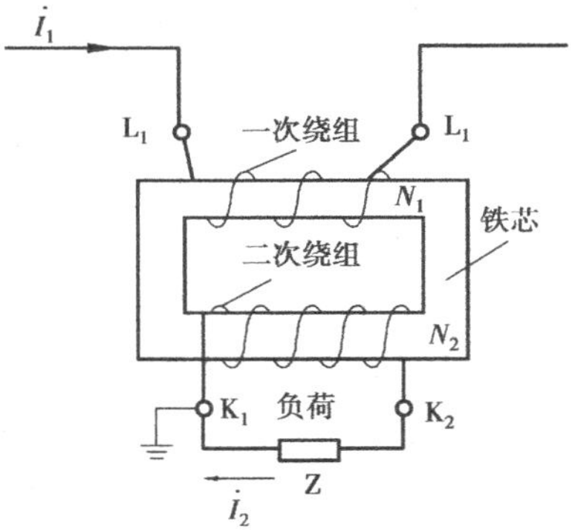

图 4.37　电流互感器的原理接线图

电流互感器的一次、二次额定电流之比,称为电流互感器的额定变比,用 $K_i$ 表示

$$K_i = \frac{I_{N_1}}{I_{N_2}} \approx \frac{N_2}{N_1} = K_N$$

式中 $I_{N_1}, I_{N_2}$—— 电流互感器的一次、二次额定电流；

$N_1, N_2$—— 一次、二次绕组匝数；

$K_N$——匝数比。

(2)电流互感器的特点

①电流互感器的一次侧绕组串接于一次电路中，且匝数较少，通常仅一匝或几匝，阻抗小，故其一次侧电流完全由被测电路的负荷电流决定，而不受二次侧电流影响。

②电流互感器二次侧绕组所接的仪表或继电器电流线圈的阻抗很小，正常情况下，电流互感器是在近似于短路的状态下运行。

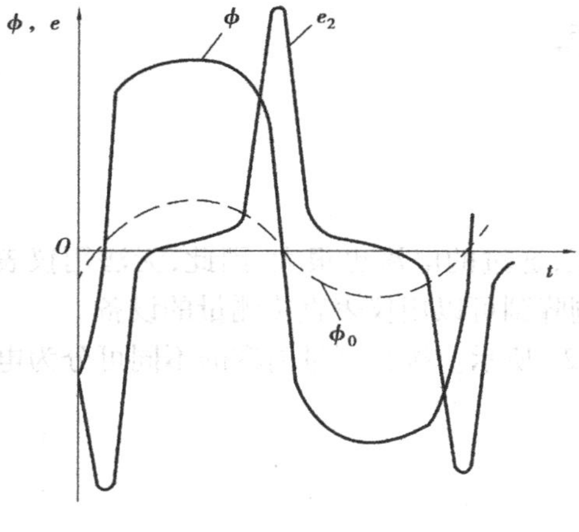


图 4.38 电流互感器二次侧开路时，φ 和 e 的变化曲线

电流互感器运行时，二次侧绕组禁止开路。因为在正常运行时，二次侧负荷电流产生的二次侧磁通势，对一次侧磁通势起去磁作用，因此励磁磁通势及铁芯中的合成磁通很小，在二次侧绕组中感应电动势也很小，不超过几十伏。

当二次侧开路时，二次侧电流为零，二次侧的去磁通势也为零，而一次侧磁通势仍为不变，它将全部用来励磁，使励磁磁通势较正常值大许多倍，使铁芯中磁通急剧增加而达到饱和状态，磁通的波形接近平顶波。由于感应电动势与磁通的变化率成正比，因此，在磁通曲线过零时，二次绕组将产生很高的尖顶波电动势，数值可达几千伏，如图 4.27 所示，危及人身和设备的安全。同时，由于磁感应强度剧增，将使铁芯损耗增大，严重发热，损坏绕组绝缘。因此，运行中的电流互感器二次侧绝不允许开路。

同理，电流互感器二次侧也不允许装设熔断器或开关。在运行中，如果需要拆除测量仪表或继电器时，应先在断开处将电流互感器二次绕组短接，再拆下仪表或继电器。

(3)电流互感器的主要参数

1)额定电流变比

额定电流变比是指一次额定电流与二次额定电流之比，额定电流比一般用不约分的分数形式表示。电流互感器在额定电流下可以长期运行而不会因发热损坏。

2)准确度等级

当一次电流通过互感器的一次绕组时，必须消耗一小部分电流用来励磁，使铁芯有磁性，这样二次绕组才能产生感应电势，也才能有二次电流。此时二次励磁磁动势就不等于一次励磁磁动势，电流互感器也就有了误差。用来励磁的电流，称为励磁电流。励磁电流与一次绕组匝数的乘积，称励磁磁动势，也称为励磁安匝。因此，电流互感器的误差就是由铁芯所消耗的励磁安匝引起的。

影响电流互感器误差的因素主要包括：

①绕组的电流大小与匝数。

②电流互感器的铁芯材料、结构和尺寸。

③电流互感器的二次回路及负载阻抗。

准确度级是指在规定的二次负荷变化范围内，一次电流为额定值时的最大电流误差。电流互感器测量误差可以用其准确度级来表示，根据测量误差的不同，划分出不同的准确级。

保护用电流互感器按用途分为稳态保护用(P)和暂态保护用(TP)。P级：准确限值规定为稳态对称一次电流下的复合误差，无剩磁限值。准确级用5P和10P表示，相当于其允许误差为5%和10%。如5P30表示在加30倍额定电流的情况下，误差小于或等于5%。

对于保护用的电流互感器，要求绝缘必须可靠，以保证安全；必须有足够大的准确限值系数；必须有足够的热稳定性和动稳定性。电流互感器准确级和误差限值见表4.20和表4.21。

**表4.20　普通电流互感器准确级和误差限值**

| 准确级 | 误差限值 | |
|---|---|---|
| | 电流误差/% | 相位误差/(′) |
| 0.2 | ±0.5 | ±20 |
| | ±0.35 | ±15 |
| | ±0.2 | ±10 |
| 0.5 | ±1 | ±60 |
| | ±0.75 | ±45 |
| | ±0.5 | ±30 |
| 1 | ±2 | ±120 |
| | ±1.5 | ±90 |
| | ±1 | ±60 |
| 3 | ±3 | 不规定 |

**表4.21　稳态保护电流互感器准确级和误差限值**

| 准确级 | 电流误差/% | 相位误差/(′) | 复合误差/% |
|---|---|---|---|
| | 在额定一次电流下 | | 在额定准确限值一次电流下 |
| 5P | ±1 | ±60 | 5 |
| 10P | ±3 | 不规定 | 10 |

在高压电网中，一般都装设有快速保护装置，当系统发生短路故障时，保护装置应在50 ms内动作，这时短路电流尚未达到稳态值，电流互感器还处在暂态工作状态，短路电流会有很大的直流分量，同时互感器铁芯饱和程度严重，采用反应稳态电流的一般保护用电流互感器，将产生很大的误差，故不能使用。因此，高压系统需要暂态误差特性良好的保护用电流互感器。暂态保护用电流互感器的准确级分为TPS，TPX，TPY，TPZ共4种。

TPS级：低漏磁电流互感器，其性能由二次励磁和匝数比误差限值决定，无剩磁限值。

TPX级：是一种在其环形铁芯中不带气隙的暂态保护型电流互感器。在额定电流和负荷下，其比值误差不大于±0.5%，相位误差不大于±3°；在额定准确限值的短路全过程中，其瞬间最大电流误差不得大于额定二次短路电流对称峰值的5%，电流过零时的相位误差不大于3°。

TPY 级:是一种在铁芯上带有小气隙的暂态保护型互感器。它的气隙长度约为磁路平均长度的0.05%。由于有小气隙的存在,铁芯不易饱和,剩磁系数小,二次时间常数 $T_2$ 较小,有利于直流分量的快速衰减。TPY 在额定负载下允许的最大比值误差为 ±1%,最大相位误差为1°;在额定准确限值的短路情况下,互感器工作的全过程,最大瞬间误差不超过额定的二次对称短路电流峰值的7.5%,电流过零点时的相位误差不大于4.5°。

TPZ 级:是一种在铁芯中有较大气隙的暂态保护型电流互感器,气隙的长度约为平均磁路长度的0.1%。由于铁芯中的气隙较大,一般不易饱和。因此,特别适合于在有快速重合闸(无电流时间间隙不大于0.03 s)的线路上使用。

3)额定容量

电流互感器的额定容量,就是额定二次电流通过二次额定负载时所消耗的视在功率。

4)额定电压

一次绕组长期能够承受的最大电压(有效值),它只是说明电流互感器的绝缘强度,而和电流互感器额定容量没有关系。

5)极性标志

①一次绕组首端标为 P1,末端标为 P2。当一次绕组带有抽头时,首端标为 P1,自第一个抽头起依次标为 P2,P3,…。

②二次绕组首端标为 S1,末端标为 S2。当二次绕组带有中间抽头时,首端标为 S1,自第一个抽头起以下依次标志为 S2,S3,…。

③对于具有多个二次绕组的电流互感器,应分别在各个二次绕组的出线端标志“S”前加注数字,如1S1,1S2,1S3,…;2S1,2S2,2S3,…。

④标志符号的排列应当使一次电流自 P1 端流向 P2 端时,二次电流自 S1 流出,经外部回路流回到 S2。

### 4.7.4 电压互感器

电压互感器是将一次侧的高电压按比例变为适合于仪器、仪表和保护控制装置使用的特殊变压器。

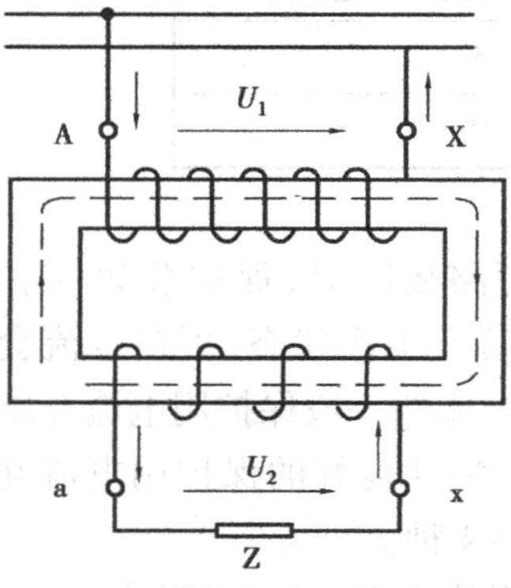


图4.39 电磁式互感器的原理接线图

电压互感器的一次侧绕组并联接在被测的电路中,二次侧绕组与测量仪表或继电器的电压线圈并联。二次侧的额定电压一般为100 V或 $100/\sqrt{3}$ V。

(1)电压互感器的工作原理

按工作原理可分为电磁式电压互感器和电容式电压互感器两种。

1)电磁式电压互感器的工作原理(见图4.39)。

电磁式电压互感器的工作原理和变压器相似,以电磁感应来变换电压。电压互感器的一、二次绕组额定电压之比,称为电压互感器的额定变比,用 $K_U$ 表示。

$$K_U = \frac{U_1}{U_2} \approx \frac{N_1}{N_2} = K_N$$

式中　$N_1, N_2$——互感器一、二次绕组匝数；

$U_1, U_2$——互感器一次实际电压和二次电压测量值；

$U_{N_1}$——一次侧绕组额定电压，等于电网额定电压。

由于二次侧的额定电压一般为 100 V 或 $100/\sqrt{3}$V，所以 $K_U$ 也已标准化。

2）电容式电压互感器工作原理

电容式电压互感器是一种由电容分压器和电磁单元组成的电压互感器，在正常使用条件下工作时，电磁单元的二次电压与加到电容分压器上的一次电压基本上成正比，且相位差接近于零。其原理接线图如图 4.30 所示。图中，$Z_2$ 表示仪表、继电器等电压线圈负荷。$U_2 = U_{C_2}$，因此

$$U_{C_2} = \frac{C_1}{C_1 + C_2} U_1 = KU_1$$

式中　$K$——分压比，$K = C_1/(C_1 + C_2)$。

改变 $C_1$ 和 $C_2$ 的比值，可得到不同的分压比。由于 $U_{C_2}$ 与一次电压 $U_1$ 成正比，故测得 $U_{C_2}$ 就可得到 $U_1$，这就是电容式电压互感器的工作原理。

当有负荷电流流过时，在内阻抗上将产生电压降，在数值上而且在相位上有误差，负荷越大，误差越大。要获得一定的准确级，必须采用大容量的电容，这是很不经济的。合理的解决措施是在电路中串联一个电感 L，如图 4.40 所示。

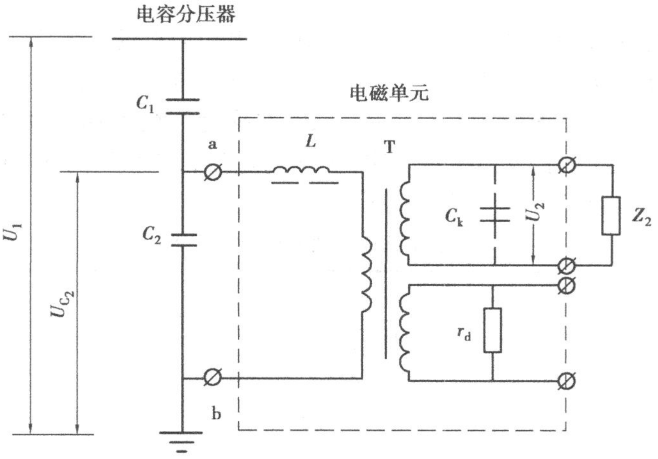


图 4.40　电容式电压互感器结构原理示意图

$U_1$——一次电压；$U_{C_2}$—中间电压；$T$—中间变压器；$C_1$—高压电容；

$C_2$—中压电容；$L$—补偿电感器；$r_d$—阻尼器

理想情况下，输出电压 $U_2$ 与负荷无关，但实际因为电容器有损耗，电感线圈也有电阻，随着负荷变大，误差也将增加，而且将会出现谐振现象，谐振过电压将会造成严重的危害，需要接入阻尼器和必要的过电压保护装置（$C_k$）。

为了进一步减小负荷电流所产生误差的影响，在测量仪表前加装中间变压器。

电容式电压互感器在 110 kV 及以上中性点直接接地系统中得到广泛应用。

(2)电压互感器的特性

电压互感器一次侧电压即电网电压,不受二次侧负荷的影响,一次侧应有足够的绝缘。

电压互感器二次侧所接测量仪表和继电器的电压线圈的阻抗很大,通过的电流很小,因此,电压互感器正常工作时接近于空载状态,二次电压接近于二次电动势,并随一次电压的变化而变化。所以,通过测量二次侧电压可以反应一次侧电压的值。

电压互感器在运行中,二次侧不能短路。短路后在二次电路中会产生很大的短路电流,使电压互感器烧毁。为此,在电压互感器的一次侧和二次侧均应装设熔断器,用于过载及短路保护。

(3)电压互感器的误差

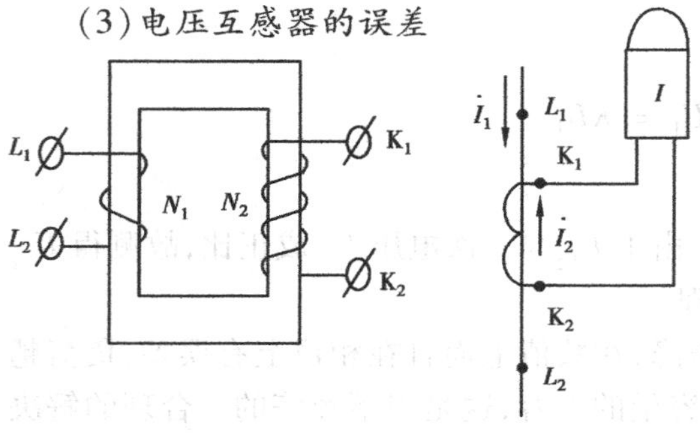


图 4.41　电磁式电压互感器简化相量图

电压互感器的等值电路与普通变压器相同,其简化相量图如图 4.41 所示。由于存在励磁流和内阻抗,使得从二次侧测算的一次电压近似值 $K_U U_2$ 与一次电压实际值 $U_1$ 大小不等,相位差也不等于 180°,产生了电压误差和相位误差。这两种误差除受互感器构造影响外,还与二次侧负荷及功率因数有关,二次侧负荷电流增大,其误差也相应增大。

电压互感器的准确级,是指在规定的一次电压和二次负荷变化范围内,负荷功率因数为额定值时,电压误差的最大值。测量用电压互感器的准确度等级通常分为 0.2,0.5,1,3 这 4 个等级,保护用电压互感器的准确度等级通常为 3P,6P,是指电压互感器变比误差的百分值。例如,准确度等级为 0.5 级,则表示该电压互感器的变比误差(在额定电压时)为 0.5%。3P,6P 表示电压误差分别为 3% 和 6%。

我国电压互感器准确级和误差限值标准见表 4.22。

**表 4.22　电压互感器的准确级和误差限值**

| 准确级 | 误差极限 | | 一次电压误差范围 | 频率、功率因数及二次负荷变化范围 |
|---|---|---|---|---|
| | 电压误差(±%) | 相位误差(±′) | | |
| 0.2 | 0.2 | 10 | $(80\% \sim 120\%)U_{N_1}$ | $(25\% \sim 100\%)S_{N_2}$<br>$\cos\varphi_2 = 0.8$<br>$f = f_n$ |
| 0.5 | 0.5 | 20 | | |
| 1 | 1 | 40 | | |
| 3 | 3 | 不规定 | | |
| 3P | 3 | 120 | $(5\% \sim 100\%)U_{N_1}$ | |
| 6P | 6 | 240 | | |

由于电压互感器误差与二次负荷有关,所以同一台电压互感器对应于不同的准确级便有不同的容量。通常,额定容量是指对应于最高准确级的容量。电压互感器按照在最高工作电压下长期工作容许发热条件,还规定了最大容量。

电压互感器二次侧的负荷为测量仪表及继电器等电压线圈所消耗的功率总和 $S_2$，选用电压互感器时要使其额定容量 $S_{N_2} \geq S_2$，以保证准确级等级要求。其最大容量是根据持久工作的允许发热决定的，即在任何情况下都不许超过最大容量。

## 4.8　封闭母线

### 4.8.1　概述

发电机出口至主变的连接一般采用敞露式母线、封闭母线。当发电机至主变采用敞露式母线时，其优点是投资省。主要的缺点是绝缘子表面容易被灰尘污染，造成闪络及由于外物所致引起母线短路故障。对大电流敞露母线，当发电机出口回路发生相间短路时，短路电流很大，使母线及其支持绝缘子受到很大的电动力作用，一般母线和绝缘子的机械强度难以满足要求。由于母线电流增大，使母线附近钢构的损耗和发热也大大增加。

因此，F级燃气轮机发电机出口至主变低压侧至高压厂用分支，均广泛采用封闭母线以提高运行可靠性。

### 4.8.2　封闭母线分类

封闭母线主要分为共箱封闭母线和离相封闭母线[见图4.42(c)]。共箱封闭母线三相共用一个金属外壳，分为相间无隔板[见图4.42(a)]和相间有隔板两种形式[见图4.42(b)]。

(a)不隔相式共箱母线　(b)隔相式共箱母线　(c)离相封闭母线

图4.42　封闭母线示意图

离相封闭母线分为不全连离相封闭母线、全连封闭母线和带限流电抗器的封闭母线。不全连离相封闭母线各段外壳之间彼此绝缘，沿轴向没有电流，每段外壳只在一点接地，以免产生环流；全连封闭母线外壳各段在电气上可靠相连，外壳两端通过短路板相互连接并接地。全连封闭母线如图4.43所示。

(1)离相封闭母线

离相封闭母线导体与外壳一般采用铝制作。三相母线导体分别密封于各自的铝制外壳内。如图4.44为3个绝缘子支撑的离相封闭母线。

在封闭母线内一般充满微正压干燥空气，防止外部潮气渗入影响绝缘。干燥空气来自于与封母配套的空气压缩机，也可以从厂用压缩空气系统引接。对于氢冷的发电机，在发电机和封闭母线连接处一般加装密封绝缘隔板或通风罩环，以防止氢气泄漏进入封闭母线内。

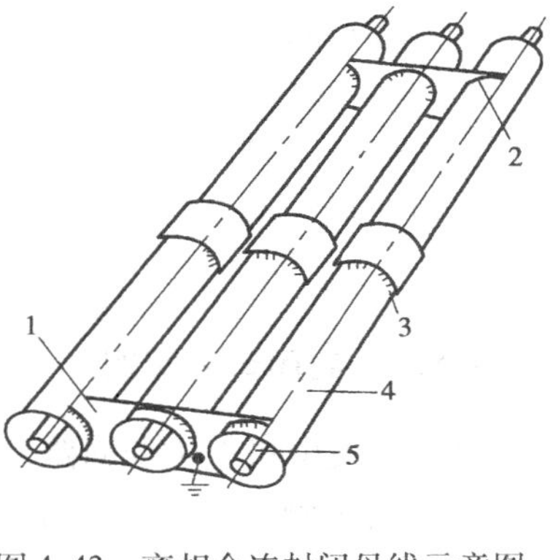


图4.43　离相全连封闭母线示意图
1—短路版；2—焊接；3—焊接连接；4—外壳；5—导体

母线在运行中会发热，为补偿温度变化引起的应力，封闭母线在一定长度范围内设置伸缩

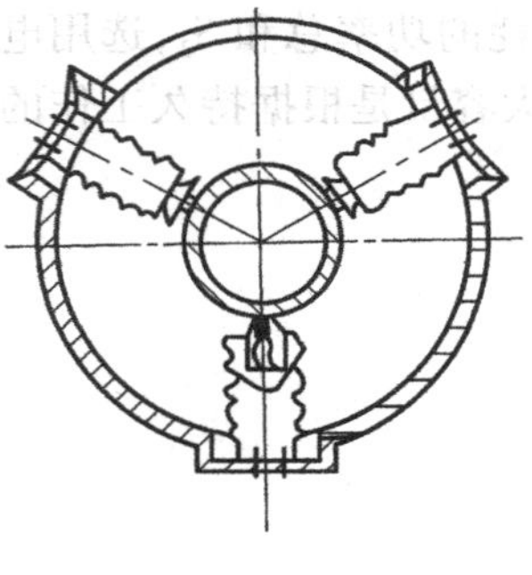

图 4.44　绝缘子支撑示意图

补偿装置，母线导体与设备端子采用铜编织线连接。封闭母线外壳与设备连接处，设置可拆卸的伸缩补偿装置。

(2)共箱封闭母线

共箱封闭母线三相母线导体封闭在同一个金属外壳中，其结构如图 4.45 所示。

共箱封闭母线结构紧凑、安装方便。母线导体一般采用铜、铝母排或槽铝，固定安装于支撑绝缘子上，绝缘子安装于箱体内。相与相之间、相对箱体之间符合安全净距值。为吸收膨胀，封闭母线与外部设备采用软连接，如铜编织带等。F 级燃机电厂由于厂用高压变压器低压侧至厂用中压母线一般采用共箱封闭母线连接。在技术上与离相封闭母线要求一样。

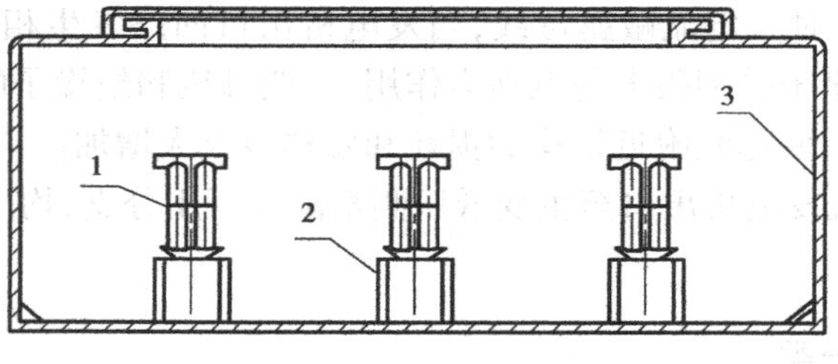


图 4.45　共箱不隔相封闭母线支撑示意图

1—母线(竖放)；2—绝缘子；3—箱体外壳

### 4.8.3　封闭母线的作用

封闭母线的作用具体体现在以下几个方面：

①减少接地故障，避免相间短路。封闭母线因有外壳保护，可基本消除外界潮气、灰尘以及外物引起的接地故障。

②消除钢构发热。裸露的大电流母线使得周围钢构和钢筋在电磁感应下产生涡流和环流，损耗大。封闭母线采用外壳屏蔽可以从根本上解决钢构感应发热问题。

③减少相间短路电动力。当发生短路，有很大的短路电流流过母线时，由于外壳的屏蔽作用，使相间导体所受的短路电动力大为降低。

④母线封闭后，便有可能采用微正压运行方式，防止绝缘子结露，提高运行安全可靠性。

⑤封闭母线由工厂成套生产，施工安装简便，简化了对土建结构的要求，运行维护工作量小。

### 4.8.4　封闭母线实例

某电厂发电机至主变回路及厂用分支采用全连式离相封闭母线，厂用高压变压器、厂用备用变压器低压侧至 6 kV 厂用开关回路采用三相共箱封闭母线。封闭母线技术参数见表 4.23。

表 4.23　封闭母线技术参数表

| 项目＼母线 | 主回路 | 厂用分支 | 厂用回路 |
|---|---|---|---|
| 形　式 | 全连式分相封闭母线 | 全连式分相封闭母线 | 共箱封闭母线 |
| 额定电压/kV | 20 | 20 | 6.3 |
| 额定电流/A | 16 000 | 2 500 | 2 500 |
| 工频耐受电压/kV | 75 | 75 | 42 |
| 三相短路电流冲击值/kA | 200.92 | 386.65 | — |
| 爬电比距/($mm \cdot kV^{-1}$) | 25 | 25 | 25 |
| 2 s 热稳定电流/kA | 125 | 200 | 42 |
| 外壳正常运行最高温度/℃ | 70 | 70 | — |
| 母线接头正常运行最高温度/℃ | <105 | <105 | <105 |
| 母线导体正常运行允许最高温度/℃ | <90 | <90 | <90 |
| 冷却方式 | 自冷 | 自冷 | 自冷 |

## 4.9　高压电缆

### 4.9.1　概述

高压电缆是用来传输和分配电能的设备,可在各种场合下敷设,安全隐蔽,不受外界气候干扰,维护量少。

在 F 级燃气轮机电厂中,220 kV 高压电缆主要应用于主变高压侧至升压站 GIS 母线,其绝缘材料采用交联聚乙烯(XLPE)。本节主要以此为例进行介绍。

### 4.9.2　高压电缆的结构

220 kV 交联聚乙烯绝缘高压电缆的结构一般为:导体层、半导电包带层、导体屏蔽层、XLPE 绝缘层、绝缘屏蔽层、金属屏蔽层、填充层、缓冲层、金属护套层、非金属外护套及导电层,如图 4.46 所示。

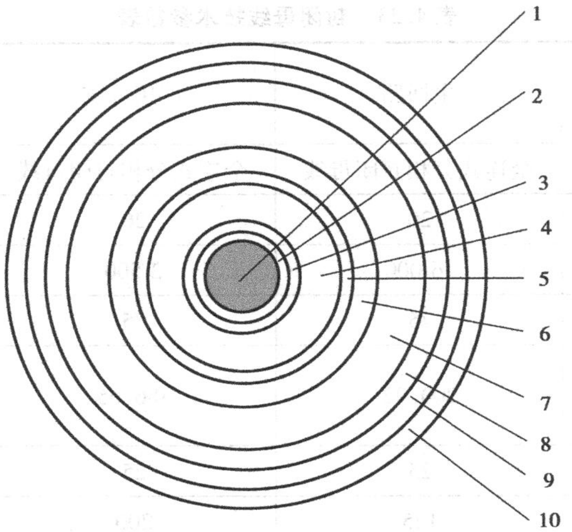


图 4.46　交联聚乙烯绝缘高压电缆结构示意图

1—导体;2—半导电包带层;3—导体屏蔽层;4—XLPE 绝缘层; 5—绝缘屏蔽层;
6—金属屏蔽层;7—填充层;8—缓冲层; 9—金属护套层;10—非金属外护套及导电层

(1)导体层

导体的作用是传输电力。目前导体所用材料主要为铜。

(2)半导电包带层

半导电包带层一般为尼龙带表面涂覆半导电层,是为了均匀线芯外表面电场,避免因导体表面不光滑以及线芯绞合产生的气隙而造成导体和绝缘发生局部放电。

(3)导体屏蔽层

导体屏蔽层包覆在导体上,与被屏蔽的导体等电位,与绝缘层良好接触,使导体表面光滑均匀,消除导体与绝缘界面的空隙对电性能的影响。

(4)XLPE 绝缘层

XLPE 绝缘层在导体外层起电绝缘作用,保证传输的电流或电磁波只沿着导体行进而不流向外面。

(5)绝缘屏蔽层

绝缘屏蔽层包覆在绝缘层表面,与 XLPE 绝缘层良好接触。绝缘屏蔽层与金属屏蔽层同电位,消除绝缘层与金属屏蔽层界面的空隙对电性能的影响,避免在绝缘层与金属屏蔽间产生局部放电,其材料一般为挤包的半导电塑料。

(6)金属屏蔽层

金属屏蔽层通常由铜带或铜丝绕包而成,主要起屏蔽电场的作用。

(7)填充层

填充层的作用主要是让电缆圆整、结构稳定。主要材料有聚丙烯绳、玻璃纤维绳、石棉绳、橡皮等。

(8)缓冲层

缓冲层具有半导电特性,能有效缓冲、弱化电场强度,补偿电缆运行时的热膨胀。

(9)金属护套层

金属护套层主要采用铝、铜等金属。具有径向阻水、金属屏蔽的作用,另通过接地,可将故障电流引入大地。

(10)非金属外护套及导电层

非金属外护套及导电层是对电缆整体特别是对绝缘起保护作用。非金属护套的材料主要有橡皮、塑料,导电层的材料为石墨,在对非金属外护套和接头的外护层进行直流电压试验时,导电层充当电极。

### 4.9.3 高压电缆附件

高压电缆附件包括电缆终端和电缆中间头,由于F级燃气轮机电厂的220 kV电缆较短,一般不需要中间头,故本节不作介绍。

220 kV高压电缆终端在电缆线路的末端,除密封电缆外,还可改善电缆末端电场,以便与输变电设备连接。

(1)高压电缆终端的结构

高压电缆终端在结构上一般由内绝缘、内外绝缘隔离层、出线杆、密封结构、屏蔽帽和固定金具组成。

1)内绝缘

内绝缘具有改善电缆终端的电场分布的作用,通常有增强式及电容式两种结构。

2)内外绝缘隔离层

内外绝缘隔离层保护电缆绝缘免受外界的影响,一般由瓷套管组成。

3)出线杆

出线杆将电缆导体引出,用来与架空线或其他电气设备相连。

(2)高压电缆终端的分类

按其安装方式的不同,高压电缆终端可分为敞开式、全封闭式。

1)敞开式终端

敞开式终端用于连接电缆与架空线、变压器套管等电气设备。

①充油电缆终端。220 kV充油电缆终端,在电缆的外部包有增绕绝缘层,用以降低电缆末端部分的电场强度。如图4.47所示。充油电缆终端通常采用瓷套管作内、外绝缘隔离,以防止水分与空气进入电缆,同时也可防止绝缘硅油逸出。

在接地应力末端套有浇铸成形的环氧增强件。由于环氧树脂具有较高的各向同性介质强度,因而有利于提高端部的内绝缘电气强度,使得内瓷套的接地法兰屏蔽,从而改善了瓷套表面的电场分布,提高终端的滑闪放电电压。

②硅橡胶高压电力敞开式终端。硅橡胶高压电缆敞开式终端,广泛使用预制附件式。一般都在工厂应用硅橡胶材料整体成型,因而安装时只需按要求处理好本体后,将电缆主体套入电缆终端头位置即可。

③复合套管式终端。复合套管式终端,其外绝缘是由一个玻璃纤维加强的空心环氧树脂管组成,管子外覆盖绝缘硅橡胶雨裙的复合套管,两端由通过阳极氧化处理的铝合金法兰封住,具有良好的抗蚀能力,终端套管内填充绝缘硅油。

2)全封闭电缆终端

封闭式终端与敞开式终端在结构上很相似,也是由内绝缘、内外绝缘隔离层、出线杆、密封结构和屏蔽罩等组成的。

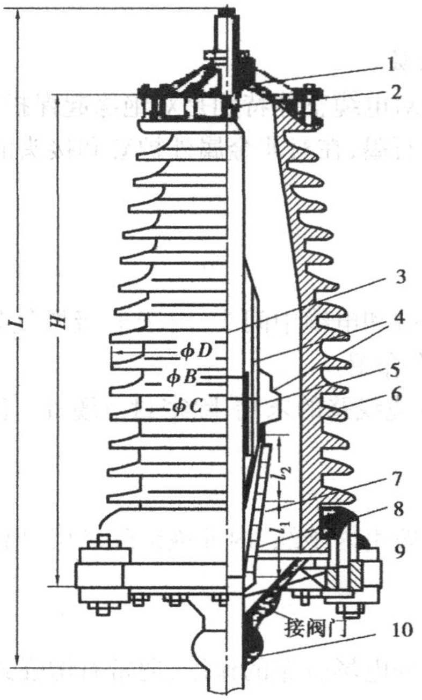


图 4.47　220 kV 充油电缆终端

1—出线杆;2—压接芯管;3—电缆绝缘;4—增绕绝缘;5—环氧增强件;

6—瓷套;7—应力锥;8—环氧支撑架;9—支撑架固定扎线;10—铅封

全封闭组合电缆终端用于电缆与 $SF_6$ 气体绝缘全封闭组合电器的连接,电缆终端置于绝缘硅油中,又称气中终端,如图 4.48 所示。

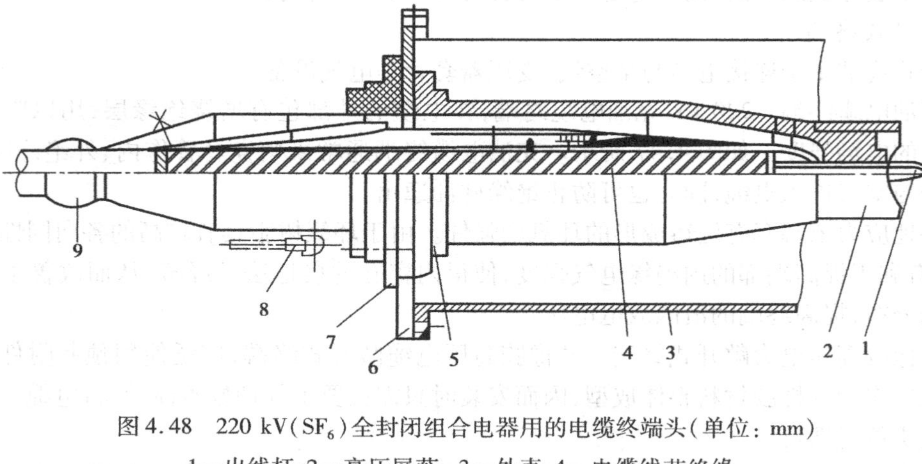


图 4.48　220 kV($SF_6$)全封闭组合电器用的电缆终端头(单位: mm)

1—出线杆;2—高压屏蔽; 3—外壳;4—电缆线芯绝缘;

5—套管法兰;6—底板;7—卡环;8—接地端子;9—铅封

### 4.9.4　高压电缆的运行维护

高压电缆的运行维护要着重做好负荷监视、电缆金属套腐蚀监视和绝缘监督 3 个方面工作,保持电缆设备始终处于良好的状态。

1)负荷监视

一般电缆线路根据电缆导体的截面积、绝缘种类等规定了最大电流值,负荷监视的措施主要有测量电缆的负荷电流或电缆的外皮温度等,防止电缆绝缘超过允许最高温度而缩短电缆寿命。

2)温度监视

测量电缆的温度,应在夏季或电缆最大负荷时进行。检查电缆的温度,应选择电缆排列最密处,或散热最差处,或有外部热源影响处。

3)绝缘监督

编制预防性试验计划,及时发现电缆线路中的薄弱环节(特别是电缆终端头),消除可能发生电缆事故的缺陷。

### 4.9.5 某F级燃气轮机电厂高压电缆介绍

某F级燃气轮机电厂220 kV高压电缆选用交联聚乙烯绝缘单芯铜电缆,用于主变高压侧与升压站GIS之间的连接。

(1)220 kV高压电缆及其附件的基本结构及材料

该电厂220 kV高压电缆线芯采用高导电多股铜绞线,最高运行温度为90 ℃,短路时最高温度为250 ℃。

绝缘层为干法交联挤压成型的交联聚乙烯。绝缘屏蔽层为挤压成型的、热固性的半导体化合物,与绝缘层紧密结合。

导体屏蔽层为均匀光滑的、挤压成型的半导体材料,并与绝缘相配合,允许在等于或大于绝缘的运行温度下运行。

金属护套为铜波纹管,其截面满足单相接地故障电流的热稳定要求。与金属护套相配合的缓冲层为半导体弹性材料,具有吸水膨胀性能。

外护套为挤压成型的高密度聚乙烯。外护套具有防水、防蚁害,外护套表面有一紧密结合的半导体层。

(2)某F级燃气轮机电厂220 kV高压电缆技术参数

某F级燃气轮机电厂220 kV电缆技术参数,见表4.24。

**表4.24 某F级燃气轮机电厂220 kV电缆技术参数表**

| | | | |
|---|---|---|---|
| 额定工作电压$\frac{U_o}{U}$/kV | 127/220 | 三相短路电流/kA | 50 |
| 最高工作电压$\frac{U_{om}}{U_m}$/kV | 146/252 | 单相短路电流/kA | 42 |
| 额定频率/Hz | 50 | 三相短路电流冲击值/kA | 125 |
| 最大工作电流/A | 1 392.3 | 单相短路电流冲击值/kA | 105 |
| 绝缘水平(包括电缆及附件) | 每一导体与屏蔽或金属护套之间的额定工频电压 $U_o$/kV | | 127 |
| | 任意两根导体间的额定工频电压 $U$/kV | | 220 |
| | 任意两根导体间的工频最高电压 $U_m$/kV | | 252 |
| | 导体与屏蔽或护套之间的雷电/操作冲击电压 BIL/kV | | 1 050 |
| | 导体与屏蔽或护套之间的出厂时工频耐受电压/kV | | 320(30 min) |

### 4.9.6 高压电缆的常见故障及典型案例分析

(1)高压电缆常见故障

1)机械损伤

电缆安装时不小心造成的机械损伤,或者在电缆附近施工时因各种原因引起的机械损伤。

2)化学腐蚀

电缆埋设在有酸碱作业的地区或有苯蒸气的煤气站附近,往往造成电缆铠装、护套大面积长距离被腐蚀。

3)长期过负荷运行

由于过荷运行,电缆的温度会随之升高,尤其在炎热的夏季,电缆的温升过高容易导致高压电缆绝缘老化加速,降低使用寿命。

(2)高压电缆终端故障

电缆终端故障占电缆线路故障的很大比例。由于存在多个中间导体连接环节,容易因制作、接线施工工艺不良造成连接点接触电阻过大,使得发热量大,温升过快,导致电缆终端的绝缘层破坏,造成对地击穿放电或着火,最终引发电缆终端着火烧毁或爆炸等。

造成高压电缆终端接触电阻增大的主要原因有:

1)电缆终端制作过程中连接不良

主要表现为:连接金具接触面处理不好、导体损伤、导体连接时线芯不到位、连接金具空隙大、截面不足以及电缆终端头金属屏蔽层、金属护套层与引出接地线之间连接不可靠,导致接触电阻增大,电气和机械强度降低。

2)电缆终端接线工艺不良

①电缆终端在支架上安装固定不牢固或不固定,电缆终端自身、电缆终端与外设设备连接点遭受外力及机械挤压等,诱发连接松动、变形,导致连接点接触电阻增大、绝缘强度下降、机械强度下降。

②电缆终端部位的电缆线芯弯曲半径不够,导致电缆线芯和电缆终端绝缘附件机械损伤,甚至部分线芯及绝缘附材被折断,导致电缆终端运行中局部出现发热、绝缘强度降低。

③电缆终端接线鼻子与外部设备连接时,连接工艺不良。如电缆终端接线鼻子与接线母排连接部位不在同一平面上,连接面接触压力不够,连接面容量不足。

3)电缆终端运行环境不良

由于通风散热不良等原因,引起电缆终端运行局部环境温度的异常升高,最终引发电缆终端故障。

4)电缆终端绝缘受潮

(3)某电厂高压电缆终端套管击穿故障案例

某电厂主变高压侧至升压站 GIS 之间采用 220 kV 电缆连接,主变高压侧与电缆连接处的电缆终端采用户外瓷套式充油终端,已连续运行 12 年。机组正常运行时,主变高压侧 C 相电缆终端爆炸,其外绝缘瓷套全部炸碎飞溅。经过对电缆绝缘检查,发现电缆主绝缘与绝缘油接触面有明显的水树枝,局部有电树枝。

①事故原因分析。通过对电缆载流量的计算,对电缆绝缘电树及水树、硅油、应力锥状况

的综合分析。判断出此次的电缆终端故障是由于安装和结构决定,引起终端内部受潮,造成套管内硅油的劣化,导致电缆绝缘层绝缘性能下降,使得应力锥上所承受的电位增加。绝缘表面防暴措施未做好的情况下,在其绝缘薄弱环节处开始放电,长期作用后最终致使电缆击穿,发生事故。

②事故防范措施。电缆终端套管在维护时,应选用合格的材料,作好防爆措施。在平时的运行巡视时,需加强电缆终端的检查,严密监视其负荷、温度和绝缘。

## 复习思考题

1. GIS 全封闭组合电器有何特点？由哪儿部分组成?
2. $SF_6$ 气体有哪些特性?
3. 断路器具有哪些基本结构?
4. 断路器有哪些常见的操动机构?
5. 断路器的额定电流与额定开断电流有什么差别?
6. 断路器的操动机构需要满足哪些基本要求?
7. $SF_6$ 断路器具有哪些特点?
8. $SF_6$ 断路器本体出现严重漏气时,应如何处理?
9. F 级燃气轮机电厂发电机出口装设 GCB 的具有什么优点?
10. 发电机出口断路器有什么特点?
11. 当出现错误操作隔离开关,造成带负荷拉、合隔离开关后,应怎样处理?
12. 电流互感器具有哪些特点?
13. 简述电流互感器二次侧禁止开路的原因?
14. 电容式电压互感器具有哪些特点?
15. 高压电缆运行时需注意哪些事项?
16. 高压电缆鱼腥时有哪些注意事项?
17. 简述高压电缆的常见故障及产生原因。
18. 简述高压电缆终端常见故障原因。

# 第5章 厂用电系统

## 5.1 厂用电接线

### 5.1.1 概述

发电厂在生产过程中,有大量以电能为动力的机械设备,以保证机组的正常运行,这些机械设备以及电厂内其他用电设备均属于厂用负荷。

厂用电系统是由厂用变压器、厂用供电线路、厂用成套配电装置及各类厂用负荷构成的系统。它是发电厂安全、可靠生产的重要前提和保证,在电力生产过程中发挥着极其重要的作用。

厂用电一般由发电厂自身供给,其耗电量与电厂类型、机械化和自动化程度、燃料种类及燃烧方式密切相关,该耗电量统称为厂用电量。发电厂电力生产过程中所必需的厂用电量占总发电量的百分比称为厂用电率,是电厂的主要技术经济指标之一。

由于发电方式不同,各类型发电厂的厂用电率会有很大的不同。F 级燃气轮机电厂用电率一般为2%左右。

### 5.1.2 厂用电系统负荷分类

根据在生产过程中的负荷重要性,可将厂用电系统负荷分为5大类:Ⅰ类负荷、Ⅱ类负荷、Ⅲ类负荷、事故保安负荷、不间断供电负荷。

(1)Ⅰ类负荷

Ⅰ类负荷指短时(手动切换恢复供电所需的时间)停电将影响人身或设备安全,使机组运转停顿或发电量大幅度下降的负荷,如滑油泵、冷却水泵、给水泵、凝结水泵等。接有Ⅰ类负荷的高、低压厂用母线,应设置备用电源。当备用电源采用明备用方式时,应装设备用电源自动投入装置。

(2)Ⅱ类负荷

Ⅱ类负荷指允许短时停电,但较长时间停电有可能损坏设备或影响机组正常运转的负荷,如电动阀门、疏水泵等。对接有Ⅱ类负荷的厂用母线,应由两个电源供电,一般采用手动切换。

(3) Ⅲ类负荷

Ⅲ类负荷指长时间停电不会直接影响生产,如试验室、机械加工车间的用电设备。对于Ⅲ类负荷,一般可只由一个电源供电。

(4) 事故保安负荷

事故保安负荷是指为了保证机组安全停运,事故消除后能快速重新启动或者为防止危及人身安全等原因,需在全厂停电时继续供电的负荷。

根据对电源的不同要求,事故保安负荷分为两种:

①直流保安负荷:由蓄电池组供电,如发电机的直流润滑油泵等。

②交流保安负荷:平时由交流厂用电供电,失去厂用工作和备用电源时,交流保安电源应自动投入。

(5) 不间断供电负荷

不间断供电负荷是指在机组启动、运行到停机过程中,甚至停机以后的一段时间内,需要连续供电并具有恒频恒压特性的负荷,如实时控制用电子计算机。不间断供电装置一般采用交流不间断电源。

### 5.1.3 厂用电接线的基本要求

厂用电系统的接线是否合理,对保证厂用负荷的连续供电和发电厂安全经济运行至关重要。

厂用电接线设计的基本原则如下:

(1) 每套机组的厂用电系统应相对独立

某一台机组的厂用电母线故障时,不致影响其他机组的正常运行;或者即使单套机组发生故障,可以将事故限制在一个较小的范围内,便于事故处理,并使机组能尽快恢复正常运行。

(2) 厂用电系统应设有备用电源

备用电源的接线方式应能保证各单元机组和全厂的安全运行。该电源的设置应保证厂用系统的供电可靠性,且要求在机组启停及事故时的切换操作少,以满足机组在启动和停运过程中的供电要求。

(3) 全厂公用负荷应分散接入不同机组的厂用母线或公用负荷母线

在厂用电系统接线中,不应存在可能导致切除多于一套单元机组的故障点,更不应存在导致全厂停电的可能性。

(4) 充分考虑发电厂的未来发展

在厂用电系统的布置上,应留有扩展余地,防止在扩建时造成重复性浪费。

(5) 应设置足够的交流事故保安电源

当全厂停电时,交流事故保安电源应能够快速启动和自动投入,向保安负荷供电。另外,还要设置可靠的交流不间断电源,以保证不允许间断供电的热工负荷和计算机的供电。

### 5.1.4 厂用电电压等级

发电厂厂用电系统电压等级是根据发电机额定电压、厂用负荷额定电压以及厂用电系统接线的可靠性等多个方面的因素,经过经济、安全、技术综合比较后确定的。

厂用负荷按其供电电压可分为高压厂用负荷和低压厂用负荷。高压厂用负荷一般有3,6,10 kV 3种,低压厂用负荷为380 V,对应厂用电压等级分别为3,6,10 kV及380 V。为了简化厂用电接线且使运行维护方便,电压等级不宜设置过多。

发电厂厂用负荷主要为厂用电动机,为了限制电动机的工作电流和短路电流,一般大容量的电动机选用较高电压等级,而小容量的电动机则选用较低电压等级。一般容量大于或等于200 kW的电动机负荷由6 kV系统供电,容量小于200 kW的电动机由380 V系统供电。

目前,国内F级燃气轮机电厂中,广泛使用6 kV,380 V作为厂用电的电压等级。以下章节均以6 kV,380 V两级电压作为厂用电电压等级论述。

### 5.1.5 厂用电源及其引接

(1)厂用工作电源的引接

发电厂的厂用工作电源是保证发电厂正常运行的基本电源,要求供电可靠,并且必须满足各级厂用电负荷容量需求。通常,工作电源应不少于两个。国内F级燃气轮机电厂的厂用工作电源都是从发电机出口通过厂用高压变压器取得。即使发电机组全部停止运行,仍可从电力系统倒送电能供给厂用电源。这种引接方式操作简单、调度方便,投资和运行费用都比较低,被广泛采用。

(2)厂用备用电源的引接

厂用备用电源主要用于事故失去工作电源时,起后备作用,又称事故备用电源。备用电源的引接应保证其独立性,并具有足够的供电容量,最好能与电力系统紧密联系,在全厂停电情况下仍能尽快从系统获得厂用电源。

国内F级燃气轮机电厂的备用电源广泛采用以下两种引接方式:

①当技术经济合理时,可由外部电网引接专用线路(110 kV及以上),经过厂用备用变压器获得独立的备用电源。

②从厂内高压母线(220 kV及以上)通过高压厂用备用引接,其中性点的接地线上不应装设隔离开关。

### 5.1.6 高压厂用电系统接线

(1)F级燃气轮机电厂高压厂用电系统接线原则

对于主厂房及附近的高压厂用电动机和低压厂用变压器一般由主厂房内的母线单独供电;也可采用组合供电方式,即在负荷中心设立两段公用母线段,其电源可从本机组的厂用工作段上引接,也可由高压备用变压器供电。

对于远离主厂房的高压电动机,如果是单元机组单独使用时,应接自本机组的高压厂用工作段;如果是两台及以上机组公用时,经技术经济比较,其接线方式可采用:在负荷中心设置配电装置,从不同机组的高压厂用工作段或高压厂用备用变压器,引接两回或两回以上线路作为工作电源和备用电源。

(2)高压厂用电母线的接线方式

目前,国内F级燃气轮机机组一般均需参与电网调峰,且在启动过程中发电机需要作为启动电动机使用,因此在发电机出口装设有GCB。同时依据燃气轮机机组厂用负荷较少的特点,每套机组的6 kV厂用系统只设置一段工作母线,其工作电源取自高压厂用变压器,工作段备用电源取自高压厂用备用变压器。同时由于全厂6 kV公用负荷较少,循环水泵、化学变、低压公用变等均可由机组工作段供电,不再设置6 kV公用母线段。其典型接线如图5.1所示。

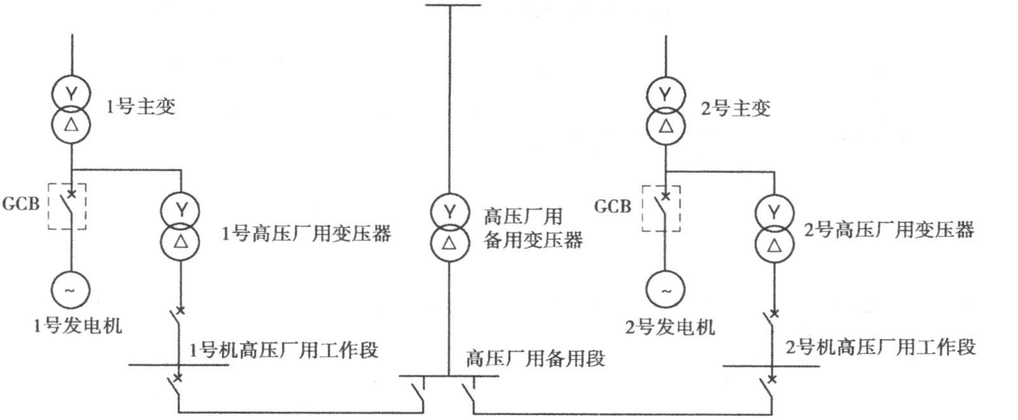


图5.1　某F级燃气轮机电厂厂用高压系统接线简图

为提高厂用电系统的可靠性和灵活性,某些燃气轮机电厂在上述接线方式的基础上进行改进,采用如图5.2所示的接线方式。

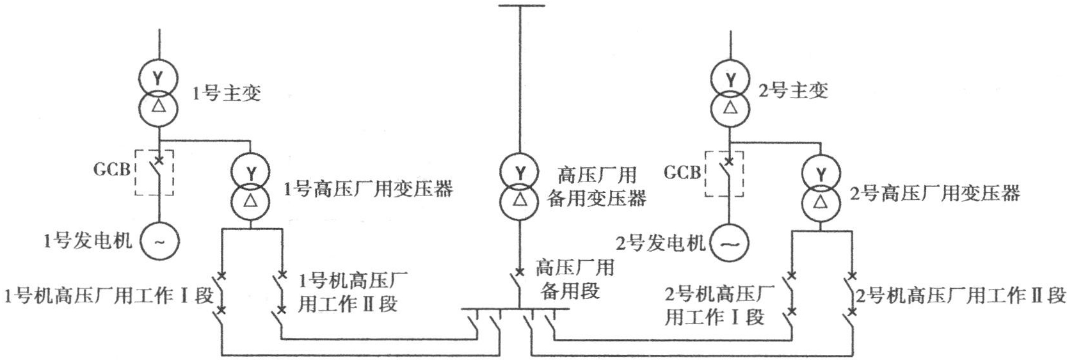


图5.2　某燃气轮机电厂厂用电高压系统接线简图

(3)某F级燃气轮机电厂高压厂用电系统接线介绍

某F级燃气轮机电厂的一期工程是一次建设三套机组,其厂用6 kV系统每套机组只设置一段工作母线,没有设置备用段。6 kV母线工作电源取自高压厂用变压器,备用电源取自高压厂用备用变压器,如图5.3所示。

6 kV系统负荷情况介绍如下:

①超过200 kW的电动机负荷由本机组的高压厂用工作母线段供电,包括凝结水泵电动机、循环水泵电动机、高压给水泵电动机等。

②两套SFC启动装置。

③每套机组设2台2 000 kVA的低压工作变压器,其高压侧由各自的厂用6 kV工作段引接。

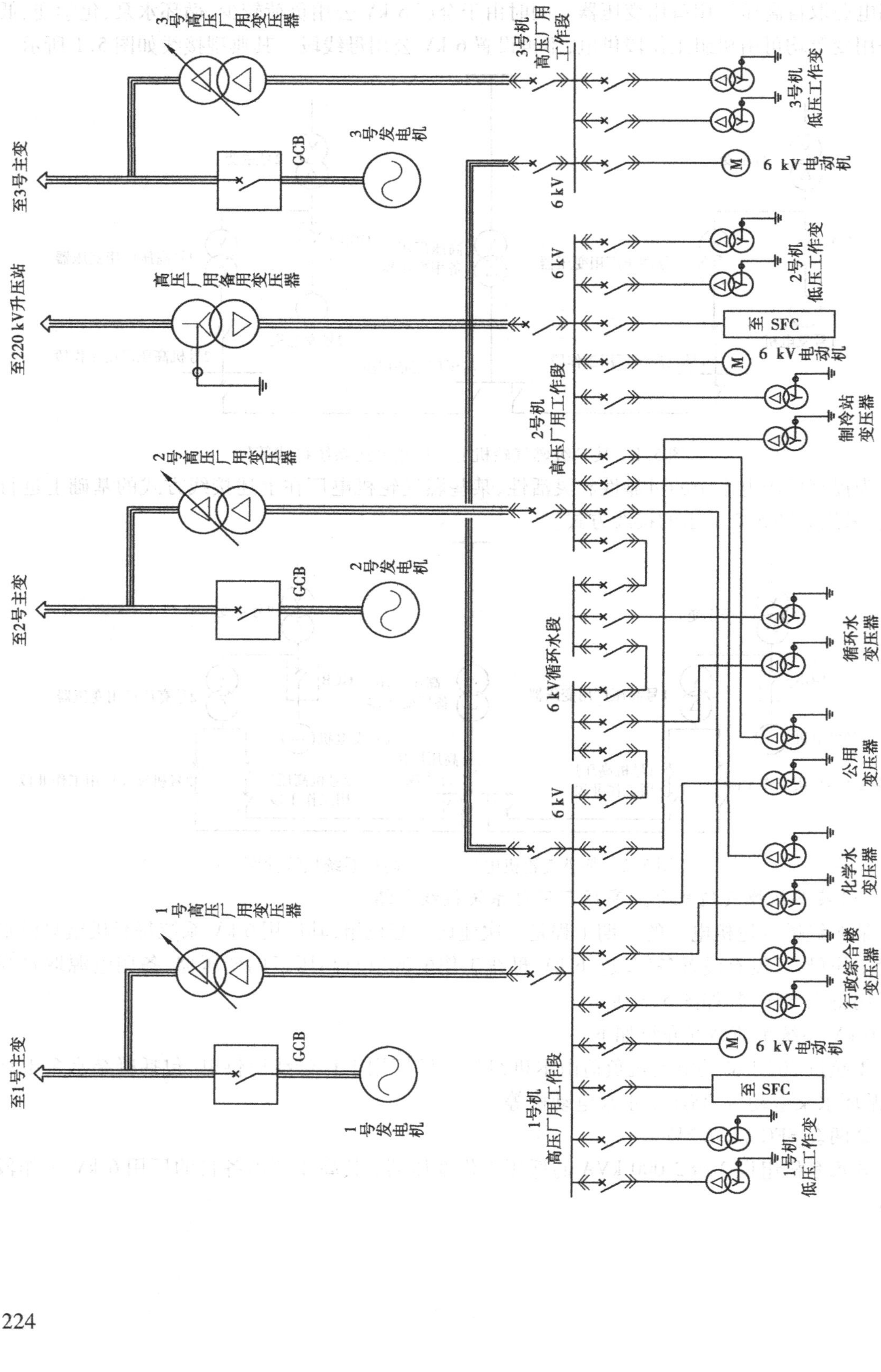


图5.3 某F级燃气轮机电厂高压厂用电系统接线图

④3 套机组共设 2 台低压公用变压器、2 台化学水变压器、2 台行政综合楼变压器、2 台制冷站变压器，其高压侧分别由 1、2 号机机组的厂用 6 kV 工作段引接。

⑤2 台循环水变压器。

### 5.1.7 低压厂用电系统接线

发电厂低压厂用电接线广泛采用动力中心 PC（Power Central）和电动机控制中心 MCC（Motor Control Central）的供电方式。

（1）动力中心（PC）和电动机控制中心（MCC）的接线方式

动力中心（PC）常用的接线如图 5.4 所示，每一个 380 V 动力中心分为 A，B 两段，分别由两段高压母线供电，两段动力中心之间设置联络断路器。低压厂用变压器互为备用，变压器容量按两段动力中心的负荷容量选择。正常运行时，两段动力中心的联络断路器 QS5 断开。当任意一台变压器检修或故障时，联络断路器 QS5 须手动投入。在断路器 QS1，QS2 以及联络断路器 QS5 之间设有电气闭锁。

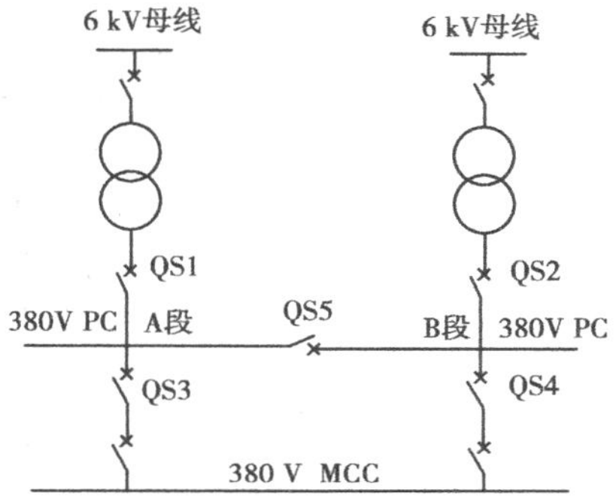

图 5.4 厂用 380 V PC/MCC 接线图

电动机控制中心（MCC）电源从动力中心 PC 段分别引接，两路电源互为备用。为防止两台变压器并列运行，在断路器 QS3，QS4 以及联络断路器 QS5 之间设有电气闭锁。

（2）动力中心（PC）和电动机控制中心（MCC）的供电方式

①当有两段厂用母线时，应将双套辅机分接在两段母线上。

②Ⅰ类电动机和 75 kW 及以上的Ⅱ、Ⅲ类电动机，宜由动力中心直接供电。

③容量为 75 kW 以下的Ⅱ、Ⅲ类电动机，宜由电动机控制中心供电。

④电动机控制中心上接有Ⅱ类负荷时，应采用双电源供电（手动切换）；当仅接有Ⅲ类负荷时，可采用单电源供电。

⑤对远离主厂房的电动机，当单独为单元机组使用时，应接自本机组的厂用工作母线段；如为 2 台及以上机组公用时，可在就地设置配电段，经低压变压器从不同机组的高压厂用工作母线段引接。

（3）某 F 级燃气轮机电厂低压厂用电系统接线介绍

某 F 级燃气轮机电厂因 6 kV 系统每套机组均只设置一段母线，两台低压变压器引接在同一段高压母线上。

①两台低压厂用工作变压器分列运行，高压侧均引接于本机组 6 kV 母线，低压侧分别供 380 V 工作段 PCA、PCB 段运行，正常运行时母联断路器断开，二段互为手动备用。燃机/汽机、余热锅炉 MCC 由 PCA、PCB 两路电源供电，两路电源互为手动备用，正常运行由 PCA 供电，如图 5.5 所示。

②380 V 保安 EPC（Emergency Power Central）段三路电源分别由 380 V 工作段 PCA，PCB 和柴油发电机供电，正常运行由 PCA 供电，PCB 作为固定备用，正常为手动并联切换，切换为双方向。事故情况下单向串联切换，切换失败时由柴油发电机自动启动供电。

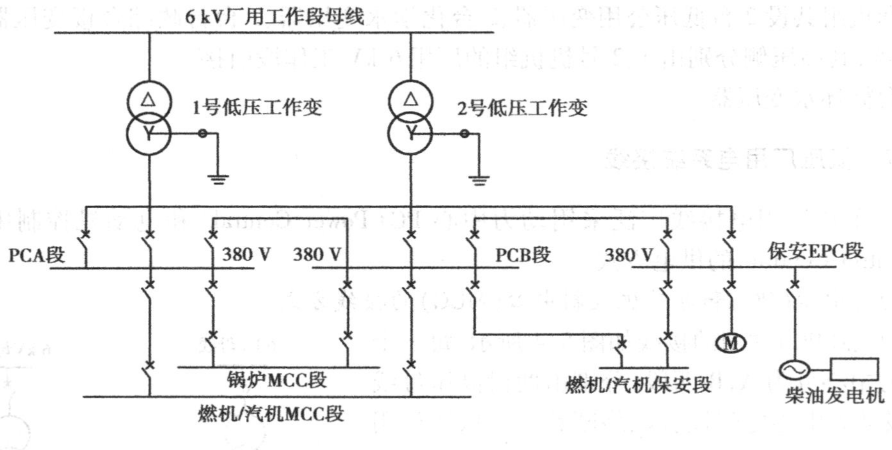


图 5.5　某 F 级燃气轮机电厂低压工作段接线图

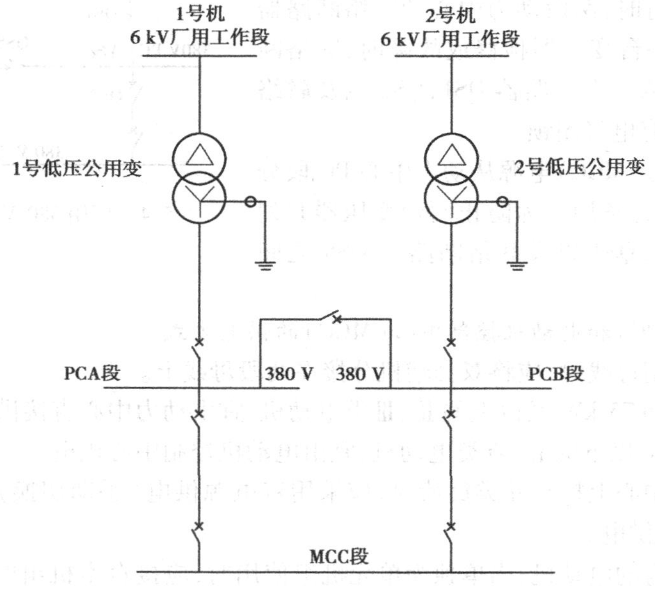


图 5.6　某 F 级燃气轮机电厂低压公用段接线图

③公用变压器、制冷变压器、行政变压器均设置两台，分列运行，其高压侧引接于 1,2 机组 6 kV 母线，低压侧分别供其 380 V PCA,PCB 段运行，正常运行时母联断路器断开，二段互为手动备用。MCC 由 PCA,PCB 两路电源供电，两路电源互为手动备用，正常运行由 PCA 供电，如图 5.6 所示。

## 5.2　厂用电系统中性点接地方式

### 5.2.1　概述

厂用电系统中性点是指厂用变压器接成星形绕组的公共点。厂用电系统中性点与大地间的电气连接方式,称为厂用电系统中性点接地方式。

厂用电系统中性点的接地方式,可分为中性点非有效接地和中性点有效接地两大类。中性点非有效接地包括中性点不接地、中性点经消弧线圈接地和中性点经高电阻接地的系统,当发生单相接地时,接地电流被限制到较小数值,故又称为小接地电流系统。而中性点有效接地包括中性点直接接地和中性点经小阻抗接地的系统,因发生单相接地时接地电流很大,故又称为大接地电流系统。

厂用电系统中性点接地方式涉及发电厂的安全运行、供电连续性等重要问题,同时在专业技术方面还涉及厂用电系统过电压与绝缘配合、继电保护、接地设计等诸多领域。

### 5.2.2　高压厂用电系统的中性点接地方式

发电厂高压厂用电系统中性点最常见的接地方式有:不接地,经高、低电阻接地,经消弧线圈接地。

根据《火力发电厂厂用电设计技术规定》(DL/T 5153—2002),当高压厂用电系统的接地电容电流小于或等于 7 A 时,其中性点宜采用高电阻接地方式,也可采用不接地方式;当接地电容电流大于 7 A 时,其中性点宜采用低电阻接地方式,也可采用不接地方式。

(1)高压厂用电系统中性点不接地

1)不接地系统的特点

优点:发生单相接地且电容电流小于 10 A 时,一般允许继续运行 2 h,以便寻找故障点。

缺点:发生单相接地时,非故障相对地电压升到线电压,是正常时的$\sqrt{3}$倍,因此绝缘要求高,会增加绝缘费用。

2)中性点不接地系统的对地电容电流

中性点不接地系统正常运行时,三相线路的相间及相与地间都存在着分布电容,各相对地电压均为相电压,中性点对地电压为零。三相相电压对称,互差 120°,三相对地电容电流 $I_C$ 也是对称的,且三相对地电容电流之和为零,如图 5.7 所示。

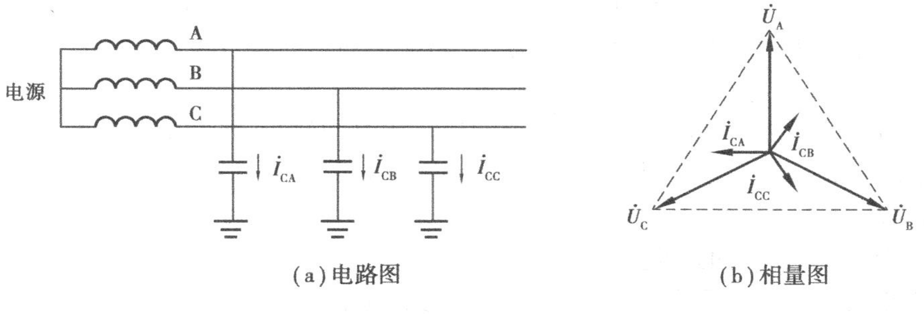


图 5.7　正常运行时的中性点不接地系统图

正常运行时的一相对地电流为

$$I_{CA} = I_{CB} = I_{CC} = I_C = \omega C_0 U$$

式中　$I_C$—— 单相接地电流;

$C_0$—— 每相对地电容;

$U$—— 相电压。

当系统发生单相金属性接地故障时,其接地电阻为零,故障相对地电压为零,非故障相对地电压升高为$\sqrt{3}$倍相电压，中性点对地电压上升为相电压，且与故障相的电压相反，如图5.8所示。三相之间的线电压仍相等，因此单相接地对接于线电压的用电设备的仍可继续运行（一般规定为2 h），以便寻找故障点。

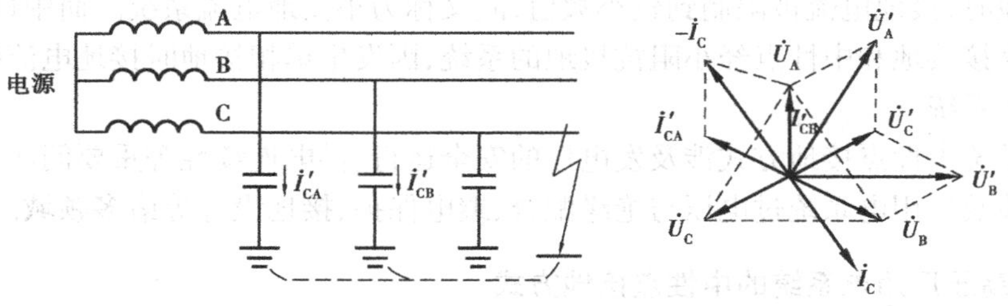


(a)电路图　　(b)相量图

图5.8　发生单相接地故障时的中性点不接地系统图

由于非故障相对地电压升高为$\sqrt{3}$倍相电压，因此，其电容电流也升高到正常时电容电流的$\sqrt{3}$倍，即$I'_{CA}=I'_{CB}=\sqrt{3}I_C$。C相接地时，其对地电容被短接，故C相对地电容电流为零。此时，三相对地电容电流之和不再为零，大地中有电流流过，并通过接地点形成回路。

发生单相金属性接地故障时接地电容电流（简称接地电流）$I_C$为$I'_{CA}$和$I'_{CB}$的相量和，其数值即$I_C=\sqrt{3}I'_{CA}=3\omega C_0 U$，由此可见，单相接地故障时的接地电流等于正常运行时一相对地电容电流的3倍。

当发生不完全接地时，即通过一定的电阻接地，接地相对地电压大于零而小于相电压，未接地相对地电压大于相电压而小于线电压。中性点对地电压大于零而小于相电压，线电压仍保持不变。

当接地电流$I_C$在5 A以下时，接地电弧非常不稳定，由于接地电流较小，一般能自动熄灭，不致发生电弧多次重燃；当$I_C$上升至5～30 A时，在中性点不接地系统中将产生非稳定性电弧，容易发生电弧反复重燃，并伴随着间歇性电弧接地过电压（间歇性电弧接地过电压在非故障相上产生的过电压可达正常相电压幅值的3.5倍）；只有当接地电流增大到30 A以上时，在中性点不接地系统中才能形成稳定电弧，此时非故障相过电压接近于完全接地时的数值，相当于线电压。

在单相接地时可能产生较高的过电压，如果持续时间较长，将影响电缆和电气设备的绝缘，降低使用寿命。同时，可能导致非故障相绝缘薄弱的地方发生击穿，形成两相接地或相间短路，扩大事故范围。

3）限制单相接地电流的措施

在大机组高压厂用电系统中，由于其单相接地电流相对增大，以致影响厂用电系统的安全运行，因此有必要采取限制单相接地电流的措施。

在中性点不接地系统中，单相接地电流主要是由电缆的电容电流形成。电缆网络的电容电流中，大多数的电容电流来自于高压厂用变压器向高压厂用母线供电的电缆。因此，在厂用变压器供电回路中采用对地电容小得多的共箱封闭母线，减少供电电缆的使用，是限制电容电流比较好的方法。

（2）高压厂用电系统中性点经消弧线圈接地

经消弧线圈的接地方式就是在中性点和大地之间接入一个电感线圈，在系统发生单相接地故障时，形成与接地电流大小接近但方向相反的感性电流以补偿容性电流，使流过接地点的电流减小到能自行熄灭的范围，如图5.9所示。

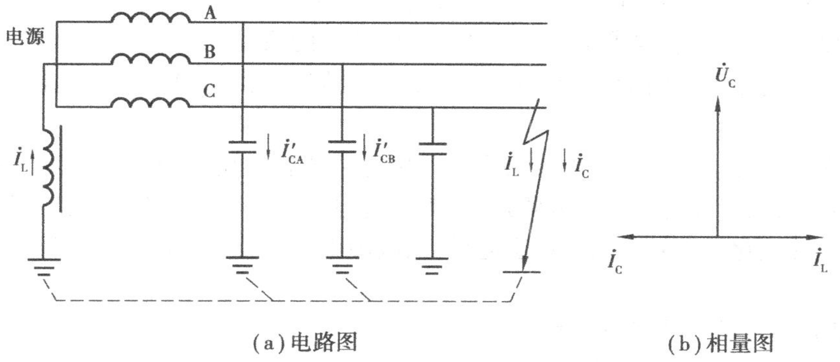


图5.9　中性点经消弧线圈接地的电力系统图

消弧线圈实际上是一种带有铁芯的电感线圈，其电阻很小，感抗较大，其铁芯柱有很多间隙，以避免磁饱和，使消弧线圈有一个稳定的电抗值。

在系统正常运行时，只有较小的三相不平衡电容电流流过消弧线圈。

当系统发生单相接地时，流过接地点的总电流是接地电容电流 $I_C$ 与流过消弧线圈的电感电流 $I_L$ 的相量和。由于 $I_C$ 超前 $U_C$ 90°，而 $I_L$ 滞后 $U_C$ 90°，如图5.9(b)所示，所以 $I_C$ 和 $I_L$ 在接地点互相补偿，使得接地电流变得很小或接近于零。对于间歇性电弧接地，当电流过零而电弧熄灭后，消弧线圈还可减慢故障相电压的恢复速度，从而降低了电弧重燃的可能性，也抑制了间歇性电弧接地过电压的幅值。

对于高压厂用电系统，因接地电流得到补偿，单相接地故障不会发展成相间短路故障，因而中性点经消弧线圈接地方式大大提高了供电的可靠性。

采用消弧线圈接地时，根据消弧线圈产生的电感电流对系统接地电容电流的补偿程度，其补偿方式有3种：全补偿、欠补偿和过补偿。

1)全补偿

全补偿是指电感电流等于接地电容电流，即 $I_L = I_C$，接地处电流为零。从消弧角度来看，全补偿方式十分理想，但实际上却存在着严重问题。因为正常运行时，在某些条件下，如线路三相对地电容不完全相等或断路器三相触头不同时合闸时，在中性点与地之间会出现一定的电压，此电压作用在消弧线圈通过大地与三相对地电容构成的串联回路中，此时感抗 $X_L$ 与容抗 $X_C$ 相等，满足谐振条件，形成串联谐振，产生谐振过电压，危及系统的绝缘，因此，在实际中通常不采用全补偿方式。

2)欠补偿

欠补偿是指电感电流小于接地的电容电流，即 $I_L < I_C$，接地点尚有未补偿的电容性电流。欠补偿方式也较少采用，原因是在检修、事故切除部分线路或系统频率降低等情况下，可能使系统接近或达到全补偿，以致出现串联谐振过电压。

3)过补偿

过补偿是指电感电流大于接地的电容电流，即 $I_L > I_C$，接地点处尚有多余的电感性电流。过补偿可避免谐振过电压的产生，因此得到广泛应用。过补偿接地处的电感电流也不能超过规定值,否则电弧也不能可靠地熄灭。因此,消弧线圈设有分接头,用以调整线圈的匝数,改变电感值的大小,从而调节消弧线圈的补偿电流,以适应系统运行方式的变化,达到消弧的目的。

在正常运行时,如果中性点的位移电压过高,即使采用了消弧线圈,在发生单相接地时,接地电弧也难以熄灭。因此,要求中性点经消弧线圈接地的系统,在正常运行时其中性点的位移电压不应超过额定相电压的15%,接地后的残余电流值不能超过10 A,否则接地处的电弧不能自行熄灭。

消弧线圈接地方式对于电容电流较大的厂用电系统较适用。但是,消弧线圈接地方式也存在一定的缺点:由于允许带接地故障运行,工频过电压和操作过电压都较高;不能自动跟踪系统电容电流的变化,不易调节,可能引起谐振;故障电流减小为很小的残流后,接地支路的识别困难。

(3)高压厂用电系统中性点经电阻接地

在单相接地后由于故障点接地电弧反复重燃,系统中能量积聚,从而产生弧光过电压。当系统中性点接入一个对地的泄漏电阻时,就可大大降低故障相恢复电压的上升速度,从而减少了电弧重燃的可能性,并可以使电弧的重燃不致引起高峰值的过电压。

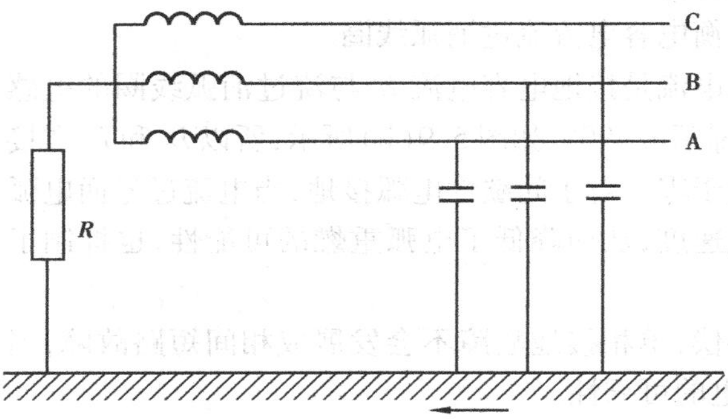


图5.10　中性点经电阻接地方式

为了减少故障电流,往往在电容电流较大的系统中采用了电阻接地的方式,即用电阻将短路电流限制在一定值内,如图5.10所示。高压厂用电系统中性点经电阻接地方式可分为:高阻接地和低阻接地。低阻接地方式故障电流相对较大,一般可达上百安培;高阻接地方式故障电流相对较小,一般小于10 A。

1)低阻接地方式

当高压厂用电系统的单相接地电容电流大于7 A,如因其他原因不能采用消弧线圈时,可以采用中性点经低阻接地的方式,将单相短路电流提高到数百安培,以增加保护的灵敏度。当发生故障时,便能立即动作于跳闸,同时也能进一步遏制系统的过电压水平。

低阻接地方式具有无工频过电压和操作过电压较小的优点,也存在故障电流较大、跳闸率较高的缺点。

2)高阻接地方式

在高压厂用电系统的中性点经一高电阻接地后,相当于在系统集中对地容抗中并联了一个等值电阻,能够有效地限制在单相接地时因电弧重燃而使变压器中性点出现的积累性电压升高,从而降低电弧接地过电压。当厂用电系统中性点采用了经高阻接地的方式,一般回路的单相接地电流小于15A时,保护动作于信号,避免了单相接地时保护动作于跳闸,影响厂用电系统的正常可靠运行。

高阻接地方式利用高阻减少了故障电流,使低阻接地方式故障电流大的缺点得到一定程度的克服。但当系统电容电流过大时必须增加并联电感进行接地电流的补偿。

发电厂厂用电系统因在供电可靠性方面具有特殊的重要性,以及其中多为电动机、电缆等弱绝缘、低耐热设备,因此对中性点接地方式的选择应遵从低过电压、小故障电流、少必要性跳闸等原则。

F级燃气轮机电厂高压厂用电系统因负荷较少,电缆较短,其电容电流小,一般采用中性点不接地方式。

### 5.2.3　低压厂用电系统的中性点接地方式

对于低压厂用电系统中性点接地方式,主要采用直接接地方式和经高电阻接地方式。

(1)中性点直接接地方式

低压厂用电系统中性点采用直接接地方式,当发生单相接地故障时,接地保护动作于跳闸。其主要优点是中性点电位固定,可以防止相电压出现不平衡造成电压偏移过高而烧毁设备。其缺点是如电动机采用熔断器保护,会因单相熔断而转为两相运行,造成电动机烧毁。

(2)中性点经高电阻接地方式

低压厂用电系统中性点采用经高电阻接地方式,发生单相接地故障时,接地保护不需要动作跳闸,只发信号;防止电动机采用熔断器保护时,因单相熔断转为两相运行,造成电动机烧毁。其缺点是中性点电位不固定;对于交流操作回路,需要每个回路设置专门的控制变压器,给设计和安装都增加了难度。

低压厂用电中性点无论采用哪种接地方式,都有其优点和缺点,在实际设计中视情况而定。

国内F级燃气轮机电厂低压厂用电系统通常采用中性点直接接地的接线方式。

## 5.3　中压成套配电装置

### 5.3.1　概述

F级燃气轮机电厂中压配电装置,一般是指6 kV的成套开关柜,整套中压配电装置由多个中压开关和与之相关的控制、测量、保护、调节等设备,由制造商负责完成内部电气和机械连接,用结构部件完整地组装在一起的一种组合体。

发电厂中常用的中压开关柜有固定式和手车式两种。固定式中压开关柜的断路器安装位置固定,采用母线和线路两侧的隔离开关作为断路器检修的隔离措施,开关柜内的各功能区是敞开相通的。手车式中压断路器安装于可移动手车上,断路器两侧使用插头与固定的母线侧、线路侧静插口构成导电回路。断路器手车可移出柜外检修。开关柜内各个功能区采用金属或绝缘板的方式封闭,有限制故障扩大的能力。

手车式开关柜在发电厂中运用广泛,本节以运用于某电厂6 kV工作段的8BK20型手车式铠装中压开关柜为例进行介绍。

### 5.3.2　手车式中压开关柜

(1)开关柜介绍

某电厂6 kV工作段采用手车式中压开关柜组成中压电配电装置,6 kV工作段为单母线接线,由进线开关柜、馈电开关柜、母线TV柜等组成。每个中压开关柜单独装设一个断路器并配置相应的测量、保护设备。一次部分简图如图 5.11 所示。

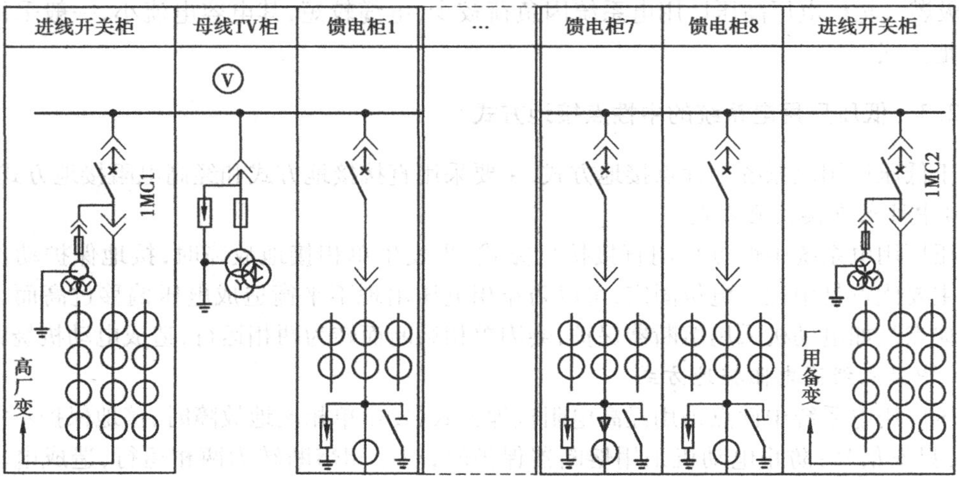


图 5.11　某电厂 6 kV 工作段一次简图(部分)

进线开关柜布置于整组开关柜的最左和最右两侧,进线开关柜除装设一个进线断路器外,配置 TV、TA 用于测量进线电压和电流。正常运行时接于高厂变低压侧的 1MC1 进线开关处于合闸位置,使得整个装置处于带电状态。另一接于常用备用变的进线开关 1MC2 处于热备用状态;每个馈电柜单独装设一个开关,在馈线段接有避雷器、配置 TA,同时配置带位置指示的接地开关,用于馈电柜开关或设备检修时,提供可靠接地。母线电压测量及防雷保护由母线 TV 柜实现。避雷器与 TV 共用一个小车,检修 TV 柜时,只要拉出 TV 小车,避雷器也处于断电状态。

该厂中压配电装置中开关柜技术参数见表 5.1。

**表 5.1　中压开关柜技术参数**

| 参　数 | 单　位 | 6 kV 工作段 |
| --- | --- | --- |
| 额定电压 | kV | 12 |
| 额定电流 | A | 3 150 |
| 额定短路关合电流 | kA | 80 |
| 额定短路开断电流 | kA | 31.5 |
| 3 s 额定热稳定电流 | kA | 40 |
| 额定雷电冲击耐压 | kV | 75 |

(2)开关柜结构

开关柜由柜体和可移开部件两大部分组成。柜体用隔板分隔成手车室、母线室、断路器室、电缆室、低压室;柜体顶部装有泄压活门。断路器室装设真空断路器。电缆室底部装有接地铜母线,当手车推入柜内,即能通过接地铜母线可靠接地;手车室中部两侧装有供手车进出的导轨。开关柜的结构如图 5.12 所示,开关柜操作控制与指示装置如图 5.13 所示。

(3)开关柜的安全闭锁功能

为保证人身及设备安全,中压开关柜具有以下安全闭锁功能:

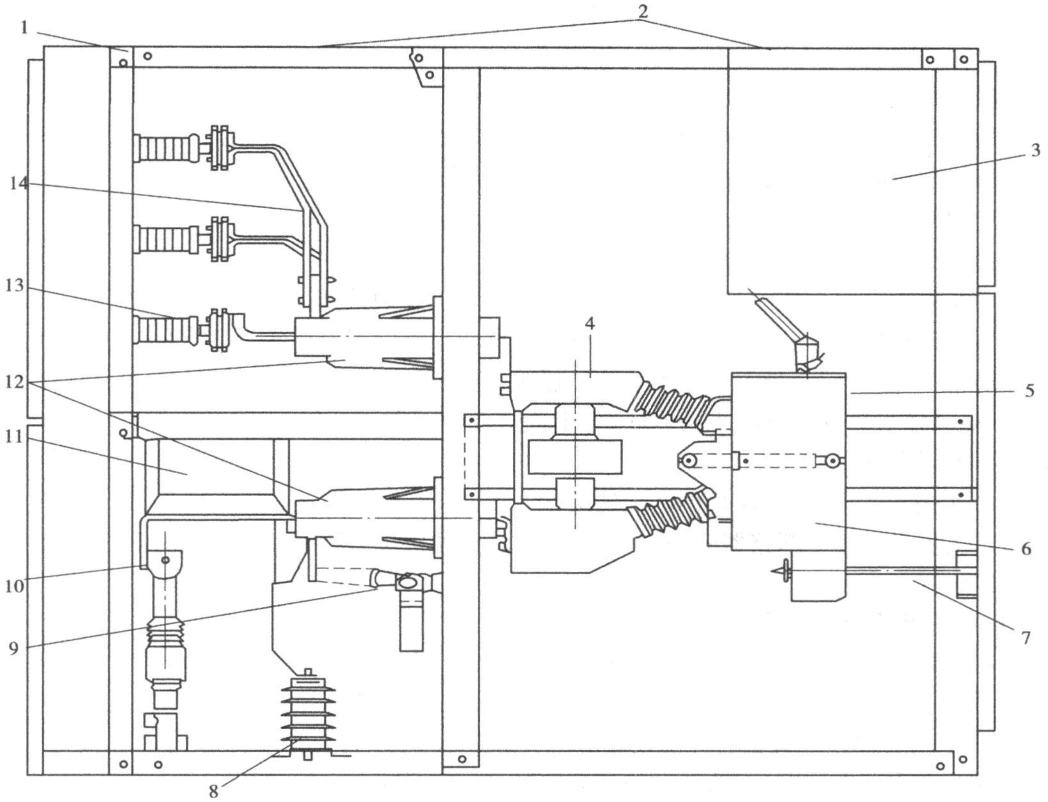


图5.12　8BK20型手车式金属封闭高压开关柜外形图

1—释压通道;2—释压板;3—低压室;4—动触头;5—二次插头;6—断路器;7—传动丝杠;8—避雷器;9—接地刀静触头;10—电缆终端;11—电流互感器;12—静触头罩;13—绝缘子;14—母线

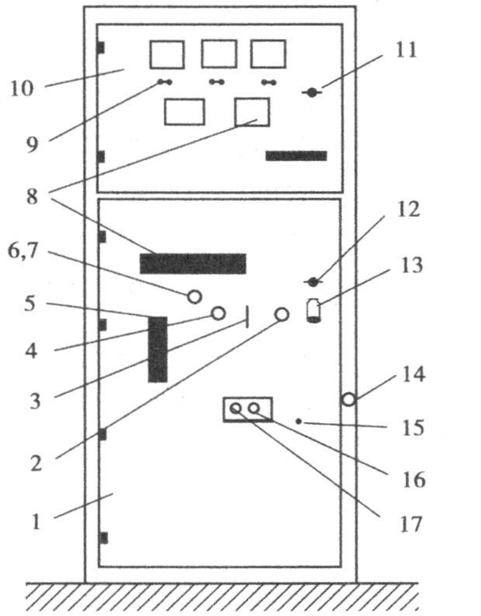


1—中压室门;2—"分闸"按钮;3—在工作位置操作断路器的延伸杆;4—"合闸"按钮;5—观察开关小车的窗口指示说明;6—断路器合闸弹簧储能手柄的插孔;7—第六项的盖板;8—开关小车的观察窗口;9—带电显示器的插孔;10—低压室门;11—低压室门锁孔;12—中压室门锁孔;13—门手柄;14—接地开关工作状态指示、操作手柄插孔;15—门联锁螺栓的插孔(紧急解锁用);16—用钥匙控制驱动机构的锁孔(手动或电动);17—用手摇动驱动机构手柄的六角插孔

图5.13　开关柜操作控制与指示装置图

1)防止接地刀闸在合闸时,开关柜送电

如果接地刀闸未分闸,则接地刀闸操作轴上的销子不能被复位,销子将阻挡住连锁板向上

移动，此时操作钥匙不能打开断路器摇杆的操作孔，使得断路器手车无法摇进到工作位置。

2）防止带电合接地刀闸

只有当断路器手车处于试验或拉出位置，且电缆终端处无电时，接地刀操作孔盖板才能被打开，然后才能将接地刀闸操作手柄插入，操作接地刀闸。

3）防止误入带电小室

一般中压配电柜后门可采用机械连锁或电磁连锁，如果是机械连锁，则当接地刀闸分闸时，后门即被接地刀闸延长杆端部的连件卡住，防止误操作打开电缆室门。如果是电磁连锁，则当接地刀闸分闸时，电磁锁会失电，从而无法打开柜后门。

4）防止带负荷推拉断路器

当手车处于合闸位置时，断路器主轴上的挡块阻止连锁顶杆上升，此时操作钥匙将无法打开断路器推进摇杆操作孔，使手车无法进行推拉操作。当断路器手车处于工作位置时，断路器室柜门通常不能被打开；当手车处于移动过程时，连锁顶杆上升，与其同步的防止合闸顶杆也同时上升，顶住与合闸棘爪同步的连杆，阻止合闸机构动作（包括机械合闸和手动合闸），从而防止断路器误合闸。

5）二次插头未插上，中压柜门将无法关上

当二次插头未插上断路器时，断路器室柜门将无法关上，从而无法将断路器从试验位置推进到工作位置。

（4）中压开关柜的操作

日常工作中的开关柜，因设备故障或例行检修时，需要对开关柜内开关进行操作。以图5.11中馈电柜7开关需要停电检修为例，电气上的操作步骤如下：

①在DCS上停运开关柜对应的设备。

②现场确认设备已停运，核对设备开关位置名称编号正确。

③检查开关确在分闸位置，分闸指示绿灯亮。

④将控制方式选择开关切至开关柜位置。

⑤将操作闭锁开关打至“手摇动”位置，使手摇曲柄孔打开。

⑥用手摇曲柄将开关摇至“试验”位置。

⑦将操作闭锁开关打至“断开位置锁定”位置，使手摇曲柄孔盖上。

⑧验明开关负荷侧三相确无电压。

⑨用接地刀闸操作手柄合上开关所属接地刀闸。

⑩检查开关所属接地刀闸确已合好。

⑪断开低压室内变送器、控制、储能、闭锁装置、弧光保护、加热、照明等电源开关。

⑫取下开关的二次插头。

⑬将开关拖至“检修”位置。

⑭操作完毕。

### 5.3.3 真空断路器

真空断路器是以真空作为绝缘介质。所谓真空是相对而言的，指的是绝对压力低于一个大气压的气体稀薄的空间。气体稀薄度用“真空度”来表示。真空度即气体的绝对压力与大气压的差值。气体的绝对压力值越低，其真空度就越高。

真空断路器所指的真空,是气体压力在 $1.35 \times 10^{-2}$ Pa 以下的空间。真空断路器灭弧室内的气体压力一般为 $1.33 \times 10^{-5}$ Pa。在这种气体稀薄的空间,其绝缘强度很高,电弧很容易熄灭。真空的绝缘强度比变压器油、一个大气压下的 $SF_6$ 和空气的绝缘强度都要高。

目前,国产真空断路器主要有 ZN(户内)和 ZW(户外)两种系列,国外产品有 3AH,VD4 等其他系列。在 F 级燃气轮机电厂厂用电高压系统中,3AH 型真空断路器得到广泛应用,以下就以某 F 级燃气轮机电厂所选用的 3AH3 型断路器进行介绍,如图 5.14 所示。

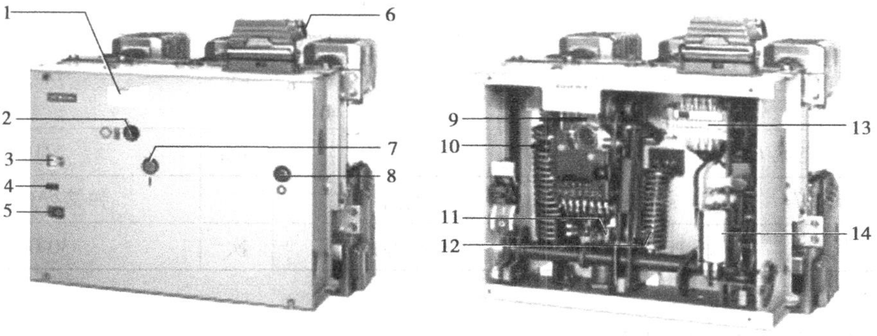


图 5.14　3AH3 型真空断路器

1—铭牌;2—手柄耦合杆;3—合闸弹簧储能指示器;4—操作计数器 ;5—分合闸指示器;
6—二次接线插头;7—合闸按钮;8—分闸按钮;9—电机及变速箱;10—合闸弹簧;
11—合闸线圈;12—分闸弹簧;13—辅助开关;14——级分励脱扣器

(1)真空断路器的结构

3AH3 型真空断路器主要由操作机构箱、真空灭弧室(真空泡)、绝缘子和绝缘操动杆组成,其结构如图 5.15 所示。

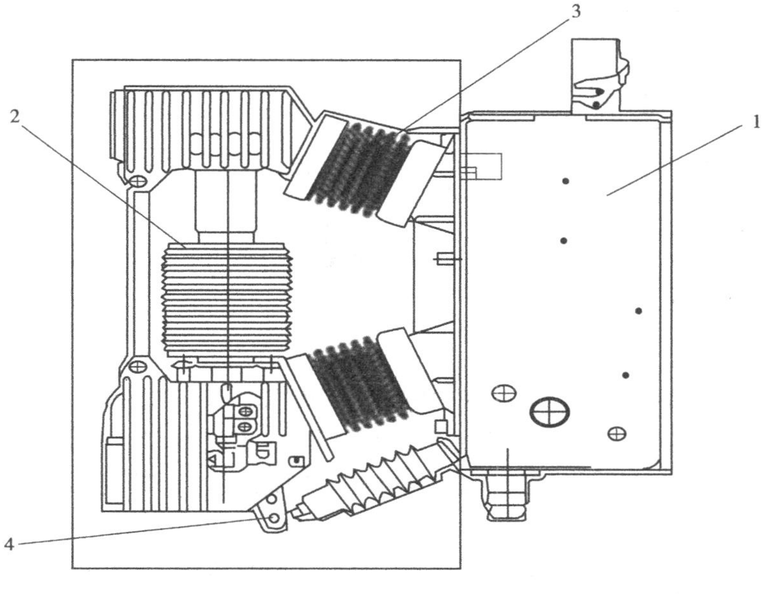


图 5.15　3AH3 型真空断路器结构图

1—操作机构箱;2—真空灭弧室;3—环氧树酯绝缘子;4—绝缘操动杆

操动机构为电动弹簧储能,电动分合闸,同时具有手动功能。整个结构由合闸弹簧、储能系统、过流脱扣器、分合闸线圈、手动分合闸系统、辅助开关、储能指示等部件组成。

(2)真空断路器的参数

3AH3 型真空断路器的主要参数见表 5.2。

表 5.2　3AH3 真空断路器的额定技术参数

| 型　号 | 单位 | 3AH3 | 额定电流 | A | 2 500/1 250 |
|---|---|---|---|---|---|
| 额定电压 $U$ | kV | 12 | 额定工频耐受电压 $U_w$ | kV | 42 |
| 额定关合电流 $I_{ma}$ | kA | 100/8 | 额定雷冲击耐受电压(对地/断口) | kV | 75/85 |
| 额定短路开断电流 $I_{sc}$ | kA | 40 | 相中心距 | mm | 210 |
| 热稳定时间 $T_{th}$ | s | 3 | 操作机构形式 | | 弹簧操作机构 |
| 额定频率 | Hz | 50 | 机械寿命 | 次 | 30 000 |

(3)真空断路器的灭弧室及其工作原理

1)真空断路器灭弧室的结构

真空断路器灭弧室就像一个大型的真空电子管,其外壳是由绝缘筒、两端的金属盖板和波纹管所组成的密封容器。灭弧室内有一对触头,分别焊接在各自的导电杆上,波纹管可以在轴向上自由伸缩,如图 5.16 所示。

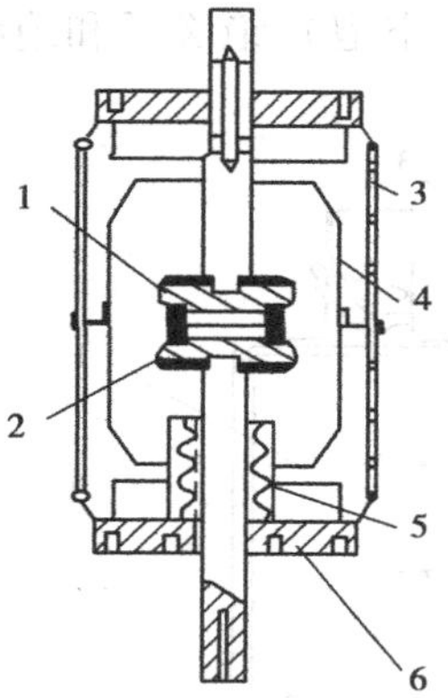


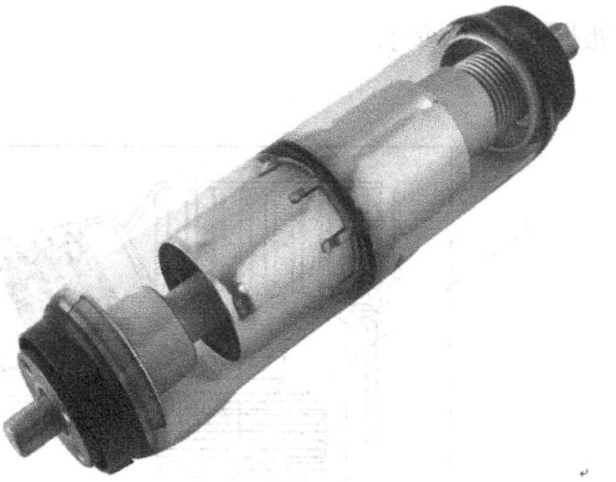

图 5.16　真空断路器灭弧室结构图

1—静触头;2—动触头;3—外壳;4—屏蔽罩;5—波纹管;6—法兰

①绝缘外壳。绝缘外壳是真空灭弧室的密封容器,它不仅要容纳和支持灭弧室内的各种部件,而且当动、静触头在断开位置时起绝缘作用。因此,整个外壳通常由绝缘材料和金属组成。

②屏蔽罩。真空灭弧室开断电流时,电弧会使触头材料熔化、蒸发和喷溅。屏蔽罩可以防止燃弧过程中触头间产生的大量金属蒸汽和金属颗粒喷溅到绝缘外壳的内壁,导致外壳的绝缘强度降低或闪络。还可改善灭弧室内部电场的均匀分布,降低局部电场强度,提高绝缘性能,有利于促进真空灭弧室小型化。屏蔽罩还能吸收部分电弧能量,冷却和凝结电弧生成物,

有利于提高电弧熄灭后间隙介质强度的恢复速度，这对于增大灭弧室的开断能力起到很大作用。

③波纹管。波纹管的一端固定在灭弧室的一个端面上，另一端运动，连在动触头的导杆上。波纹管的作用是在动触头往复运动时保证真空灭弧室外壳的完全密封。

④触头。灭弧室的触头既是关合时的通流元件，又是开断时的灭弧元件。动、静触头分别焊在动、静触兴导电杆上，用波纹管实现密封。动触头位于灭弧室的下部，在机构驱动力的作用下，能在灭弧室内沿轴向移动，完成分、合闸。在与动触头连接的导电杆周围和外壳之间装有导向管。用以保证动触头在上、下方向准确地运动。导向管采用低摩擦力的绝缘材料制作。

目前，使用最多的触头材料是以良导电金属为主体的合金材料，如铜-铋（Cu-Bi）合金、铜-铋-铈（Cu-Bi-Ce）合金等。

2）真空断路器的灭弧原理

①真空电弧的形成及特性。真空具有很强的绝缘特性，在真空断路器中，气体非常稀薄，气体分子的自由行程相对较大，发生相互碰撞的概率很小，因此，碰撞游离不是真空间隙击穿的主要原因。

在开断电流时，随着触头的分离，触头接触面积迅速减少，其电流密度非常大，温度急剧升高，使接触点的金属熔化并蒸发出大量的金属蒸汽。由于金属蒸汽温度很高，同时又存在较强的电场，导致强电场发射和金属蒸汽的电离，从而发展成真空电弧。因此，实质上，真空电弧的形成是触头电极蒸发出来的金属蒸汽导电所致。

真空电弧的特性主要取决于触头材料及其表面状况，还与剩余气体的种类、间隙的距离以及电场的均匀程度等有关。

②真空断路器的灭弧原理。真空断路器的触头结构示意图如图 5.17 所示，在触头圆盘的中部有一突起的圆环。圆盘上开有几条螺旋槽，从圆环的外周一直延伸到触头的外缘。当触头在闭合位置时，只有圆环部分接触。触头分离时，在圆环上产生电弧，由于电流线在圆盘处有拐弯，在弧柱部分产生与弧柱垂直的横向磁场，如果电流足够大，真空电弧发生集聚的话，那么磁场会使电弧离开接触圆环，向触头的外缘运动，把电弧推向开有螺旋槽的触头表面（称为跑弧面）。一旦电弧转移到跑弧面上，触头上的电流就受到螺旋槽的限制，只能按规定的路径流通，从而垂直于触头表面的弧柱就受到一个作用力 $F$，其径向分量 $F'$ 使电弧朝触头外缘运

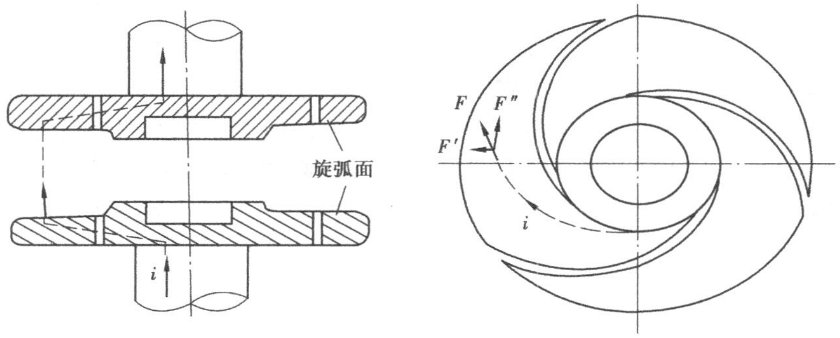


(a)　　(b)

图 5.17　真空断路器的触头结构示意图

动,而切向分量 $F''$使电弧在沿切线方向运动,$F'$和 $F''$的合力使电弧在触头外缘上做高速圆周运动,从而使电弧熄灭。

(4)真空断路器的特点

真空断路器采用真空作为灭弧和绝缘的介质,其介电强度较高。真空断路器的特点主要有:

①开断能力强,开断电流大,熄弧时间短,开断次数多,使用寿命长,介质强度恢复速度快,适合于频繁操作。

②介质不会老化,不用更换,维护工作量小。

③触头开距短。真空断路器的触头开距只有 10 mm 左右。

④燃弧时间短且与开断电流大小无关。

⑤触头部分完全密封,工作可靠,通断性能稳定。

⑥触头间隙小,整机体积小,操动机构功率小,质量轻。

(5)真空断路器的常见故障及处理

①真空断路器灭弧室真空度降低。真空断路器在灭弧室内开断电流并进行灭弧。由于真空断路器本身没有定性、定量监测真空度特性的装置,因此,真空度降低不易被发现,其危险程度远远大于其他显性故障。

真空度降低将严重影响真空断路器开断电流的能力和使用寿命,在真空度比较低时还会引起真空断路器的爆炸,因此,在进行真空断路器定期检修时,必须使用真空测试仪对灭弧室进行真空度的定性测试,当真空度降低时,必须更换灭弧室,并做好行程、同期、弹跳等特性试验。

②真空断路器分闸失灵。真空断路器分闸失灵的原因有:分闸操作回路断线;分闸线圈断线;操作电源电压降低;分闸线圈短路,分闸能力降低;分闸顶杆变形,分闸时存在卡涩现象等。

出现分闸失灵时,可通过检查分合闸回路是否断线;测量分闸线圈的电阻;检查分闸顶杆是否变形;进行低电压分合闸试验等措施,以保证真空断路器性能可靠。

③真空断路器弹簧操作机构合闸储能回路故障。弹簧操作机构合闸储能回路故障的现象有:合闸后无法实现分闸操作,储能电机运转不停止等。其原因主要是行程开关安装位置的错位、行程开关损坏、储能电机损坏等。

如出现上述故障时,应调整行程开关的位置,实现电机准确断电或更换已损坏的行程开关。在检修工作结束后,应就地进行两次分合闸操作,以确定真空断路器处在良好状态。

④真空断路器分合闸不同期,弹跳数值大。此故障为隐性故障,必须通过特性测试仪的测量才能得出有关数据。出现这种故障的原因有:真空断路器本体机械性能较差,多次操作后,由于机械原因导致不同期,弹跳数值偏大。如果不同期或弹跳数值偏大,都会严重影响真空断路器开断电流能力,影响真空断路器的使用寿命。定期检修工作时必须使用特性测试仪进行有关特性测试,及时发现问题。

# 5.4　低压配电装置

## 5.4.1　概述

低压配电装置是指由母线、低压开关、仪表、互感器等按照一定的技术要求装配起来,用来接收、分配和控制电能的设备。这类成套配电装置的额定交流电压不超过1 000 V。

按其结构形式,低压配电装置可分为固定面板式开关设备、封闭式动力配电柜和抽出式成套开关设备。低压成套设备形式特点见表5.3。

**表5.3　低压成套配电形式特点**

| 结构形式 | 特　点 | 适用范围 |
| --- | --- | --- |
| 固定面板式成套开关设备 | 电气元件在屏内为一个或多个回路垂直平面布置。各回路的电气元件未被隔离 | 作为集中供电的配电装置 |
| 封闭式动力配电柜 | 电气元件为平面多回路布置。回路间可不加隔离措施,也可采用接地的金属板或绝缘板隔离 | 适用于车间等工业现场的配电装置 |
| 抽出式成套开关设备 | 电气元件安装在一个可抽出的部件中,构成一个供电功能单元。功能单元在隔离室中移动时具有3种位置:连接、试验、断开。该设备具有较高的可靠性、安全性和互换性 | 适用于供电可靠性要求高的工矿企业、高层建筑、作为集中控制的配电中心 |

在F级燃气轮机电厂中,抽出式低压成套配电装置由于具有良好的互换性和较高的可靠性与安全性,在动力配电中心(PC)、主配电柜及马达控制中心(MCC)均广泛应用。

## 5.4.2　低压配电装置介绍

(1)低压配电柜

某F级燃气轮机电厂厂用电动力控制中心采用抽出式开关柜,由多个低压开关柜组成低压配电装置,每个开关柜通过顶部母线隔室内的水平母线连接,馈电电缆连接隔室位于开关柜左侧。正常运行时,动力控制中心采用单母线分段带母联开关接线形式,正常运行时分段运行。低压配电装置一次简图(部分)如图5.18所示。

进线柜装设在整套配电装置的首端,柜内装设一台380 V进线断路器,为空气断路器。其余馈电柜适应安装需要,装有数量不等的抽出式开关。母线电压互感器和一台隔离开关装在一个柜子内。低压抽出式配电装置的技术参数见表5.4。

(2)进线柜及母联柜

进线断路器和母联断路器容量较馈电柜的开关要大,一般采用带导向框架的插入式结构安装,如图5.19所示。断路器面板有机械合闸及机械分闸按钮、带有机械合闸功能的手动储能操作机构、位置指示器、弹簧储能指示器等,断路器控制接线端子公插头固定安装于开关体

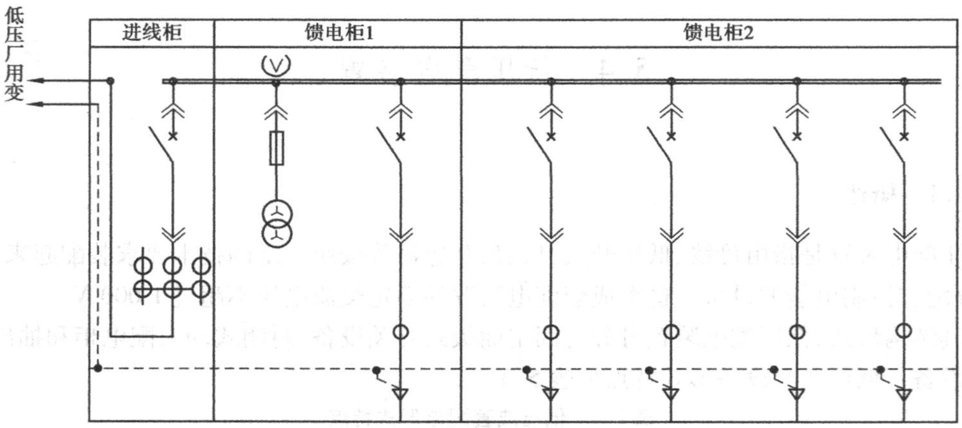


图 5.18　某厂低压配电装置简图(部分)

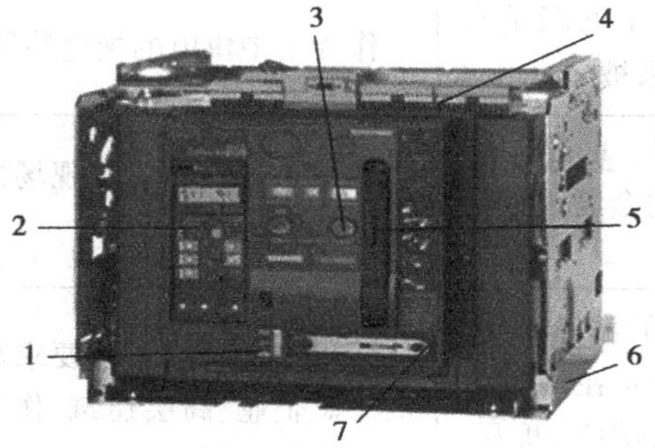


图 5.19　进线断路器面板图

1—位置指示器;2—电子脱扣器;
3—机械合闸按钮;4—辅助连接插头;
5—储能手柄;6—手摇曲柄孔

上方。断路器采用电动储能,在电动储能失效时,可通过储能手柄实现手动储能。分合闸采用远控操作,一般不进行就地操作。在远控方式失效时,可就地进行分闸操作。断路器的投退靠手摇曲柄移动断路器位置来实现。

断路器有 4 个位置,其位置示意图如图 5.20 所示。

①工作位置。图 5.20(a)为断路器处于工作位置,断路器主回路、辅助回路处于接通状态。

②试验位置。图 5.20(b)为试验位置,在柜门关闭的情况下,摇出断路器过程中,当断路器位置指示试验位置时,此时主回路断开,安全挡板落下,辅助回路保持导通状态,此位置可进行断路器投、跳试验。

**表 5.4　低压配电柜技术参数**

| 项　目 | 单　位 | 参　数 |
|---|---|---|
| 额定工作电压 | V | 690 |
| 主母线额定峰值耐受电流 $I_{PK}$ | kA | ≤250 |
| 主母线额定短时耐受电流 $I_{cw}$ | kA | ≤100 |
| 断路器额定电流 | A | ≤6 300 |
| 电缆馈电 | A | ≤1 600 |

③断开位置。断开位置如图 5.20(c)所示,在柜门不打开的情况下,将开关摇至柜门口,此时断路器指示断开位置,辅助回路及主回路断开,安全挡板落下。

④检修位置。当将断路器从断路器隔室内完全抽出,断路器处于检修位置如图 5.20(d)所示。此时辅助回路、主回路处于断开位置,安全挡板落下,遮挡住一次插口,断路器指示为断开位置。

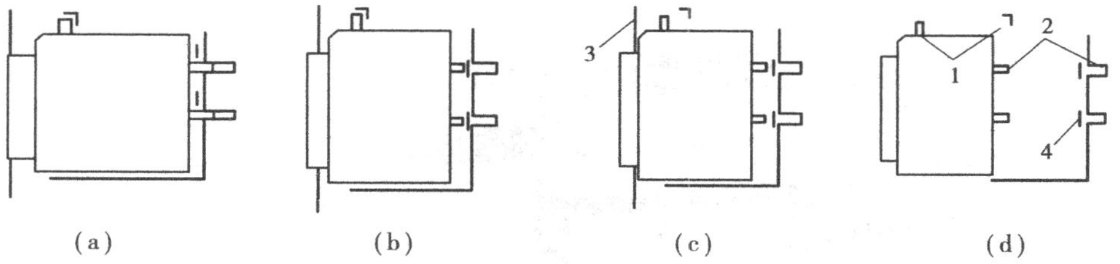


图 5.20　低压抽出式开关外形图

1—辅助回路;2—主回路;3—控制柜门;4—安全挡板

(3)馈电柜

馈电柜内的抽出式开关的容量小,一般采用抽出式或固定式的开关。

1)抽出式开关

抽出式开关面板一般设有手动分合闸手柄、运行状态指示灯等。其工作、断开、试验、隔离位置的实现是靠转动转换手柄来实现,主回路插口处不设安全挡板,抽出式开关如图 5.21 所示。

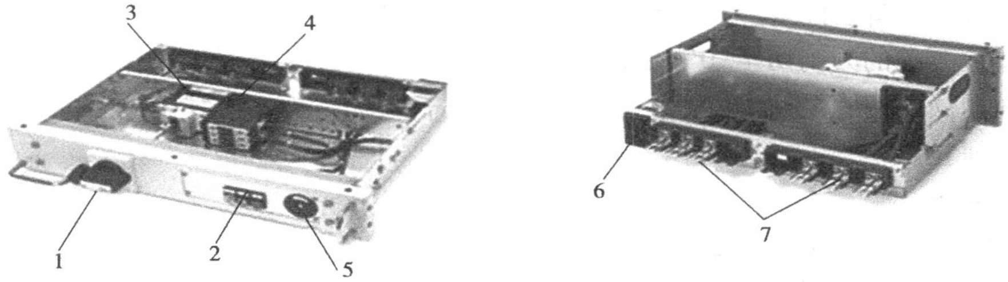


图 5.21　低压抽出式开关外形图

1—分合闸手柄;2—运行状态指示灯;3—开关本体;4—接触器;

5—机械闭锁操作孔;6—辅助回路插口;7—主回路插头

开关本体内一般装有机械操作装置、接触器、熔断器、继电器等,一些保护装置,如过流保护也装于抽出开关内。

2)固定式开关

固定式开关直接固定安装在柜体内,一般没有控制面板。在没有必要在运行条件下更换部件时,或只要求很短的停机时间的情况下,采用固定安装设计具有经济性、安全性和灵活性的优点。固定式安装结构如图 5.22 所示。

(4)低压配电柜中开关操作

在发电厂中,因倒闸、检修或事故处理等,经常涉及配电柜内开关的操作。以下以某电厂 380 V 进线空气开关及馈电柜抽出式开关停电检修为例,介绍 380 V 低压开关的操作:

①进线开关停电检修操作步骤:

a. 确认低压配电柜内设备已停运或负荷已转移。

b. 在 DCS 上断开进线开关。

c. 检查开关确在分闸位置。

d. 将控制方式选择开关切至就地位。

e. 将闭锁钥匙旋至闭锁位置。

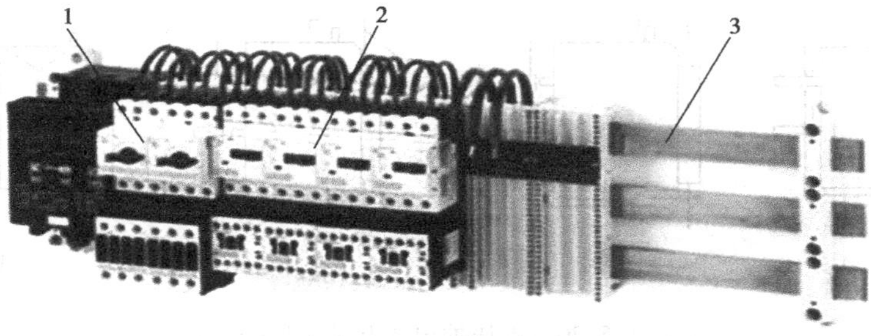


图 5.22　固定式开关安装示意图

1—开关;2—接触器;3—母排

f. 断开控制、储能和通信小开关。

g. 用手摇曲柄将开关摇至“检修”位置。

h. 拔出闭锁钥匙。

i. 操作完毕。

②抽出式开关停电检修操作步骤:

a. 现场确认设备已停运。开关面板上绿灯亮,红灯灭。

b. 将抽屉开关的刀闸切至“0”位置。

c. 机械闭锁手柄旋至抽出位置。

d. 将抽屉拉出柜外。

e. 操作完毕。

(5)低压成套装置的自动化

传统电厂的低压厂用系统只采用硬接线方式完成测控功能,现代自动化电厂由于考虑安全性和可靠性,因此,在硬接线方式的基础上,通过通信方式接入电气监控系统,实现远程测控功能。在低压配电装置中,为了实现通信功能,框架断路器增加了通信模块,塑壳断路器增加了马达控制器,这两者都通过485串口通信线并联至可编程控制器(PLC),再由PLC通过串口连接至通信管理机,接入发电厂厂用电气自动化系统。

### 5.4.3　低压断路器

低压断路器又称为自动空气开关。它集控制和多种保护功能于一体,当电路中发生短路、过载和失压等故障时,它能自动跳闸切断故障电路。常见低压断路器外形如图5.23所示。

在F级燃气轮机电厂低压厂用电系统中,3WL低压断路器作为框架断路器,由于容量大、操作复杂、应用较广泛,以下仅对其进行介绍。

(1)3WL低压断路器的结构及原理

3WL型断路器结构主要包括框架、操动机构、储能装置、灭弧罩、电子脱扣器等,如图5.24所示。

3WL断路器,按安装类型分为固定式和抽出式两种。

1)3WL断路器的操作机构

3WL断路器的操作机构主要有:

①带有机械合闸功能的手动储能操作机构。

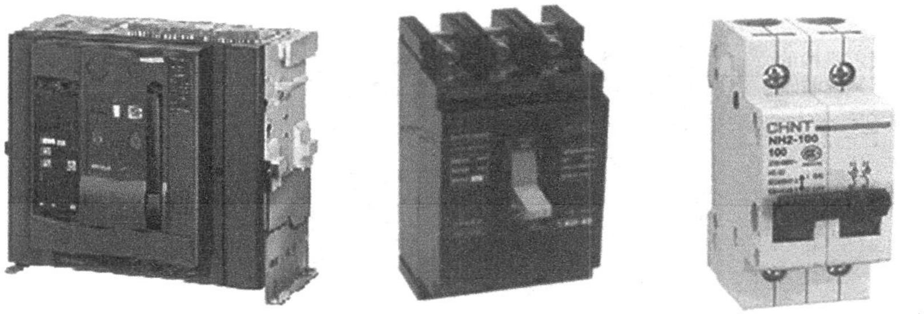


(a)柜架断路器　　(b)塑壳断路器　　(c)小容量空气开关

图5.23　低压开关

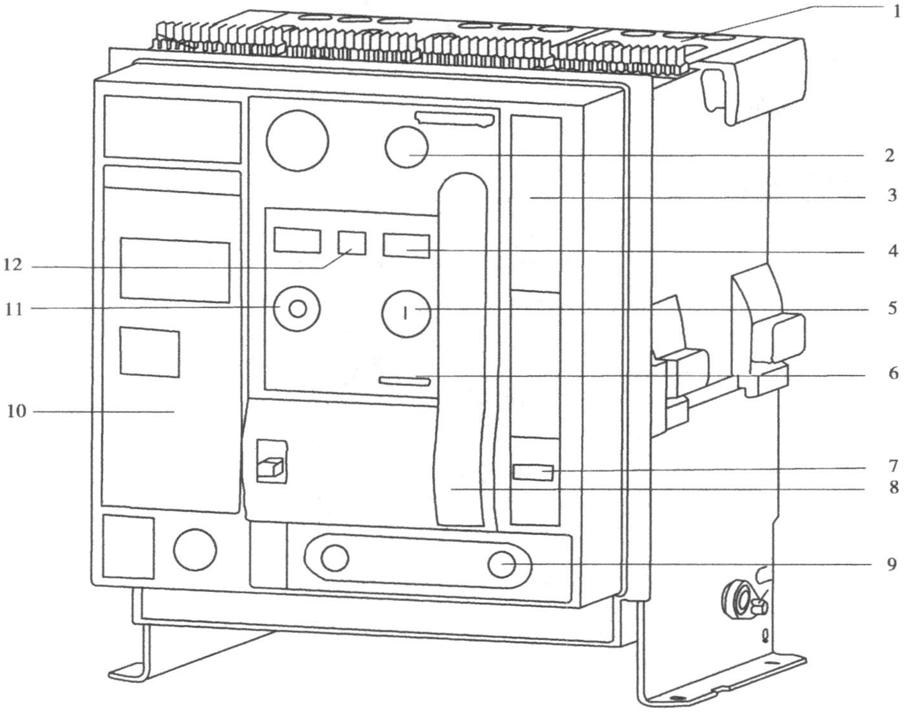


图5.24　3WL型断路器外形结构图

—灭弧罩；2—电机切断开关或“电气合闸”按钮；3—断路器铭牌；4—储能弹簧指示器；
“机械合闸”按钮；6—额定电流指示；7—动作次数计数器；8—储能手柄；9—曲柄手柄；
10—电子脱扣器；11—“机械分闸”或“急停”按钮；12—合闸准备就绪指示器

②带机械及电气合闸的手动储能操作机构。

③带机械与电气合闸的电动操作机构。

2)3WL断路器的电子脱扣器(ETU)

3WL断路器电子脱扣器的面板结构如图5.25所示，可以在断路器断开的情况下通过旋转编码开关调整各保护参数。

按下绿色“合”按钮时接通电路；按下红色“分”按钮时切断电路；当电路出现短路、过载等故障时，断路器会自动跳闸切断电路。

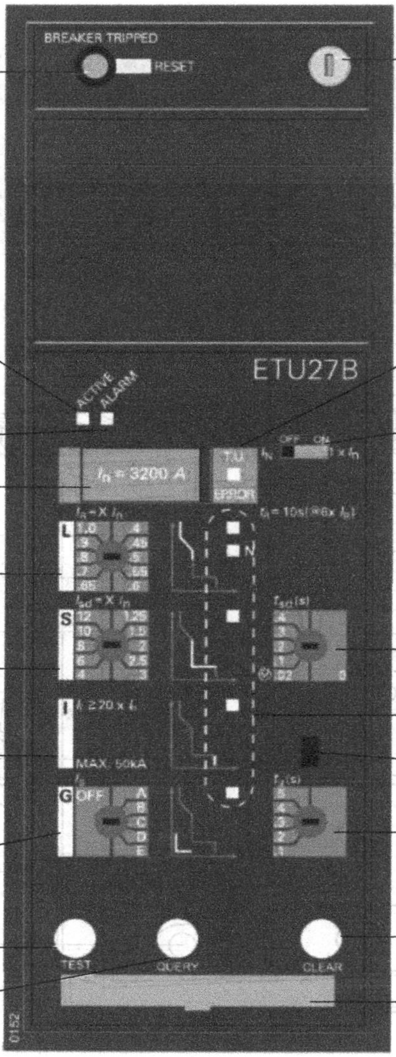

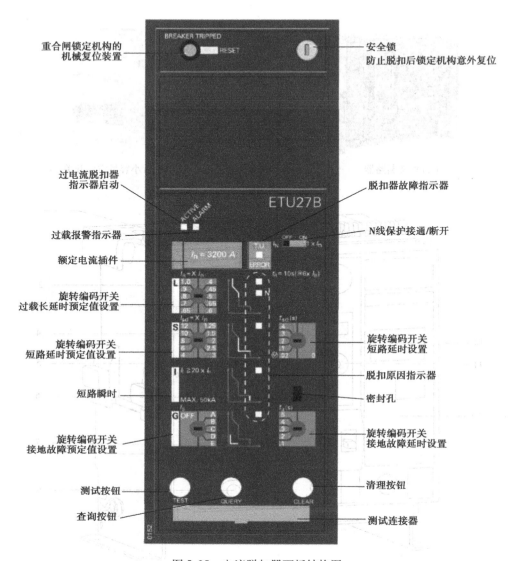


图 5.25　电流脱扣器面板结构图

(2)低压断路器技术参数

以 3WL13-40 型断路器为例,其部分技术参数见表 5.5。

表 5.5　3W13-40 型断路器技术参数表

| 项　目 | 单　位 | 参　数 |
|---|---|---|
| 额定工作电压 | V | 1 000 |
| 额定电流 | A | 4 000 |
| 工作温度 | ℃ | −25/ +70 |
| 分闸时间 | ms | 34 |
| 断开时间 | ms | 35 |
| 防护等级 |  | IP55 |
| 机械寿命 | 次 | 15 000 |

(3)低压断路器的安装与使用

①低压断路器应垂直安装,一般电源线应接在上端,负载接在下端。3WL 断路器的进线和出线端可任意选择,即电流进入方向可以由开关上口或下口进入,而断路器的所有技术数据不变。

②低压断路器用作电源总开关或电动机的控制开关时,在电源进线侧必须加装刀开关或熔断器等,以形成明显的断开点。

③低压断路器使用前应将脱扣器工作面上的防锈油脂擦净,以免影响其正常工作。同时应定期检修,清除断路器上的积尘,为操作机构添加润滑剂。

④各脱扣器的动作值调整好后,不允许随意变动,并应定期检查各脱扣器的动作值是否满足要求。

低压断路器的触头使用一定次数或分断短路电流后,应及时检查触头系统,如果触头表面有毛刺、颗粒等,应及时维修或更换。

(4)低压断路器的常见故障及处理方法

低压断路器的常见故障及处理方法见表5.6。

**表5.6 低压断路器常见故障及处理方法**

| 故障现象 | 可能原因 | 处理方法 |
|---|---|---|
| 断路器不能合闸 | 弹簧没有储能 | 给弹簧储能 |
| | 机械重合闸锁定装置生效 | 消除过电流脱扣的原因,并复位 |
| | 电气合闸联锁机构生效 | 断开联锁机构的控制电压 |
| | “安全分闸”锁定在断开状态 | 开锁 |
| | “机械分闸”按钮被锁定在断开位置 | 解开机械分闸按钮 |
| | 分励脱扣器吸合 | 断电使其释放 |
| | 合闸线圈吸合 | 使其短时断电 |
| | 欠压脱扣器无电压或线圈损坏 | 检查施加电压或更换线圈 |
| | 储能弹簧变形 | 更换储能弹簧 |
| | 反作用弹簧力过大 | 重新调整 |
| | 操作机构不能复位再扣 | 调整再扣接触面至规定值 |
| 电流达到整定值,断路器不动作 | 热脱扣器双金属片损坏 | 更换双金属片 |
| | 电磁脱扣器的衔铁与铁芯距离太大或电磁线圈损坏 | 调整衔铁与铁芯的距离或更换断路器 |
| | 主触头熔焊 | 检查原因并更换主触头 |
| 启动电动机时断路器立即分断 | 电磁脱扣器瞬时整定值过小 | 调高整定值至规定值 |
| | 电磁脱扣器的某些零件损坏 | 更换脱扣器 |
| 断路器闭合后一定时间自行分断 | 热脱扣器整定值过小 | 调高整定值至规定值 |
| 断路器温升过高 | 触头压力过小 | 调整触头压力或更换弹簧 |
| | 触头表面过分磨损或接触不良 | 更换触头或修整接触面 |
| | 两个导电零件链接螺钉松动 | 重新拧紧 |

# 5.5 干式变压器

## 5.5.1 概述

干式变压器就是铁芯与绕组不浸在绝缘液体中的变压器。电厂常用的环氧树脂浇注式干式变压器具有难燃、安全、运行可靠、维护方便、体积小等特点。

在F级燃气轮机电厂中，主要运用厂用低压变压器、励磁变压器等。本节介绍的厂用低压变压器是环氧树脂浇注式干式变压器，这类干式变高压侧一般接于6 kV厂用段，经降压为380 V后提供厂用。

## 5.5.2 环氧树脂浇注式干式变压器的结构

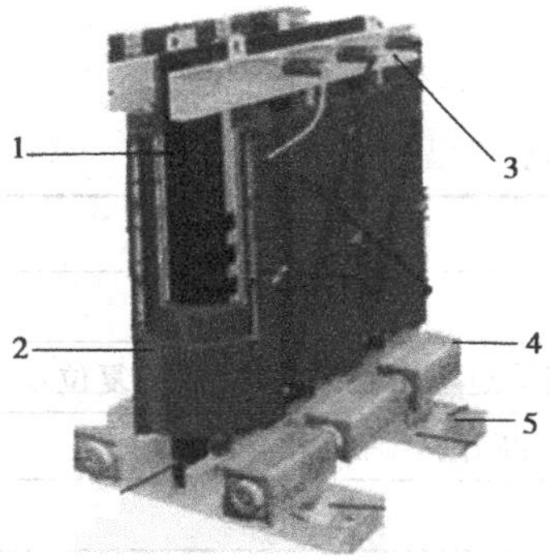

图5.26 环氧浇注式干式变结构图
1—铁芯；2—绕组；3—夹件；
4—风机；5—底座

(1)铁芯

干式变压器铁芯结构如图5.26与油浸式变压器的差别不大，采用晶粒取向冷轧硅钢片。铁芯固定成型是靠夹件等来实现的。干式变压器的铁芯暴露在大气中，一般在铁芯表面涂有耐热的防锈覆盖漆或树脂以防止运行时铁芯表面凝露而引起锈蚀。

在变压器运行时，铁芯是产生振动和噪声的根源。绕组和底座等部件和铁芯交接的部位安置弹性零件，形成缓冲的过渡结构，以降低变压器的振动和噪声。

(2)环氧树脂浇注式绕组

低压绕组为铝箔绕制的层式绕组，高压绕组采用以石英粉为填料的环氧树脂，在真空状态下进行浇注的铝绕组。环氧树脂包封层具有耐潮、阻燃和自熄性能。

若环氧树脂浇注式绕组内部温升过高，环氧树脂包封层存在开裂的可能性，为解决开裂问题，推出了F级玻璃纤维加强薄层树脂浇注式绕组的干式变压器。

(3)冷却装置

干式变压器冷却方式分为自然空气冷却(AN)和强迫空气冷却(AF)。干式变压器自然空冷时，变压器可在额定容量下长期连续运行。强迫空冷时，当温度变化时，由温控装置控制安装在底座上冷却装置的投切，变压器输出容量可提高。

## 5.5.3 干式变压器技术参数

(1)干式变压器额定参数

变压器在规定的使用环境和运行条件下，主要技术数据一般都标注在变压器的铭牌上。主要包括额定容量、额定电压及其分接、额定频率、绕组联结组以及额定性能数据(阻抗电压、空载电流、空载损耗和负载损耗)。

(2)某电厂低压厂变技术参数

某电厂低压厂变和励磁变部分技术参数见表5.7。

**表5.7　某F级燃气轮机电厂低压厂变和励磁变部分技术参数**

| 项　目 | 低压工作变 | 励磁变 |
|---|---|---|
| 额定容量/kVA | 2 000 | 4 890 |
| 额定电压/kV | (6.3 ±2) ×2.5%/0.4 | 20/0.86 |
| 额定电流/A | 183.3/2 886.8 | 141/3 283 |
| 接线组别 | D,yn11 | Y,d11 |
| 冷却方式 | AN/AF | AN |
| 保护等级 | IP20 | IP32 |
| 相数 | 3 | 3 |
| 频率/Hz | 50 | 50 |
| 绝缘等级 | H | F |
| 温升限值/K | 80 | 80 |
| 空载损耗/W | 2 780 | |
| 负载损耗/W | 14 670 | |
| 空载电流/% | 0.25 | |
| 阻抗电压/% | 8 | |

## 5.5.4　干式变压器的运行与维护

(1)干式变的过负荷能力

干式变压器的过负荷能力取决于环境温度、过载前的负载情况(起始负载)、变压器的绝缘散热情况和发热时间常数(由厂家提供)。某厂采用的SCB10型干式变压器在不同环境温度(40 ℃或20 ℃)和运行条件下,过载容量和过载时间的关系曲线如图5.27所示。

(2)正常运行中检查项目

①冷却装置运行正常,绕组温度指示正常。不同绝缘等级,其温升应满足表5.8的要求。

**表5.8　干式变各部分温升规定**

| 变压器的部位 | | 温升限值/℃ | 测量方法 |
|---|---|---|---|
| 绕组 | A级绝缘 | 50 | 电阻法 |
| | E级绝缘 | 75 | |
| | B级绝缘 | 80 | |
| | F级绝缘 | 100 | |
| | H级绝缘 | 125 | |
| 铁芯及结构零件表面 | | 最大不得超过接触材料的允许温升 | 温度计法 |

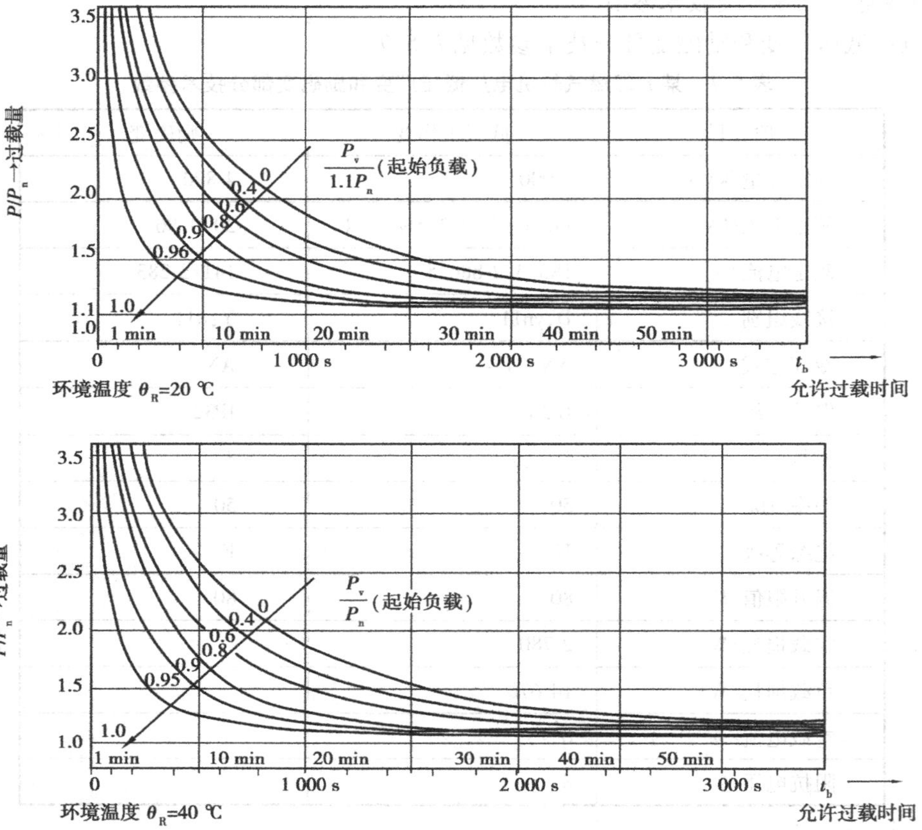


图 5.27　干式变过载容量与过载时间关系曲线图

$P_n$—额定容量;$P_v$—起始负载;$P$—过载容量

②变压器无异音、焦味和异常振动。

③干式变外部表面无积污,柜门锁好。

### 5.5.5　非晶合金干式变压器

非晶合金是由超急冷凝固,合金凝固时原子来不及有序排列结晶,得到的固态合金是长程无序结构,没有晶态合金的晶粒、晶界存在。其特点如下:

①非晶合金材料不存在晶体结构,是一各向同性的软磁材料,磁化功率小,非晶合金耐热性和软磁性好。

②不存在阻碍磁畴壁移动的结构缺陷,其磁滞损耗要比硅钢片小。

③非晶合金带的厚度极薄,材料表面也不是很平坦,叠片系数相应变小。

④电功率很高,是硅钢片的 3 ~6 倍。非晶合金材料的涡流损耗大大降低,因此,单位损耗小。

⑤非晶合金的硬度是硅钢片的 5 倍,加工剪切很困难。

⑥非晶合金对机械应力非常敏感。

⑦非晶合金制作铁芯而成的变压器，比用硅钢片铁芯的变压器空载损耗下降70%～80%，空载电流下降80%左右。

非晶合金变压器可分为油浸式和干式两种。非晶合金干式变压器包括环氧浇注式和敞开式两种形式，大多采用环氧浇注式形式。非晶合金干式变压器的铁芯由非晶合金带材卷制而成，采用矩形截面，一般采用三相、四框、五柱结构。非晶合金铁芯通过树脂和耐高温硅胶进行全封装处理，有效防止锈蚀和非晶合金碎屑脱落，有效保护铁芯和绕组。非晶合金干式变压器作为一种新型的低损耗干式变压器继承了传统干式变压器的难燃、阻燃、少维护等优点。非晶合金干式变压器在噪声控制、机械强度和抗短路能力等的提高。

# 5.6　厂用电源的快切装置

## 5.6.1　概述

为确保厂用电的连续、可靠供电，F级燃气轮机电厂6 kV厂用电系统一般具有两个电源，即厂用工作电源和备用电源。两个电源间通过微机型快速切换装置来实现厂用电源的切换。采用快切装置后，在厂用电压不间断的前提下，实现厂用电的切换而不影响厂用负荷的正常运行。

## 5.6.2　厂用电源快切原理分析

大容量的厂用电动机在工作电源消失后还有一个复杂的残压衰减过程，厂用电动机群在母线失压后由于惯性会继续转动，相当于异步发电机向厂用母线反馈电压，使得母线上有一个不低的残余电压，然而随着电动机的惰转，残余电压的幅值和频率在不断下降，且与备用电源间的相角差也在不断变化，残压的变化规律与电动机的类型、数量及其所带负载的性质有关。从以下几个方面进行分析。

(1)母线残压

如图5.28所示，正常运行时，厂用母线电源由发电机端经高厂变提供，备用电源由厂用备用变提供。当工作电源侧故障时，厂用正常进线断路器1QF将被跳开，此时连接在厂用母线上的电机将作为发电机堕转，在电机惰转过程中母线上电压(残压)大小随时间在极坐标上成向内缩小的螺线变化，如图5.29所示。一般母线残压衰减由实验测得。实验表明：残压的衰减速度与母线所带负荷密切相关。切除电源前的负荷越大，电压衰减越快。

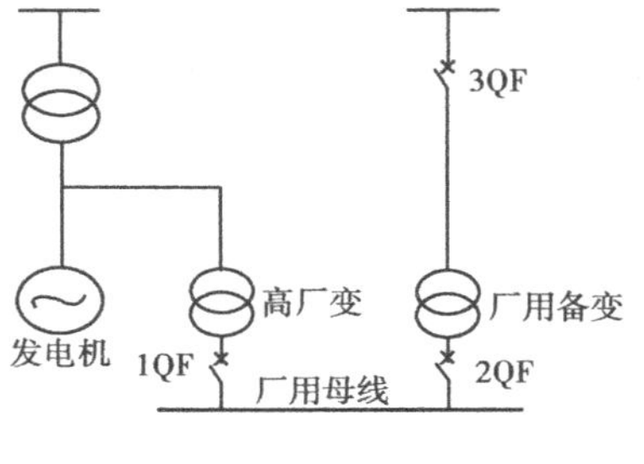


图5.28　厂用电接线简图

(2)切换备用电源时电动机电压分析

以图5.29为例，设$OA$段为母线失压前瞬间电压$U_s$，母线失压后，母线电压衰减到$B$点时，$OB$段为母线残压，设为$U_m$，若此时合上备用电源，则在母线上有差拍电压$\Delta U$存在。电动机在备用电源切换时的等值电路及向量图如图5.30所示。

由图5.30可以看出：在投入备用电源时，必将面临着备用电源与母线残压的冲撞问题。

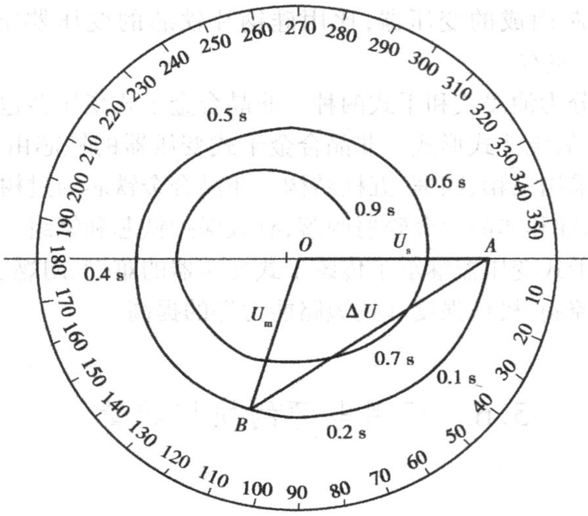


图 5.29　电机惰转过程母线残压衰减曲线图

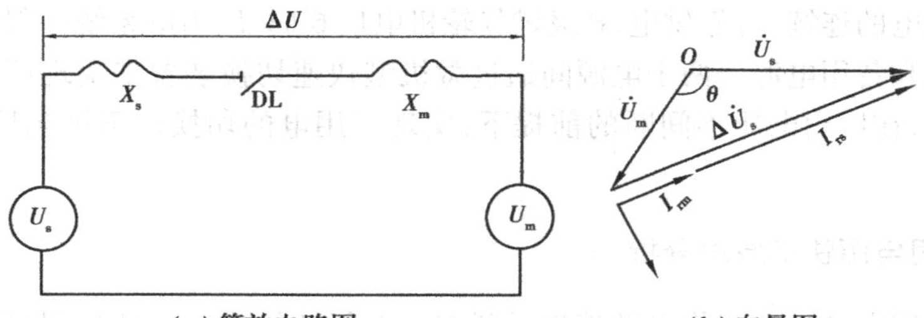


图 5.30　电动机重新接通电源时的等值电路图和向量图

图中 $\theta$ 是 $\dot{U}_s$ 与 $\dot{U}_m$ 的相角差，随着残压 $\dot{U}_m$ 的频率下降。$\theta$ 不断由 0°增大到 180°再到 360°间变化。由于 $\theta$ 不断在变，残压 $\dot{U}_m$ 不断在降低，因此差拍电压 $\Delta\dot{U}$ 也不断在变。如在 $\theta = 180°$ 时，$\Delta\dot{U}$ 最大，此时投入备用电源，对电动机的冲击最严重。将进行如下分析：

差拍电压 $\Delta\dot{U}$

$$\Delta\dot{U} = \dot{U}_s - \dot{U}_m \tag{5.1}$$

电动机上的电压 $U_d$ 为

$$U_d = \Delta U \frac{X_m}{X_s + X_m} \tag{5.2}$$

式中　$X_m$——母线上电动机组和低压负荷折算到高压厂用电压后的等值电抗；

$X_s$——电源的等值电抗；

$\Delta U$——电源电压和残压之间的差拍电压；

$U_d$——电动机上的电压。

要保证电动机能够安全自启动，$U_d$ 应小于电动机的允许启动电压，设 $U_d$ 为 1.1 倍电动机的额定电压 $U_{De}$

$$U_d = \Delta U \frac{X_m}{X_s + X_m} = 1.1 U_{De} \tag{5.3}$$

令

$$K = \frac{X_m}{X_s + X_m}$$

则

$$\Delta U = \frac{1.1}{K} \tag{5.4}$$

其中，系数 $K$ 的取值与电动机群的类别、数量及负荷有关，电动机数量越多，$K$ 值越小。对式(5.4)中的 $K$ 值取不同的值来分析，假设 $K=0.67$，计算得到 $\Delta U=1.64\%$。在图5.29的基础上，以A点为圆心，以1.64为半径绘出 $A'$—$A''$ 圆弧，其圆弧右侧区域为电厂备用电源合闸的安全区域，在此区域内合上备用电源时，电动机上的电压均能保证电机的安全。在残压特性曲线的 $AB$ 段，实现的电源切换称为快速切换，即在图5.31中B点(0.3 s)以前进行的切换，对电机是安全的。$BC$ 段为不安全区，不能进行切换。而在 $C$ 点(0.47 s)以后至 $\theta$ 等于零附近进行的切换，对电动机是安全的。等残压衰减到20% ~40%时实现的切换，即为"残压切换"。后两种切换称为"慢速切换"。如果 $K$ 值取大一些，如图5.31中 $B'$—$B''$ 弧线($K=0.95$)，虽然此时快速切换对电动机的冲击更小，但对快速切换的速度要求则更为严格。

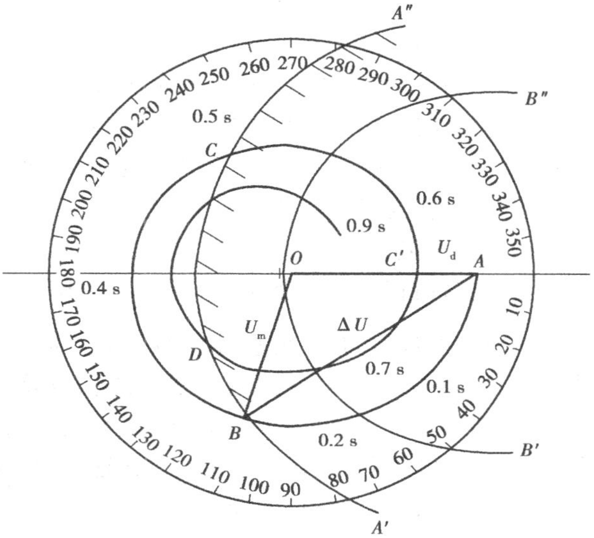

图5.31　切换备用电源时电动机上电压安全区域

(3)电动机自启动的要求

在备用电源投入瞬间，差拍电压 $\Delta U$ 一部分消耗在备用电源的内阻上，另一部分施加在电动机群的定子上，导致电动机群在原来惰转的转速上重新加速，也就是自启动，电动机能否顺利启动取决于以下因素：

1)施加在电动机定子上的电压

异步电动机的转矩 $M_M$ 与外施电压的平方成正比。只有在 $M_M$ 大于阻力转矩 $M_Z$ 时，电动机才能加速，剩余转矩 $M_S=M_M-M_Z$ 越大，自启动过程越快，如果剩余转矩 $M_S$ 较小，启动过程缓慢，此时启动电流可能为4 ~7倍额定自启动电流，将引起绕组过热而烧毁电机。因此，在备用电源投入时，如果有较高的差拍电压，电动机群吸取的启动电流越大，在备用电源内阻上的电压降就越大，而备用电源母线上的电压会越低，自启动越困难。为尽量减少启动电流的数值及持续时间，要求电动机群失电的时间尽可能的短。

2)惰转电动机群残压与备用电源电压的相角差

即便在差拍电压 $\Delta U$ 很小的情况下，若相差角 $\theta$ 很大，备用电源合闸瞬间也会对电动机产生很大的冲击。由图 5.31 可知,$\theta$ 角在 0～360°变化,在 $\theta=180°$时,其差拍电压 $\Delta\dot{U}$达到最大值,冲击电流 $\dot{I}$ 与 $\Delta\dot{U}$成正比。为保证电动机自启动成功,备用电源投入瞬间,不仅要求有较高的母线残压,而且一定要在较小的 $\theta$ 角下进行。

从以上分析可以看出,备用电源自动投入的核心问题是解决合闸的速度(保证较高的母线残压值)和角度(保证对电动机较小的冲击电流),实际上是电动机群与备用电源电压的同步问题,最理想的同步时间应在工作电源失电后出现的第一次相差角 $\theta<30°$ 的区间内,此时反馈电压$\dot{U}_M$ 的数值与频率都下降不多,相角差也不大,对于电动机群的自启动极为有利。

(4)快切装置的原理

快切装置一般按残压衰减的几个阶段来设计,即第一次安全区(见图 5.31 中的 $AB$ 段)实现快速切换,将备用电源断路器合上。如果未合上,在第二次安全区(见图 5.31 中的 $CC'$段)实现捕捉同期切换。当残压下降到额定值的 20% ～40% 时,实现残压切换。有的装置还设有长延时切换,作为以上几种方式的总后备。

1)快速切换

据有关资料分析,式(5.4)中,按 $K=0.67$ 作出的允许极限是最严重的情况,因此,$K$ 值可取一个较大的数值,对于快速切换 $\Delta U\%$ 取 100% ,此时$\dot{U}_s$ 与$\dot{U}_m$、$\Delta\dot{U}$构成正三角形,从图 5.31 中可看出,此时残压与备用电源之间的相位差约为 65°,如果断路器的固有跳合闸时间为 100 ms,则断路器合闸指令约需提前 40°发出,即 $\theta$ 角从 0～25°对应的时间是留给装置做计算和判断的最多时间。也就是说装置要在这个最大时间内完成判断和计算,用 40°的时间合断路器,在 65°时完成目标电源断路器合闸。

在第一次出现的安全区完成切换,对系统及电动机的冲击最小,也是最理想的。能否实现快速切换,取决于断路器固有跳、合闸时间和快切装置本身的动作时间。就断路器固有跳、合闸时间而言,希望越短越好,特别是备用电源断路器的固有合闸时间越短越好;快切装置本身的固有动作时间包括其硬件固有动作时间和软件最小运行时间。装置硬件固有时间一般在 6～8 ms。软件最小运行时间指最快情况下软件完成测量、判断、执行等的时间,一般在 3～4 ms。

2)同期捕捉切换

当快切装置未能实现快速切换时,装置可自动进入捕捉同期切换。

图 5.31 中,过 $B$ 点后 $BC$ 段为不安全区域,不允许切换。在 $C$ 点后至 $CD$ 段实现的切换以前通常称为“延时切换”或“短延时切换”。用固定延时的方法并不可靠。最好的办法是实时跟踪残压的频差和角差变化,尽量做到在反馈电压与备用电源电压向量第一次相位重合时合闸,这就是所谓的“同期捕捉切换”。以图 5.31 为例,同期捕捉切换时间约为 0.6 s, 对于残压衰减较快的情况,该时间要短得多。若能实现同期捕捉切换,特别是同相点合闸,对电动机的自启动也很有利,因此,厂用母线电压衰减到 65% ～70% ,电动机转速不至于下降很大,且备用电源合上时冲击最小。

需要说明的是,同期捕捉切换之“同期”与发电机同期并网之“同期”有很大不同,同期捕捉切换时,电动机相当于异步发电机,其定子绕组磁场已由同步磁场转为异步磁场,而转子不存在外加原动力和外加励磁电流。因此,备用电源合上时,若相角差不大,即使存在一些频差和压差，定子磁场也将很快恢复同步，电动机也将很快恢复正常异步运行。因此，此处同期指的是在相角差零点附近一定范围内合闸。

3）残压切换

当残压衰减到20%～40%额定电压后实现的切换通常称为“残压切换”。残压切换虽能保证了电动机安全，但由于停电时间过长，电动机自启动成功与否、自启动时间等都将受到较大限制。

4）长延时切换

长延时切换是在以上3种切换方式均无法实现或由于系统或辅机原因而不能采用以上3种方式时进行的切换，其原理是在跳开工作电源开关足够长的时间，如3～5 s后再合上备用电源。

### 5.6.3 厂用电快速切换装置基本功能

快速切换装置的切换功能一般分为：正常切换、不正常切换、事故切换3种功能。

（1）正常切换

正常切换是指厂用电正常情况下的切换，由手动启动，在DCS系统或装置面板上均可进行。正常切换是双向的，可以由工作电源切向备用电源，也可以由备用电源切向工作电源。正常切换包括以下几种方式：

1）并联切换

并联切换分为自动切换和半自动切换两种。

①并联自动。手动启动，若并联切换条件满足，装置将先合备用（工作）断路器，经一定延时后再自动跳开工作（备用）断路器，如在这段延时内，刚合上的备用（工作）断路器被跳开，则装置不再自动跳工作（备用）。若启动后并联切换条件不满足，装置将闭锁发信，并等待复归。

②并联半自动。手动启动，若并联切换条件满足，合上备用（工作）电源，而跳开工作（备用）电源的操作由人工完成，若在规定的时间内，操作人员仍未跳开工作（备用）电源，该装置将发出报警信号。若启动后并联切换条件不满足，装置将闭锁发信，并等待复归。

2）串联切换

手动启动，先跳工作电源，在确认工作电源已跳开且切换条件满足时，合上备用电源。

3）同时切换

手动启动，先发跳工作（备用）电源命令，在切换条件满足时，发合备用（工作）电源命令。若要保证先分后合，可在合闸命令前加一定延时。正常同时切换具有3种切换条件：快速、同期捕捉、残压，快切不成功时自动转入同期捕捉或残压切换方式。

（2）不正常情况切换

不正常情况切换由装置检测到不正常情况后自行启动，这种切换是单向的，只能由工作电源切向备用电源。有以下两种情况会引起不正常切换：

①当厂用母线三相电压均低于整定值，时间超过整定延时，快切装置自动跳开工作电源投入备用电源。

②因各种原因（包括人为误操作）造成工作电源断路器误跳开，装置将在切换条件满足时合上备用电源。

(3)事故切换

事故切换由工作电源保护出口启动,只能由工作电源切向备用电源。事故切换有以下两种方式:

①串联切换。保护启动,先发跳工作电源断路器命令,在确认工作断路器已跳开且切换条件满足时,合上备用电源。

②事故同时切换。保护启动,先发跳工作电源断路器命令,在切换条件满足时(或经延时)即发合上备用电源断路器命令。

(4)保护闭锁

为防止备用电源切换到故障母线,将反映母线故障的保护出口接入快切装置,当保护动作关闭装置所有切换出口,同时发出闭锁信号。

(5)出口闭锁

当装置因软连接片退出或控制屏闭锁装置出口时,装置将关闭跳合闸出口并给出出口闭锁信号。

## 5.7 厂用电系统保护

厂用电系统保护设备是二次设备中的重要组成部分,其性能的好坏将直接影响厂用电系统运行的可靠性和安全性。

### 5.7.1 厂用备用变压器保护

某F级燃气轮机电厂厂用备用变压器保护采用的是RCS-978装置,两套保护分两面屏柜,其保护原理与主变、高厂变保护RCS-978HD基本一样,非电量及辅助保护置于保护B屏,型号为RCS-974AG,保护配置见表5.9。

**表5.9 某F级燃气轮机电厂启备变保护配置表**

| 序号 | 保护类型 | 保护名称 | 出口方式 | 备 注 |
|---|---|---|---|---|
| 1 | 主保护 | 纵联差动保护 | 跳母联,全停 | |
| 2 | | 差动速断保护 | 跳母联,全停 | |
| 3 | | 工频变化量差动保护 | 跳母联,全停 | |
| 4 | 高压侧后备保护 | 复压闭锁过流保护 | I段1时限跳母联,I段2时限和II段跳母联,全停 | |
| 5 | | 零序过流保护 | I段1时限跳母联,I段2时限跳母联,全停 | |
| 6 | | 间隙零序过压保护 | 跳母联,全停 | |
| 7 | | 过负荷保护 | 报警 | |

续表

| 序号 | 保护类型 | 保护名称 | 出口方式 | 备 注 |
|---|---|---|---|---|
| 8 | 低压侧Ⅰ分支后备保护(Ⅱ分支、Ⅲ分支相同) | 复压闭锁过流保护 | Ⅰ段跳本侧开关 | |
| 9 | | 过负荷保护 | 报警 | |
| 10 | | 零序电压保护 | 报警 | |
| 11 | 辅助保护 | 非全相保护 | 全停 | 只投Ⅰ时限 |
| 12 | | 失灵启动保护 | | |
| 13 | 非电量保护 | 重瓦斯保护 | 全停 | |
| 14 | | 轻瓦斯保护 | 报警 | |
| 15 | | 压力释放保护 | 报警 | |
| 16 | | 温度保护 | 报警,不投跳闸 | |

### 5.7.2 厂用6 kV系统保护配置

某F级燃气轮机电厂6 kV保护均采用西门子综保装置,其中,分两种型号:一种型号为7SJ62的过流保护装置;另一种为7UT61的差动保护装置。

(1)低压厂用变压器保护配置

对于低压厂用变压器保护,配置一套7SJ62和一套7UT61,如图5.32所示,保护配置见表5.10。

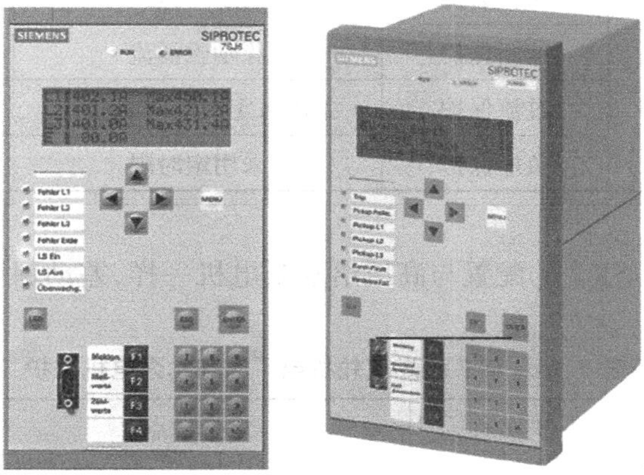


图5.32 7SJ62,7UT61保护装置面板

**表5.10 某F级燃气轮机电厂低压厂用变压器保护配置**

| 序号 | 保护装置 | 保护名称 | 保护特点 | 出口方式 |
|---|---|---|---|---|
| 1 | 7UT61 | 差动保护 | 单斜率带差动速断 | 跳高、低压断路器 |
| 2 | | 零序保护 | 变压器低压侧,定时限 | 跳高、低压断路器 |
| 3 | 7SJ62 | 速断保护 | 躲励磁涌流 | 跳高、低压断路器 |
| 4 | | 过流保护 | 采用自定义反时限曲线 | 跳高、低压断路器 |
| 5 | | 过负荷保护 | | 报警 |

(2)6 kV 进线开关保护配置

某 F 级燃气轮机电厂 6 kV 进线开关位于高厂变低压侧，配置一套 7SJ62，其保护配置见表 5.11。

表 5.11 某 F 级燃气轮机电厂 6 kV 进线开关保护

| 序号 | 保护装置 | 保护名称 | 保护特点 | 出口方式 |
|---|---|---|---|---|
| 1 | 7SJ62 | 反向闭锁延时速断保护 | 带延时的速断保护，按躲母线负荷整组自启动整定，当反向闭锁有效时，闭锁延时 | 跳高压侧断路器 |
| 2 | | 过流保护 | 采用复合电压闭锁，由于 7SJ62 没有负序电压闭锁功能，因此，只采用正序电压闭锁 | 跳高压侧断路器 |

(3)高压电动机保护配置

某 F 级燃气轮机电厂高压电动机主要包括高压给水泵、凝结水泵、循环水泵，其中高压给水泵电机保护采用一套 7SJ62，其配置主要是针对电机保护而设计的。凝结水泵由于经过高压变频改造后，电机保护部分在变频器自带保护中实现，因此，7SJ62 主要针对变频器的隔离变压器保护设计其配置，可将其理解为变压器保护配置。循环水泵由于距离厂房较远，因此，除了配置电机保护外，另外还增加了一套 7UT61 差动保护装置。

高压给水泵电机保护配置见表 5.12。

表 5.12 某 F 级燃气轮机电厂高压给水泵电机保护

| 序号 | 保护装置 | 保护名称 | 保护特点 | 出口方式 |
|---|---|---|---|---|
| 1 | 7SJ62 | 速断保护 | 躲励磁涌流 | 跳高压侧断路器 |
| 2 | | 过流保护 | 采用自定义反时限曲线 | 跳高压侧断路器 |
| 3 | | 负序保护 | 采用定时限 | 跳高压侧断路器 |

循环水泵电机保护 7SJ62 的配置与高压给水泵电机一样，差动保护 7UT61 的保护配置见表 5.13。

表 5.13 某 F 级燃气轮机电厂循环水泵电机保护

| 序号 | 保护装置 | 保护名称 | 保护特点 | 出口方式 |
|---|---|---|---|---|
| 1 | 7UT61 | 差动保护 | 单斜率，2，3，$n$ 次谐波制动退出 | 跳高压侧断路器 |
| 2 | | 差动速断保护 | 按 5 倍额定电流整定 | 跳高压侧断路器 |

(4)母线低电压保护

某 F 级燃气轮机电厂 6 kV 电压互感器柜安装一套 7SJ62，配置了母线低电压保护，电压互感器二次电压 68 V 延时 0.5 s 报警，48 V 延时 9 s 跳闸。报警和跳闸信号通过输出接点送至 6 kV各开关柜。

(5)电弧光保护

电弧光保护装置的主要用途是防止电气设备因出现弧光短路而遭受破坏。某 F 级燃气轮机电厂在每台机组的厂用电 6 kV 及循环水 6 kV 均配置了成套弧光保护。该保护由 3 部分组成:安装于主进线开关的主模块 VAMP 221 一个,安装于备用进线开关的 VAMP 4C 模块一个和安装于各馈线开关的 VAMP 10L 模块,数量可根据出线多少来确定。

主模块 VAMP 221 包括所有电弧光保护功能,例如,过流和弧光监视,输入主进线三相二次电流,范围可为 0 ~ 1 A 或 0 ~ 5 A,通过旋钮及拨码可设定过流定值。只要输入电流达到过流定值,并伴随有弧光信号输入,便可通过编程设定跳闸出口作用于进线开关。I/O 单元 VAM4C 安装于备用进线,同样有备用进线二次电流输入,通过电流检测同样可设过流定值,当同时满足电流及弧光信号,可跳闸出口作用于备用进线。I/O 单元 VAM 10L 作为系统中点传感器和主单元之间的连接,每一个 I/O 单元可连接 10 个弧光传感器,当检测到弧光信号时,可通过网线传输至主模块和 4C 模块。

每个 6 kV 柜安装两个弧光传感器探头,一个位于母线侧,一个位于开关侧。电弧光保护动作时间只有 7 ms,大大快于速断保护的几十毫秒,这样能够保证在发生电弧光事故时保护快速启动并作用于跳闸,电弧光保护闭锁快切动作,也保证了不发生二次弧光事故。

(6)主要保护特性

1)差动保护

7UT61 差动保护采用比率制动差动原理,差动电流 $I_{\text{Diff}} = |I_1 + I_2|$,制动电流 $I_{\text{Rest}} = |I_1| + |I_2|$,可设置多段斜率,并可设置是否采用二次谐波制动,谐波制动可独立工作于每一相,也可闭锁差动段的其他相,形成“交叉闭锁”。启动时可增加启动值,适用于电动机。大电流故障时不带制动,形成差动速断保护,快速跳闸。

某 F 级燃气轮机电厂厂用电保护中差动保护主要应用于干式变保护,高压电动机保护中循环水泵电机也配置了差动保护。由于循环水泵电机电源在主厂房,而差动保护装置在就地,距离远,收发信实时性受到限制,因此,增加了一套西门子光电转换器 7XV5653,该套装置将电源开关的位置(工作位或试验位)、开关的分合位和光控装置故障信号转成光信号,通过光纤送至循环水就地的差动保护装置,就地还具有手动跳闸、手动合闸功能。

2)零序保护

7UT61 零序电流采用自产零序,可设置使用定时限或者反时限。定时限可设置门槛值,可采用涌流制动。

3)过流保护

过流保护是 7SJ62 的主保护。相间故障和接地故障可被禁止或开放,也可设置各种时间特性曲线。装置有 4 个定时限和两个反时限。定时限包括两段相间和两段接地。定时限相间保护定义为 50-1 和 50-2,而接地保护则定义为 50N-1 和 50N-2,相间反时限和接地反时限电流保护定义为 51 和 51N。某 F 级燃气轮机电厂低压厂用变压器速断和过流保护是通过两段定时限配置的。过流保护可设置复合电压闭锁,该电厂 6 kV 进线及备用进线采用的是复压闭锁过流保护,但由于 7SJ62 不具有负序电压闭锁功能,因此只采用了正序电压闭锁。

4)负序保护

负序保护检测系统中的不平衡电流。负序保护用于电机保护时特别有意义。三相感应电动机不平衡电流的负序分量产生反转的电磁场,频率为转子倍频。转子表面感应出涡流并发热。另外,电机在不平衡系统电压情况下会由于热过负荷而危害电机。因为电机负序阻抗比较小,较小的不平衡电压可能导致出现较大的负序电流。7SJ62 的负序保护用滤波将相电流分解为对称分量,从而检测出负序电流。复序保护可设置两段定时限,分别为46-1和46-2。

5)母线反向闭锁

某F级燃气轮机电厂厂用电每个6 kV开关柜的7SJ62均将R2输出接点定义并设置为母线反向闭锁接点,将这个接点送至6 kV进线开关和备用进线开关,各个开关柜送的闭锁接点采用并联方式,即任一开关柜闭锁接点闭合,则反向闭锁有效。当任一开关柜保护动作时,闭锁接点闭合,进线开关和备用进线开关在反向闭锁有效时将闭锁速断延时。

## 5.8 厂用事故保安电源

### 5.8.1 概述

厂用事故保安电源(简称保安电源)是指当电网发生事故或其他原因致使发电厂厂用电长时间停电时,提供机组安全停机所必需的交流供电电源。

在发电厂中,部分设备在机组停机过程或停运后的相当一段时间内都不能中断供电,为保护重要设备不致造成损坏和部分电气设备电源正常运行的需要,必须设置安全可靠的厂用事故保安电源。

(1)事故保安负荷的种类

事故保安负荷包括允许短时间断供电和不允许间断供电的负荷。

1)允许短时间断供电的负荷

①旋转电机负荷。如机组盘车电动机、顶轴油泵、交流润滑油泵、密封油泵等。

②静止负荷。如蓄电池的浮充电装置和事故照明等。

2)不允许间断供电的负荷

不允许间断供电的负荷。如控制系统、热工测量仪表、其他不允许断电的电力电子设备等。

(2)保安电源的要求

厂用事故保安电源作为专门供电给保安负荷的电源系统,应满足以下要求:

①保安电源必须具有相对独立性。不能取自本发电机组以及在本发电机组运行方式变化时受影响的电气系统;同时也不应取自与机组高压备用电源联系密切的系统。

②保安电源必须安全可靠。应保证在任何情况下随时投入运行。

③保安电源必须具备快速投入的能力。

### 5.8.2 厂用事故保安电源种类

厂用事故保安电源主要采用3种方式:蓄电池组、取自另一系统或相邻的发电机组的电源,以及独立的柴油发电机组。

蓄电池组是一种广泛使用的保安电源,在事故情况下,给直流保安负荷供电,或通过逆变器将直流转换为交流,给交流保安负荷供电。由于蓄电池组的容量较小,不能带大量的保安负荷。

取自另一系统或相邻机组供电的方式,当系统故障或全厂失电时,这种供电方式将失效,具有局限性。

采用自动快速启动的专用柴油发电机组作为交流事故保安电源，在目前F级燃气轮机电厂中已得到广泛使用。

### 5.8.3　自动快速启动柴油发电机组特点

自动快速启动柴油发电机组的特点如下：

①柴油发电机组的运行不受电力系统运行状态的影响，是独立可靠的电源。启动迅速，能满足发电厂中允许短时断电的交流保安负荷的供电要求。

②柴油发电机组可以长期运行，满足长时间事故停电的供电要求。

③柴油发电机组结构紧凑，辅助设备较为简单。

### 5.8.4　交流事故保安电源的电气接线的基本原则[1]

交流事故保安电源的电气接线应遵守以下基本原则：

①柴油发电机组与燃气轮机发电机组组成对应性配置。每台发电机组应配置一套柴油发电机组。柴油发电机组的容量应能满足机组安全停机最低限度连续运行负荷的需要。

②交流事故保安电源的电压及中性点接地方式与低压厂用工作电源系统一致。一般每台机组设置一个事故保安母线段，单母线接线。当事故保安负荷中具有一台以上的互为备用的Ⅰ类电动机时，保安段应采用与低压厂用工作母线相应的接线方式。每台机组的交流事故保安负荷应由本机组的保安母线段集中供电。

③交流事故保安母线段除了由柴油发电机取得保安电源外，必须由厂用电取得正常工作电源，以供给机组正常运行情况下接在事故保安母线段上的负荷用电。

④当机组发生事故停机时，接线应具有能尽快从正常厂用电源切换到柴油发电机组供电的装置。

⑤柴油发电机组的电气接线应能保证机组在紧急事故状态下自动快速启动，并能适应无人值守的运行方式。

### 5.8.5　某F级燃气轮机电厂交流事故保安电源系统介绍

某F级燃气轮机电厂交流事故保安电源系统接线方式如图5.33所示，一台机组配置一套柴油发电机组，保安段EPC除从柴油发电机取得保安电源外，还由厂用工作母线PCA、PCB段取得正常工作电源。柴油发电机采用户内安装，中性点直接接地方式。在电厂保安负荷工作电源失电时，柴油发电机组能可靠、自动快速启动和电源切换，确保保安负荷供电正常。

1)保安EPC段的运行及操作

①机组保安EPC段正常时，由低压工作段PCA段作为工作电源进行供电，PCB段作为备用电源。

②柴油发电机作为事故保安电源，接在EPC段上，正常运行时，主开关柜方式选择开关应在“远方”位。当EPC母线低电压时，来自PCA段的进线开关先延时断开，PCB段的进线开关自动合闸，EPC自动切至由PCB段供电。若母线电压仍然低，延时断开PCB段电源，断开后柴油发电机组将应急启动。当柴油发电机组频率、转速和电压达到额定值时，柴油发电机组出口开关自动闭合，EPC段带电。整个过程用时在30 s以内完成。

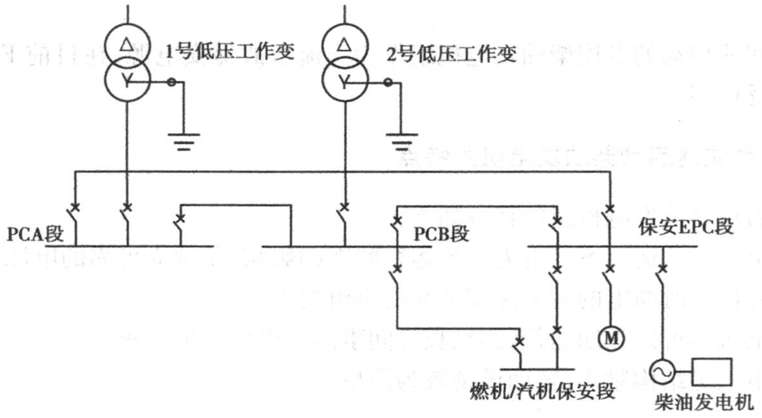


图 5.33　某 F 级燃气轮机电厂交流事故保安电源系统接线图

③当 PCA 段电源恢复时，检查其至 EPC 的馈线电源开关已合后，在 DCS 上选择“自动停柴油机恢复正常供电”，柴油发电机出口开关将先分闸，PCA 进线开关自动合上，EPC 改由 PCA 段供电。柴油发电机出口开关分闸后，柴油发电机组将自动停运，也可以选择用手动停止运行。

2）柴油发电机组的主要技术参数

①功率：920 kW（指变动负载工况下的连续运行功率）。

②启动方式：直流电动机启动。

③启动时间：柴油发电机组随时处于备用启动状态，在接到启动信号 5 s 内，能可靠启动并达到额定电压和频率。

④当柴油发电机组建立额定电压和频率后，首次加载能力不低于额定功率的 60%，稳定时间为 5 s。

⑤柴油发电机组从首次加载到二次加载带 100% 额定负荷的时间应不大于 3 s。

3）柴油发电机组的操作

柴油发电机可以在机头控制箱或在远方控制室进行启停操作及并网测试。正常时机头控制箱控制方式选择开关应处于“自动”位置，若处于“停机”位置则远方和就地均不能启动机组。

①在远方控制室操作时，分为自动和测试两种模式。

自动模式：正常运行时应在自动模式，机组启动模式选择开关投至“远控”，测试选择开关投至“自动”。此时柴油发电机由 DCS 进行控制。当保安段失去电压后，柴油发电机自启动装置检测出厂用电源故障信号，发出自启动命令，当机组运行正常后，其出口开关自动合闸向 EPC 段供电。

测试模式：柴油发电机在备用时，每半个月应进行一次带负荷试验。试验时，机组启动模式选择开关投至“就地”，测试选择开关先切至“OFF”，然后手动启动柴油发电机，当机组运行正常后，再将选择开关切至“测试”，机组将自动检查同期后进行并网并按设定的功率向外供电。试验 3～4 min 后，手动跳出口开关，待出口开关分闸后再按停机按钮，机组延时 2 min 后停止运行。试验结束后，应恢复正常运行时的自动模式。

②在机头控制箱操作时。将机头控制箱控制方式选择开关切至“手动”位置，柴油发电机

组将立即启动,此时其出口开关不会自动合闸。

4)柴油发电机保护

①润滑油压力过低,动作于停机、跳闸。

②润滑油温度高或冷却水温度过高,一级报警,二级动作于停机、跳闸。

③柴油油箱油位低,一级报警,二级动作于停机、跳闸。

④冷却水断水,动作于停机、跳闸。

⑤柴油发电机组超速,动作于停机、跳闸。

⑥启动失败,报警三次启动失败动作于停机。

⑦发电机差动保护、失磁保护、过电压保护、过流保护、接地保护、低频保护,动作于停机和跳闸。

## 5.9 直流系统

### 5.9.1 概述

在F级燃气轮机电厂中,有一部分负荷如继电保护、自动装置、氢冷发电机的直流密封油泵、交流不停电电源、事故照明等负荷,要求独立的、稳定可靠的直流电源供电。直流系统就是为上述设备提供直流电源的独立电源系统。该系统主要由蓄电池组和充电装置构成,正常运行时,由充电装置为直流负荷供电,同时给蓄电池组充电。当厂用交流电源丢失时,由蓄电池组继续向直流控制和动力负荷供电。

根据直流负荷的不同,大型电厂一般设有110 V及220 V电压等级、彼此独立的直流系统,前者用于控制负荷,后者多用于动力负荷。在F级燃气轮机电厂中,按直流系统安装地点的不同,直流系统一般分为单元机组直流系统、网控直流系统,对于不能就近提供直流电源的电厂辅助设备与系统,如循环水系统等,综合考虑后,一般就地单独设置直流系统。

### 5.9.2 直流系统的构成及工作原理

(1)直流系统的构成

目前,发电厂在直流系统中大多采用高频开关整流模块,晶闸管相控整流已较少采用。以高频开关为充电模块的直流系统构成如图5.34所示。该直流系统由交流配电单元、高频开关整流模块、蓄电池组、硅堆降压单元(可选)、电池巡检装置、绝缘监测装置、充电监控单元、配电监控单元和集中监控模块等部分组成。

(2)直流系统的工作原理

以图5.34为例,交流输入正常供电时,通过交流配电单元给各个整流模块供电。整流模块将交流电变换为直流电,经馈电单元输出,一边给蓄电池组充电,一边经直流馈电单元给直流负载提供正常工作电源。

绝缘监测装置能够实时在线监测直流母线的正、负极对地的绝缘水平。当接地电阻下降到设定的报警电阻值时,发出接地报警信号。电池巡检装置能够实时在线监测蓄电池组的单体电压,当单体电池的电压超过设定的报警电压值时,发出单体电压异常信号。充电监控单元

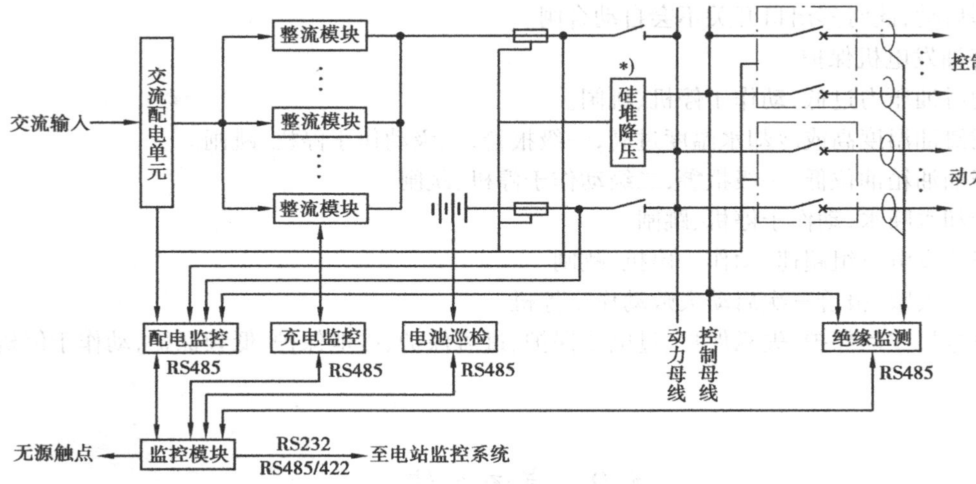


图 5.34　高频开关的直流系统图

*)—系统不设置硅降压装置时,动力母线和控制母线合并

接受集中监控模块的控制指令,调节整流模块的输出电压,实现对蓄电池组的恒压限流充电和均浮充自动转换,同时上传整流模块的故障信号。配电监控单元采集系统中交流配电、整流装置、蓄电池组、直流母线和馈电回路的电压、电流运行参数,以及状态和告警信息,并上传到集中监控模块进行参数显示和信号处理。

系统无交流输入时,整流模块停止工作,由蓄电池不间断地给直流负载供电。监控模块实时监测蓄电池的放电电压和电流,当蓄电池放电到设置的终止电压时,监控模块报警。

### 5.9.3　蓄电池和充电装置

(1)蓄电池的构造及原理

蓄电池是一种化学电源,一般由正、负极板、容器和电解液所构成。充电时将电能转化为化学能储存起来,放电时又将储存的化学能转化为电能输出。蓄电池可以反复进行充电、放电。

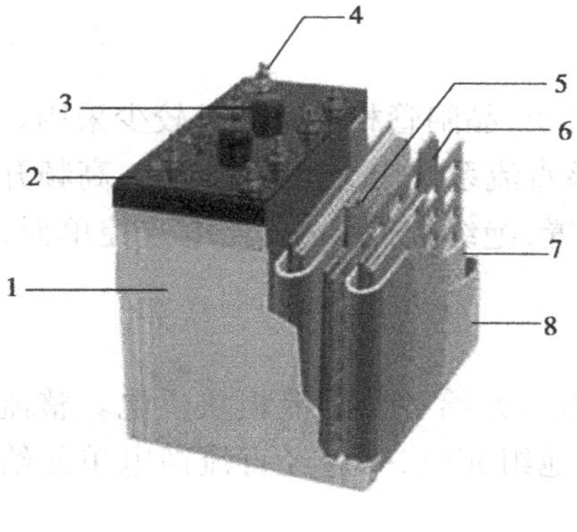


图 5.35　阀控式铅酸蓄电池构造图

1—电池壳;2—电池盖板;3—安全阀;4—极柱;5—负极板;6—正极板;7,8—隔板

在 F 级燃气轮机电厂中,阀控式密封铅酸电池具有可靠性高、容量大、体积小、免维护、放电性能优良等优点而得到广泛采用,其构造如图 5.35 所示。从结构上来看,它是全密封的,有一个可以控制电池内部气体压力的安全阀。当电池内压高于正常压力时释放气体,保持压力正常并阻止氧气进入。

1)阀控式铅酸蓄电池的技术特性

阀控式铅酸蓄电池具有以下几项技术特性:

①蓄电池的电动势。在外电路断开时,正、负极板的电位差等于蓄电池的电动势。电动势的大小主要与电解液的密度有关,与极板的大小无关。

②蓄电池的额定容量。蓄电池的额定容量是指

在规定的放电条件下,蓄电池放电到终止电压时所放出的电量。如果蓄电池以恒定电流放电,额定容量就等于放电电流安培数与放电时间的乘积。我国电力系统中用10 h放电率的容量,即 $C_{10}$作为蓄电池的额定容量,Ah,10 h放电率的放电电流即为 $I_{10}=0.1C_{10}$(A)。

③放电终止电压。铅蓄电池以一定的放电率在25 ℃环境温度下放电至能再反复充电使用的最低电压称为放电终止电压。阀控式铅酸蓄电池在10 h放电率的单位电池终止电压为1.8 V。

④密封性能。在规定的试验条件下,蓄电池在完全充电状态时每安时放出的气体量。

⑤防酸雾性能。在蓄电池充电过程中,内部产生的酸雾被抑制向外部泄漏的功能,每安时充电电量析出的酸雾应不大于0.025 mg。

2)阀控铅酸蓄电池组充放电特性

蓄电池在使用过程中,会涉及核对性充放电、恒压充电、补充充电、事故放电和自动充电几个过程,图5.36为某电厂阀控密封铅酸蓄电池组运行示意图。

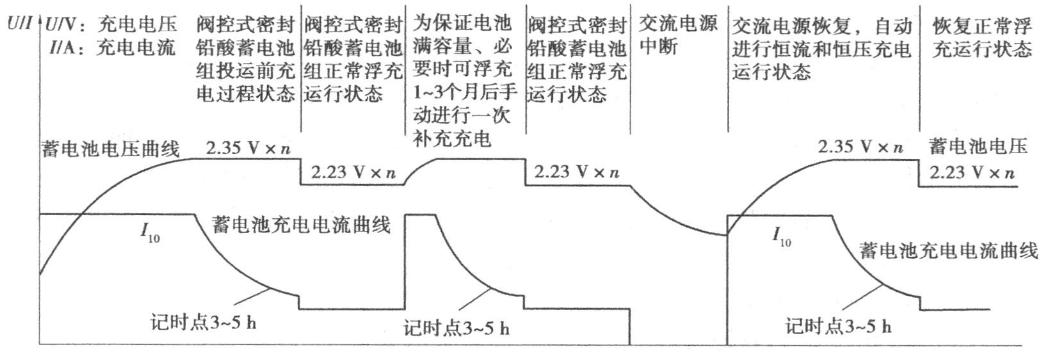


图5.36 阀控密封铅酸蓄电池运行示意图

$I_{10}$—10 h放电率的放电电流/A;$C_{10}$—蓄电池10 h放电率容量/Ah;$I_{10}=0.1\ C_{10}$/A;$n$—蓄电池只数

① 核对性充放电。新安装或大修后的阀控铅酸蓄电池组,应进行全核对性额定容量放电试验,放电过程中,一般以10 h率放电电流 $0.1C_{10}$进行放电。放电结束后,应立即对蓄电池组进行充电,避免发生电池内部的硫化现象,导致蓄电池内部短路。此时采用 $0.1C_{10}$恒流充电,蓄电池充电电流维持在 $0.1C_{10}$恒定。蓄电池组端电压上升到2.23 V×$n$时,充电装置将会自动转为恒压充电。

②恒压充电。恒压充电方式下,充电装置输出电压为2.35 V×$n$恒定,此时充电电流逐渐减小,当充电电流减小至 $0.01C_{10}$时,充电装置的倒计时开始启动。当整定的倒计时结束时,充电装置自动转为正常的浮充电运行,浮充电压为2.23 V×$n$。

③补充充电。为了弥补运行中因浮充电流调整不当,补偿不了电池自放电和爬电漏电所造成蓄电池容量的降低,设定1~3个月,自动进行一次恒流充电-恒压充电-浮充电的补充充电,确保蓄电池组随时都具有额定容量,以保证运行安全可靠。

④事故放电和自动充电。交流电源中断时,蓄电池组立即承担起主要负荷和事故照明负荷,若蓄电池组端电压下降到2 V×$n$时,电网还未恢复送电,应自动或手动断开蓄电池组的供电,以免因蓄电池组过放电而损坏。交流电源恢复送电时,充电装置将自动或手动进入恒流充电-恒压充电-浮充电,并恢复到正常运行状态。

3)蓄电池的巡视检查

因温度对阀控式密封铅酸蓄电池寿命和容量影响较大,蓄电池室运行环境温度应控制在5～30 ℃,并保持良好的通风以防止蓄电池酸雾或微量氢气集聚。

阀控式密封铅酸蓄电池日常巡视检查的项目如下:

①蓄电池室通风、照明完好,温度符合要求。

②蓄电池组外观清洁,无短路和接地。

③蓄电池各连接条连接处牢靠无松动、腐蚀及发热现象。

④蓄电池外壳无裂纹、变形、漏液,安全阀密封良好。

⑤蓄电池极柱、安全阀及周围、槽盖密封处是否有酸雾逸出或损坏现象。

⑥检查蓄电池组浮充运行端电压及单体蓄电池浮充运行电压。

⑦检查蓄电池浮充电流。

⑧检查蓄电池运行温度。

(2)高频开关充电装置

高频开关充电装置一般由多个充电模块并联组成,模块具有维护简单快捷、可冗余配置、技术指标及自动化程度高的优点。一般新建电厂充电装置大多选择高频开关充电装置。

充电装置总的模块数按满足直流经常性负荷与蓄电池充电要求配置。为确保任一模块出现故障退出运行,不影响整套充电装置的输出电流,一般多装设一块或两块充电模块,按 $N+1$ (2)冗余配置的方式设置模块。这种配置大大提高了充电装置的可靠性。每个充电模块设有简单的控制功能,如均充转浮充、稳流和均流功能。

图5.37为高频开关充电装置的原理框图。高频开关整流模块的主回路电路包括EMI滤波、全桥整流、无源PFC、高频逆变、隔离变压器、高频整流和LC滤波。

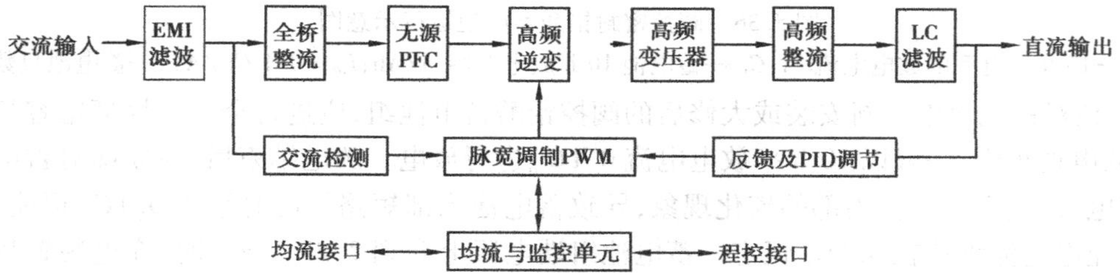


图5.37 高频开关充电装置原理框图

交流输入单元由交流380 V输入,经电压抑制设备EMI滤波,EMI滤波的作用是滤除交流电网中其他设备产生的尖峰电压干扰分量,同时阻断整流模块产生的高频干扰反向传输污染380 V厂用系统。滤波后的交流电源经三相全桥整流器整流输出脉动的直流,输出的直流电经无源PFC元件后,将全桥整流所得的直流电变为平滑的直流电。高频逆变单元将直流电变为高频交流电,逆变器的高频开关由脉冲调制电路输出信号控制,输出高频方波或正弦波,接到高频变压器的输入侧。PWM脉宽调制电路及部分软开关谐振回路,根据电网和负载的变化,自动调节高频开关的脉冲宽度和移相角,使输出电流在任何允许的情况下保持稳定。高频变压器将高频交流脉冲波隔离、耦合输出,实现交流输入与直流输出的电气隔离和功率传输。高频变压器输出经高频整流桥和滤波器组成的直流输出单元后,输出平稳直流。

发电厂中,充电装置技术参数要求见表5.14。

表5.14　充电装置技术参数要求

| 序号 | 内　容 | 要　求 |
|---|---|---|
| 1 | 交流电源 | 三相三线制 |
| 2 | 额定频率 | 50 Hz |
| 3 | 工作电压 | 380 V ±15% |
| 4 | 稳压精度 | ≤ ±0.5% |
| 5 | 稳流精度 | ≤ ±1% |
| 6 | 纹波系数 | ≤0.5% |
| 7 | 均流不平衡度 | ≤ ±3%(50% ~100%负载)<br>≤ ±5%(10% ~50%负载) |
| 8 | 满载效率 | ≥92% |
| 9 | 功率因数 | ≥0.92 |
| 10 | 机械结构 | 模块式可带电插拔维护 |

### 5.9.4　直流系统接线方式

直流系统的接线方案应根据系统的容量、直流负荷种类及重要性确定。以F级燃气轮机电厂为例,介绍几种直流系统接线方式。

(1)单母线接线

如图5.38所示,这种接线方式为单母线接线,设一组蓄电池、一套充电装置,蓄电池组和充电装置直接接于母线上,接线简单、清晰、投资省,适用于负荷数少,供电可靠性不高的直流系统。如对蓄电池进行维护时,其可靠性将会降低。如某F级燃气轮机电厂单元机组设置的220 V直流系统就采用了单母线接线方式。

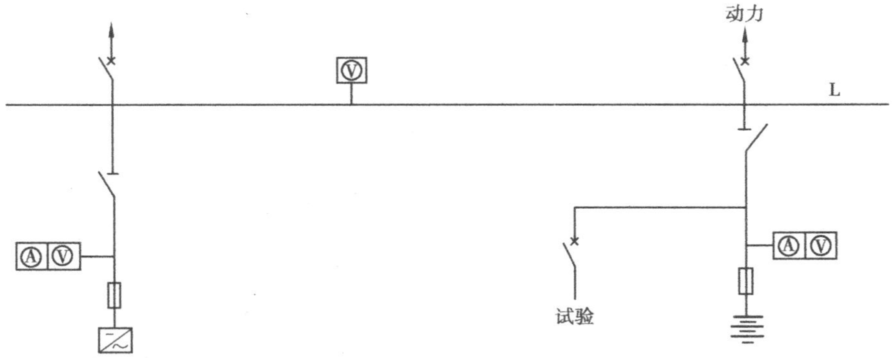


图5.38　单母线接线,一组蓄电池,一组充电装置

(2)单母线分段

如图5.39所示,直流系统由两组蓄电池、两组充电器组成,直流母线为单母线分段接线,母线间用分段隔离开关连接。正常运行时,分段隔离开关断开,两套电源独立运行,各母线段

的充电装置经直流母线对蓄电池充电,同时提供经常负荷电流。蓄电池的浮充或均充电压即为直流母线正常的输出电压。该系统接线方式中任一母线段的充电装置故障或蓄电池组需要核对性充放电试验时,均可将分段隔离开关合上,由另一母线段的充电装置和蓄电池组给整个系统供电。

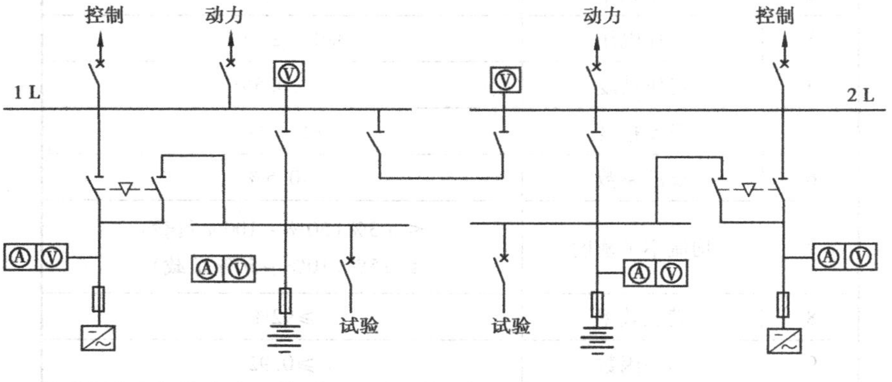


图 5.39　单母线分段、两组蓄电池两套和充电装置简图

这种接线运行方式灵活、可靠,往往用于负荷数多的直流系统内。但其投资大,接线复杂。

(3)双母线接线,两组蓄电池,一套充电装置

如图 5.40 所示,系统由两组蓄电池、三组充电器组成,直流母线为两段单母线接线。

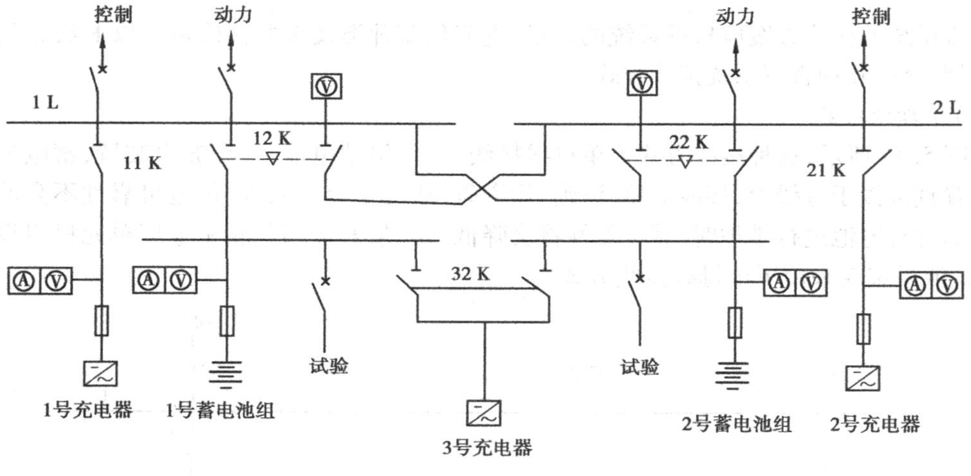


图 5.40　单母线接线,两组蓄电池,三组充电装置接线图

正常运行时,双投联络开关 12 K,22 K 断开(切向蓄电池组充电位置),各母线段的充电装置经直流母线对蓄电池充电,同时提供经常负荷电流。蓄电池的浮充或均充电压即为直流母线正常的输出电压。当任一母线段的充电装置故障时,均可投入 3 号备用充电装置继续正常运行。当任一母线段的蓄电池组需要进行核对性充放电试验时,均可将双投联络开关 12 K 或 22 K 合上,由另一母线段的充电装置和蓄电池组给整个系统供电,双投联络开关具有防止两组蓄电池并联的机械闭锁措施。

某 F 级燃气轮机电厂单元机组 110 V 直流系统采用了这种接线方式。

### 5.9.5　直流电源监控系统

直流电源监控系统是直流电源控制、监视和管理的总称。它的基本功能是完成被监控设备与监控中心的信息交流。直流电源监控系统主要由充电模块监控、主母线绝缘监测、蓄电池监测等几个模块构成。

(1)充电模块监控

一套充电装置设置一个充电监控模块,实现对该直流系统中各单元的运行状态显示、数据采集,并提供系统单元运行参数的设置等。

(2)直流系统微机绝缘监测装置

直流系统正常运行时对地绝缘良好,但由于其他因素影响,在实际运行中常发生绝缘能力降低甚至直接接地的现象,直流系统发生一点接地时应迅速消除故障。若再发生一点接地,将形成两点接地,可能造成直流电源短路使断路器跳闸或熔断器熔断,将导致严重的危害。因此,直流系统均装设绝缘监测装置。

以往多采用电桥原理测绝缘,只能测量直流系统总绝缘电阻,灵敏度低,无法反映正、负极同时绝缘能力降低的情况,而且查找直流接地费时费力,准确性差。目前,广泛采用的是微机型绝缘装置。

微机型绝缘装置一般具有以下功能:

①正常运行时,能显示母线电压值,正、负极对地绝缘电阻值。

②兼有直流电压监察功能,母线电压过高、过低或欠压式能报警。

③监测误差小。

④自动弹出发生接地故障的回路。

⑤抗干扰能力强。

⑥具有标准的串行通信接口。

⑦当系统发生多条支路接地时,能逐一显示故障点。故障消除后,显示方能消除。

如某F级燃气轮机电厂对于机组110 V直流、机组220 V直流及网控220 V直流采用了JYM绝缘监测仪,该装置用于在线监测直流母线对地绝缘状况和各分支路的接地电阻和电容,分主机和从机两部分,主机用于监测母线绝缘情况,从机装于各分配电柜,用于监测系统支路的绝缘情况,其原理如图5.41所示。

虚线框内为绝缘监测仪内部接线,绝缘监测仪工作分为常规监测和支路巡检,常规监测是在系统正常运行时,实时监测正、负母线的对地电压,测算母线绝缘电阻值。在发生母线绝缘下降时,发出报警信号,点亮故障灯,并将故障信息送至监控模块,同时启动低频交流信号,通过母线加载在各个支路。

若支路有接地存在,则穿套在该支路的互感器会感应出低频交流信号,经放大后进入AD采样,计算出该支路的接地电阻抗,再从中分离出阻性和容性电流,即可得出该支路的接地电阻值从而判定是否接地。

(3)电池监测仪

这种装置的主要功能是将电池单体电压进行适当转换后送至监控模块中。以方便监控蓄电池电压。

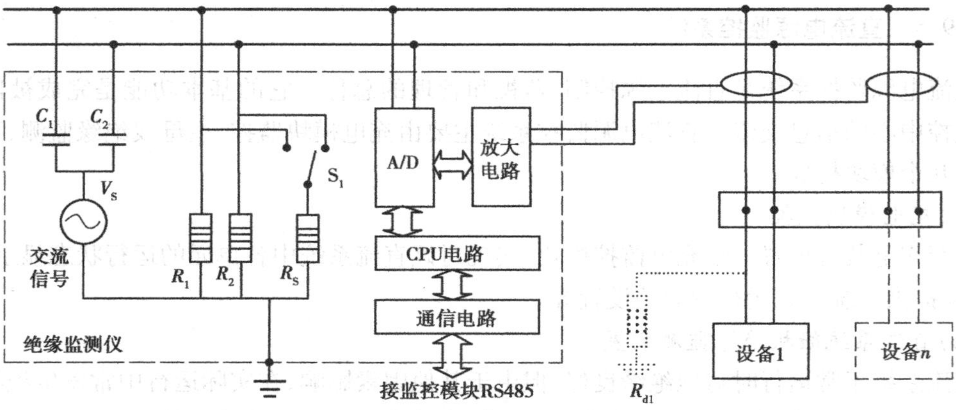


图 5.41　JYM 微机绝监测系统原理接线图

## 5.10　不停电交流电源系统

### 5.10.1　概述

不停电交流电源系统(Uninterruptible Power System,UPS)是一种包括整流充电装置、逆变装置、蓄电池等主要组成部分,提供恒压恒频的不间断电源。随着机组容量的增大和自动化控制程度日益提高,发电厂中的计算机系统、各种热工、电气自动化装置等不允许停电的负荷容量不断增大,重要性更加突出,其对交流工作电源的质量和可靠性的要求更高。一般的厂用供电系统的交流电难以满足要求,因此,能提供不停电交流电源系统越来越受到重视。

UPS 的简单工作流程是:当外接电源输入正常时,UPS 将接入电源稳压后供应给负载使用,此时的 UPS 就是一台交流电源稳压器,同时它还可通过整流/充电器向蓄电池充电;当接入电源中断时,蓄电池通过逆变器向负载继续提供交流电。

### 5.10.2　UPS 的电路结构

UPS 电路结构主要包括以下组成部分:

(1)整流/充电器

整流/充电器可以把接入电源或应急柴油发电机的交流电变为直流电,为逆变器和蓄电池提供能量,其性能的优劣直接影响 UPS 的输入指标。整流器主要有可控硅整流器和绝缘栅双极晶体管(Insulated Gate Bipolar Transistor,IGBT)组合型整流器,目前,发电厂 UPS 系统广泛使用绝缘栅双极晶体管 IGBT 组合型整流器。

部分发电厂的 UPS 系统与直流系统共用蓄电池,UPS 整流器不再向的蓄电池充电。

(2)逆变器

逆变器是把整流后的直流电能或蓄电池的直流电转换为电压和频率都稳定的交流电能,其性能的优劣直接影响 UPS 的输出性能指标。如整流充电器相同,目前,发电厂 UPS 系统广泛使用绝缘栅双极晶体管 IGBT 组合型逆变器。

(3)蓄电池

蓄电池能为UPS提供一定时间的电能输出。在接入电源正常时,由充电器为蓄电池进行充电;在接入电源中断时,为逆变器提供电能。

部分发电厂的UPS从直流母线引接一路直流电源,不再配置专用的蓄电池。

(4)旁路开关

旁路开关是为提高UPS系统工作的可靠性而设置的,能承受负载的瞬时过载或短路电流。旁路开关可分为静态旁路开关和动态旁路开关两种。平时处在断开状态,当UPS故障时,逆变器停止输出,旁路开关接通,由旁路电源直接向负载供电。

### 5.10.3　UPS的工作原理

当主电源供电正常时,输入的电压经过噪声滤波器去除高频干扰,进入整流器/充电器装置,将交流电转换为平滑直流电,一路给蓄电池进行充电,另一路供给逆变器,逆变器再将直流电转换成220 V/50 Hz的交流电供负载使用,如图5.42所示。

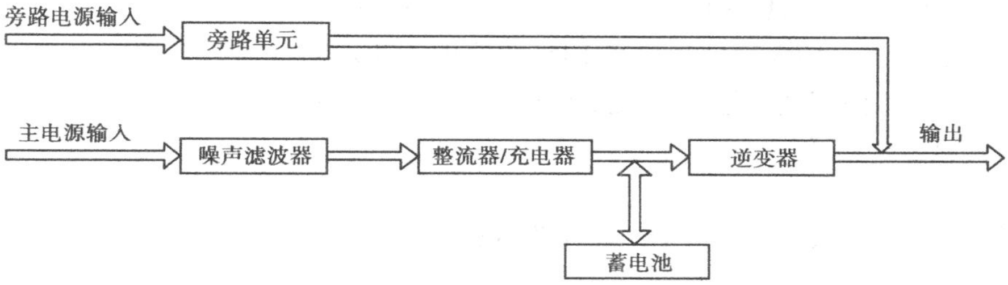


图5.42　UPS工作原理示意图

当主电源发生断电时,交流电的输入被切断,整流器/充电器装置停止工作,此时蓄电池放电,把能量输送到逆变器,再由逆变器把直流电转换为交流电供负载使用。在此过程,UPS的输出不需要一个开关转换时间,因此,其负载电能的供应是平滑稳定的。

无论接入主电源正常与否,UPS的逆变器始终处于工作状态,从根本上消除了来自主电源的任何电压波动和干扰对负载工作的影响,实现对负载的稳压、稳频、无干扰供电。

### 5.10.4　UPS的技术特性及保护配置

(1)不停电交流电源系统的技术特性

1)输入特性

①输入电压范围。输入电压范围指保证UPS不转入蓄电池逆变供电的接入电源电压范围。在此电压范围内,逆变器(负载)电流由接入电源提供,而不是蓄电池提供。输入电压范围越宽,UPS蓄电池放电的可能性越小,这有益于蓄电池使用寿命的延长。目前UPS输入电压范围一般为$-15\% \sim +10\% U_e$。

②输入频率范围。输入频率范围指UPS能自动跟踪接入电源频率,保证输出与输入同步的频率范围。UPS输出频率对输入频率的跟踪主要是为了保证UPS在必要时能够顺利地进行旁路切换,避免由于输入输出频率相差过大引起逆变器模块电源和交流旁路电源间出现很大的环流而损害。UPS的输入频率范围一般要求为50 Hz ±4%。

③频率跟踪速率。频率跟踪速率指UPS在1 s内能够完成的输出频率变化范围。频率跟

踪速度可以表征 UPS 对输入频率变化的适应能力，特别是在柴油发电机供电时，由于柴油发电机的频率稳定度不是很好，如果 UPS 的频率跟踪速率过低，UPS 就会出现频率不同步报警，控制电路就会禁止 UPS 进行旁路切换。

2）输出特性

①输出电压波形失真度。输出电压波形失真度指 UPS 输出波形中谐波分量所占的比率。常见的波形失真有削顶、毛刺、畸变等。失真度越小，对负载可能造成的干扰或破坏就越小。

②输出电压稳压精度。输出电压稳压精度指接入电源—逆变供电时，当输入电压在设计范围内，负载在 0～100% 额定负荷内变化时，输出电压的变化量与额定值的百分比。输出电压稳定程度越高，UPS 输出电压的波动范围越小，也就是电压精度越高。

③输出功率因数。输出功率因数指 UPS 输出端的功率因数，表示带非线性负载能力的强弱。UPS 的输出功率因数的大小是由 UPS 负载的功率因数决定的，负载功率因数低时，所吸收的无功功率就大，将增加 UPS 的损耗，影响可靠性。

④输出电流峰值因数。输出电流峰值因数指 UPS 输出所能达到的峰值电流与平均电流之比。一般峰值因数越高，UPS 所能承受的负载冲击电流就越大。

⑤UPS 输出效率。UPS 输出效率指 UPS 的输出有功功率与输入有功功率之比。UPS 的输出效率越高，表示内部损耗越小，反之，则表示 UPS 本身功耗大。

（2）UPS 的保护配置

1）输出短路保护

输出负载短路时，保护动作自动切除该路负载，必要时能自动关闭逆变器，同时发出报警。

2）输出过载保护

输出负载超过 UPS 额定负载时，发出报警；达到或超过设定值时，能自动切换到旁路供电或停止供电。

3）直流电压高、低报警及保护

UPS 具有直流电压高、低报警值和跳闸值，当直流电压达到设置值时，能正确发出报警或停止整流/充电器、逆变器工作。

4）输出电压高、低报警及保护

UPS 具有逆变器输出电压超限报警设定值，当逆变输出达到该值时，发出报警并转为旁路方式供电。

### 5.10.5 典型 F 级燃气轮机电厂 UPS 系统介绍及运行方式

（1）UPS 主要参数

某 F 级燃气轮机电厂单元机组及网控 UPS 系统的主要参数见表 5.15。

表 5.15 某 F 级燃气轮机电厂 UPS 系统主要参数

| 项目 | 单元机组 UPS | 网控 UPS |
|---|---|---|
| 交流输入电压/V | 380（三相） | 380（三相） |
| 直流输入电压/V | 220 | 220 |
| 交流输出电压/V | 230（单相） | 230（单相） |
| 额定容量/kVA | 80 | 10 |

(2)机组 UPS 的运行方式

该电厂单元机组 UPS 系统接线如图 5.43 所示。单元机组 UPS 系统的接线有两路交流、一路直流输入。两路交流电源输入分别来自机组低压厂用动力中心 PCA 段和机组保安 EPC 段,一路直流输入来自机组 220 V 蓄电池直流系统。

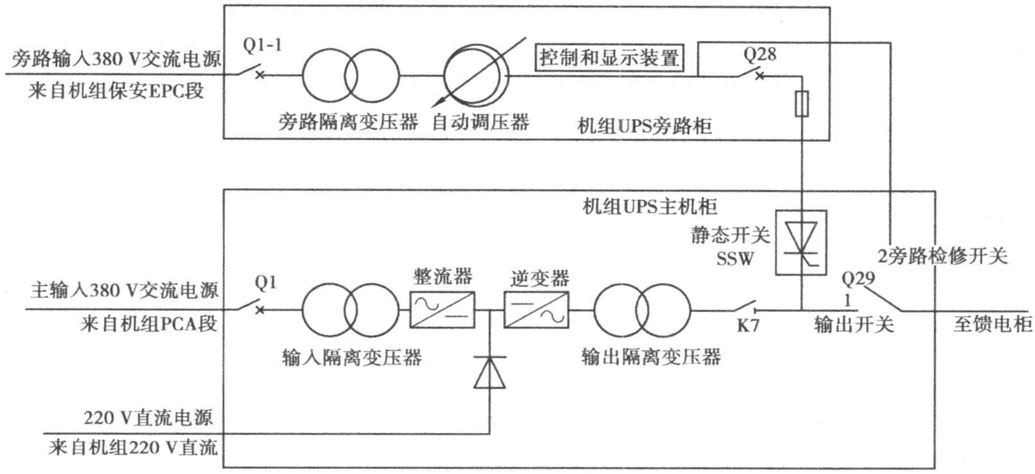


图 5.43　某 F 级燃气轮机电厂机组 UPS 系统接线图

机组 UPS 系统共有 4 种不同的运行方式:主电源供电运行、主电源故障运行、逆变器故障运行、手动旁路运行。

1)主电源供电运行

正常运行时,由来自机组动力中心 PCA 段的主电源供电,通过整流器把交流电转换为直流电,然后经过逆变器将直流电压转换为稳定的正弦波形的交流电压,通过输出开关送至 UPS 馈电柜。

2)主电源故障运行

当主电源不能给整流器供电或整流器故障,导致整流器输出电压消失或降低到低于蓄电池直流系统电压时,系统能够在无扰动的情况下,逆变器自动转为从直流系统供电。维持供电的时间主要由蓄电池的容量决定。当主电源恢复供电,并且电压和频率水平在允许的范围内,整流器自动启动运行,继续给逆变器提供电源,给负荷供电,此时运行方式转换为主电源供电运行。

3)逆变器故障运行

静态开关中包含一个同期单元,保证逆变器出口电压、频率和旁路电源的电压、频率是时刻保持同步的。一旦逆变器出现故障或过负荷时,由机组保安 EPC 段引接的电源作为备用电源,通过静态开关无扰动的切换到旁路系统向交流不停电负荷供电。

4)手动旁路运行

当 UPS 需要检修时,可手动操作旁路开关将静态开关退出,并将 UPS 主母线切换到旁路交流电源系统供电。

(3)UPS 各电源开关的功能

1)静态旁路进线开关 Q28

Q28 负责静态开关和旁路电源之间的开合,可通过其对静态旁路电路进行投退。

2)进线开关 Q1

Q1 负责整流器和主回路之间的开合。一旦发生故障,Q1 的电流触发动作,从而把整流器和电源隔离开。在维修的情况下可以通过断开 Q1 和蓄电池侧的开关把整流器隔离开。

3)手动旁路开关 Q29

Q29 开关负责静态开关出口和手动旁路之间的切换。只有在逆变器停运并且静态开关已经启动的情况下才能进行切换工作。

4)旁路进线开关 Q1-1

Q1-1 负责 UPS 旁路和旁路电源之间的开合。

## 复习思考题

1. 厂用电接线有哪些基本要求?
2. 简述厂用电主要有哪些负荷。
3. 厂用电系统中性点有哪几种接地方式,各有什么特点?
4. 什么是中压开关的“五防”?
5. 综合保护装置从功能上分为哪几种?
6. 抽屉式低压开关柜有何特点?
7. 对配电装置的基本要求是什么?
8. 残压切换的原理是什么?
9. 真空断路器分闸失灵的原因?
10. 快速切换能否成功的决定因素是什么?
11. 什么叫不正常切换,哪些情况会发生不正常切换?
12. 直流系统的作用是什么?
13. 简述自动快速启动柴油发电机组的特点。
14. 简述直流系统接地的事故现象及处理。
15. 不停电交流电源系统的主要组成部分有哪些?
16. 不停电交流电源系统的工作原理是什么?

# 第6章 发电厂的电气控制

## 6.1 发电厂电气控制系统概述

发电厂系统复杂,设备众多,在运行中需要监视的参数和操作的项目较多,运行参数的调节与控制十分严格。为保证电厂安全、可靠、经济的运行,采用计算机监控已成为现代电厂的必然趋势。目前,国内的F级燃气轮机电厂均采用了以计算机为核心的监视和控制系统。

计算机监控系统具有以下优点:

①速度更快,精度更高。

②具有记忆、判断决策的综合能力。

③计算机具有的分时功能可以实现用一台计算机代替多台常规监控设备。

④可提高电厂运行的安全性、经济性。

⑤可减少运行人员,减轻劳动强度。

### 6.1.1 燃气轮机发电厂的控制方式

F级蒸汽-燃气联合循环机组,其热力系统和电气主接线多为单元制,在进行机组启动、停机和事故处理时,与相邻机组之间的横向联系较少,而单元机组内部的纵向联系特别多,因此,通常将一个单元的机、炉、电的所有设备和系统集中在一个单元控制室控制,以便于机、炉、电之间的控制和协调。

在单元控制室内,电气部分控制的设备主要有电气主接线部分、主变压器、高压厂用变压器、高压备用变压器、高压厂用电源、低压厂用电源、单元机组DCS控制的电动机等。对全厂公用的设备,可集中在第一单元控制室控制。

采用单元控制室的发电厂,如果电气网络比较简单,出线较少,可将网络控制部分放在第一单元控制室内,各种操作都在网络控制系统上进行。

由于F级燃气轮机电厂普遍采用了计算机监控系统,自动化程度较高,机组的监控通常按照同期建设的发电机组台数,设计成“两机一控”或“三机一控”,各台机组控制屏的布置,按照机组的顺序排列,整体协调一致。由于单元控制室受面积的限制以及技术经济条件等因素的影响,网络部分的继电保护、自动装置和网络计算机监控系统的测控单元,布置在靠近高压配电装置的“继电器室”内,发电机变压器组保护设备、自动装置及计算机等电子设备屏,布置在主厂房内的“电子设备间”内。

### 6.1.2 发电厂电气监控的基本类型

F级蒸汽-燃气联合循环发电机组主要由燃气轮机、余热锅炉、汽轮机和发电机组成。因此,这类电厂的控制系统主要以简单循环燃气轮机控制系统为核心,在此基础上增加余热锅炉和汽轮机的控制系统,以及发电机组的一些辅机和辅助设备、电厂厂用电系统和公用系统等所需要的控制设备构成。一般而言,燃气轮机的控制系统都由主机供应商提供。主机岛范围内的电气设备如发电机出口断路器、同期装置、励磁系统、继电保护装置、变频启动装置、机组马达控制中心、保安电源中心等都由燃气轮机控制系统进行远方监控。

此外,发电厂一、二次系统还包含有众多的电气主设备、控制和保护装置,这些设备的显著特点是可靠性要求高、功能配置专业化、安装位置分散。长期以来,电气系统的控制设备一直是独立运行的,控制难以协调、信息难以共享,也不存在实际意义上的系统。

目前,国内大型机组的热工控制已全面采用分散控制系统 DCS。从实际运行情况来看,DCS 较好地实现了其控制功能,并发挥了安全经济、使用可靠的优点,从而取得了良好的效果。

随着计算机的快速发展和控制技术的不断提高,使得热工控制和电气控制的自动化水平逐渐拉大。为解决这一矛盾,有效的办法就是将电气纳入 DCS 控制之中,这样既可以利用 DCS 已成熟的分散控制技术,又能提高电气控制的自动化水平。电气控制纳入 DCS 以后,可充分利用 DCS 的手段,使电气防误操作等功能实现更方便、更完备,并且将相关量的显示报警与电气设备的控制调节结合起来,有效提高整个电气控制的安全性和可靠性。

与厂用电和发电机变压器组部分不同,发电厂电气网络是发电厂与电网发生联系的部分。当机组监控采用了 DCS 控制系统时,其电气网络元件的控制可采用计算机实现,以便与全厂的自动化水平协调一致。这就是电气网络计算机监控系统 NCS。

NCS 除了可实现对监控范围内电气设备的控制、操作闭锁、监视和报警外,还可实现远动信息传送,与不同级别的调度中心进行通信,将调度所需的远动信息可靠的、实时的传送到调度中心,同时将调度中心下达的控制、调节、对时命令传送到 NCS 系统,也可以与厂内 DCS, SIS 系统等联网,资源共享,提高电厂的自动化水平和运行管理水平。

由于 DCS 侧重于对热工系统的监控,后台软件的功能也比较单一,接入 DCS 的信息数量十分有限,无法完成事故追忆、保护定值管理、故障录波分析、等较为复杂的电气维护和管理工作,电气系统的整体自动化水平较低。

针对以上问题,部分电厂采用了发电厂厂用电气自动化系统(EFCS),EFCS 侧重于发电厂内部电气系统的监控。EFCS 系统采用现场总线和网络对电气二次设备进行联网,一方面以通信方式接入 DCS 系统,另一方面组建电气后台应用系统,实现厂用电中低压电气系统的保护、测量、计量、控制、分析等综合功能。

以某 F 级燃气轮机电厂为例,其机组的控制采用分岛方式,岛内的电气设备如发电机出口断路器、同期装置、励磁系统、发电机保护、变频启动装置等都由燃机自带的 TCS 控制系统控制。岛外的其他设备如主变压器、高压厂用变压器、6/0.38 kV 母线及其电源开关等由 DCS 中的电气控制系统(ECS)进行监控;其余电气部分的监控纳入厂用电电气自动化系统(EFCS)

和电气网络监控系统(NCS)。在后面的章节中将分别介绍这几种类型的电气监控系统。

### 6.1.3　发电厂电气监控系统的功能

电气监控系统应能完成对发电厂电气网络和厂用电电气设备的监测、控制及远动信息传送等各种功能,其主要功能如下:

(1)数据采集和处理

数据采集和处理应通过现场I/O或测控单元采集来自生产过程的模拟量、数字量、脉冲量等输入量有关信息,检测出事件、故障、状态、变位信号、模拟量正常和越限信息等,进行包括对数据合理性校验在内的各种预处理,实时更新数据库。

(2)系统监视和报警

电气监控系统可以在显示器上显示电气系统运行状态的全部实时信息,包括系统设备位置状态、设备参数等。不同的显示终端可以显示系统不同的实时信息,并可同时和单独地提供报告和画面显示。在正常运行期间,可由操作人员调用显示画面、报告和数据。

当系统所采集的模拟量发生越限、数字量变位或保护装置发出报警信号时,均能进行报警和记录,并自动启动打印机。报警应具有人工确认、自动或手动复归功能。

(3)控制和操作

控制功能能实现对断路器和隔离开关进行分、合控制;对有载调压开关进行自动或手动调节;对各种自动装置或保护装置进行投、退控制;对保护定值进行修改和对保护进行远方复归等。

(4)防误操作闭锁

对于通过监控系统进行的电气操作,应可以通过监控系统的软件进行闭锁,防止误操作。用于电气网络部分的网络计算机监控系统还应具有五防闭锁功能。

(5)统计计算和制表

监控系统应能对采集的数据进行在线计算和更新,并能根据需要生成表格。

(6)事件顺序记录及事故追忆

电气监控系统应能自动对运行人员发出的操作指令、测量值越限、断路器变位信号、继电保护动作信号等进行事件顺序记录,记录内容包括动作时间、名称和顺序等。在出现事故后,应能追忆事故前后一定时间内,有关开关量的动作顺序和相关重要模拟量的变化情况。

(7)在线自诊断

监控系统要求能在线诊断各设备、网络或装置故障及软件运行情况,在诊断出设备故障时自动报警。

(8)GPS时钟同步

监控系统采用全球卫星定位系统(GPS)卫星时钟设备,接受GPS的标准授时信号,对电厂电气监控系统和智能设备的时钟进行校正。

(9)人机接口

系统要具有友好的人机方式,使运行人员可以清晰方便地了解运行情况,并提供输入手段,实现对发电厂电气设备的控制、监测和参数修改工作。

(10)通信接口设备

电气监控系统应配备通信接口设备,可以与其他系统进行双向通信。

## 6.2 DCS中的电气监控部分

电气设备的可靠性提高,为电气设备进入DCS监控提供了有利条件。

电气设备的控制被纳入DCS,是一体化DCS系统应用的重要标志。电气控制系统(ECS)是一体化DCS系统的重要组成部分。

电气纳入DCS可减少控制室面积,减少运行、检修人员工作量,节约控制电缆,使人员和系统都更安全、可靠。随着自动化水平提高,越来越多的电气设备和系统以及信号被要求进行监控、电气控制量与其他热工控制量有显著差异, DCS暂时还难以满足所有这些要求,因此,目前流行的方式是将与发电生产工艺过程直接相关的电气设备归入DCS进行监控,其余部分则分别由EFCS和NCS等系统进行监控,各系统间相互通信,形成完整的控制网络。

### 6.2.1 电气控制量的特点

电气控制量与热工控制量相比有许多不同点,电气控制量主要特点表现为:

①电气参数变化快。电气模拟量一般为电流、电压、功率、频率等参数,数字量主要为开关状态、保护动作等信号,参数变化快,对计算机监控系统的采样速度要求高。

②电气设备的智能化程度高。电气系统的保护或自动装置均为微机型,能方便地与各种计算机监控系统进行通信。

③电气设备的控制逻辑简单。电气设备的控制一般均为开关量控制,一般无调节或其他控制要求。

④电气设备的控制频度较低。除在机组启、停过程中,部分电气设备要进行一些倒闸或切换操作外,在机组正常运行时电气设备一般不需要操作。在事故情况下,又大多由继电保护或自动装置动作来切除故障或进行厂用电源切换。

⑤电气设备具有良好的可控性。这是因为电气的控制对象一般均为断路器、空气开关或接触器,其操作灵活,动作可靠,与电厂其他受控设备相比,具有良好的可控性。

⑥电气设备的安装环境较好且布置相对集中。电气设备大多集中布置在电气继电器室和各电气配电设备间内,设备布置相对比较集中,且安装环境极少有水气或粉尘的污染,为控制设备就地布置提供了有利条件。

### 6.2.2 电气信号纳入DCS控制的方式

(1)DCS控制电气设备的方式

电气信号纳入DCS控制一般采用以下两种方式:一种是电气信号通过常规硬接线方式接入DCS系统,由DCS的硬件和软件实现电气逻辑;另一种是采用现场总线通过DCS配置的通信接口将电气信号上送到DCS。

(2)两种控制方式的应用比较

采用方式一的优点:

①所有的硬件、软件均由DCS供货商提供,控制系统一致性好,电气控制系统的可靠性与DCS的可靠性相同。

②电气信号采用硬接线接入DCS的I/O模件，信号传输中转环节少，对现场信号的反应快速、可靠，信号电缆一次连接正确后，发生故障的可能较小，且一般无通信规约转换问题，通信接口协调工作量小，系统的可靠性和安全性较高。

③由于控制逻辑均在DCS中实现，电气控制装置非常简单。

④电气控制逻辑全部由DCS软件实现，组态灵活、修改逻辑方便，可适应不同运行方式。

采用方式一的缺点：

①受DCS系统I/O点数总量控制和I/O采集方式本身的限制，接入DCS的信息数量十分有限。

②需要配置大量的I/O卡件、机柜和连接电缆，电气二次接线复杂，施工及检修工作量大、投资大。

③模拟量采用直流采样，需要使用电量变送器，对一次设备要求高，投资大，抗干扰能力差。

④大量继电保护和自动装置的信息无法接入DCS，不能完成诸如事故追忆、保护定值管理、故障录波分析、自动抄表等较为复杂的电气维护和管理工作。

采用方式二的优点：

①接入的信息不受DCS系统I/O点数的限制，有利于扩大DCS的监视内容，为提高电厂管理和维护水平创造了有利条件。

②由于智能终端模块集成了通信、保护、控制等多项功能，可以取消大量变送器和电缆，节省DCS输入和输出模件数量，减少控制电缆数量，降低投资，极大简化了二次接线，减少施工工作量。

③智能终端装置广泛采用了交流采样技术，可以直接对电压、电流等模拟量进行交流采样。数据以现场总线方式接入DCS，采样精度高，抗干扰能力强。

④对于数字化电气控制设备，可以实现与DCS的通信连接，减少DCS的硬件设备，实现真正意义上的分散控制。

采用方式二的缺点：

①电气控制系统的可靠性取决于智能终端装置的可靠性，对智能终端模块要求较高。

②目前，还存在电气控制系统与DCS通信可靠性、通信速率方面的障碍。

目前，F级燃气轮机发电厂采用的微机保护、自动装置、智能开关或微机型马达控制器等大多带有专用的通信接口，能方便地与各种计算机监控系统进行双向通信，多数电厂在电气量进入DCS选用了方式二。对需要参加机组顺控程序的电气设备、电动机控制、高低压厂用电电源及重要馈线的控制等可仍采用硬接线方式接入DCS。

### 6.2.3　电气量纳入DCS监控的内容

某F级燃气轮机电厂电气部分接入DCS的I/O点数共计1 288个，高压厂用系统测量采用通信的方式上送，不再采用变送器硬接线方式联入DCS，低压厂用系统测量除母线电压外其余部分采用通信方式上送，不再采用变送器硬接线方式联入DCS，DCS监控/测范围如下：

①发电机出口断路器（监视）。

②主变压器温度、冷却系统。

③主变高压厂用变压器保护系统。

④厂用备用变压器保护系统。

⑤6 kV 厂用母线切换装置。

⑥6 kV 工作进线和备用进线断路器。

⑦低压厂用变压器 6 kV 断路器。

⑧低压厂用动力中心进线开关、联络开关、馈线开关。

⑨保安电源进线开关、馈线开关。

⑩低压厂用动力中心母线。

⑪220 kV 断路器(监视)。

⑫110 V 直流系统和 220 V 直流系统。

⑬UPS 系统。

⑭柴油发电机。

## 6.3 发电厂的网络计算机监控系统

网络计算机监控系统的主要任务是对电气网络断路器、隔离开关和接地刀闸等设备进行控制、监视和报警,并和调度系统进行通信,完成四遥功能。

### 6.3.1 网络计算机监控系统的功能要求

电气网络计算机监控系统 NCS 完成以下任务:

①对电气网络电气设备的安全监控。

②满足电网调度自动化要求,完成遥测、遥信、遥调、遥控等远动功能。

③电气参数的实时监测和电气设备的监控操作。

④电气网络电气设备的操作闭锁、事故记录、统计报表、打印记录等功能。

网络计算机监控系统与用户之间的交互界面为视窗图形化显示,利用鼠标控制所有功能键的方式,使操作人员能直观的进行各种操作,用户利用菜单可以到达各个控制画面,每个菜单的功能键上均有清楚地文字说明其用途及可以到达哪一个画面。

系统应用程序的每一项功能均能按电厂具体要求及系统设计而修改,并可随扩建或运行的需要进行扩充和修改。一般情况下,系统具有以下基本功能:

①数据采集和处理。

②监视和报警。

③控制与操作。

④统计计算。

⑤同步对时。

⑥运行管理功能。

⑦制表打印。

⑧人机界面。

### 6.3.2　网络计算机监控系统的构成

在网络计算机监控系统应用的初期，受电厂传统的强电一对一控制、信号方式和网络计算机监控系统可靠性问题的影响，发电厂电气网络常采用常规监控系统和计算机监控装置双重设置的方式。对可靠性要求较高的控制、信号采用常规的硬接线方式，模拟量采用常规测量仪表直接从 TV，TA 测量或经变送器测量。计算机监控装置仅具有测量、信号显示、事故记录及追忆、打印等功能。远动装置和继电保护装置独立设置。

随着变电站综合自动化系统技术的快速发展，与之同步发展的发电厂 NCS 系统也逐渐成熟和完善，技术水平和可靠性得到很大的提高，可以作为发电厂电气网络完全独立的监控手段。新建大型电厂一般都取消了常规的监控设备，由网络计算机监控系统实现电气网络设备的监控。

(1) 网络计算机监控系统的网络结构

网络计算机监控系统 NCS 采用开放性分层分布式网络结构，设置站控层和间隔层。站控层集中设置，包含计算机主机、操作员工作站、工程师工作站、远动通信设备、公用接口设备等，用以实现整个系统的监控功能。间隔层由计算机网络连接的若干个监控子系统组成，在站控层及网络失效的情况下，仍能独立完成监控层设备的就地监控功能。站控层和间隔层之间采用双以太网互联，网络的抗干扰能力、传送速率及传送距离应满足系统监控和调度要求。

以某 F 级燃气轮机电厂为例，其电气网络部分的监控采用 RCS-9700 发电厂网络计算机监控系统，系统的典型网络结构图如图 6.1 所示。

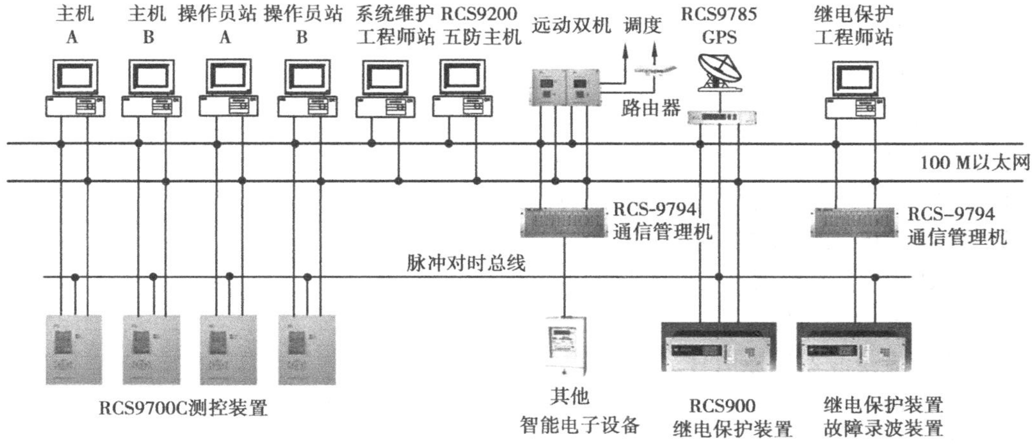


图 6.1　RCS-9700 发电厂网络计算机监控系统网络的结构图

间隔层设备和站控层设备采用双 100 M 以太网互联。正常情况下，双网采用负荷平衡工作方式，一旦某一网络出现故障，另一网络完全接替全部通信负荷。网络互联硬件设备采用交换机，网络接口能扩充，网络扩充时不影响原有网络上各个设备的运行。

(2) 硬件设备

NCS 系统的硬件设备由以下几个部分组成：

①站控层设备：包括主机、操作员工作站、工程师工作站、远动通信设备、公用接口设备、值长工作站等。

②网络设备:包括网络交换机和接口装置等。

③间隔层设备:包括测控单元等。

④电源设备:包括电源模件等。

该电厂 NCS 系统站控层由 2 台操作员站、1 台工程师站、1 台资料站及 1 台五防机组成。

网络设备采用 1 台 RCS9793 通信管理机对下连接了所有的高压保护设备和故障录波器,另外 1 台 RCS9794 通信管理机连接电能终端采集器和电气网络直流系统。经通信管理机进行规约转换后上送交换机,网络结构为双网配置。

间隔层设备包括线路保护、母差保护和测控装置等。其中,测控装置为双以太网结构,直接与网络交换机相连,进一步提升了信息的传输速率与可靠性。

### 6.3.3 NCS 的监控范围和操作

(1)NCS 的监控范围

深能东部电厂 NCS 系统用于对 220 kV 开关站断路器、隔离开关和接地刀闸的控制、同期、操作闭锁、监视和报警。

NCS 监测的内容包括以下几个方面:

1)接入 NCS 的模拟量

①220 kV 线路三相电流、电压。

②220 kV 母线电压和频率。

③网络直流系统蓄电池和充电器电流、母线电压。

④网络 UPS 系统输出电压。

⑤网络 380 V 系统母线电压。

⑥发电机出口电流、电压。

2)接入 NCS 的数字量

①220 kV 断路器、隔离开关、接地刀闸位置状态。

②220 kV GIS 操作机构信号。

③220 kV 线路、断路器及母线的保护动作信号。

④保护装置报警信号。

⑤线路故障录波器故障信号。

⑥开关就地/远方状态。

⑦远动自动发电控制(AGC)的信息。

⑧网络 220 V/48 V 直流电源系统故障、状态信号。

⑨网络 UPS 电源系统的故障、状态信号。

⑩关口测量装置的故障、状态信号。

3)NCS 控制的内容

①220 kV 断路器的分、合闸。

②220 kV 隔离开关的电动分、合闸。

③220 kV 接地刀闸的电动分、合闸。

④380 V 断路器的分、合闸。

(2)NCS 的网络控制

NCS 控制采用分层控制方式。其控制功能可分为 3 种:站控层控制、间隔层控制、就地手动控制。操作命令优先级为:就地手动控制→间隔层控制→站控层控制。任何时间只允许一种控制方式有效,选择方式以硬接点方式输入 NCS。

1)站控层控制

站控层设备布置在集中控制室内,是开关站电气设备主要控制手段,运行人员在集中控制室主机兼操作员工作站上调出需操作的相关设备图后,通过操作键盘或鼠标,就可对需要控制的电气设备发出操作指令,实现对设备运行状态的变位控制。计算机应提供必要的操作步骤和足够的监督功能,以确保操作的合法性、合理性、安全性和正确性。

操作控制的执行结果反馈到相关设备图上。其执行情况也产生正常(或异常)执行报告。执行报告在主机兼操作员工作站上予以显示并可打印输出。

2)间隔层控制

作为 NCS 站控层控制的后备,在间隔层测控柜设置站控层/间隔层控制方式选择开关。正常运行时开关处于“站控层”位置,当站控层发生故障而停运时,开关转至“间隔层”位置。在间隔层 I/O 测控装置上能实现对每个断路器、隔离开关、接地刀闸的一对一控制,并提供操作间隔内的闭锁和间隔间的闭锁。

3)就地手动控制

在网络升压站每个间隔均设有就地控制柜,布置在配电装置设备旁,柜内设有就地/远方控制方式选择开关,正常运行时开关处于“远方”位置,仅在调试和检修时开关处于“就地”位置。操作人员可通过控制按钮就地手动控制断路器和隔离开关。

(3)操作闭锁

NCS 站控层通过后台服务器的操作规则实现整个 220 kV 开关站断路器、隔离开关和接地刀闸之间的操作闭锁功能;通过五防工作站实现运行操作闭锁;NCS 间隔层可实现同一测控装置下间隔设备的操作闭锁。

主要的闭锁条件如下:

①220 kV 隔离开关:如果相应的接地刀闸在合位,则该隔离开关不能操作。

②220 kV 隔离开关:如果相应的断路器在合位,则该隔离开关不能操作。

③只有母线无电压时,该母线接地刀闸才允许合闸。母线接地刀合闸后,应闭锁与该母线连接的全部隔离开关的合闸。

④线路侧接地刀闸只有在该点无电压时才允许操作。

(4)远动功能

NCS 系统设有冗余的远动工作站,数据采集与监控系统共享,远动工作站负责向调度中心实时传送远动信息,并实现对单元机组的 AGC 功能。

调度中心远方控制命令通过远动工作站自动执行对各发电机组的 AGC 调节。DCS 能进行调度中心/DCS 控制方式选择(对 AGC 功能),通过上述方式选择,确保在同一时间里每台机组只有一种控制方式有效。选择方式以硬接点方式发出信号。

AGC 系统的设计在相关设备如主机、远动工作站、执行设备、接口设备等掉电时,AGC 的输出不影响机组的正常运行,同时发出告警信号。

(5)网络同期检测及操作

网络计算机监控系统同期方式为分散同期方式,所有 220 kV 断路器均为同期检测点。NCS 测控装置检测来自断路器两侧的母线 TV 及线路 TV 的输入电压的幅度、相角及频率的瞬时值,实行自动同期捕捉合闸。对所有 220 kV 线路、母联断路器,同期电压接入的允许条件应由监控系统实现,并能显示出电压抽取点。同期功能分检无压和检同期方式,检同期方式时一侧无压即闭锁同期。当两侧均无电压或一侧无压时,允许合闸;当两侧有电压时,需满足同期条件才允许合闸。进行合闸操作时,操作画面能显示同期点两侧电压、频率。

## 6.4 发电厂厂用电气自动化系统

传统的 DCS 存在以下缺点:

①电气系统的暂态过程快,信号变化速度快,电气量的变化一般为毫秒级,而 DCS 的反应时间一般为秒级。

②电气自动化系统中,电气模拟量早已实现直接交流采样,精度高、速度快、数字化;而电压、电流等模拟量接入 DCS 时需要通过变送器转化成 4 ~20 mA 信号,设备投资大,施工复杂,抗干扰性能也较差。

③在 DCS 系统中,接入大量电气量时成本很高,DCS 后台软件的功能比较简单,电气系统的许多应用功能无法实现,不利于提升电厂电气系统的运行管理水平。

随着以现场总线、工业以太网为代表的网络通信技术在变电站综合自动化系统的成功应用,发电厂厂用电系统也开始普遍采用类似的系统进行控制。

发电厂厂用电气自动化系统将原来各自独立运行的中压系统和低压系统中种类和数量众多的继电保护装置、测控装置、自动装置等通过现场总线或以太网联结起来构成系统。一方面,实现了与 DCS 系统的信息交换,大大减少了 DCS 的硬件设备投资和硬接线方式时的电缆投资;另一方面,通过网络和后台软件,实现了电气系统的协调控制、故障分析和运行管理,提高了整个发电厂的自动控制水平和运行管理水平。

### 6.4.1 发电厂厂用自动化系统的结构

EFCS 系统一般采用分层、分布、开放式网络系统结构。该结构与 NCS 类似,具有典型的 3 层结构:上位机层、通信管理层、智能终端层。

上位机层:这一层主要包括后台监控系统计算机硬件和各种专业应用软件。根据需要可设置数据库服务器、电气操作员站、电气工程师站、打印机等,形成电气系统监控、管理中心。

通信管理层:这一层包括通信网络和通信管理装置,主要完成与现场保护测控单元等各种智能装置、DCS 系统、电气后台监控系统、厂用公用子系统和其他智能设备的通信。通信方式采用工业以太网和现场总线,通信管理装置实现不同现场总线接口标准的互联以及不同通信规约的转换。

智能终端层:这一层主要由各种具有专业化功能的智能装置构成,执行 DCS 或电气监控的各种指令并向 DCS 或电气监控发送监控、监测信息。智能终端层采用现场总线组网。

某 F 级燃气轮机电厂 EFCS 系统采用了 RCS-9700 发电厂电气自动化监控系统,其通信组

网结构的各层配置如下:

上位机层:网络服务器及工程师站、EFCS电气维护站、远动装置9698C、打印机,并配置不间断电源。

通信管理层:配置以太网交换机、光纤交换机、机组智能通信管理机9794、6 kV厂用电保护通信管理机9794、380 V厂用电保护测控通信管理机9794、公用部分保护测控通信管理机9794和循环水部分保护测控通信管理机9794等通信管理单元,共11台。

智能终端层:包括发电机保护、主变压器及厂用变压器保护、6 kV综合保护、380 V PLC设备、励磁调节设备、故障录波器、应急柴油机、220 V和110 V的直流屏、机组UPS以及温控器、机组电度表等其他智能设备。

所有的智能设备都通过通信电缆与通信管理机9794连接,将信息上送到通信管理层。另外,所有的9794都通过232转光纤的组合方式,使用Modbus规约将重要遥信和遥测转发给DCS系统。

通信管理机接收到智能设备的信息后,需要将它们转发给上位机层,在这里就需要使用交换机层,将11台通信管理机全部连接到光纤交换机RCS-9881上,然后将光纤交换机和网络服务器、工程师站,以及远动装置9698C全部连接到以太网交换机RCS-9882上,这样,上位机就能够采集到智能设备的数据了。

由于该电厂设有ECS系统,EFCS只是作为ECS故障或检修时的备用,只要求实现简单的监控功能,不要求实现复杂的顺控功能,在考虑系统配置时只采用了单网结构,具体EFCS通信系统结构如图6.2所示。

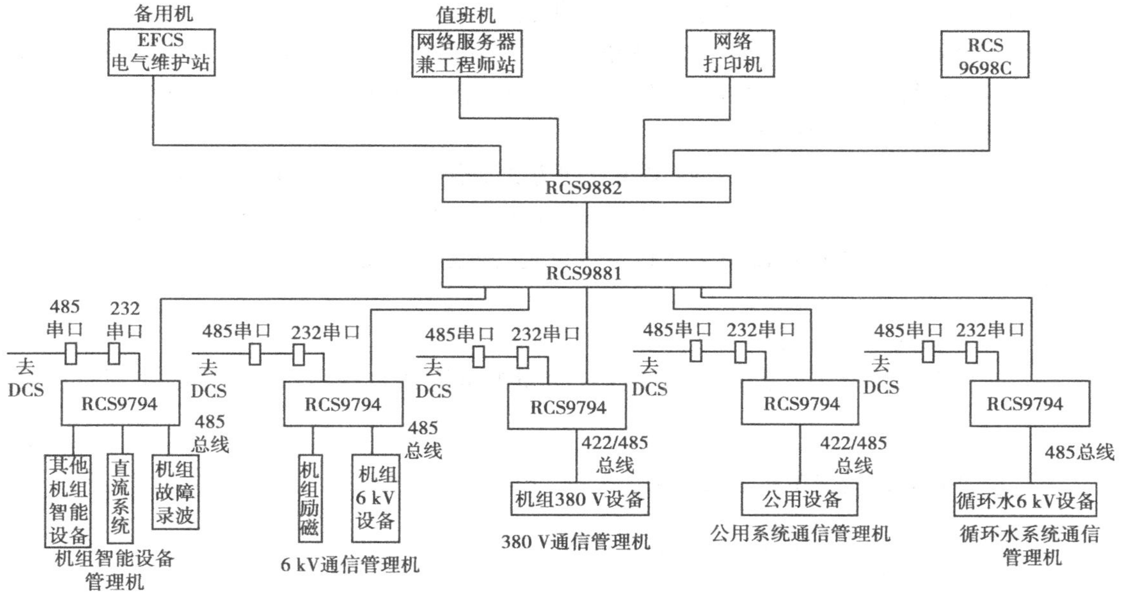


图6.2 EFCS通信系统结构图

### 6.4.2 现场总线及技术特点

(1)现场总线的种类

由于现场总线在电厂运用的时间不长,相关规程规范正在完善中,系统软、硬件配置、总线标准都非常多。目前,世界上已开发出的总线有上百种,每一类总线都有其适用的领域。其中厂用电系统应用较多的有五类总线。

①基于 Modbus-RTU 协议的 RS485 总线。

②CAN 总线。

③Profibus-DP。

④Lonworks 总线。

⑤工业以太网。

其中,Profibus-DP 主要用于 380 V 系统,CAN,Lonworks 和工业以太网主要用于 6 kV 系统,Modbus-RTU 在 6 kV,380 V 系统均有应用。电气专用继电保护及自动装置通信接口大多采用 Modbus-RTU 协议。

(2)基于现场总线的厂用电气自动化系统的技术特点

1)增强了现场级信息集成能力

现场总线可以从现场设备获取大量丰富信息,能够更好地满足发电厂电气自动化系统的信息集成要求。现场总线是数字化通信网络,它不单纯取代 4 ~ 20 mA 信号,还可实现设备状态、故障、参数信息等传送。系统除完成远程控制外,还可完成远程参数化工作。

2)系统具有开放式、互操作性、互换性、可集成性

不同厂家的产品只要使用同一总线标准,就具有互操作性、互换性,因此,该设备具有很好的可集成性。系统为开放式,允许其他厂商将自己专长的控制技术集成到系统中去。

3)系统可靠性高、可维护性好

基于现场总线的厂用自动化系统采用总线方式替代一对一的 I/O 连线,对于大规模 I/O 系统来说,减少了因接线点造成的不可靠因素。同时,系统具有现场级设备的在线故障诊断、报警、记录功能,可完成现场设备的远程参数设定、修改等参数化工作,也增强了系统的可维护性。

4)降低了系统及工程成本

对大规模 I/O 的分布式系统来说,省去了大量的电缆、I/O 模块及电缆敷设工程费用,降低了系统及工程成本。

### 6.4.3 EFCS 系统的主要监控范围

某 F 级燃气轮机电厂 EFCS 系统主要监控范围如下:

①主变压器、高压厂用变压器微机保护装置。

②厂用备用变压器微机保护装置。

③6 kV 厂用微机综合测控保护装置。

④6 kV 厂用电源切换装置。

⑤380 V 厂用电源开关智能单元和 380 V 微机型马达控制器。

⑥微机故障录波装置。

⑦小电流接地选线装置。
⑧应急柴油发电机智能控制模块。
⑨机组 110 V 直流系统。
⑩机组 220 V 直流系统。
⑪机组 UPS 系统。
⑫高压厂用变压器有载调压装置。
⑬发电机励磁调节器 AER。
⑭主变在线监测。

## 复习思考题

1. 发电厂电气计算机监控系统有哪几种类型?
2. 电气监控系统应具有哪些基本功能?
3. 与热工控制量相比,电气控制量有哪些特点?
4. 电气量纳入 DCS 控制,有哪几种接入方式?
5. 电气网络监控系统应能完成哪些任务?
6. 简述电气网络监控系统的结构特点。
7. 电气网络监控系统的分层控制通常有哪几层? 其优先级如何?
8. 传统的 DCS 在应用于厂用电气自动化系统时,有哪些缺点?
9. 发电厂常用的现场总线有哪些?
10. 基于现场总线的厂用自动化系统有何优点?

# 第 7 章 发电厂防雷及过电压

## 7.1 概　述

在电力系统中，过电压分大气过电压和内部过电压。因为雷击电力系统或者雷电感应所引起的电力系统过电压，称为大气过电压。由于断路器操作、故障或其他原因，使系统发生变化，引起系统内部电磁能量的振荡或传递引起的电压升高，称为电力系统内部过电压。防雷措施和雷电参数决定大气过电压的大小，而与电力系统的额定电压无关。为了保证发电厂电气设备的安全运行，必须配置一些防止过电压的设备。

## 7.2 防雷设备介绍

### 7.2.1 避雷针和避雷线

避雷针、避雷线都是接地的导电体，其作用是：当被保护设备遭受雷击时，能迅速地将雷电安全导入大地。它由导体做成的接闪器、引下线和接地体组成，为了让雷电流顺利下泄，必须具有良好的与大地连接的导电通道。避雷针、避雷线会因其不同的高度，相应有不同的保护范围。避雷针、避雷线的保护范围是指被保护物体在此空间范围内不至于遭受雷击。因为雷击受很多偶然因素的影响，在设计避雷针、避雷线时，其保护范围内的电气设备是按照99.9%的保护概率来要求的。

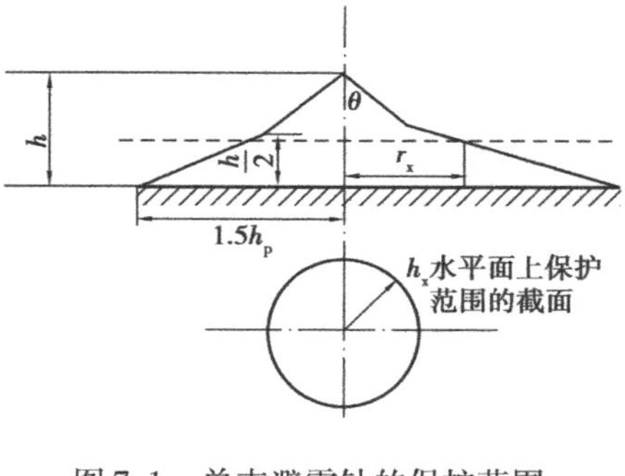

图 7.1　单支避雷针的保护范围（$h \leqslant 30$ m 时，$\theta = 45°$）

(1)避雷针的保护范围

在我国电力行业标准中，对避雷针的保护范围的计算方法采用的是折线法。单支避雷针的保护范围如图7.1所示，从侧面看，它是一个旋转的圆锥体。假设避雷针的高度为$h$，被保护物体的高度为$h_x$，在$h_x$高度上避雷针的保护范围的半径$r_x$由下面公式决定，即当$h \leqslant 30$ m时，$p=1$；当30 m $< h \leqslant 120$ m时，$p=5.5/h$，当$h>120$ m时，按$h=120$ m计算。范围的上部边缘应按通过两针顶点及中间最低点$O$的圆弧确定，圆弧的半径为$R_0$。$O$点的高度$H_0$可计算为

$$R_x = (h - h_x)p \quad (当 h_x \geqslant \frac{h}{2} 时)$$

$$R_x = (1.5h - 2h_x)p \quad (当 h_x < \frac{h}{2} 时)$$

在实际工程中，往往多采用两支或多支避雷针以扩大保护范围。当两支高度相同的避雷针相距不太远时，由于两针的联合屏蔽作用，使两针中间部分的保护范围比单针时要大，避雷针外侧的保护范围与单只避雷针相同，如图7.2所示。两针之间的保护范围的上部边缘应按通过两针顶点及中间最低点$O$的圆弧确定，圆弧的半径为$R_0$。$O$点的高度$H_0$可计算为

$$R_x = (h - h_x)p \quad (当 h_x \geqslant \frac{h}{2} 时)$$

$$R_x = (1.5h - 2h_x)p \quad (当 h_x < \frac{h}{2} 时)$$

式中　$p$——考虑避雷针高度影响的校正系数，称为高度影响系数。

$$h_0 = h - \frac{D}{7p}$$

式中　$D$——两针间的距离，高度影响系数$p$取值与单针相同。

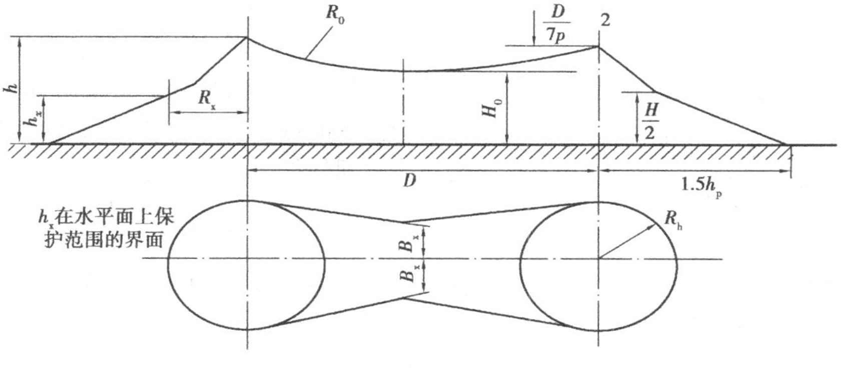


图7.2　两支等高避雷针的联合保护范围

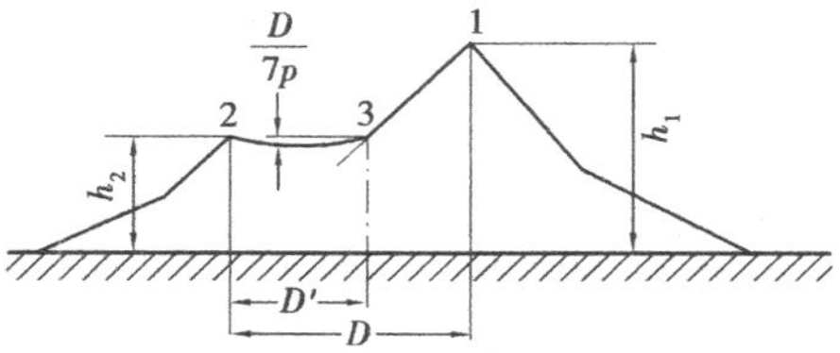


图7.3　两支不等高避雷针1和2的保护范围

两支高度为$h_x$的避雷针，两针间在水平面上的保护范围的最小宽度$b_x$与避雷针的高度和两针间的距离有关。当$b_x > r_x$时，取$b_x = r_x$，为保证两针联合保护的效果，一般两针间距离与针高之比$D/h$不宜大于5。

当两支避雷针不等高时，两针外侧的保护范围仍按单针方法求出。两针之间的保护范围则用图7.3所示确定：首先按单针作出高针1的保护范围，然后由低针2的顶点作水平线与之交于3，再设3为一假想的避雷针的顶点，按两针等高的避雷针的方法，求出2～3的保护范围。

(2)避雷线的保护范围

避雷线是架空的地线。因为避雷线对雷云与大地之间电场畸变的影响比避雷针小,因此其引雷作用和保护宽度比避雷针小。但因为避雷线的保护长度与线路等长,所以特别适用于保护架空线路和大型建筑物。

单根高度为 $h$ 的避雷线的保护范围如图 7.4 所示,可计算为

$$R_x = 0.47(h - h_x)p \qquad (当 h_x \geqslant \frac{h}{2} 时)$$

$$R_x = (h - 1.53h_x)p \qquad (当 h_x < \frac{h}{2} 时)$$

其中,系数 $p$ 为考虑避雷线高度影响的校正系数,称为高度影响系数。

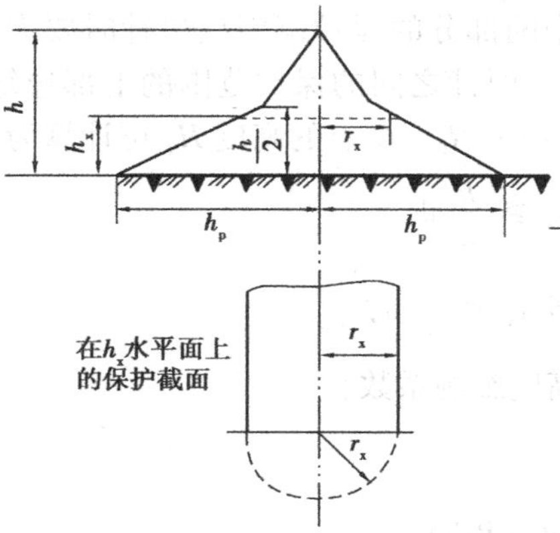


图 7.4 单根避雷线的保护范围

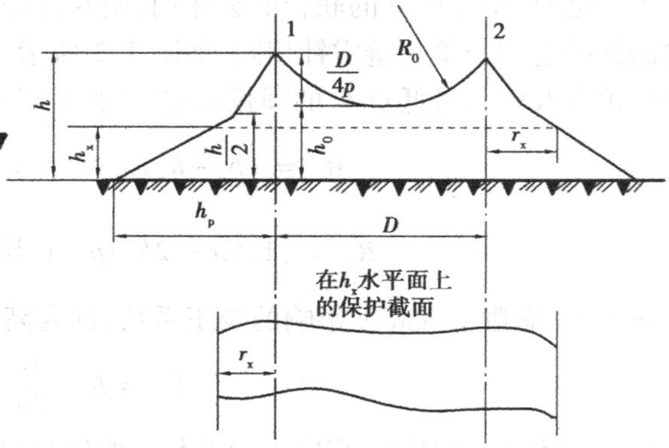


图 7.5 两根并行避雷线的保护范围

两根等高的避雷线的保护范围如图 7.5 所示。其外侧的保护范围按单根避雷线时确定,两线内侧的保护范围的截面可通过 1,$O$,2 的圆弧确定。两避雷线之间保护范围上部边缘最低点 $O$ 的高度为

$$H_0 = h - \frac{D}{4p}$$

式中 $D$——两线间的距离,系数 $p$ 为高度影响系数。

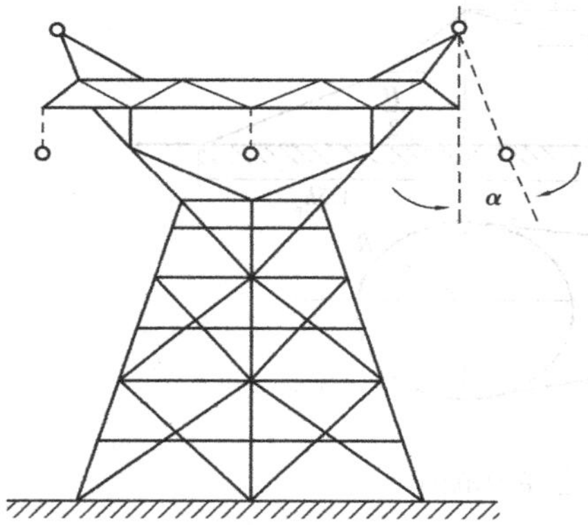


图 7.6 避雷线的保护角

用避雷线保护输电线路时,通常用保护角来表示避雷线对输电导线的保护程度。保护角指避雷线与所保护的外侧导线之间的连线与经过避雷线的铅垂线之间的夹角。如图 7.6 所示,从图上可知,保护角越小,避雷线对输电导线的屏蔽保护作用越有效。

### 7.2.2 避雷器

避雷器是一种具有非线性电阻特性的限压器,并联在被保护设备的附近,可以有效限制侵入过电压波的幅值。当过电压没有达到避雷器的动作电压时,避雷器呈现高阻抗;当过电压超过避雷器的动作电压时,避雷器先行放电,电阻变小,把过电压波中的电荷引入大地中,限制过

电压的发展,保护电气设备免遭过电压损坏。

为了达到预想的保护效果,避雷器应具有良好的伏秒特性和非线性电阻特性。目前,大都采用金属氧化锌避雷器和保护间隙来对设备进行保护。下面对金属氧化锌避雷器和保护间隙进行介绍。

(1)氧化锌避雷器

金属氧化物避雷器(MOA)是20世纪70年代开始出现的一种新型避雷器,具有优异的电气性能。MOA是以氧化锌(ZnO)为主要成分,再加上少量其他金属氧化物添加剂而构成,也称为氧化锌避雷器。其基本元件是ZnO电阻片。因为ZnO电阻片具有优异的非线性伏安特性,取消了串联火花间隙,实现避雷器无间隙无续流,且造价低廉,因此,MOA作为第三代阀式避雷器得到了广泛应用。

1)ZnO非线性电阻片

ZnO非线性电阻片是以ZnO为主要材料的基础上,再添加少量其他金属氧化物在高温下烧结而成的,所以称为金属氧化物电阻片,以此制成的避雷器也称为金属氧化物避雷器(MOA)。

ZnO电阻片其结晶相包括3部分:

①ZnO晶粒,粒径为10 μm左右,电阻率为1~10 Ω·cm。

②包围着ZnO晶粒的$Bi_2O_3$的晶界层,厚度为0.1 μm左右。

③零散分布于晶界层中的尖晶石$Zn_7Sb_2O_{12}$。

尖晶石在晶界层内部不是连续存在的,与电阻片的非线性特性无直接关系。ZnO电阻片的非线性特性主要取决于晶界层,在低电场下其电阻率很高,大于10的10次方Ω·cm;当层间电位梯度达到10的4次方~10的5次方V/cm时,其电阻率急剧下降到低阻状态。晶界层的相对介电常数为1 000~2 000,因此,ZnO电阻片具有加大的固有电容。

2)氧化锌避雷器的主要优点

氧化锌避雷器有磁外套和复合外套两种类型外壳,内部结构相似。其优点如下:

①优越的保护性能。无间隙结构,大大改善了陡波响应特性,从而提高了保护的可靠性。特别适合伏秒特性平坦的$SF_6$组合电器的保护。

②无续流,动作负载轻,耐重复动作能力强。

③通流容量大。ZnO的通流能力完全不受串联间隙被灼伤的制约,仅与阀片本身的通流能力有关。

④适用于多种需求。因为直流续流不像工频续流一样存在自然零点,所以直流避雷器如用串联间隙就难以灭弧。由于ZnO没有串联间隙,所以易于生产成直流避雷器。

(2)保护间隙

保护间隙是一种最简单的避雷器。它由两个间隙组成,如图7.7所示,主间隙做成角形,可以使工频电流的电弧在自身动力和热气流作用下易于上升拉长直至熄灭;辅助间隙是为了防止主间隙被外物短路而设的。当雷电波侵入时,间隙先击穿,工作母线接地,避免了被保护设备上的电压升高。有时,过电压消失后,间隙仍有工频续流。可见,保护间隙的灭弧能力很差,只能熄灭中性点不接地系统中不大的单相接地短路电流。一般难以使相间短路电弧熄灭,需要配以自动重合闸装置才能保证安全供电。

保护间隙除了灭弧能力差外,还有以下缺点:

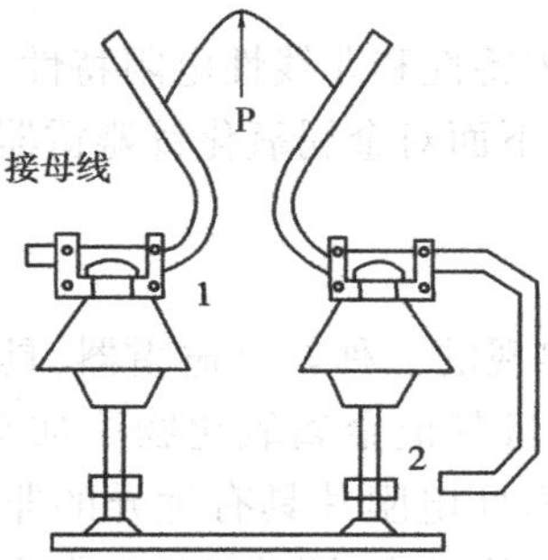

(a)结构

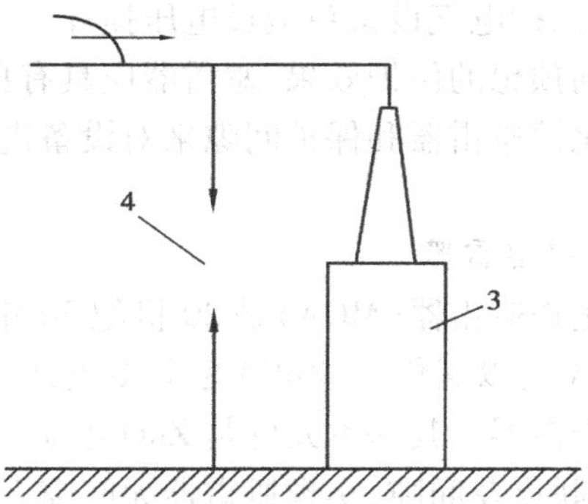

(b)与被保护设备的连接

图7.7 角型保护间隙及其与被保护设备的连接图

1—主间隙;2—辅助间隙;3—被保护设备;4—保护间隙

①间隙间的电场为极不均匀的电场,且裸露在大气中,受气象条件的影响很大,因此,伏秒特性很陡且分散性很大,将直接影响它的保护效果。

②保护间隙击穿后直接接地,将会有截波产生,不能用来保护有绕组的设备。

因此,保护间隙通常用于不重要的设备和单相接地不会导致严重后果的场合。

## 7.3 发电厂的防雷

发电厂作为电力系统的最重要的组成部分,如果发电机、变压器、断路器等重要电气设备遭受雷击,将可能造成电气设备损坏。因此,发电厂安装可靠的防雷保护相当重要。

直击雷和入侵雷是发电厂遭受雷击的两个事故源。雷电直接击于发电厂称直击雷。雷击于线路产生的过电压沿线路侵入到发电厂,称入侵雷。对直击雷的保护一般采用避雷针或避雷线,对入侵雷则采用避雷器。

由于输电线路较长,线路遭雷击比较频繁,因此,入侵雷是发电厂遭受雷害的主要原因。

### 7.3.1 发电厂直击雷保护

电力系统直击雷保护一般由避雷针和避雷线及接地网组成。装设避雷针(线)应使所有被保护设备均处于保护范围内,以免受到雷击。但被保护设备与避雷针(线)之间要保证一定的距离。对于装设避雷线的输电线路,由于各种随机因素的影响,使避雷线的屏蔽保护失效,发生雷绕过避雷线击中导线的现象,称绕击。当雷击于避雷针(线)后,它们的对地电位很高,如果被保护设备与它们之间没有足够的距离,则可能在避雷针(线)与被保护设备之间发生放电,这种现象称为避雷针(线)对电气设备的反击。因此,在设置避雷针(线)时应注意防止反击事故的发生。

在我国,运行经验表明,凡是按照行业标准要求装设避雷线和避雷针的发电厂,绕击和反击的事故率都非常低,每年1 000个发电厂发生绕击或反击的事故次数约为3次,防雷效果较好。

(1)发电厂直击雷保护的基本原则

①为了防止雷直击于发电厂,所有被保护物应处于避雷针或避雷线的保护范围内。

②当雷击避雷针或避雷线时,不应对被保护物体发生反击,造成反击事故。

如图7.8所示,当独立的避雷针遭受雷击,雷电流流过避雷针和接地装置时,将会出现很高的电位。为防止避雷针对被保护物体发生反击,避雷针与被保护物体之间的空气间隙和两者之间的地中距离,均应保证有足够的距离。根据实际的运行经验并经过校验后,我国电力行业标准规定:一般情况下,空气间隙(见图 $S_k$)不小于5 m,地中距离(见图 $S_d$)不小于3 m。

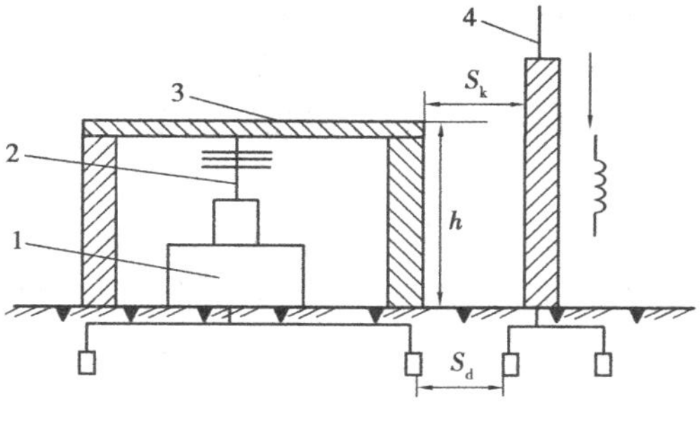


图7.8　独立避雷针距配电架构的距离

1—变压器;2—母线;3—配电构架;4—避雷针

(2)发电厂防直击雷保护的注意事项

①对于110 kV及以上的配电装置,因其绝缘水平较高,雷击避雷针时在配电架构上的高电位不会造成反击事故,因此可将避雷针装设在架构上。装设避雷针的配电架构必须装设辅助接地装置,且架构避雷针与主接地网的地下连接点,与变压器接地线和主接地网的地下连接点之间的距离不应小于15 m。

②由于发电厂主变压器是电厂的重要设备,并且其绝缘较弱,所以不应在变压器门形架上装设避雷针。

35 kV及以下配电装置的绝缘也较弱,所以在其构架或屋顶上不允许装设避雷针,而应装设独立的避雷针来保护,以免造成反击事故。

### 7.3.2　防止入侵雷保护

防止入侵雷侵入发电厂损坏电气设备的措施有:一是装设阀型避雷器或氧化锌避雷器;二是在电厂出线适当距离内装设可靠的进线段保护。

在发电厂中,所有电气设备的绝缘都要受到避雷器的保护,然而变压器作为电厂重要设备,绝缘水平相对较低,所以,应尽量靠近变压器装设避雷器。在任何情况下,如果将避雷器安装在母线上,变压器都能受到避雷器的保护,所以,在每段母线上都应装设避雷器。当避雷器与被保护设备安装很靠近时,设备上的电压与避雷器的电压相等。如果被保护设备冲击电压大于避雷器冲击放电电压或残压,这时被保护的设备将受到可靠的保护。

在被保护设备与避雷器之间总有一定的距离,所以在设备的绝缘上出现的电压将比避雷器上的电压高出一个 $\Delta U$ 值。所以,为了保证变压器上的电压不超过允许值,变压器与避雷器间的距离不能太远,即避雷器有一定的保护距离。发电厂内所有电气设备都应受到避雷器的保护,即被保护的电气设备与避雷器之间的电气距离不能超过允许值。

### 7.3.3　GIS的防雷保护

(1)GIS防雷保护的特点

采用 $SF_6$ 气体绝缘的GIS设备,如果内部出现电晕,会击穿绝缘,使整个GIS系统损坏。

另因 GIS 较敞开式开关组合昂贵许多，所以对 GIS 的防雷保护要求更高，要留有足够的绝缘裕度，其特点如下：

①GIS 内部电场均匀（或稍有不均），GIS 绝缘的伏秒特性较平坦，冲击系数一般为 1.2～1.3，且负极性击穿电压比正极性低。雷电冲击与操作冲击绝缘水平相近，过电压保护主要是降低雷电冲击电压，宜采用起始动作电压稳定、陡波响应特性好、保护性能优异的金属氧化物避雷器。

②GIS 结构紧凑，电气距离很小，被保护设备与避雷器相距较近。

③GIS 采用同轴母线结构，波阻抗一般只有 60～100 Ω，约为架空线路的 1/5。从架空线路侵入的过电压经过折射，其幅值与陡度都显著变小，这有利于对发电厂升压站侵入波的保护。

（2）GIS 的防雷保护接线方式

我国电力行业标准规定，对与架空线路直接连接的 GIS 变电站，在 GIS 管道与架空线路的连接处，应装设金属氧化物避雷器。对经电缆段进线的 GIS 变电站，也应在电缆段与架空线路的连接处装设金属氧化物避雷器。此外，进线段的长度应小于 2 km，应架设避雷线。如在变压器或 GIS 一次回路的任何电气部分与避雷器间的距离不超过最大电气距离时，在变压器出口处不需要装设避雷器。

### 7.3.4 发电厂的接地装置

（1）接地与接地电阻

所谓接地就是将地面上的金属物体或电气回路中的某一点与大地进行低阻抗连接，使该设备与大地保持等电位。接地装置由接地体（角钢、扁钢、钢管）与接地引线组成。采用何种接地装置和接地电阻与电力系统的接地类型有关。

（2）接地分类与接地电阻

在电力系统中，接地可分为 3 大类：

1）工作接地

根据电力系统正常运行的需要而接地。工作接地的接地电阻一般要求为 0.5～5 Ω。

2）保护接地

将电气设备的金属外壳接地，使电气设备金属外壳处于地电位，即便电气设备绝缘损坏使外壳带电，也不至于因电位升高对人身安全造成威胁。保护接地的接地电阻一般为 1～10 Ω。

3）防雷接地

针对防雷保护而装设的防雷接地，是为了将雷电流泄入地中，减小雷电流流过接地装置时的地电位升高。防雷接地的接地电阻要求一般小于 30 Ω。

（3）接触电压与跨步电压

从人身安全考虑，一般人体通过 50 mA 以上的电流就有生命危险。人体皮肤的状况直接影响人体电阻的大小（如与损伤情况、干燥程度、洁净情况等有关）。在最坏的情况下，当人体的电压达到 50 V 左右，就有生命危险。在电气设备发生接地故障时，当人触及漏电设备的外壳时，手与脚之间的电位差，称为接触电压。当人误入带电区域时，人着地的两脚之间的电位差，称为跨步电压。人体所能承受的接触电压和跨步电压的允许值，与通过人体的电流、持续时间的长短、地面土壤电阻率以及电流流经人体的途径有关。

(4)发电厂的接地

发电厂一般是根据安全和工作接地要求设置一个统一的接地网,然后在避雷针和避雷器下增加独立接地体以满足防雷接地要求。对于容量较大的发电厂、汽轮机房、锅炉房这些主要建筑物下的水平接地体敷设成网状。接地网构成网孔状的目的,主要在于均压,以保证接触电压和跨步电压不超过规定值,如图7.9所示。

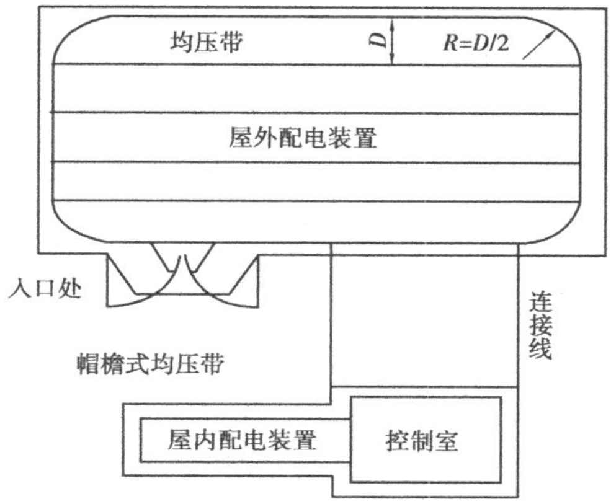


图7.9　水平闭合式接地网

这个接地网的结构是以埋深0.6~0.8 m的水平接地体为主,有时加装2.5~3 m长的垂直接地体,其结构主要由工频短路的特点决定。在一般土壤中,冲击接地电阻约为0.5 Ω以下。在主厂房接地网和升压站接地网的连接处设有接地井,以便测量接地网的接地电阻。

在发电厂的地下接地网上,选择适当的部位通过多股绞线引出地面,以满足各种接地要求。在发电厂中,大量的电气设备外壳或其他非载流金属部分,都必须接地。

(5)仪控系统接地的要求与方式

在发电厂中,大量的电子设备或电子系统,对于噪声或干扰相当敏感,必须通过适当的接地方式来降低噪声或干扰水平。在考虑电子设备接地时,有两项原则比较重要:一是安全;二是将公共接地部分的干扰减至最小。仪控系统接地必须遵循以下原则:

①同一电子系统的接地线之间,必须避免形成闭合回路。

②装有电子设备的机箱或机架,必须直接接到专用的接地点,或接到树干式(即多级节点接地方式)接地中的一个分支。

在大范围的接地系统中,一般认为电子设备有两种接地方式:多点接地方式和一点接地方式。在多点接地方式中,要求有一个供系统使用的等电位点,所有的接地线都接到这个等电位点上。在一点接地方式中,全部设备都以一点作为参考点,而这个参考点是与建筑物的地下接地网连接的。机箱内所有电子电路的接地端,都连接在这一个接地参考点上。

电子系统、分支系统和设备可用节点型的接地分配系统,这种系统从理论上讲,是用来防止电磁脉冲干扰的一点接地概念的发展。要求接地分配系统按树干形或星形结构设置,因为这种接地方式,各节点独立,不会形成磁场敏感环路,引起干扰。一般接地母线为第一级节点,分区接地汇流排为第二级节点,机箱与机架的接地分配点为第三级节点,底盘或面板的接地分配点为第四级节点,如图7.10所示。

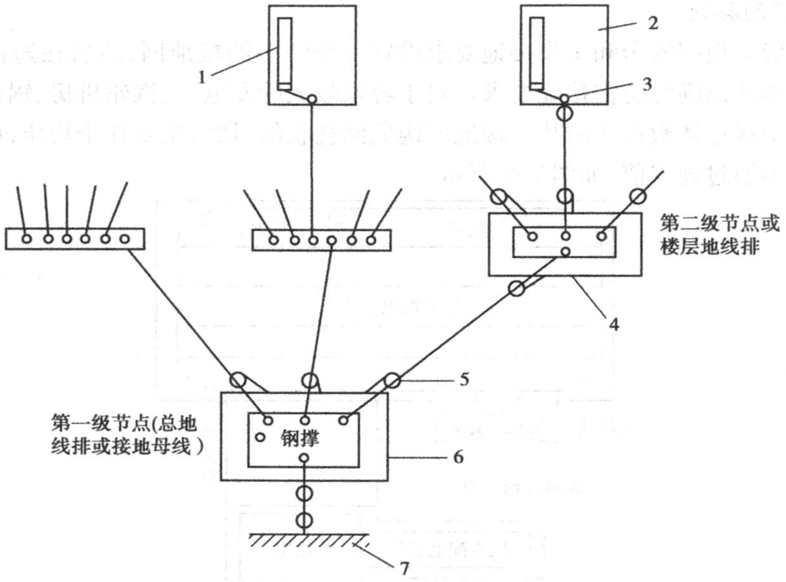


图 7.10　节点型的接地分配系统

1—第四级节点;2—机箱和机架;3—第三级节点;4—防止干扰的特殊接地点;
5—绝缘金属管;6—屏蔽箱;7—接地网

# 7.4　电力系统过电压

电力系统过电压包括内部过电压和雷电过电压(也称大气过电压)。本节主要介绍电力系统内部过电压。

内部过电压分为暂时过电压和操作过电压。暂时过电压又分为工频过电压和谐振过电压。操作过电压分为切除空载长线路过电压、空载长线路合闸过电压、切除空载变压器过电压和间歇电弧接地过电压。

内部过电压的能量来源于电网本身,所以其幅值随电网额定电压的升高成比例增加。内部过电压一般为系统最高运行相电压的 2.5 ~4 倍。

## 7.4.1　工频过电压

持续时间长、频率为工频的过电压称为工频过电压,常见的工频过电压有:空载线路电容效应引起的电压升高,不对称短路时正常相的电压升高,甩负荷时引起发电机加速而产生的电压升高等。

工频电压升高对系统中绝缘正常的电气设备一般没有危险,但因工频电压和操作过电压常常同时发生,可能会达到很高的幅值,它等于升高后的工频电压叠加一个高频分量,会影响设备的绝缘水平。

1)空载长线路的电容效应

对于长距离的高压或超高压输电线路,其线路容抗远大于感抗。在空载情况下,线路中只流过线路对地电容电流，线路末端电压高于首端电压，这种现象称为空载线路电容效应。

电容效应引起的电压升高，与线路长度和电源容量有关。线路长度越长，工频电压升高越严重；电源容量越小，工频电压升高越严重。F级燃气轮机电厂的输电线路一般较短，空载长线路的电容效应不明显。

2）不对称短路引起的工频电压升高

在电力系统中，不对称短路是最常见的故障。当单相或两相接地短路时，非故障相的电压会升高，其中单相对地短路时可能达到更高的数值。不对称短路往往是因为雷击引起，因此应考虑非故障相的避雷器动作后，必须能在不对称短路引起的工频电压升高下熄弧，所以单相对地短路时的电压升高是确定避雷器灭弧电压的依据。

3）突然甩负荷引起的电压升高

线路输送大功率时，发电机的电动势高于母线电压。甩负荷后，发电机磁链不能突变，将在短暂时间内维持其暂态电动势。跳闸前输送的功率越大，暂态电动势越高，甩负荷时的工频电压就越高。

原动机的调速器具有滞后性，甩负荷后他们不能立即起作用，使发电机转速增加，造成电动势和频率都上升，工频电压升高更为严重。

### 7.4.2 操作过电压

由于操作（如断路器的关合和断开）、故障或其他原因，使系统参数突然变化，系统由一种状态转换为另一种状态，在此过渡过程中系统本身的电磁能量振荡而产生的过电压，称为操作过电压。

（1）间歇性电弧接地过电压

间歇性电弧接地过电压，一般针对中性点不接地系统而言。单相接地是电力系统中的主要故障形式，大约占故障总数的60%以上。在中性点不接地的电力系统中，单相接地并不改变变压器三相绕组电压的对称性，而且流过故障点的容性电流不大，不影响对用户的供电，允许带故障运行一段时间（一般不超过2 h），以便运行人员查明故障，并进行处理，具有较高的供电可靠性。

1）间隙性电弧接地过电压的发展过程

采用工频熄弧理论解释间隙电弧接地形成过电压的发展过程。系统接线如图7.11所示，$C_1,C_2,C_3$为各相对地电容。$C_1=C_2=C_3=C_0$。设三相电源电压为$u_A,u_B,u_C$，线电压为$u_{AB}$，$u_{BC},u_{CA}$，各相对地电压（即电容电压）为$u_1,u_2,u_3$，波形如图7.12所示。

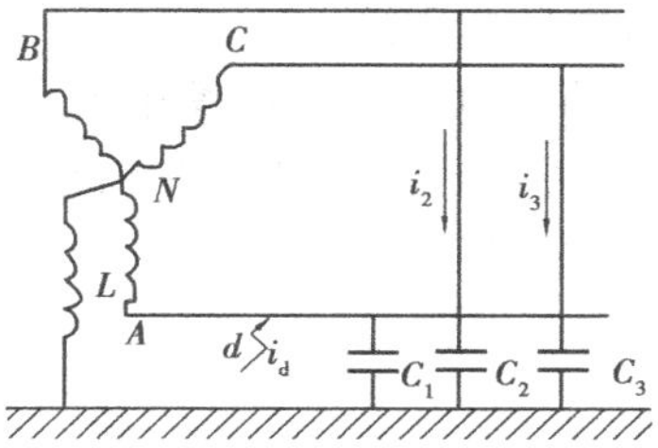


（a）电路图

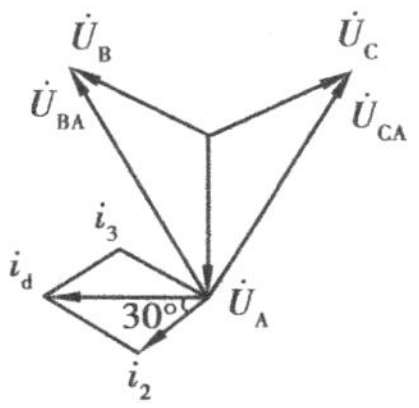


（b）向量图

图7.11 单相接地电路及向量图

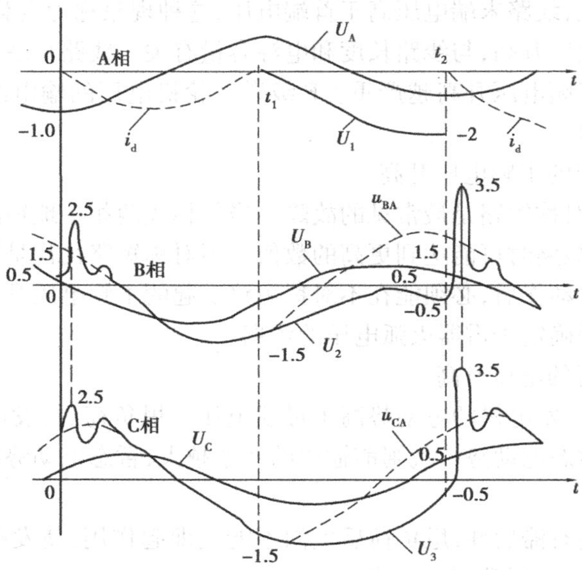


图 7.12　间隙性电弧接地过电压的发展过程（工频熄弧理论）

假设 A 相电压为幅值（$-U_m$）时对地闪络，设 $U_m=1$，此时，B，C 相对地电容 $C_0$ 上初始电压为 0.5，它们将过渡到新的稳态瞬时值 1.5，在此过渡过程中出现的最高振荡电压为 2.5。然后振荡很快衰减，B，C 相稳定在线电压 $u_{BA}$ 和 $u_{CA}$。同时接地点通过工频接地电流 $I_d$，其相位角比 $\dot{U}_A$ 滞后 90°。

经过半个工频周期（$t=t_1$ 时），B，C 相电压等于 -1.5，$i_d$ 通过零时，电弧自动熄灭，熄弧前瞬间，B，C 相瞬时电压各为 -1.5，A 相对地电压为零，系统三相贮有电荷 $q=2C_0(-1.5)=-3C_0$。熄弧后，假设电荷无损失，将经过电源平均分配在三相对地电容中，在系统中形成一个直流电压分量 $q/(3C_0)=-1$。因此，熄弧后导线对地电压为各相电源电压和直流电压的叠加。B，C 相电源电压为 -0.5，叠加后为 -1.5，A 相电源电压为 1，叠加后为 0。所以，熄弧前后各相对地电压不变，不会引起过渡过程。

再经过半个工频周期（$t=t_2$ 时），A 相对地电压高达 -2，假设此时发生重燃，其结果是使 B，C 相电压从初始值（-0.5）向线电压瞬时值 1.5 振荡，过渡过程中最高电压为 $2\times1.5-(-0.5)=3.5$。振荡衰减后，B，C 相仍稳定在线电压运行。

以后每个半个工频周期，将依次发生熄灭和重燃，其过渡过程与上述过渡过程完全相同，非故障相的最大过电压为 3.5 倍，故障相最大过电压为 2 倍。

受产生间歇性电弧的具体情况的影响，实际的过电压发展过程相当复杂。电弧熄灭与重燃时间对最大过电压起决定作用。有在工频电流过零时电弧熄灭和在高频振荡电流过零时电弧熄灭两种情况，空气中的开放性电弧大多在工频电流过零时熄灭。

2）影响间歇性电弧接地过电压的因素

影响间歇性电弧接地过电压的因素如下：

①电弧熄灭与重燃时的相位。电弧的燃烧与熄灭有很大的随机性，直接影响过电压的发展过程和大小。

②系统的参数。在同样的情况下，考不考虑线间电容，产生过电压的大小也不一样，考虑

比不考虑的过电压要小。因为,线间电容的存在,发弧后在振荡发生之前存在电荷的重新分配过程,使非故障相电压增大,接近振荡结束后的稳态值,所以过电压将下降。在振荡过程中,由于线路电阻和电弧均存在损耗,这也降低了过电压的幅值。

为了消除间歇性电弧接地过电压对绝缘的威胁,消除不稳定的间歇性电弧尤为重要。在中性点直接接地(或经小阻抗接地),当发生单相接地时,接地点流过的短路电流很大,断路器跳闸,这样可以彻底消除间歇性电弧接地过电压。但这将导致操作频繁,检修维护量增加,且影响供电的可靠性,所以在单相接地故障比较频繁的低电压等级系统中仍采用中性点不接地方式。在中性点不接地系统中,中性点经消弧线圈接地是限制间歇性电弧接地过电压的有效措施。

3)根据补偿度的不同,消弧线圈具有 3 种不同的工作状态

①欠补偿:即消弧线圈的电感电流不足以完全补偿电容电流,故障点流过的电流为容性电流。

②全补偿:即消弧线圈的电感电流等于电容电流,故障点流过非常小的电阻性泄漏电流。

③过补偿:即消弧线圈的电感电流大于电容电流,故障点流过非常小的感性电流。

全补偿时,电路处于并联谐振状态,故障电流很小,理论上采用全补偿是最佳方案。但在实际的电力系统中,这种补偿方式往往会导致中性点产生很高的位移电压。因此,在实际电力系统中,并不采用全补偿方式。

在实际的电力系统中,通常是采用消弧线圈脱谐度大于 10% 的过补偿运行方式。因为,电力系统发展过程中可以逐步发展成为欠补偿运行,不至于像欠补偿那样,因电力系统发展导致脱谐度过大,失去消弧的作用。采用欠补偿方式,在运行中部分线路可能退出运行,从而形成全补偿,当出现单相接地故障时,在中性点产生较高的电压偏移,可能引起零序网络中产生严重的铁磁谐振过电压。目前,一种自动跟踪补偿装置,与人工调谐消弧线圈相比,在调谐精度与速率上均具有显著的优越性,它能及时限制电力系统的间歇性电弧接地过电压和谐振过电压,对电力系统安全运行相当有利。

(2)切除空载长线路过电压

切除空载长线路是电力系统中常见的操作之一。在切除空载线路时,断路器切断的是较小的容性电流,一般只有 10 ~ 100 A,比短路电流小得多。但是在断路器分闸初期,由于恢复电压较高,容易引起断路器触头间电弧的重燃。电弧重燃将引起电路内的电磁振荡,产生过电压。切除空载长线路产生的过电压,不但持续时间长(0.5 ~ 1 个工频周期),而且幅值也很高。

限制过电压的措施:采用灭弧能力较强的断路器,是目前降低切除空载线路过电压的主要措施。因为产生切除空载线路过电压的主要原因是:断路器开断后触头间电弧的重燃。所以,限制这种过电压的最有效措施就是改善断路器的结构、提高触头间介质的灭弧能力和恢复强度,以减少或避免电弧重燃。现广泛使用的 $SF_6$ 断路器具有良好的灭弧性能,在切除空载线路时,基本上不会发生重燃,所以过电压较低。F 级燃气轮机发电厂一般都处在城市边缘,输出线路都较短,而且一般都采用 $SF_6$ 断路器,因此,切除空载线路过电压情况不明显。

(3)空载长线路合闸过电压

空载长线路合闸也是电力系统中常见的一种操作,分正常合闸和自动重合闸两种情况。因为合闸的初始条件的不同,合闸过程产生的过电压情况也不相同,重合闸过电压是较为严重的一种情况。但与别的操作过电压相比,合闸过电压的倍数并不大。在现代的超高压和特高

压输电系统中,虽然采用了各种措施降低了操作过电压,但却很难找到限制过电压的保护措施,它成了超高压系统绝缘配合的主要矛盾,成了选择超高压系统绝缘水平的决定性因素。

1)正常合闸引起的过电压

为了满足正常运行的需要而进行的合闸操作(包括如线路检修后投入运行、对输电线路按调度计划合闸送电)称为计划合闸或正常合闸。对于正常合闸,合闸前线路上初始电压为零。如果三相完全对称,且断路器三相同时合闸,在合闸瞬间,电源电压通过系统等值电感对空载线路电容充电,回路中将产生高频振荡。最严重的情况是过电压为2倍电源相电压幅值。

2)自动重合闸过电压

自动重合闸是输电线路发生故障跳闸后,由自动装置控制而进行的合闸操作,这是中性点直接接地系统中经常发生的一种操作。在中性点直接接地系统中,发生单相接地故障时,非故障相的对地电压将上升到1.3~1.4倍电源相电压幅值。如果考虑断路器重合闸时刻的电源电压恰好与线路残压反极性,且为峰值,在不考虑阻尼作用下,最大过电压将达到3倍电源相电压幅值。因此,在空载线路合闸过电压中,最严重的是三相重合闸引起的过电压。

(4)切除空载变压器过电压

切除空载变压器时,断路器开断的电流是小电感性电流。在开断小电感电流时,在被切除的电器和断路器上都有可能出现过电压,而断路器在开断带负荷的变压器时则不会产生过电压。这是因为通常在开断大于100 A的较大电流时,断路器触头间的电弧是在工频电流自然过零时熄灭,在电流过零时,电感元件中贮存的磁场能量已为零,不会产生过电压。但在切除空载变压器时,开断的只是很小的励磁电流,开断的电流小时,输入电弧中的能量少,而断路器的灭弧能力又很强,因此,通常在电流未过零之前的某一电流值下,电弧就会突然熄灭,电流突然降至零,这称为截流现象。电感电路中电流的突变,就会产生很高的过电压。过电压的大小与变压器本身及附近线路的分布电容有关,也与电压升高过程中电弧是否会重燃有关。如果线路分布电容增大、电弧重燃都将使可能很高的过电压降低。同样采用带并联电阻的断路器来限制过电压。

## 复习思考题

1. 比较大气过电压和内部过电压的异同,内部过电压分哪几类?

2. 切除空载变压器和空载架空线路时为什么会产生过电压?

3. 利用避雷器限制操作过电压时,对避雷器有何特殊要求?

4. 简述氧化锌避雷器的主要优点。

5. 简述输电线路防雷的基本措施。

6. 简述电弧接地过电压的产生原因,如果电弧是在高频电流过零时熄灭,而不是在工频电流过零时熄灭,试分析过电压的发展过程?

7. 简述限制电力系统工频过电压的主要措施。

# 附录
# 主要名词英汉对照表

| 英文缩写 | 英文全称 | 中文译名 |
| --- | --- | --- |
| AGC | Automatic Generation Control | 自动发电量控制 |
| APS | Automatic Procedure Start-up/Shut-down System | 机组自启停系统 |
| ASS | Automatic Synchronized Set | 自动准同步装置 |
| AVR | Automatic Voltage Regulator | 自动励磁调节器 |
| DCS | Distributed Control System | 分散控制系统 |
| ECS | Electrical Control System | 电气控制系统 |
| EFCS | Electrical Factory Control System | 发电厂厂用电气自动化系统 |
| GCB | Generator Circuit Breaker | 发电机出口断路器 |
| GCP | Generator Control Panel | 发电机控制盘 |
| GIS | Gas Insulated Switchgear | 气体绝缘金属封闭开关设备 |
| GPS | Global Positioning System | 全球定位系统 |
| GT | Gas Turbine | 燃气轮机 |
| MCC | Motor Control Central | 电动机控制中心 |
| PC | Power Central | 动力中心 |
| PLC | Programmable Logic Controller | 可编程序控制器 |
| PLC | Programmable Logic Controller | 可编程逻辑控制器 |
| PSS | Power System Stabilizer | 电力系统稳定器 |
| RTU | Remote Terminal Unit | 远程终端控制系统 |
| SCR | Silicon Controlled Rectifier | 可控硅 |
| SFC | Static Frequency Converter | 静态频率变换器 |
| SIS | Supervisory Information System | 火电厂厂级监控信息系统 |
| TCS | Turbine Control System | 透平控制系统 |
| THY | Thyristor | 晶闸管 |
| UPS | Uninterruptible Power System | 不间断电源 |

# 参考文献

[1] 华东六省一市电机工程(电力)学会编. 电气设备及其系统[M]. 2版. 北京:中国电力出版社,2007.
[2] 西安电力高等专科学校和大唐韩城第二发电机有限公司编. 电气分册[M]. 北京:中国电力出版社,2007。
[3] 中国华东电力集团公司科学技术委员会. 电气分册电[M]. 北京:中国电力出版社,2000.
[4] 戴克健. 同步电机励磁及其控制[M]. 北京:水利电力出版社,1991.
[5] 陆继明,毛承雄. 同步发电机微机励磁控制[M]. 北京:中国电力出版社,2006.
[6] 孟凡超,吴龙. 发电机技术问答集事故分析[M]. 北京:中国电力出版社,2008.
[7] 郑凤翼. 轻松解读三菱变频器原理与应用[M]. 北京:机械工业出版社,2012.
[8] 王建,徐洪亮. 变频器实用技术[M]. 北京:机械工业出版社,2012.
[9] 蔡杏山,刘凌云. 变频技术[M]. 北京:人民邮电出版社,2009.
[10] 陈慈萱. 电气工程基础[M]. 北京:中国电力出版社,2004.
[11] 王显平. 发电厂、变电站二次系统及继电保护测试技术[M]. 北京:中国电力出版社,2006.
[12] 陈德新,等. 发电厂计算机监控[M]. 郑州:黄河水利出版社,2007.
[13] 翁双安. 供电工程[M]. 北京:机械工业出版社,2004.
[14] 霍利民. 电力系统继电保护[M]. 北京:中国电力出版社,2008.
[15] 张亮峰. GE发变组差动保护的特点及理论分析[J]. 湖南电力,2005,25(z2).
[16] 姚挺生,姚卫星. 390H全氢冷发电机定子接地故障的分析及处理[J]. 燃气轮机技术,2011,24(4).
[17] 郭力,胡斌,等. 燃气轮机发电机临界转速振动故障的诊断[J]. 广东电力,2010(4).
[18] 姚志松,等. 新型配电变压器结构、原理和应用[M]. 北京:机械工业出版社,2006.
[19] 牟道槐. 发电厂变电站电气部分[M]. 重庆:重庆大学出版社,1998.
[20] 常湧. 电气设备系统及运行[M]. 北京:中国电力出版社,2009.
[21] 王晓玲,等. 电气设备及运行[M]. 北京:中国电力出版社,2010.
[22] 李斌,隆贤林. 电力系统继电保护及自动装置[M]. 北京:中国水利水电出版社,2008.
[23] 贺家李,李永丽,董新洲,等. 电力系统继电保护原理[M]. 4版. 北京:中国电力出版

社, 2010.
[24] 大唐国际发电股份有限公司. 全能值班员技能提升指导丛书 电气分册[M]. 北京:中国电力出版社, 2009.
[25] 李广山. GIS 中隔离开关开合母线转换电流能力的分析[J]. 高压电器,2002,38(1).
[26] 陈萍. 大型发电厂直流系统研究[J]. 河南电力,2009(3).
[27] 中国华电集团公司. 大型燃气——蒸汽联合循环发电技术丛书控制系统分 册[M]. 北京:中国电力出版社,2009.
[28] 杨玉蓉. FECS 与 DCS 一体化技术在大型火电厂的应用[D]. 江苏大学硕士论文,2009.
[29] 邓求恒,王西田. M701F 型 350 MW 燃气——蒸汽联合循环机组电气监控系统的分析[J]. 发电设备,2007,21(4).
[30] 中华人民共和国国家发展和改革委员会. DL/T 5226—2005. 火力发电厂电力网络计算机监控系统设计技术规定[S]. 北京:中国电力出版社,2005.
[31] 关根志. 高电压工程基础[M]. 北京:中国电力出版社,2003.
[32] 林福昌. 高电压工程[M]. 北京:中国电力出版社,2005.